U0662524

卷一

数据库老兵工作札记

IT系统建设方法论和架构设计开发和优化

罗 敏◎著

清华大学出版社
北 京

内容简介

数据库技术是 IT 行业一门有数十年历史的传统和基础性技术，从事 IT 行业尤其是软件开发的同行基本都会运用到它。在当下人工智能、大数据、云计算等新技术高速发展的年代，数据库技术愈老弥坚，与这些新兴技术紧密融合，依然是 IT 系统的重要基础架构技术之一。

作者从 20 世纪 80 年代就开始了数据库技术的学习、研究和工作运用。本书涵盖 IT 系统建设方法论和架构、设计开发和优化的内容，更有贯穿全书的银行、电信、保险、政府等行业的丰富案例分享，能令广大读者有似曾相识和身临其境感，本书也可谓作者数十年的数据库人生感悟。技术和经验是相通的，曾经的成功、失败和栉风沐雨，对当下正在如火如荼开展的国产化替代浪潮一定有重要的参考和借鉴价值。

图书在版编目（CIP）数据

数据库老兵工作札记. 卷一，IT系统建设方法论和架构，设计开发和优化 / 罗敏著.
北京：清华大学出版社，2025.10. -- ISBN 978-7-302-70357-0

Ⅰ. TP311.13

中国国家版本馆CIP数据核字第2025SL4164号

责任编辑：杜　杨
封面设计：杨玉兰
责任校对：胡伟民
责任印制：刘海龙

出版发行：清华大学出版社
　　　　网　　　　址：https://www.tup.com.cn，https://www.wqxuetang.com
　　　　地　　　　址：北京清华大学学研大厦A座　　　　邮　　编：100084
　　　　社　总　　机：010-83470000　　　　邮　　购：010-62786544
　　　　投稿与读者服务：010-62776969，c-service@tup.tsinghua.edu.cn
　　　　质　量　反　馈：010-62772015，zhiliang@tup.tsinghua.edu.cn
　　　　课　件　下　载：https://www.tup.com.cn，010-83470236
印　装　者：三河市天利华印刷装订有限公司
经　　销：全国新华书店
开　　本：185mm×260mm　　　印　　张：28　　　字　　数：685千字
版　　次：2025年10月第1版　　　印　　次：2025年10月第1次印刷
定　　价：118.00元

产品编号：110623-01

前　言

1. "罗老师，又在写新书吗？"

不知从何年何月何日起，我被业内同行和同事从小罗到老罗，一直到现在被叫成了罗老师。我意识到，首先这只是随着年龄的增长，人们对你的一种尊称而已，也是一种正常的新陈代谢的自然规律。其次，之所以被同行尊称为罗老师，我想也许是多年前连续出版了《品悟性能优化》《感悟 Oracle 核心技术》《Oracle 数据库技术服务案例精选》三本技术书籍之后，在业内积攒了一点儿小名气，罗老师的名头才逐渐被更多人传开。其实，当今社会凡是对某人的某种能力有某种认可时，人们都会毫不吝啬地赋予老师称谓。自己深知切勿当真，因为天外有天、行行出状元。事实上，在 IT 行业日新月异高速发展的年代，老师这种称谓反而令我倍感压力，时刻提醒自己不能倚老卖老，否则就会逆水行舟，不进则退。

"罗老师，又在写新书吗？"每当遇到同行友善甚至期待的问候时，我内心其实都诚惶诚恐。一个人的知识、思想、经验、能力有限，何况我已经写了三本关于 Oracle 数据库方面的书，真有点儿江郎才尽了。

但是幸亏作为男儿我没有入错行，青春年少时代选择了 IT 这个迄今依然朝气蓬勃的行业；幸亏我一直在 Oracle 这个不仅技术和文化底蕴深厚，而且极具创新能力的伟大公司就职；也幸亏我的服务工作一直要面对各行各业客户的各种需求和挑战。总之，这么多年来我是一直被大环境裹挟着往前走的。更多的新技术、新知识扑面而来，只要用心，更多的 IT 行业实施经验也自然积累下来了。

现在可以告诉关心我的同行和客户们，其实近年来我一直在书写，一直在积累。在学习到某些 Oracle 新技术的时候，特别是在一些实际项目实施 Oracle 某些产品和技术时，我都可能拍案叫绝，进而文思泉涌。我经常白天忙正常工作，晚上则在沉淀自己，甚至在出差的酒店、在飞机上、在高铁上，我都可能有感而发。现在希望又来一次厚积薄发，将这些年辛苦写下的文字形成一本新书。

2. Work 与 Talk

记得在 2001 年初夏刚加入 Oracle 中国公司不久，我有幸去桂林参加了当年的 Oracle 中国公司 FY02 年度 Kick-off 会议。那次 Oracle 中国公司总经理出席了我所在的顾问咨询部（Oracle Cosulting Service，OCS）的内部会议，在会上他对我们部门提出了这样的要求：

"Oracle 公司技术人员通常分为两类，一类就是 3 个 T：Talk、Talk、Talk，另一类就是 3 个 W：Work、Work、Work。"他的言下之意是第一类技术人员只会宣传和讲解产品和技术，缺乏实际动手能力。第二类技术人员则只会做具体工作，不善总结和表达。"我希望你们 OCS 技术人员能具备这样的能力：Work the Talk & Talk the Work。"大老板希望我们不仅有真才实干，而且能说会道。

今年恰好是我加入 Oracle 中国公司 20 年，当年老总的这番要求，的确在我的 20 年历程中留下了深刻的烙印。20 年来，我分别在 Oracle 两个服务部门 OCS（Oracle Consulting Service，顾问咨询部）和 ACS（Advanced Customer Service，高级客户服务部）耕耘了 6 年和 14 年。早年 Work 更多一些，但更多时候是 Work the Talk & Talk the Work，现在随着年龄的增长，一线实施越来越少，Talk 则更多了。

"罗老师，你不像 IT 男，你挺能喷的。"——不知这是对我个人还是对我同事的褒或贬。

"罗老师，我高度怀疑你是被理工科耽误了的文科生。"——这是某同行看了我的文字之后对我发出的调侃。

其实，我的 Talk 能力肯定不如 3 个 T 的同行，Work 能力又肯定不如 3 个 W 的同行，我最多只是 Talk 能力略高于 3 个 W 的同行，Work 能力又略高于 3 个 T 的同行，也就是在 Work the Talk & Talk the Work 两个方面略有优势而已，更通俗的说法就是我可能是 IT 行业里面比较会写的、会写的人群中我又是比较懂 IT 的。

总之，我赶上了 21 世纪崇尚跨界英雄的好时代，哈哈。

3. 本书的内容、体裁和风格

- 博文和随笔风格

互联网时代的快节奏给人们的阅读习惯带来了显著变化，现代人可能很难静坐书桌前从头到尾阅读一本数百页的书籍，尤其是枯燥的技术书籍。在地铁里、在出租车上、在候机的排队中，人们通过手机几分钟快速浏览一篇专注于某个话题、某个技术点的文章，成了现代社会一种广泛的知识获取方式。虽然这种方式难免导致知识碎片化，但日积月累之下，还是能令人们收获颇丰。

相比我前几本书按技术专题组织的鸿篇大作，我也决意采取互联网时代的博文、微信群文、公众号文等新形式，以每篇文章专注于 IT 行业尤其是 Oracle 数据库的某个技术话题为原则，以阅读时间不超过 10 分钟为体量开始撰写。几年下来，已有数十篇之多，虽然是博文和随笔风格，但自我感觉每篇文章还是有一定知识和思想，甚至也有一定深度和广度。如果能汇集成书，一定对同行有所帮助，至少能引起一定共鸣甚至争论。

● 技术畅销书风格

记得我在 10 多年前第一次尝试写书时，清华大学出版社的编辑看了我的样章之后，给我的评价是："罗老师你这种以技术为背景，穿插案例和感悟的风格，我们出版业叫作技术畅销书风格。这种风格的书比纯技术书籍可读性、趣味性更强，市场更容易接受。"

是的，我一直在国内各行各业 IT 系统一线奔波，案例、故事太多，更广泛接触各界人士，这些人生经历给了我太多养分，也给我的写作风格奠定了良好的基础。于是，在我的前几本书中就基本形成了"技术、案例、感悟"各三分之一的写作风格。

本书尽管采取博文方式，但我依然将保持这种夹叙夹议的风格，每篇文章依然包括技术、案例和感悟三种元素，甚至在案例和感悟这些可读性更强的方面付诸更多笔墨，令大家能看起来不累，甚至作为睡前消遣读物。

● 做事方法重于技术本身

我的这种写作风格其实早就被业务同行知晓，也得到了一定肯定："罗老师的书呀，主要讲述的是做事的方法、经验，技术细节还是要去看 MOS（My Oracle Support）。"

是的，以我自己从业几十年的体会，我们国内 IT 行业几乎与世界最先进水平在同步发展，我们不缺乏先进技术和产品的运用，但与国外先进水平相比，在做事的方法、理念等方面存在巨大差异。其实这些先进的观念无外乎就是更综合平衡地考虑问题、更有的放矢地运用技术、更科学严谨地考虑投入产出比、更积极主动地解决问题而不是被动等待问题发生，等等。我希望在本书的每篇文章中，您能看到我们国人在实际工作中这些先进理念的缺失，以及对于弥补这种差距的实实在在的可落地的实施策略和建议。我想这种结合实际案例的生动阐述，一定能令人们有身临其境之感，希望能触动大家并加以深思。

需要补充的是，我讲述的方法、经验其实不是我个人的，而是在与广大客户同呼吸、共命运的日夜相处中，也是在借鉴以 Oracle 公司为代表的国内外先进 IT 公司的理念中，共同总结和提炼的。还要补充的是，技术细节不能只看 MOS 文章，因为 MOS 文章是一个技术点一篇文章的网络式、碎片化知识。如果欲全面、深入吃透一门技术，还是参考我经常给广大客户推荐的：看 Oracle 官方联机文档吧。于是，在本书中只要涉及具体技术，我还是会在该文后附上该技术更深入、更专业的资料链接，包括 Oracle 官方联机文档相关章节和 MOS 的文章号。把心沉淀下来，潜心研究一个领域、一门技术，是当下人们都需要具备的精神。

总之，本书文字叙述将多于程序、脚本和代码。欲了解更多干货，请看 Oracle 相关技术文档和 MOS 等网站更多资源。

● 杂而不乱，随笔而不随性

尽管是博文、杂文和随笔形式，大家不用从头到尾按顺序翻阅，但一本书还是要围绕一条主线展开，以便尽量获取比较系统的知识。因此，本书我还是计划以 IT 系统全生命周期为主线，即以 IT 系统建设方法论、架构设计、数据库和应用软件的设计与开发、运行维护等时间轴为主线，加上我的服务本职工作和新技术等篇章进行文章的组织，希望做到杂而不乱，随笔而不随性。

于是，新书的书名也决意定为《数据库老兵工作札记》。

作者

2025 年 3 月 1 日于北京

目　录

IT 系统建设方法论和架构篇

设计开发和优化篇

IT 系统建设方法论和架构篇

我认为 IT 系统建设和运行质量的高低，首先需要科学、合理的建设方法论加以指导，其次 IT 系统架构在 IT 系统中也扮演了非常重要的角色。我以独创的 IT 系统四象限图作为全书的开篇文章，即将 IT 系统建设和运维工作划分为应用层 - 设计开发、系统层 - 设计开发、应用层 - 运行维护、系统层 - 运行维护四个象限，既基于四象限图描述国内 IT 系统现状，也强调四个象限综合平衡发展的重要性。

《我看 Oracle 数据库版本演变史》一文则回顾了 Oracle 数据库经历的几个重要年代的主要版本和技术特征：20 世纪 90 年代客户 / 服务器、21 世纪 00 年代互联网、21 世纪 10 年代云计算，以及最新的 AI 年代。大家既可抚古也可思今，从 Oracle 产品和技术发展历程中汲取精华和经验，对当下如火如荼的数据库国产化进程一定有所启示。

连续三篇《Oracle××贵吗？》分别讲述了 Oracle 产品、标准服务和高级客户服务的丰富内涵。产品篇实则是讲述 IT 系统建设新理念和新的架构知识，例如勿过度进行硬件投入、采取租赁方式、合理实施云计算架构和一体机等策略，从而有效降低产品采购成本。标准服务和高级客户服务篇则分别讲述了 Oracle 远程服务和现场服务的丰富内容和价值，如何加强服务的规范化和专业化分工协同，提升服务整体质量，也是值得国内 IT 企业借鉴和需提升的软实力。

MAA（最大高可用性架构）是 IT 系统不可或缺的架构技术族，关于 MAA 的两篇文章既概述了 MAA 技术族以及在国内的实施情况，也指出了 MAA 实施中的缺憾。MAA 技术和实施情况的总结，对当下的国产化产品研发和实施推广工作，一定具有参考意义。

数据库集群架构（RAC）是数据库领域的皇冠级技术，RAC 具有高可用性、高性能和扩展性三大收益，于是我分别撰文讲述这三个领域的内涵、案例和经验分享，然后叙述了某银行当年 RAC 实施案例的跌宕起伏。《1+1 ＞ 1 的 RAC 成功案例》则是又一个漂亮的 RAC 实施案例，《RAC 与当下流行数据库架构对比分析》是将 RAC 与 HA、主从复制、多活、MPP、水平分库等架构在多个维度的对比分析。在此专题，还有 RAC 若干最新特性的介绍，以及我在实施 RAC 过程中曾经遭遇滑铁卢的心路历程。

云计算在 IT 行业已经风靡了多年，我以为国内同行对云计算的理解和实施并不充分，例如大多数都是在 IaaS 层面实施云计算，而鲜少有在 PaaS、SaaS 等更高层面实施云计算。在此专题，不仅有云计算对某央企 IT 建设和运维带来的启示，也有对某保险公司某系统分布式架构问题的分析，还有相比虚拟化更丰富的云计算内涵，以及 Oracle 在云计算领域的产品、技术和实施方法，以及云计算业务的最新发展，相信这些内容对依然风起云涌的云计算业务发展有积极的参考意义。

当前国产化进程方兴未艾，但无论采用何种数据库产品和平台，IT 系统建设和运行维护的基本理念都是相通的，追求应用层和系统层、设计开发阶段和运维阶段的综合平衡永远是确保 IT 系统高质量的重要原则。国产化进程也带来了更加丰富多彩的架构技术，但每种架构都有其优缺点和适应场景，没有最好的架构，只有最适合的架构。如何为不同的 IT 系统量体裁衣，设计合适的架构，是考验现在和未来 IT 同行们永远的问题。

我看 IT 系统四象限

在数十年的 IT 从业经历尤其是为各行各业客户提供服务的过程中，我脑海中逐渐形成一个四象限的蓝图。我认为这个有点个人知识产权意味的 IT 系统四象限图不仅能总体描述国内 IT 行业现状，而且能形象地描述 IT 行业头重脚轻、头轻脚重等具体问题，更可以以这个蓝图为框架，业内同行们齐心协力，综合平衡地发展，共同将 IT 系统进行提升。

1. 何谓 IT 系统四象限？

所谓 IT 系统四象限，可以说是本人总结多年 IT 从业经验而原创的理念，如下图所示。

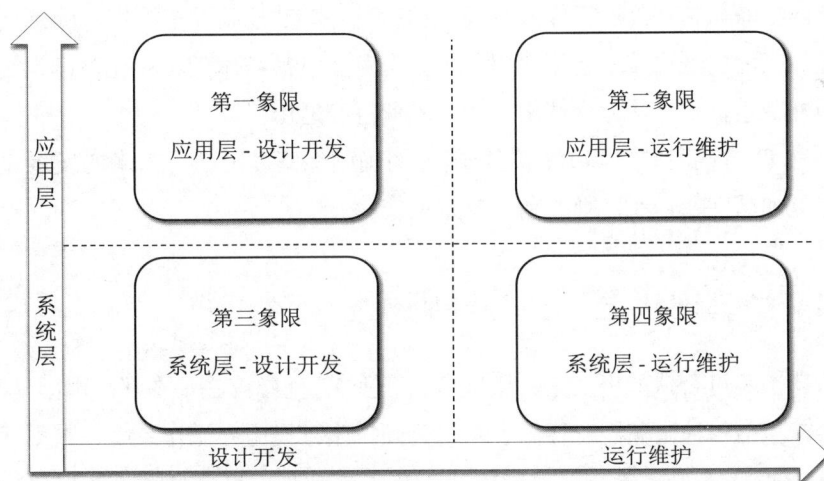

上图的横轴代表 IT 系统建设的时间轴，大体可以分为设计开发和运维维护两个阶段，而纵轴则描述 IT 系统的两个主要层面：系统层和应用层。由此而构成了如下四个象限：

- 第一象限：应用层 - 设计开发；
- 第二象限：应用层 - 运行维护；
- 第三象限：系统层 - 设计开发；

● 第四象限：系统层 - 运行维护。

下面我想就以这个四象限为框架，以数据库专业为核心，对国内 IT 系统建设和运维现状、国内数据库服务市场等进行一番粗浅分析和评述。

2. 从大环境说起

首先从大环境说起，改革开放 40 多年来，中国逐渐融入了世界大潮。在 IT 领域，中国各行各业客户也张开双臂，拥抱世界上所有先进的 IT 技术。国外 IT 企业也纷至沓来，携带各自先进的产品、技术、服务、理念等进入中国市场，在中国广阔的市场深耕细作，与中国各行各业的业务紧密结合，硕果累累，既为中国 40 多年经济的高速发展起到了积极的推动作用，国外 IT 企业自身在中国也得到了长足发展，可谓典型的双赢局面。

回到本文的四象限，愚以为国内 IT 行业这么多年的发展，基本形成了这样的大格局：国外 IT 公司基本提供了基础架构层面（即上述系统层面）的技术和产品，即图中第三、第四象限。而国内 IT 公司则在应用层面更加突显其耀眼的光彩，即图中第一、第二象限。就如同一场大戏一般，舞台、灯光、舞美、服装等基本由国外 IT 公司提供的，而优秀的编剧、精湛的表演则由国内 IT 公司主导。二者缺一不可，相得益彰，给全国各行各业用户奉献了一场场精彩的 IT 大戏。

不仅 IBM、Oracle、微软等传统 IT 公司继续扮演 IT 基础设施提供者的重要角色，而且近年来风起云涌的开源技术领域，以及大部分基于开源技术的国产化基础设施软件，实际上也是国外引进技术，并为全球用户所共同拥有和运用。

总之，在 IT 等高科技领域，国内与国外的确已经高度融合，未来的发展也只有一种可能性，即更加高度融合。合则两利，斗则俱伤。

3. 国内 IT 系统现状之一：头轻脚重

如上所述，不可否认的事实是：中国各行各业 IT 基础设施基本都是由国外 IT 产品和技术组成的，包括各种服务器、存储、网络等硬件基础设施和操作系统、数据库、中间件等系统软件。在 IT 基础设施领域，中国几乎与世界同步，也就是除一些敏感行业之外，中国客户几乎与国外客户第一时间共同拥有相同的先进技术和产品。例如，Oracle 的 19c 数据库在 Oracle 技术官网发布之日，包括中国在内的全球客户第一时间就可同步下载和运用。作为 Oracle 中国区服务部门，我们也有幸参与和目睹了中国的银行、电信等行业的无数客户在数据库平台与时俱进的步伐。

尽管这些国外先进的 IT 产品和技术难免有这样或那样的不足和问题，尤其是 Bug 的存在，需要有一个在实际应用中不断成熟的过程，但毕竟代表全世界最先进的 IT 技术，其研发过程也是精心打造的，包括各种测试、规范、标准化的质量管控体系加以保障，总体而言作为工业化产品，其稳定性还是值得信赖，何况投产后还有成体系的技术服务为客户排忧解难并不断完善之。因此，基于国外先进 IT 产品和技术打造的中国各行各业 IT 技术基础设施，总体而言不仅是先进的，而且是稳定可靠的。此乃脚重。

也如上所述，在 IT 系统的应用层面就是国内各 IT 公司大放异彩了。他们不仅熟谙各行各业的业务和商务逻辑，也能熟练运用国外相关技术，开发出既满足业务需求，又符合国人使用习惯乃至融合东西方文化的优秀应用软件。尤其是近年来互联网、电子商务业务的高速发展，微信、支付宝、淘宝等各种 App 大受欢迎，甚至改变了国人的工作和生活方式。

但是不得不说，总体而言，相比国外基础软件的工业化和产品化程度，除上述微信、支付宝、淘宝等面向公众化的优秀应用软件之外，笔者见识的更多非公众化软件，以及大多数企业级 IT 系统应用软件总体设计开发水平则较低，甚至有很多低级、初级的问题居然在一些全民使用的大系统中频繁出现，以至于业内人士都有点见怪不怪了。以本人的数据库专业为例，不妨罗列一二：

- 很多系统的数据库设计连实体关系图（E-R 图）都没有，其实源于设计人员没有全面掌握数据库规范化设计理论，更无法准确依据三个范式展开数据库规范化逻辑设计。
- 很多系统缺乏全面的物理设计，乃至大部分 Oracle 数据库系统的表空间都是简单粗放的设计，例如通常只有存放表和索引两个应用表空间，全然没有考虑表空间在高可用性、数据备份恢复、数据压缩、数据迁移等方面的作用。
- 各行各业 Oracle 数据库的数据块几乎都为默认的 8KB，鲜见客户再精雕细琢设计成 4KB、16KB，甚至 32KB。我想设计人员不仅可能缺乏对数据块原理的深入理解，更多的是缺乏那份执着和工匠精神。
- 很多系统的应用开发连基本的索引设计规范都没有，杂乱无章，该有的索引没有设计，没有用的索引创建了一大堆，甚至连多字段组合索引性能通常快于单字段索引这么简单的索引设计规范都难见实施的踪影。
- 大部分开发人员只会使用 Select、Insert、Update、Delete 四条最基本的 SQL 语句包打天下，并不知道 Oracle 里面还有 Merge、Multi-Insert、物化视图、外部表、Bitmap 索引、Bitmap-join 索引、各种统计运算函数等高级应用开发技术。

此乃头轻！

究其原因我想是多方面的：一是应用软件的产品化和标准化难度更大；二是应用软件是随着业务逻辑和需求而变化的；三是设计和开发本身就是比系统层的严谨更加海阔天空，过度规范化和产品化反而限制了设计开发人员的想象力空间。但是，我想说的是，尽管设计开发的个性张扬与产品化、规范化乃至稳定性是一对矛盾，但那种严谨、缜密的工匠精神应该是始终不可或缺的。

4. 头轻脚重的典型案例

某国内大型股份制银行以科技推动业务发展的理念而蜚声国内外，但根据本人多年的近距离接触发现，该银行 IT 系统却是典型的头轻脚重风格。作为原厂服务部门，我们服务的直接对象通常是该行负责 IT 系统运维的数据中心，第一次拜访该行数据库主管，就让我们感受其强烈的职业诉求："我们行正全面从 IBM DB2 转向你们 Oracle，凡是我们以前对 DB2 的各种指标要求，不仅要求你们 Oracle 都达到，而且要超越 IBM，例如对重要系统，我们要求 RTO、RPO 都等于 0。"我的妈呀，RTO、RPO 都等于 0，意味着不仅不能丢任何数据，而且业务停顿时间也必须为 0。这种严苛的要求甚至超出了 Oracle 产品本身。不仅如此，领导还要求我们几乎所有的运维工作如巡检、打补丁、升级等都要实现一键化、自动化、智能化。

于是乎，一方面 Oracle 几乎所有的架构技术和重要产品在该行都派上用场：RAC、ADG、多租户、Exadata 一体机、ECC 云服务器等，另一方面，为实现客户如此之高的 KPI 指标要求，我们服务部门和第三方团队与客户自己的运维团队紧密合作，在 Oracle 现有产品基础上，还需要进行大量的二次开发。

也于是乎，该行在系统层面的如此投入和成功运行，不仅为全国银行业客户仰慕，而且走向了全球，甚至被 Oracle 公司总部邀请作为成功案例在 Oracle 全球用户大会（OOW）上进行宣讲。

但是，IT 系统是个整体，尤其当下越来越强调开发运维一体化（Devops）理念，也是我们服务部门业务增长的驱动力，于是我们主动去该行软件开发部门推广相关产品、技术和服务，结果却令我们失望。原来该行软件开发部门以追求稳定为前提，几乎只会使用最简单的四条 SQL 语句，而且还设置了种种限制技术运用的所谓开发规范。例如，不允许出现 3 个表以上的连接操作，不允许使用存储过程等，与 Oracle 的技术运用策略并不吻合。本文无意展开更详细的技术描述，也是出于尊重客户多年形成的开发风格和追求。只是想形象地比喻一下：这不相当于在一个奢华的舞台上演出一些小品节目吗？

这就是该行 IT 系统典型的头轻脚重风格。

5. 不忘初心

遥想 20 世纪 80 年代末，我刚走出校门进入体系内某行业工作。当时，国家在该行业的投入比较有限，于是 PC、DOS、Windows 成了 IT 系统主要的基础技术架构。另外，也许由于该行业并没有银行、电信等行业日常运行核心业务的生产系统，导致其 IT 系统对高性能、高可用性、容灾能力等非功能性目标需求不强劲，也直接导致其对基础技术架构的重视和投入不够。

但是，在那个年代我遇到一位既严谨、又富有前瞻性的好领导，在他的引领下接受了系统的数据库设计和应用开发启蒙教育。从事 IT 行业一起步，刚进入数据库领域，就能掌握数据库规范化设计理论，有模有样地分析业务中的实体和关系，并手工绘制 E-R 图，也能基于当年的软件工程方法论描绘出实体之间的 IPO 图（Input–Process–Output 图）。在近 20 年之后，当我深入学习 Oracle 公司推出的最新数据模型和数据流程设计工具 Data Modeler 时，居然发现和老领导当年带领我们进行设计的理念和目标几乎一模一样，不得不由衷佩服老领导当年的睿智和扎实的技术功底。

但是客观而言，由于种种内外环境，与现在国内很多行业的 IT 系统建设头轻脚重风格形成鲜明对比的是，当年该行业的 IT 系统建设则是比较典型的头重脚轻。

我已经远离该行业 20 年了，随着国家经济的高速发展，国家在此行业投入力度大大增加，我想其 IT 系统建设也一定是日新月异，不仅继续发扬设计开发的固有优势，而且在 IT 基础设施方面也一定有长足发展，形成了应用层和系统层都非常扎实的发展局面。

6. 从四象限角度看数据库设计开发和运维现状

首先，我们不妨将上述四象限图围绕数据库专业领域进行细化，大致如下。

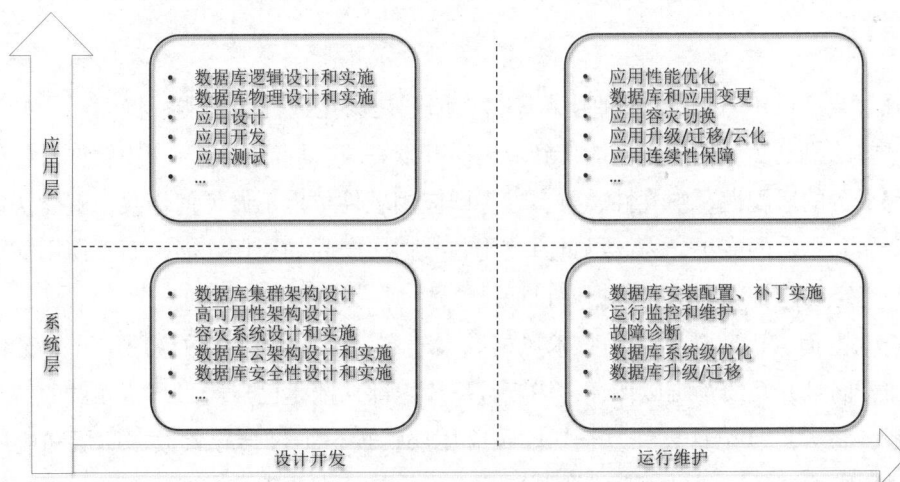

其次，我想国内客户对上述四象限工作都是分工明确，架构、开发、运维等部门各司其职。但我认为恰恰是分工过于明确，界限划分太清晰，反而导致了种种弊端。例如，数据库设计和开发部门对系统层技术了解不够，并未充分发挥底层架构的作用，例如数据库物理设计中没有充分发挥各种分区技术的作用。而运维部门则过于关注底层架构和系统软件技术，忽略了对上层应用的深入分析，导致很多运维工作粗线条，缺乏针对具体应用进行定制化的运维管理策略，如备份恢复基本采取简单的全库备份策略，而没有只针对部分热数据进行备份。

最后，从数据库服务角度包括原厂服务团队角度分析，上述四个象限的不平衡感则更为明显。我们的服务太专注于运维阶段以及系统层面，即上图的第四象限：系统层－运行维护。我们的数据库安装和补丁实施的确最专业；我们也曾无数次在客户 IT 系统危难时刻冲锋在前，挽狂澜于既倒；我们也在系统层面开展健康检查、优化工作，防范于未然。除了第四象限，我们现在也在第二、第三象限开展了很多富有成效的工作，例如参与应用维护阶段工作，包括应用性能优化、应用升级 / 迁移 / 云化、应用连续性保障等；我们也参与系统层的设计开发和实施工作，包括数据库集群架构、高可用性架构、容灾系统、数据库云架构、数据库安全性等专题的设计和实施。但是，四个象限中我们做得最少，也是最不平衡的就是我们甚少参与的第一象限即应用层设计开发工作，例如我们很少为客户的数据库逻辑设计和物理设计提供全面深入的服务，我们也很少为应用设计开发中如何合理使用 Oracle 相关技术提供专业化服务和咨询。举个最典型例子，我们为什么要在月结、年结、账期等提供那么多现场保障服务？其实很大原因就是这些跑批应用没有合理使用并行处理、批量访问、批量提交等专项技术而导致性能低下、资源消耗过大。假如我们能在设计开发领域提供更多的专业服务，岂不是皆大欢喜？

7. 关于当下的弱化数据库功能，以及数据库的适配性、中立性、兼容性

我理解当下的 IT 行业有一种技术风格，那就是弱化数据库功能，将大部分本来可以由数据库内部机制实现的业务功能挪到应用层开发完成。同时也强调应用软件对各种数据库产品和平台的适配性、中立性、兼容性，即应用软件可以不做任何修改，就能快速适应数据库产品和平台的变更，为此尽量只使用各数据库产品的通用功能，而不使用每个数据库产品的特定功能，即与弱化数据库目标是一致的。

从技术上而言，我认为这种技术风格弊大于利，因为不仅导致应用层开发工作量大幅度增加，而且开发质量难以保证，毕竟数据库内部功能是已经经过严苛测试的产品化特性。再者，将大量复杂计算和复杂功能在应用层实现，不仅会导致数据库层和应用层之间的大量网络往返传输量，而且无法利用数据库内部的多进程、多线程等并行处理技术，实现的效率不佳。反之的最佳实践应该是尽量在靠近数据的地方利用数据库内部的综合能力，完成复杂计算。

为什么会出现这种技术风格？我理解与 IT 大环境有关系，那就是在 IT 基础设施的自主可控和国产化策略指导下，数据库平台正向开源和国产化实施大规模迁移，而开源和国产化产品选型又存在一定变数，因此不仅为了现有基于 Oracle、DB2、SQL Server 等应用

软件的快速、低成本迁移需要，而且也为了未来进一步迁移到其他数据库平台，客户和开发商不得不采取了这种策略，带来的损失就是上述的开发工作量增加、质量和性能下降。

我觉得这种状况应该是暂时的，即随着开源和国产化进程的逐渐完成，业内同行们应该会沉下心来重新合理布局整个 IT 系统的计算逻辑，因为任何一个数据库产品和平台，包括开源和国产化产品都有其产品特性，都应该充分发挥其作用。回到本文的四象限主题，待数据库产品和平台选型稳定和成熟之后，业内同行应该会将在应用层第一、第二象限的过度投入，又逐渐合理下沉到系统层的第三、第四象限。

8. 总结

如果我们 IT 系统建设能从目前的过于看重应用层，逐步回归到合理发挥系统层的作用；如果我们的服务时间周期能从运维为主前移到设计开发阶段；如果我们的服务范围能从现在过于关注系统层面，将视野拓展到应用层面，即从第四象限向第二、第三，尤其是第一象限拓展和覆盖，国内 IT 系统的总体质量一定能大幅度提升。

世上万物都讲求一种综合平衡感，一切综合平衡的事物也一定是总体上最佳的。

2020年4月6日初撰于北京
2024年9月7日更新于北京

我看 Oracle 数据库版本演变史

老罗我号称 Oracle 公司在 20 世纪 80 年代末进入中国市场后的首批客户之一，数据库版本从最早接触的 5 版用到了现在主流的 19c 版，甚至近日对 Oracle 公司刚刚在云端发布的 21c 也做了一番巡游。在猎奇 21c 新特性的过程中，时空穿越，30 多年来 Oracle 数据库数个版本的演变史如放电影般浮现脑海，令我产生很多联想。现决意付诸文字，与各位同行分享。

以下文字纯属个人感慨，不代表 Oracle 公司。

1. "奇数版本更稳定，偶数版本不稳定"

若干年前在某客户现场工作时，某位客户对我说："听说你们 Oracle 数据库版本是奇数版本更稳定，偶数版本不稳定。"当时我是第一次听到这种说法，不无惊讶！我想 Oracle 公司官方尤其是研发部门一定不认可这种说法，但仔细一回想，甚至结合 21c 的情况，发觉真有点儿这种规律的味道。

1）远古年代的故事

可能各位看官不一定知道，Oracle 公司自 1977 年成立之后，历史上首次推出的、也是全球第一个关系数据库产品并不叫 1.0 版，而是 2.0 版。据说这是当年 Oracle 老大拉里·埃里森的匠心独运，因为他当年就意识到如果客户知道这个数据库版本是 1.0，一定认为不成熟，没人敢用。于是他决定第一个版本就命名为 2.0。相比之下，时下很多创业型公司还将自己的产品从 1.0 版开始命名，太实诚了。而 40 多年前拉里的这种做法，与其说是超凡的商业和市场意识，不如说是与生俱来的一种狡黠。

今天回首 40 多年前的这桩往事，也许这就是业内流传的"Oracle 奇数版本更稳定，偶数版本不稳定"的源头甚至祸根，也就是推出一版（2.0 版）、稳定一版（3.0 版），再推出一版（4.0 版）、再稳定一版（5.0 版），周而复始，波浪式滚动发展，所以奇数版本更稳定。

下图是 Oracle 的第一个版本 2.0 到 10 多年前的 11g 版本的主要特性演变图。

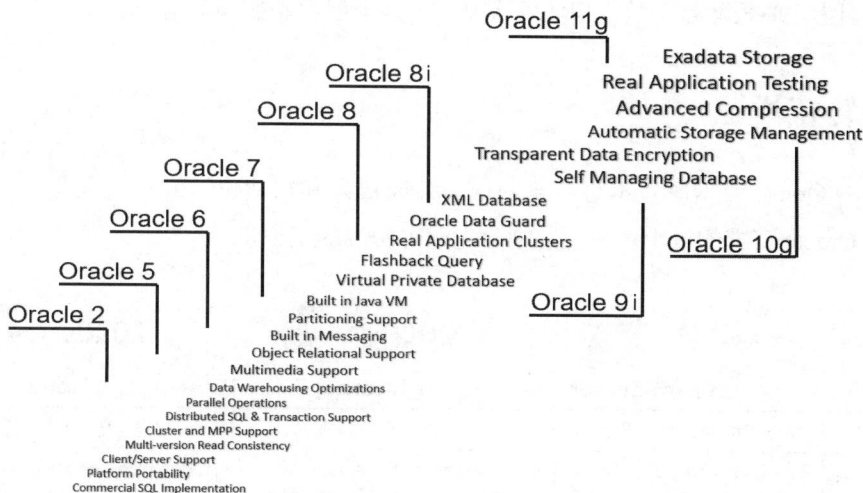

2）我所经历的主要版本

我在 1988 年刚走出校门参加工作后，第一个参与的项目就用到了 Oracle 数据库 5 版，并在这个版本上研发了数个重要 IT 系统，而 6 版好像就只是过渡性地学习了一下，并没有在这个版本上实施过任何系统。而 20 世纪 90 年代我有幸参与国内公安、电信、公共事业等多个行业的 IT 系统建设，Oracle 公司 1992 年推出的数据库 7 版则是那个年代的主力版本，7 版也的确代表着 Oracle 数据库走向了成熟。据说业界一个公认事实是：Oracle 7.3.4 版代表着世界上诞生了第一个真正成熟的关系数据库管理软件 RDBMS。

20 世纪 90 年代末到 2000 年初，我在某互联网公司担任 DBA 一职，那个年代的互联网技术开始风起云涌，于是 Oracle 的 8 版我都没有用过，直接就跳到了 8i 版本，这个 i 就代表 Internet，8i 最典型的技术特征就是与 Java 等互联网主流技术融合。

2001 年，我加入了 Oracle 中国公司，那年正逢 9i 版本发布，在接下来的多年中，9i 版本的确成了国内各行各业 Oracle 数据库的主流版本，也是我自己深入了解和广为实施的版本。而 Oracle 其实在 2003 年就推出了 10g 第一版 10.1，并很快推出了更稳定的 10.2 版，然后在 2007 年又推出了 11g 的第一版 11.1，以及更稳定的 11.2 版。总体感觉，目前 11.2 版依然是国内各行各业 Oracle 数据库装机量最多的版本，而 10g 的生命周期则较为有限，现有装机量也日渐稀少了。

再接下来，Oracle 在 2013 年推出了 12c，迄今经历了 12.1.0.1、12.1.0.2、12.2.0.1、18c（12.2.0.2）、19c（12.2.0.3）等多个版本，但七八年过去了，12c 似乎依然没有在国内形成主流。

总之，回首自己的 30 多年从业历程，的确是 Oracle 数据库 5、7、9、11 版本使用的深度、广度、时间都多得多，而 6、8、8i、10g 版则相应地逊色不少。目前 Oracle 公司主推 19c 版本，也就是 12c 的最后一个版本 12.2.0.3，仍然需要花费很大气力去说服客户。

是否还是因为 19c 虽然是奇数，但实际还是 12c 这个偶数惹的祸？哈哈。

2. 戏说转正说

上述的 Oracle 数据库版本奇偶轮回说，纯属戏说和宿命论，或是个人及坊间传说。下图才是 Oracle 官方的对十多个版本划分为三个阶段的正说。

	1990s **Client-Server**	**2000s** **Internet**	**2010s** **Cloud**
	Oracle 5, 6, 7, 8	Oracle 8i, 9i, 10g	Oracle 11g，12c，18c，19c
Scalability	Row Level Locking, B-tree Indexes, Read Consistency, Parallel Server, Shared Cursors, Shared Server	Real Application Clusters, Automatic Storage Management, IOTs Advanced Compression, Bitmap Indexes	Exadata, Smart Flash, In-Memory DB, Software-in-Silicon, Native Database Sharding
Availability	Transactions, Ref Integrity, Online Backup, Point-in-Time Recovery	Data Guard (Active), Recovery Manager, Flashback, Clusterware, Online DDL, TAF	Zero Data Loss Recovery Appliance, Edition Based Redefinition, App. Cont.
Analytics	Partitions, Parallel SQL, Optimizer	Analytic Function, Data Mining, OLAP, MVs	SQL Pattern Match, R, Big Data Appl
Security	Privileges, Roles, Auditing, Network Encryption, Views	Data Encrypt, Masking, Virtual Private DB, Label Security, DB Vault, Audit Vault, PKI	Real Application Security, DB Firewall, Privilege Analysis, Redaction, Key Vault
Developers	SQL, Views, PL/SQL, Triggers, LOBs, Object Types, Spatial, Text	Java in DB, Native XML, Table Functions, .Net, PHP, App Express, SQL Developer	Native JSON, REST Services, Node.js, RDF Social Graph, Network Graph
Management	Enterprise Manager, v$, wait event	Diagnostics, Tuning, Testing, Lifecycle Packs	MultiTenant, DB & Exa Cloud, DB Appl
Integration	DB Links, 2PC, Replication, AQ	GoldenGate, XA Transaction,External Table	Big Data SQL, Big Data Analytics

Oracle 将几十年的数据库版本演变分为客户 - 服务器模式、互联网计算模式和云计算模式三个阶段，以及在扩展性、高可用性、分析能力、安全性、开发能力、管理能力、集成性等多个领域呈现出五彩斑斓的全景图。以下结合本人经历，分别叙述三个阶段的典型技术特征。

1）客户 - 服务器模式

在我刚参加工作的 20 世纪 80 年代末和 90 年代，IT 架构正从传统的大型机 - 哑终端模式走向客户 - 服务器模式，用今天的话术而言，这就是最早的分布式架构。即将所有计算逻辑全部在大型机上完成，转向复杂业务逻辑在服务器端完成，前端人机交互业务和展现逻辑在 PC 客户端完成的早期分布式架构。

这个阶段也是 Oracle 数据库走向成熟的阶段，如上图一些最经典的数据库技术都是在这个阶段推出并得到大规模应用，例如事务一致性、B 树索引、备份恢复、分区、OEM 等。

但是这种模式在日后适应更大规模的并发访问量方面还是遇到了瓶颈，例如 2001 年我在加入 Oracle 之后不久参与了国税行业的 IT 系统建设和咨询服务，当年该行业就是采取客户 - 服务器模式，在进行全省大集中项目上遇到的一个典型问题就是几千台客户端的应用软件部署和维护问题，令开发商投入了大量人力和物力。第二个典型问题就是数据库服务器不堪重负，例如同时要为几千并发用户直接创建连接并提供服务，压力太大。叙述一个技术细节：国税征管系统是一个联机交易和联机分析相结合的混合系统，例如每个纳税人在缴税时，税务人员都需要查询该纳税人的缴税历史记录，并进行复杂的税率动态计算等。而当年的 Oracle 8、8i 版本中，统计运算、排序等操作需要用到 HASH_AREA_SIZE、SORT_AREA_SIZE 等缓冲区，而这些缓冲区需要为每个用户进程都进行分配。如果每个缓冲区分配几兆字节内存，那么几千并发用户就需要几吉字节甚至几十吉字节内存，在当年的硬件条件下，只好降低这些用于统计运算、排序等操作的内存分配，代价就是性能的下降。

服务器资源没有充分共享，每个客户都申请自己的专用资源，客户端应用部署和维护成本太高等问题，这就是客户 - 服务器模式无法适应互联网时代越来越高的并发访问量需求的根本原因。

2）互联网计算模式

互联网计算模式一方面是随着互联网应用的高速发展应运而生，另一方面其技术本质就是浏览器 /Web 服务器 / 中间件服务器 / 数据库服务器等多层架构模式的成功运用。某种意义上，互联网计算模式也是分布式计算架构的深化和延展，IT 系统划分为更多层级，更好地解决了计算逻辑负载均衡和分摊的问题，以及资源共享问题。应用软件在浏览器中部署和调用，或者说客户端轻型化，也大大降低了应用软件的部署和维护工作量。

2000 年之后，Oracle 数据库以 8i、9i、10g 版本为典型代表，RAC、ASM、Data Guard 等适应互联网高并发量访问特征，同时满足高可用性、扩展性需求的新架构技术层出不穷，更有与 Java 等互联网主流技术的高度融合，例如在数据库中直接内嵌 Java 虚拟机，支持 JDBC、XML、PHP、.NET 等各种互联网开发技术。这些明星技术至今依然是 IT 行业的主流技术，依然熠熠生辉。

3）云计算模式

云计算理念诞生于 21 世纪 10 年代，由 Google 首创，Oracle 其实只是追赶者，但 Oracle 现在正开足马力。云计算其实是分布式计算模式的进一步深化和拓展，也是互联网经济即共享经济在 IT 领域的具体表现形式。在美国国家标准化协会（NIST）关于云计算的标准化定义中，资源共享、按需扩展、弹性扩展、度量计费、高速网络访问等五大特征，成了云计算模式的基本诉求。

在 Oracle 12c 之后推出的多种新技术中，无不在诠释这五大特征，例如多租户、内存数据库选项、Sharding 水平分库架构、OEM 的云管理套件、机器学习、人工智能等与云相关的多方面专项技术，而且包括公有云、私有云、把云搬回家（Cloud@Customer）等多种云部署模式。

总之，Oracle 公司包括数据库核心技术在内的全线产品、技术和服务，正全方位转型为云计算，并处于蓬勃发展中。

3. 猎奇 21c

利用春节前的休假时光，我对 2021 年 1 月 Oracle 公司在云端发布的 21c 进行了一番猎奇，下图就是 21c 的总体新特性。

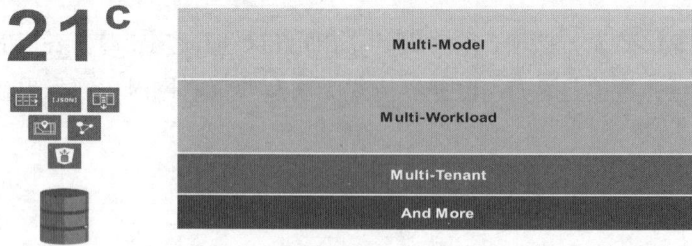

21c 新特性主要分布在三个领域：多模（Multi-Model）、多负载（Multi-Workload）、多租户（Multi-Tenant）。看到这，我第一时间想到了《士兵突击》中的许三多。

仔细看这"三多"的具体内涵，其实并不是多么新颖和耀眼，其中也透着许三多的忠厚、朴实甚至执拗的气质。例如所谓"多模"就是数据库内部支持 JavaScript、内置支持区块链表、JSON 速度和扩展性增强、空间图形处理性能增强；而"多负载"则包括内存数据库技术性能更好、支持持久内存技术、机器学习发展到自动化机器学习技术 AutoML，还有 Sharding 技术更强化；而"多租户"则是在容灾和安全性方面有所增强。

总之，21c 并没有推出更多新的架构技术，而是对大量现有技术的增强和稳定，也就更多体现了许三多式的质朴和扎实。

Oracle 从 2018 年开始将版本命名与自然年份挂钩了，21c 代表着 2021 年推出的版本，但按照原来的版本演变史，21c 本质上应该是 13c。又是一个奇数版本。感觉 21c 即 13c 更追求稳定和扎实，难道又来到了奇偶轮回论？哈哈。

4. 再回奇偶轮回论

任何一个新版软件的新特性更多体现在其是否推出了更多的新架构技术。下图就是

Oracle9i 版本以来主要版本的新架构演变情况，我们不妨再次推演前面戏说的奇偶轮回论。

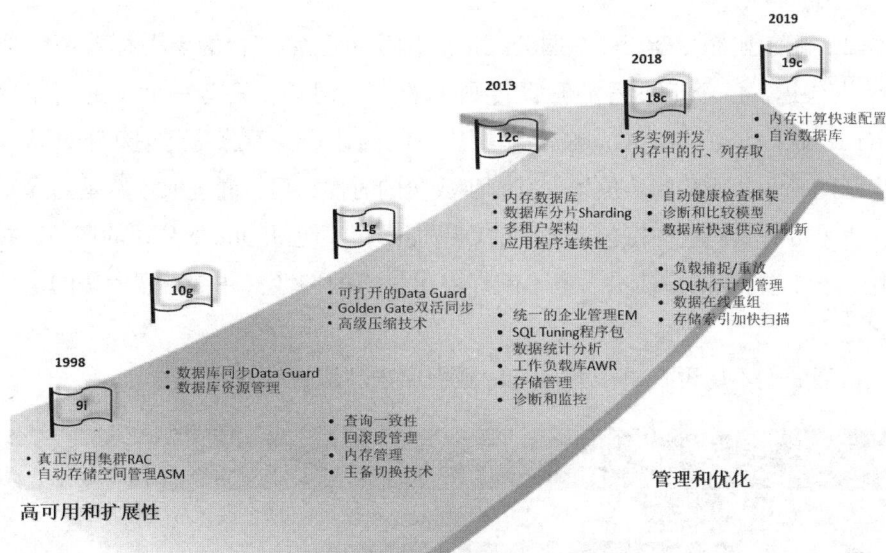

其实我们可以回顾一下更久远的 Oracle 8 和 8i，当年这两个版本的确推出了很多新架构技术，例如 8 版中的 OPS（并行服务器）、分区等技术，8i 中与 Internet 相关的新技术。但是，这些技术到了 9i 才更加成熟而稳定，例如 OPS 在 9i 中演变成了更成熟、更先进的 RAC，并成为业内一道亮丽风景线，而 9i 本身似乎并没有推出太多新的架构性技术。

而 2003 年推出的 10g 则令人耳目一新：以往由硬件厂商负责的存储管理和集群软件管理，怎么 Oracle 都分别通过 ASM、Clusterware 管理起来了？而这些技术到了 11g 才真正成熟、稳定下来。相应地，11g 中也似乎没有像 10g 一样推出很多令人炫目的新架构技术。

时光到了 2013 年的云计算时代，Oracle 的 12c 的确推出了多租户、内存数据库、数据库分片（Sharding）等令人眼前一亮的适合云计算的众多新架构技术，包括 18c、19c 这些依然是 12c 范畴的版本，也还在推出自治数据库等新架构技术。

而 21c 呢？如上所述，仿佛又到了一个稳定期。难道 Oracle 数据库版本演变还真有下图的阶梯式发展趋势，即偶数版是创新技术更多，奇数版则更追求稳定和成熟性？

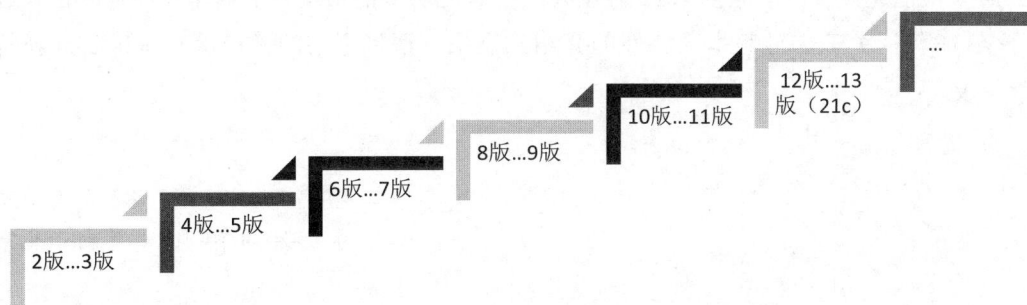

5. 一个不断创新的伟大公司

记得 20 年前刚加入 Oracle 中国公司时，国贸办公室前台的墙上挂着一幅公司的宣传画，年代久远，已经记不得那幅宣传画中的广告词了，只有一个关键词印象深刻：Innovation（创新）。20 年的 Oracle 工作经历，的确让我深刻感受到创新精神这种已经融入公司血脉的企业文化精髓。虽然也有脚步放缓的时候，但不断进取依然是 Oracle 公司的主旋律。正是因为具有这种持久、强大的创新能力，才使得 Oracle 公司的产品、技术和服务一直屹立于 IT 行业的最前沿，也不断爆发出惊人的韧性，并在激烈竞争的全球市场立于不败之地。

本文最后我们不妨再眺望一下 Oracle 数据库产品最新的发展蓝图。

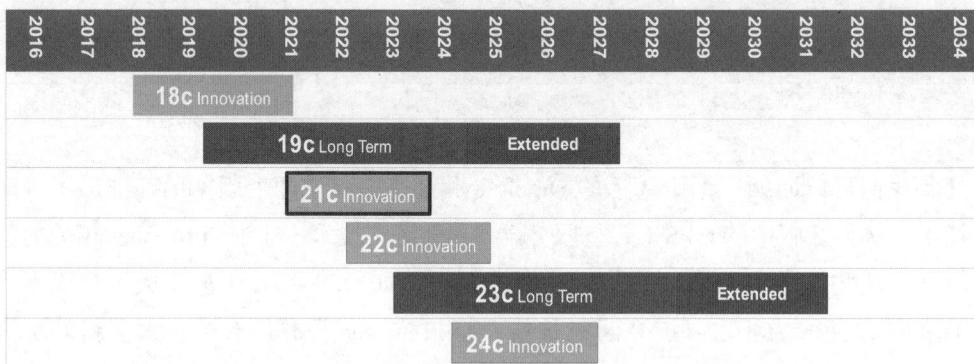

Oracle 公司未来会将数据库版本划分为创新（Innovation）版本和长期（Long Term）版本两大类。创新版本将推出更多新技术，例如 18c、21c、22c、24c 是创新版本，但服务周期只有 2 年；而长期版本则将更稳定、成熟，服务周期长达 8 年，例如 19c、23c 版本。这个蓝图也帮助我们服务部门为客户制定版本发展规划提供了依据，客户若追求长期稳定性，则可跨版本、跨年度升级到长久版本。若追求技术创新，则每年都可采用创新版本。

上面的 Oracle 官方发展蓝图似乎与本文的奇偶轮回论有点神似甚至异曲同工。总而言之，不断追求创新，又掌握好前行的节奏和步伐，积极而稳妥，对一个企业、一个社会乃至一个部门和个人而言，其精髓都是一样的。

需要更新的信息是，Oracle 公司已经在 2024 年 5 月推出了具有划时代意义的 Oracle 23ai 版本，也意味着为适应全球 IT 行业在人工智能领域的最新发展需求，Oracle 正式进入了 AI 时代。关于 23ai 版本新特性的介绍和感悟，请见本书的《初探 Oracle 23ai 新特性》一文。

2021 年 2 月 8 日初撰于湖南衡阳
2024 年 9 月 1 日更新于北京

Oracle 产品贵吗？

"Oracle 的东西是好，但是太贵。"这是我在业内一个同行群中听到的广大客户对 Oracle 的评价，本文想斗胆谈谈贵不贵这个话题。

从业 30 余年，我从未从事过销售工作。但是，无论刚进入 Oracle 公司时做纯粹的技术咨询和服务实施工作，还是近年来从事服务解决方案的售前工作，我还是或多或少接触到了商务方面的事情。本文主要从技术层面谈谈这个话题，希望能给大家一些新的思路和视野，也一定争取做到谈钱也不伤感情，哈哈。

Oracle 的贵首先就是产品贵，其次服务、培训等方方面面都不是省油的灯，本文先专注谈产品如何贵，以及作为甲方应如何在产品方面省钱。

1. Oracle 真贵！

1）一套 RAC 的价格比一个项目的投入都大

某年与上海某股份制银行畅谈其数据库架构令我惊讶：全国各大行甚至各行各业都广泛采用了 Oracle RAC 架构，但是该行却一直没有实施 RAC 架构。于是作为技术人员，我从技术角度大力推介 RAC 的高可用性、高性能、可扩展性等种种益处，最后客户直言："罗工，你说的 RAC 的好处我们都知道，但是你们的 RAC 我们真用不起，你知道吗？你们的一套 RAC 报价比我们一个项目的总预算都大！"我一时无语了。

2）一张纸 1 个亿

多年前的某日，我那位在国税总局电税中心工作的大学同学与我吐槽："你们 Oracle 太贵了，而且太牛了，就一张纸几行字的产品合同，就要了我们国税行业 1 个亿，而且还没说能提供什么服务。"

唉，那些年我常年为国税奔波，深知国税上上下下、方方面面哪哪都是 Oracle，如果严格按 Oracle 产品 License 计价公式计算，也许会算出好几亿。那一张纸的问题不是贵和牛，而的确是双方沟通不够，更是国税自身重硬件、轻软件的 IT 投资理念所导致。本文后续再谈这种理念带来的问题。

3）助纣为虐

10多年前，我被公司派遣参与了全国征信一代系统的建设，当年某行征信中心是一边开展项目建设，一边进行产品选型。待各方共同基于 Oracle 数据库协同合作，终于完成了一代系统的建设和开发的即将投产之际，Oracle 产品的销售人员给客户报出了一个产品天价，令客户震惊！可是，在我们 Oracle 服务团队的大力支持下，该系统已经大量采用了 Oracle 当年的架构和技术：RAC、分区、并行处理、各种复杂计算函数、物化视图……如果放弃 Oracle 而转用其他厂家的数据库平台，已经完全不可能。此时客户与我戏谑道："罗工，你简直是助纣为虐，你是你们销售的帮凶！"

可是，我想我们产品销售人员应该基本是按照 Oracle 产品标准计价方式推演出来的这个天价：或者按当时服务器配置，或者按这个全国性系统的并发访问量。于是木已成舟，客户欲罢不能，只能接受这个天价了。

2. Oracle 产品为什么这么贵？

Oracle 产品为什么这么贵？一定与其产品策略、定价策略和定价模式相关。因此，我们在这些方面深入剖析之。

1）"老罗，你说的是 AWS 哪个数据库？"

某日，我与既是老同事也是老球友，现在在亚马逊工作的一位老朋友在打球时闲聊："AWS 数据库比 Oracle 数据库怎么样啊？"老同事乐了："老罗，你说的是 AWS 哪个数据库？ AWS 有几十种数据库呢。"我当时有点茫然，日后看到了下图才知晓 AWS 真的有几十种各有所用途的数据库。

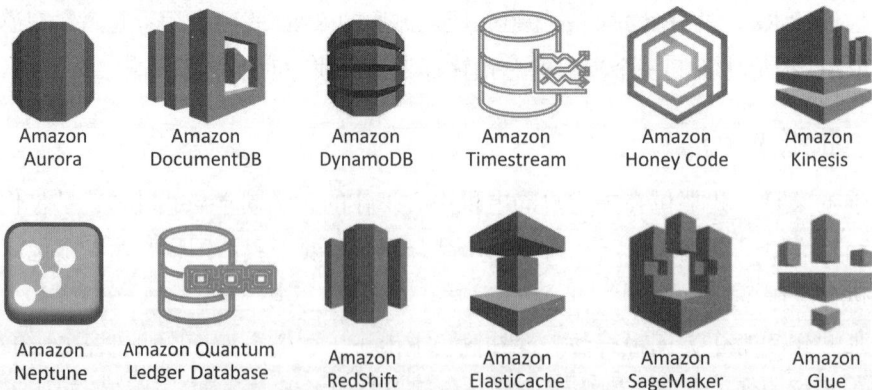

| Amazon Aurora | Amazon DocumentDB | Amazon DynamoDB | Amazon Timestream | Amazon Honey Code | Amazon Kinesis |
| Amazon Neptune | Amazon Quantum Ledger Database | Amazon RedShift | Amazon ElastiCache | Amazon SageMaker | Amazon Glue |

通过查询百度和亚马逊官网才知道：Amazon Aurora 主要是 AWS 的传统关系数据库，同时兼容 MySQL 和 PostgreSQL，但比 MySQL 和 PostgreSQL 性能高出很多；Amazon DocumentDB 是 AWS 处理文档数据的数据库；Amazon DynamoDB 是其 NoSQL

键值数据库；Amazon Timestream 是提供时间序列服务的数据库；Honeycode 可用于使用 AWS 内置数据库来构建应用程序，例如项目管理应用程序或任务跟踪应用程序，以管理小型团队中的工作流，个人理解就是实现工作流业务的数据库；Amazon Kinesis 则是处理和分析流数据的数据库……

与亚马逊这种专款专用的产品策略不同的是，Oracle 采取大一统的产品策略，如下图所示。

Oracle 将不同类型、不同负载的数据库运行在一个融合、开放的集成化数据库之中，不仅包括传统的数字、字符、日期等结构化数据，也包括大对象、图片、图像、视频、XML 等非结构化数据，还支持当下的区块链、IoT、微服务、JSON、REST、机器学习等各种类型的应用和数据，更有 RAC、分区、多租户、内存数据库、Sharding、Data Guard 等各种架构技术。总之，Oracle 就是一个包罗万象的庞大家族，乃至 21c 版本推出一个新名词：融合数据库（Converged Database）。

于是，各位可想象 Oracle 的定价方式的确与亚马逊等公司的按需采购策略不同。或者说，如果我们客户的数据处理需求只是传统的结构化数据，对高可用性、高性能要求也没有那么严苛，采购 Oracle 数据库的确有杀鸡用牛刀之感。再换个角度而言，如果客户的需求真的是企业级应用，不仅处理的数据对象和各种应用非常丰富，而且对高可用性、高性能、安全性、扩展性等需求都非常高，那么这种集中式采购 Oracle 数据库以及相关选项，一定比亚马逊等公司的分散式采购的成本更低。更何况这种融合数据库相比分布式架构的运维管理成本更低，安全性更高，以及全局数据访问能力更强。总之，针对此类真正的企业级应用，客户虽然在 Oracle 方面采购成本可能不低，但各种显性和隐性的 IT 总投入却可能下降了，而且回报更高。即总拥有成本（TCO）可能更低，而投入产出比（ROI）更高。

2）一碗饭定下来的 CPU 配置

多年前国税行业在全国开展省级大集中项目实施，记得就在某省实施的一次饭局上，总局主管部门某领导问某开发商："你们 XX 系统到底需要多少颗 CPU？"那位估计刚毕业没几年的毛头小伙扒了一口饭："8 颗吧。"再扒了一口饭："16 颗吧。"总局领导敢不给吗？如果出了性能问题，他可能就要担责了，而开发商可能就免责了。

于是，一顿饭、一碗饭甚至几口饭的工夫，这个系统的 CPU 配置就定下来了。实际运行情况是硬件绰绰有余，CPU 利用率仅为个位数，而且该应用软件还有极大的优化空间。而 Oracle 产品的定价方式主要有两种：一种按服务器的 CPU 配置计算，例如 CPU 核数、主频数等；另一种按系统的并发用户访问数计算，我想这也是全球 IT 公司通行的产品许可证计算方式。通常而言，由于中国市场、人口数量和并发访问量太大，计算难度也大，因此国内通行的都是按 CPU 配置进行计算的模式。不仅国税，全国各行各业都普遍存在重硬件、轻软件的 IT 投入理念，其结果就是水涨船高，把 Oracle 产品成本也哄抬上去了。

虽然国税当年一次性采购了 1 个亿的 Oracle 产品许可，但如果严格按 CPU 配置进行计算，可能还需要好几亿。于是，全国大部分行业几乎都存在无法按国际通行标准度量产品许可证的问题，也就是都存在一定的合规性，乃至知识产权问题。殊不知，这种状况其实是我们 IT 行业决策者乃至我们 IT 具体从业人员过于追求硬件的奢华而导致的。

3）两件往事

再说两件与 Oracle 产品许可证采购相关的往事。

往事之一：某天上午我在某省移动公司现场紧张地工作，产品销售同事突然来到我身后，恳请我帮忙把客户营业、账务、计费等主要系统的服务器配置尤其是 CPU 配置信息告诉他，并声称中午请我吃大餐。但他的意图太昭然若揭了，虽然我们是同一个公司的同事，但客户产品许可是否合法毕竟不是我们高级服务部门的职责所在，于是我将他的请求婉言推之。

往事之二：某年在我们服务部门销售的协调下，我登录到某省联通公司的系统进行现场调研，可是我屁股还没坐热，客户 DBA 就来到我身边说道："我们领导认为你登录我们系统不太方便，请你回去吧。"我当时愣了一下，还是销售同事反应快，悄悄对我说："老罗，估计客户 License 有问题。"尽管我和销售同事当时反复向客户强调我们是服务部门，是为了更好地保障他们系统稳定高效运行提供专业服务的，但最后我们还是被客户送出门了，哈哈。

3. 如何降低 Oracle 产品的投入成本？

既然 Oracle 产品策略和定价模式如此，那么如何既满足业务需求，同时又有效降低 Oracle 产品投入成本，乃至降低整个 IT 系统投入成本，同时又合规、合法，则需要我们各级 IT 从业人员共同思考之。

1）去 IOE 的合理性

据了解当年阿里首提"去 IOE"口号，是出于降低建设和运行成本的商业考量。即随着互联网业务的高速增长，阿里如果继续沿用传统的 IOE 架构，硬件、软件各层级的扩展性成本将呈线性增长，也将无法承受这种业务高速增长而带来的高昂成本。于是将硬件从

IBM 小型机和 EMC 高端存储迁移至 x86 平台和普通存储，数据库也从 Oracle 转为基于开源数据库的自研产品，虽然降低了一些技术指标，但现有架构的确能满足其互联网应用高速发展需求。

因此，这种策略也给我们更多行业客户提供了一个启示：没有一种产品和技术是十全十美的，只有最适合自己的产品、架构和技术才是最合理的，也是最经济的。具体到阿里，其现有的分布式架构的确具有更好的海量并发用户处理能力和扩展性，但其全局数据访问能力不强、运维管理复杂的问题，也许能被阿里的业务特点所容忍。反之，这种架构也许并不适合全局数据访问能力和全局数据一致性要求很高的银行业等传统行业。

总之，现在和未来的 IT 行业就处于多元化和百花齐放的年代，不同的技术架构和不同风格的产品都应该能找到其适应场景，正确的 IT 投资理念应该是在功能、价格等多方面进行综合平衡，以往那种哪哪都是 IOE 和现在一刀切地去 IOE 都是走极端的。

2）Oracle 标准版和企业版的合理采用

虽然 Oracle 产品功能和销售策略走的是大而全的风格，但也可细分为 Personal Edition、Standard Edition One、Standard Edition、Enterprise Edition 四种版本，或者粗略分为标准版和企业版两类版本，几类产品的功能和报价我想也是有一定差异性。Oracle 的专业服务团队通常都是给客户的企业版这种真正的大而全产品提供服务，我对标准版所不支持的功能并没有深度了解。近日查阅相关资料，才知标准版不支持 Data Guard、分区、数据压缩、位图索引和位图连接索引、一些在线操作等。但标准本已经支持 RAC，更具有了满足大部分部门级应用的数据库基本功能。

因此，我认为我们 IT 决策人员不应贪多求大，应严格区分真正企业级应用和部门级应用、关键业务系统和非关键业务系统、对外服务系统和对内服务系统的差异性，并精准施策，分别采用 Oracle 不同类型和层级产品，从而真正做到总拥有成本最低和投入产出比最高。

3）硬件不是万能的

但凡一个 IT 系统出现性能问题，我想国内大部分 IT 人一个共同思路就是扩容，例如增加 CPU、内存等，我认为这种简单策略的确不妥。首先，大部分性能问题其实都是应用软件质量不高所导致，这种简单扩容策略往往是治标不治本，而且当很多性能问题尤其是统计分析、报表等应用性能不佳时，其实 CPU 利用率很低，原因是没有采用并行处理等技术，也就是没有充分利用现有硬件资源，此时简单的硬件扩容完全是徒劳的。其次，建议国内同行以后在决定扩容时，不仅能想到 CPU 等硬件成本的增加，也应想到 Oracle 等软件成本也会随着 CPU 增加而水涨船高，还能具有扩容是否合规、合法的法律意识。

总之，硬件不是万能的，我们 IT 同行们应该有更缜密、更理性、更全面的思维和抉择，甚至拥有这个时代应日益增强的合规和法律意识。

4）云计算的确能降低成本

当下的 IT 行业是云计算时代。云计算就是当下互联网经济、共享经济、租赁经济在 IT 领域的具体表现形式。当年某四大行之一的客户运维部门领导对我声称"我们行现在几百套数据库系统都用了你们 Oracle 的 RAC"，这其实是典型的烟囱式、竖井式 IT 架构的真实写照。日后我在参与该行蓝图项目建设时，发现那几百套 RAC 数据库 90% 以上的系统 CPU 利用率都是个位数。而 Oracle 可不是按 CPU 利用率来计算产品价格的，而是根据 CPU 个数和主频指标进行计算的，这种奢侈、浪费的硬件配置必然带来高昂的软件产品价格。

如何降低硬件配置，同时相应地降低软件成本，而且又能满足每套系统的峰值处理能力？那就是利用云计算架构，例如在《云计算对某央企 IT 理念的启示》一文中的某央企案例，就是将原来部署在 10 台服务器的全国 30 个省的 30 套 2 节点 RAC 系统，整合为全国一套 4 节点 RAC＋多租户数据库，很圆满地实现了上述三个目标。

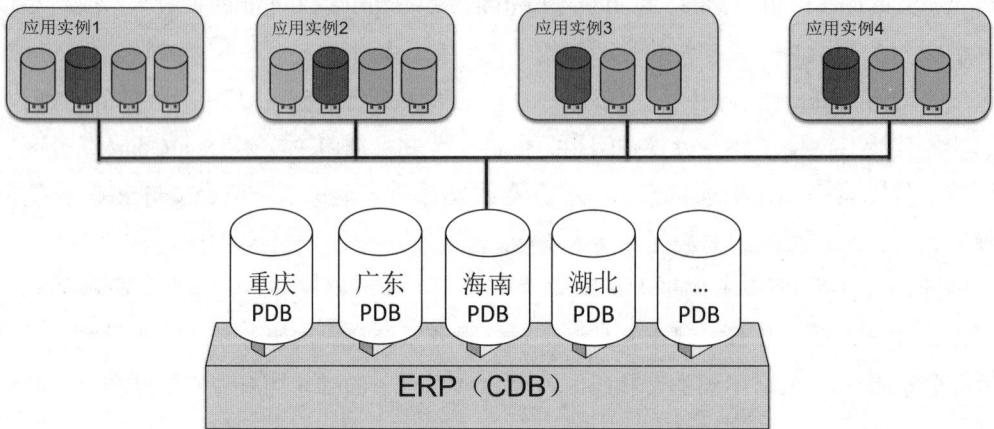

首先，10 台服务器降为 4 台服务器，不仅带来硬件成本的下降，也带来了 Oracle 等软件产品和标准服务等成本的大幅度下降。其次，原有的架构是 30 个独立的 RAC 系统，每个系统的处理峰值取决于那两台服务器，而现在 RAC＋多租户＋Service 架构却是所有存储和计算资源都共享，在极端峰值情况下，甚至可以同时运用四台服务器进行处理，计算能力更为强大。最后，这种集中和分布融合的架构，带来建设和运维管理成本的下降，以及全局数据访问能力的提升。

上述案例是运行在该央企的私有云中，而 Oracle 等各种公有云供应商更给我们带来了相比传统 IT 投资（On-Premise）方式更多不同的理念：共享式、租赁式、随用随付、按需供给、度量计费等。我想无论公有云还是私有云，云计算的确能改变我们传统 IT 建设和运维的独占式理念，也的确是降低 IT 整体成本的有效架构和途径。

通俗而言，为什么要每家、每人都买辆小汽车，而大部分时间都停放在自家车库？共享、租赁等新经济模式已经深入人心，作为科技领域的 IT 人，我们理应成为这个时代的弄潮儿。

5）一体机的有效运用

Oracle 早在 2008 年就推出了数据库一体机 Exadata，10 多年来，不仅推出了若干代数据库一体机，还有中间件、大数据、BI 等更多领域的一体机。本文暂且不展开这些一体机的技术特征和优势的介绍，依然只谈钱的话题。

"一体机的确好，但也的确贵呀。"我想这是广大客户的共同感慨。同样地，我想 Exadata 如此昂贵，Oracle 公司一定也不是漫天要价，而是合理定价。首先，所谓一体机是软硬件融合的理念，即一体机既包含了主机、存储、网络等硬件设施，也包含了 Oracle 数据库等软件的 License，因此不能只对比硬件报价，而要将硬件和软件成本一起对比。我曾看过 Oracle 官方的一台 Exadata 与一台传统 IBM 小型机 + Oracle 软件 License 的对比数据，结论是 Exadata 更便宜。

其次，一体机的优势还在于其众多专有的独特技术，如智能扫描 Smart Scan、混合列压缩 HCC、闪存 Flash Cache、Infiniband 交换机等，这些技术的综合运用的确比传统硬件的性价比高得多。

最后，一体机的确价格不菲，尤其是满配、半配的 Exadata 都是千万级和百万级，这么好的服务器我们应充分发挥其作用，千万别只跑一两套小系统，我们甚至应该在一体机上开展整个企业的资源整合和云计算平台建设，这种大手笔必然带来一个企业 IT 总成本的下降和投入产出比的最大化。下图是南方某银行充分运用 Exadata 一体机的典型案例。

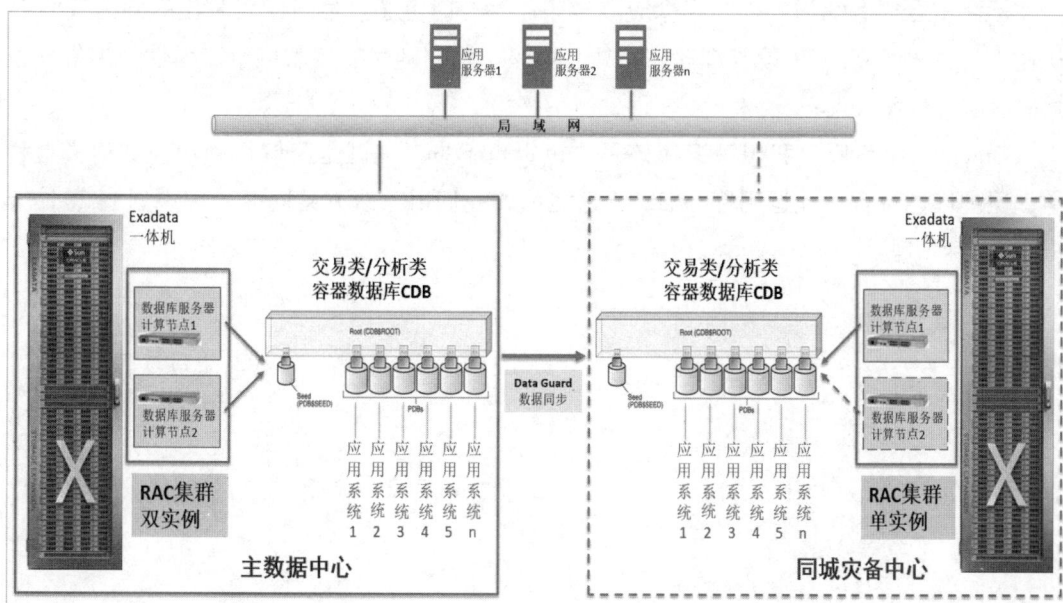

该客户原来有部署在 IBM 小型机、x86 和虚拟机上的百余套数据库，2018 年开始决定采购两台 Oracle 半配的 Exadata 一体机，并开展全行的数据库资源整合和云计算，具体方案就是将一台一体机作为生产系统，另一台作为同城容灾系统，并将目前的百余套数据库全部迁移到 Exadata 并部署容灾系统。如何实施的呢？原来大量采用了 Oracle 多租户技术进行数据库整合和云平台建设，具体就是在一台一体机上部署了四套 CDB/PDB，其中一套为 7×24 核心交易类系统、一套为普通二三类交易系统、一套为 ODS/ 历史和数据仓库、一套为其他分析运营类系统，并在另外一台一体机上通过 ADG 部署了相对应的容灾系统。

以往百余套系统部署在数百台 IBM 小型机、x86 和虚拟机上，现在全部迁移到这两台 Exadata 服务器并升级到 19c，我想硬件投资、硬件维保、软件 License 和标准服务等成本应该更低，而且场地、空调、电力等成本都会下降，还带来版本、平台的统一，以及数据大集中带来的运维管理、容灾成本的下降等。具体省了多少钱？产生了多少有形和无形的效益？精明的客户其实早就做出了精准的预测，实际收益想必也是非常丰厚的。

4. Oracle 产品贵吗？

我想各位看官现在再面对"Oracle 产品贵吗？"这个问题时，一定有更全面、深入的理解。首先 Oracle 产品的确贵，那是产品内涵丰富、融合等特性导致的。其次，尽管是大而全的产品风格，Oracle 也分标准版和企业版，作为客户我们还是应有的放矢，别贪多求大。再次，Oracle 产品价格是与硬件配置成正比的，当下的经济模式已经进入了科学发展、节约型发展和精准施策的年代，那种盲目追求奢华硬件设备的粗放型 IT 建设模式，以及不注重合规和知识产权的观念应该越来越不合时宜了。最后，云时代的确给我们 IT 从业人员带来了新的 IT 投资理念，租赁、共享、随用随付、按需供给、弹性扩展等新模式应该越来越深入人心。

Oracle 产品贵吗？我想答案应该是：也贵也不贵，关键是我们作为用户如何去更科学、更理性、更合规地运用好 Oracle，这也需要我们甲乙双方共同去合理规划 IT 整体架构和投入产出。

2021年11月20日于北京

Oracle 标准服务贵吗?

我想业内一个共识是: Oracle 不仅产品贵, 而且服务也贵。不仅昂贵的产品涵盖软件和硬件各层级, 而且不便宜的服务种类也是林林总总, 令与 Oracle 公司打交道不深的客户们时常一头雾水。于是, 我们各部门拜访客户时, 经常遇到这种尴尬的事情, 客户很惊讶地说: "你们 Oracle 刚才不是来过一拨人了吗?" 客户甚至拿出厚厚一沓 Oracle 名片给我们看, 其实我们各部门同事之间也几乎互不认识。

这就是 Oracle 扁平化组织结构给客户带来的迷惑, 本文欲与广大同行们专题讲述 Oracle 服务如何贵的话题。也感觉受到这种组织结构的影响, 每个服务种类都分属不同部门, 服务的形式、内容也各不相同, 几乎都可以独立成篇。于是, 本文就先聊聊 Oracle 标准服务, 并直言其贵不贵、值不值的敏感话题。

1. Oracle 的狼性文化

在展开 Oracle 标准服务叙述之前, 我不妨先讲述一下 Oracle 所谓狼性文化的特点。2001 年 6 月, 刚加入 Oracle 公司的我有幸与全公司同事一起飞赴桂林, 参加了 Oracle 公司 FY02 年度 Kick-off 大会。初入国际顶级 IT 公司大门的我, 对一切都充满新奇和新鲜感。那年的年会上, 公司倡导的口号和文化令全体员工们兴奋不已, 那就是狼性文化。公司高层宣称我们公司每位员工都要做一匹贪婪的独狼, 我们公司就是一个凶狠无比的狼群, 我们不仅要有狼的嗅觉, 敏锐去捕捉每一个市场机会, 而且要有狼的敏捷和狼劲去迅速把商机转换为结果。甚至在那天的全公司大会上, 公司高层带领我们几百名员工一起学狼叫, 那场面真的是鬼哭狼嚎、阴森恐怖, 让人毛骨悚然、惊心动魄, 哈哈。

日后不久, 渐入佳境的我的确感受到了 Oracle 的狼性文化, 下图是 Oracle 几个主要部门的组织结构图。

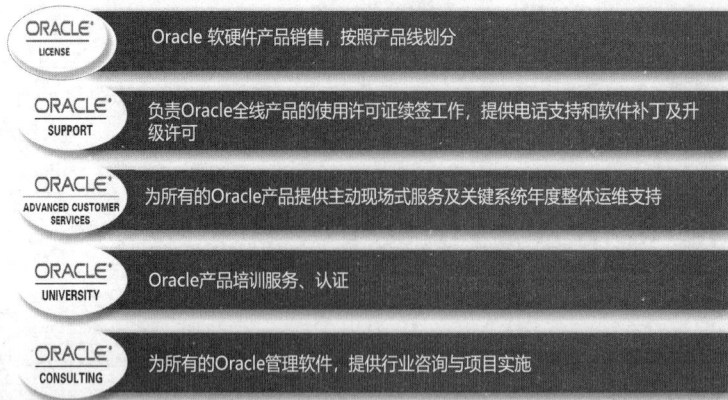

这就是 Oracle 公司最主要的 5 个大狼群：产品、标准服务、高级服务、培训服务和咨询服务，每个大狼群还分很多小狼群，例如产品狼群就细分为 Tech、Apps 等，这些狼群经常分别甚至同时扑向客户进行"撕咬"。与其他公司不一样的是，Oracle 公司面对同一个客户，没有一个总商务代表和总销售。于是，Oracle 的客户经常要面对至少来自 5 个部门的 5 名销售，每头狼都会嗷嗷叫卖自己东西的价值和重要性，甚至夸大其词号称自己是 Oracle 总代表。这也是狼性文化的一个特点，不仅对外狼，对内也狠。

我理解，Oracle 公司这种狼性文化出于自身商业目的，即鼓励内部竞争，让每个部门在客户面前都充分展现其价值和重要性，迫使客户增加预算，把饼做得更大，最终达到 Oracle 自身收益最大化的目的。

此外，我认为这种狼性文化也的确给广大客户带来了 Oracle 产品、服务各方面的价值和收益，也是每个客户都需要的，并且不违反市场竞争法则，只要客户能综合平衡考虑各种需求和投入，最终受益者还是客户自己。

2. 22% 的霸王条款

2019 年，Oracle 中国研发中心按公司总体规划进行大规模裁员，成了当时 IT 内外人士广为关注的热门事件，甚至被公众和媒体过度解读。网上一篇关于 Oracle 公司正在败退中国的软文，更是推波助澜。在该软文中，还对 Oracle 公司每年要收客户 22% 的服务费条款大加讨伐，并斥之为收客户保护费的霸王条款，引来不明就里的广大网民的义愤填膺。

这个 22% 条款的确是事实，也就是上图中的第二匹狼：Oracle Support，或者叫 PS（Premier Service），翻译过来叫"标准服务"。该服务条款的确充满狼性和霸气，那就是客户每年必须花购买该产品价格的 22% 来购买标准服务，例如若花 100 万元采购了数据库，则每年必须花 22 万元购买标准服务，否则就不合规，面临被 Oracle 公司起诉的风险。

可是，那篇软文却丝毫没有提及标准服务的内容和给广大客户带来的回报，难道这个世界上真有这样只管收客户高昂保护费，什么收益也不给客户的公司存在？Oracle 公司是美国的上市公司和全球化公司，也是受全球注目的公众化公司，不可能出现任何霸王条款。况且，这个 22% 的条款不是 Oracle 公司针对中国市场的，而是针对全球市场的，也是全球 IT 行业大公司的通行规则。

那么，Oracle 标准服务到底包含什么内容，能给客户带来什么回报呢？第一，未来产品版本升级将是免费的。因为 Oracle 大部分产品的大版本周期是 5 年，因此每年花 22% 采购标准服务，基本与 5 年的产品发布周期相吻合。否则，客户将需要重新采购新版本。第二，丰厚的服务回报。客户采购标准服务之后，将可以享受热线电话支持、知识库、补丁下载、服务请求（SR）、产品认证、Oracle 社区、主动告警和通告等诸多服务。

试想一下，客户每年都采购标准服务，5 年后不仅免费升级到新版本，而且这 5 年还享受了这么丰富、专业化的服务，这实际上是投入产出比非常高的美事。只是 Oracle 标准服务的强制政策的确给人以狼性和霸道的感觉。

3. 我对标准服务的切身体验

在标准服务众多的服务内容中，除了热线电话，其他服务项目都基本基于 My Oracle Support（简称 MOS 网站）展开，我想广大客户对 Oracle 标准服务体验最深的也莫过于 MOS，以前叫 Metalink，甚至很多客户感觉标准服务就是 Metalink（MOS），因此本节我就讲述对 Metalink（MOS）的切身体验。

1）初识 Metalink

老罗我自 1988 年开始接触当年的 Oracle 数据库 5.1 版本，自称是 Oracle 在中国的第一批客户，但是那个年代其实我只会基本的 SQL 语句，运用 C 语言通过 Pro*C 和 OCI 进行编程，到 20 世纪 90 年代开始用 PowerBuilder、Delphi 等第四代语言进行编程。当年最怕的就是 Oracle 突然冒出一个 ORA 错误，在那个没有互联网、也没有百度的年代，看到 ORA 错误，除了翻阅 Oracle 联机文档，基本没有别的办法。

1996 年，我作为客户去参加 Oracle 公司的某次产品发布会，第一次听到 Oracle 推广 Metalink 服务，那感觉就像黑暗中出现一束亮光，现场演示的 Metalink 世界那么精彩，感觉那才是 Oracle 的一片汪洋大海。其实那个年代互联网在中国还没有普及，2001 年我加入 Oracle 公司之后才知道，20 世纪 90 年代中期的 Oracle 售后工程师是手握一张总部定期下发的光盘，依托光盘中的 Metalink 知识库去给全国各地客户提供现场服务的。

20 世纪 90 年代后期我在某互联网公司担任 DBA 工作时，终于得到了第一个 Metalink 账号，这个账号只有查询权限，没有提交 TAR（即现在的 SR）权限，但是已经让我豁然开朗，仿佛进入了真正的 Oracle 自由世界。那个时候我已经感觉几乎每个 ORA 错误，都能在 Metalink 中找到相应的解决方案，我甚至有点盼着网站系统或者开发人员多出点问题，然后我就能在 CTO 面前展现一下自己的能力和价值，其实全是托 Metalink 的福。

我认为 Metalink 即现在的 MOS 至今依然是 Oracle 标准服务中给广大客户带来最大价值的服务内容。

2）神奇的 Oracle 售后工程师

1999 年，我在某网站工作期间尝试了当年一个高精尖技术——Advanced Replication 技术，用于网站几个数据库之间的数据同步。可是测试工作有点步履艰难，于是我就直接拨打 Oracle 热线电话，请求 Oracle 一位售后工程师进行指导。他陪伴了我整整一个下午，指导我的每步操作，令我惊奇的是，几乎我遇到的每个错误，他都很快给出解决方案，我猜想他当时一定是在借助 Metalink 以及 Oracle 内部更多的知识库，如此神奇和神速地给我以支持。有趣的是，当时 Advanced Replication 太不成熟了，Bug 一大堆，他一边指导我，一边笑着嘱咐我做好备份，可能随时会死机。果不其然，那天下午的最终结果就是彻底死机，他对我充满歉意，而我这边因为是测试环境并没有造成实际损失，反而感谢他让我亲身感受到了各种问题的处置过程。最后，他发给我一篇实施 Advanced Replication 的官方 Note，第二天我自己照猫画虎从头来一遍，一切搞定。

这是我第一次切身感受到 Oracle 售后工程师和 Metalink 知识库的神奇。

3）初入 Oracle 的一次实施经历

2001 年我刚加入 Oracle，受命去某客户的 IBM 小型机上安装 Oracle 8 系统。当时的情况是：第一，我还没有在 IBM AIX 平台安装 Oracle 数据库的实施经验。第二，我没实施过 Oracle 8。第三，Oracle 公司内部没有这样的硬件环境。因此，我完全是在客户现场摸着石头过河。更要命的是，当年 Oracle 8 还非常不成熟，漏洞百出，连安装程序中都有不少 Bug，例如连设置 DB_BLOCK_SIZE 的界面都没有，需要钻到安装脚本中进行设置。就这样，我吭吭哧哧一整天，解决了七八个问题之后，终于把系统装好了。

此时，陪了我一整天的客户技术人员感慨道：罗工，我们跟了你一整天，不仅跟你学到了如何安装 Oracle，更主要是学到了你解决问题的方式，比如你如何上你们公司的 Metalink 网站查资料，如何在 Metalink 提交服务请求，如何直接与你们后台的印度专家电话咨询——这些全部是标准服务的内容，也是初入 Oracle 公司大门的我会更全面、更专业地运用标准服务的开始。

4）MOS 的权威性

某天与销售同事一起拜访南方某重要客户的运维主管，该主管原来就是我们部门的同事（本文简称他为同事 A），我们不约而同聊到了另一位同事（简称同事 B）。那段时间，同事 B 正在某地实施项目，同事 A 如此评价他的老同事 B："×× 做事太学究了，也太保守了，几乎每做一件事情，都要去 MOS 上找篇官方文档作为依据。"

虽然我在现场附和了同事 A 这番评价，其实我是不太苟同他的看法的。同事 B 这种工作方式看似学究、保守，甚至机械，实际上代表着严谨、规范，甚至这就是原厂的范儿。因为 MOS 中的各种文档代表着官方的标准和权威性，这些文档不仅都经过了严格的测试验证，甚至具有一定的法律效益。也就是说，如果我们作为合法客户采购了 Oracle 标准服务，并且按 MOS 中的文档进行了某个问题的解决或某个方案的实施，如果发现是 MOS 文档有错误，导致客户 IT 系统出现问题，客户是可以采取法律手段追责 Oracle 的。当然，MOS 中所有文档都有严谨的平台、版本等环境描述，因此建议客户在按照 MOS 文档解决问题或实施某个解决方案时，一定要看清楚该文档是否适合自己的平台和版本。

试想一下：当下国内很多 Oracle 客户一遇到问题都是第一时间去百度，的确网上有很多相关资料可供参考，也的确能解决很多问题。但那都是同行们和发烧友的经验之谈，并没有官方的权威性，适应场景可能也不一样。如果导致了错误的结果，更没有谁来替你承担责任。

5）某银行关于标准服务的故事

2018 年某月，根据公司的安排，我去参加国内某银行举办的全行技术培训，这次培训云集了该行总行科技部、软件开发中心、数据中心各部门，以及全国各分行数据中心的众多 IT 人士。我那次的主要职责是介绍我的本职——高级客户服务（Advanced Customer Service），但是那次我也顺便把 Oracle 公司整体服务体系包括标准服务进行了宣讲。令我惊讶的是，该行大部分部门尤其各分行 IT 人员几乎不了解 Oracle 标准服务，一个明显问题就是：大部分 IT 人员都没有该行的 CSI 号（Customer Support Identifier），也就是没有 MOS 账号，这意味着全行尽管每年都采购了那 22% 的标准服务，但利用率太低，也就是投资回报率太低，这直接影响了该行 Oracle 相关产品和技术的运用水平。

那次我被他们拉入一个微信工作群，培训之后，该群最活跃的事情就是各部门、各分行向总行相关部门索取 CSI 号。我感到非常欣慰：该行历年都购买的 Oracle 标准服务终于得到了充分运用，某种意义上而言，这也是该行国有资产投资得到了收益最大化。

可能这种情况并非个案，即很多行业、很多客户在 Oracle 标准服务部门的要求下购买了 22% 的标准服务，而广大 IT 人员并没有充分享受标准服务的丰厚回报，于是更加深了业内对这个 22% 条款的霸王印象，哈哈。

4. 感触国内某著名 IT 公司的数据库研发情况

2019 年夏天的某天，我受一位在国内某著名 IT 公司任职的 Oracle 老同事之邀，与该公司数据库研发团队进行了一次技术交流。他们的目的是想了解 Oracle 最新产品和技术，尤其是数据库智能化运维、自动健康框架等新技术，我也利用这难得的机会，零距离感知了风起云涌的国内数据库开发厂商的风采。

那天我一进入技术交流会场，第一时间就感受到了该公司与国内大部分公司的不同之处，即国际化，原来其数据库研发团队云集了来自加拿大、以色列、罗马尼亚等诸多海外专家。在接下来的交流中，也深刻感受到了该团队对 Oracle 数据库产品的尊重甚至崇敬，也得知他们基本以 Oracle 为标杆，在研发类似的产品和技术。

但是，在交流中我无意间反问他们的一个问题，则令他们陷入了尴尬。我的问题是："你们现在有专门的数据库服务团队吗？"回答是否。我想，这就是目前国内数据库研发厂商与 Oracle 这样的大公司的一大差距，因为国内厂商普遍还没有建立类似 Oracle 标准服务、高级客户服务等这样分工明确、门类齐全的专业化服务部门和服务体系，基本还是研发团队在兼职做技术服务工作。

据了解，Oracle 公司早期发展时也没有专门的服务部门，甚至出于成本考虑，连专门的测试部门都没有，而是把客户当成了测试人员。但是，Oracle 生意越做越大之后，这些更加专业、专职的部门就成立起来并高效运作。我曾参观过 Oracle 标准服务在大连的团队，那 22% 的"霸王条款"实际上就是养着 Oracle 后台的 GCS（Global Customer Service）团队，正是后台这些专家们为 Oracle 制定了统一的服务规范和服务标准，高质量地建立和运行着服务平台（即 MOS），还有日积月累的知识库，并直接为全球客户提供了跨越时空、7×24 小时的服务和支持，才为 Oracle 全球客户以及 Oracle 内部各技术团队提供了坚实的后盾和保障。

我想，包括数据库研发在内的国内基础技术和核心技术研发公司，不仅在产品功能和特性方面与国外厂商尚有不小差距，而且在公司服务体系建设、服务理念、服务平台、服务规范化这些软实力方面，可能存在更大的差距。假以时日，若国内公司也开始出现类似 22% 的"霸王条款"，则代表着国内 IT 服务更加规范化和专业化了，也是我们国内 IT 行业提升和成熟的标志之一。

5. 关于 22% 更多的感慨

关于 22% 的 Oracle 标准服务费用，我还意犹未尽，不妨多层面、多角度地再讲述一些轶事。

1）Oracle 的最大优势

某日，我与上述那位现在国内某著名 IT 公司任职的 Oracle 老同事闲聊，他问我："老罗，你知道 Oracle 的最大优势是什么吗？"我回答："我一直待在 Oracle，你离开 Oracle 辗转好几家外企和国内企业了，你自己有比较，比我有发言权。"他的回答简单干脆："Metalink！"他接下来继续对 Metalink 赞不绝口，而将其他几家他待过的公司的服务网站和知识库都斥为垃圾，特别强调解决问题时效率低下，甚至啥也查不到。

我没有他这种横向比较的体验，但我想业内大部分 Oracle 同行一定感觉 Metalink 的确是个好东西，不仅在遇到问题时，在 Metaklink 的知识库中能找到大部分问题的答案，而且针对疑难杂症，还可以提交服务请求（SR），请 Oracle 后台 GCS 专家提供大力支持，甚至可以得到研发团队的支持，即所谓解铃还要系铃人。这也意味着 MOS 不仅有丰富的知识库和搜索引擎，而且还是个互动的平台，甚至完美地诠释了当今世界的全球化理念，即只要您是 Oracle 合法、合规客户，即便您身处深山老林、边陲小镇，都可以与 Oracle 后台的全球顶级技术专家切磋，并得到他们的大力帮助。

Metalink 除了具备解决客户重大问题的主要功能，该网站也是 Oracle 为客户提供补丁下载的唯一平台，它不仅可以被动解决 Bug 问题，而且也是主动下载补丁、防患于未然的主要手段和平台。试想任何软件都是人开发的，包括 Oracle 这样成千上万人开发的庞然大物，必然也存在这样那样的错误。如果没有 Metalink 这样的发现 Bug 和提供补丁的纠错平台，我们的客户可能只能将 Oracle 的使用停留在最基础的阶段和水平。

Metalink 还是 Oracle 所有产品认证的唯一平台，IT 技术发展日新月异，各种新老硬件、软件技术之间是否互相支持，Oracle 等大公司都会相互测试、认证。只有官方认证的产品和技术，广大客户才会踏踏实实地放心使用，Oracle 等厂商也只会对认证的产品提供技术支持。

Metalink 还有社区、主动告警和通告等更多服务，本文就不再展开了。

2）国外 Oracle 标准服务情况

据 Oracle 中国公司标准服务部门的同事介绍，国外的标准服务部门根本就没什么销售，也就是国外大部分客户完全能理解标准服务的价值，无须 Oracle 派出销售人员去广为宣讲标准服务的价值。据了解，国外的标准服务部门就是定期给客户发邮件，提醒客户标准服务快到期了，提前准备 22% 的预算继续购买来年的标准服务。

为什么国外客户能广泛接受 Oracle 标准服务？我想一方面与文化和语言相关，因为 MOS 中大部分资料都是英文的，后台专家们也基本都是说英文的，但在文化和语言方面，Oracle 中国公司也在努力提高客户的满意度。另一方面是 IT 理念方面的差距，即国外客户可能更适应自我服务和自我解决问题方式，遇到问题直接上网去解决，而国内客户则还是希望得到"保姆式"的现场关爱。于是，这种情况在国内也就并不少见了：明明每年都花钱买了标准服务，但连账号都鲜为人知，最后还给 Oracle 扣上"霸王条款"的帽子。

6. "软件就是服务"

"软件就是服务"这句口号至少在20世纪90年代就已经盛行于国内外IT行业，身为Oracle原厂服务部门一员，我也深感国内IT行业对服务的认知越来越深刻，Oracle各服务部门业绩近年来持续高速增长，就是大家对服务认知不断深化的一个真实写照。

但是总体而言，国内IT行业无论甲方还是乙方，IT服务意识和理念依然还有很大提升空间。例如，仍然有不少IT部门决策者和技术人员认为服务应该是免费的，或者认为硬件、软件License可计入固定资产，而服务只能计算为成本，因此宁可冒着降低IT系统稳定性和质量的风险，将减少服务作为降IT系统成本的一个举措。无论甲方乙方，也依然没有意识到服务本身是一种产品，需要专门的团队和人员来精心打造、辛苦耕耘，并贴心呵护客户。很多客户依然认为服务一定要有人到现场来，缺乏自我服务的意识，国内IT公司也缺乏将服务划分为类似Oracle的二线标准服务和一线现场高级客户服务的精细化分工和有效合作。

中国改革开放40多年，早就融入世界了，国外先进产品和技术早就在各行各业广泛运用，在IT领域，我们的各种硬件、软件几乎与世界最先进技术同步，所以我们的思想观念、行事规则也应该与世界接轨。类似Oracle标准服务的理念和规则早就成为全球IT人士的共识，在中国大部分行业也获得了良好的投资回报。

如果有一天，我们不仅看到国外更多先进的硬件、软件不断进入中国市场，我们IT人的做事风格和方法也越来越与国际接轨了，投入产出比更高了，那才是更值得国人骄傲和欣慰的。

2021年11月26日于烟台

Oracle 高级客户服务贵吗?

对 Oracle 广大客户而言,与 Oracle 产品 License、标准服务(Premier Service)的昂贵有点儿看不见摸不着的感觉不一样的是,Oracle 各种现场服务的价格不菲是客户感触最直接的,10 多年前开始,Oracle 的高级客户服务、顾问咨询服务等现场服务费用基本就是一天一万元人民币了。于是,国内客户不仅对 Oracle 服务价格讨论不已,而且也有很多充满神秘甚至夸大之词。

"他们从出家门,或者从登机开始就计时收费了。"

"他们到点就下班,只按时间收费,并不管能否真的解决问题。"

"他们的服务还要提前三天预约。"

"Oracle 公司收我们一万一天,你个人能拿多少提成?"

……

从业 30 余年,我分别在 Oracle 的顾问咨询服务(Oracle Consulting Service)和高级客户服务(Advanced Customer Service)部门工作,大部分时间也是从事有偿服务的实施工作,对 Oracle 的多种现场服务感受深刻。因此,本文就将讲述自己的本职工作是否真的贵得离谱,以及给广大客户带来的真正价值。

1. "你太贵,起来干活吧。"

2004 年,我在征信一代系统现场为人行征信中心提供了一年的顾问咨询服务,与客户朝夕相处的日子迄今历历在目,其间一些轶事也值得回味。

那年盛夏的一天中饭后,我正趴在桌子上小憩,我这个从高考前就养成的雷打不动的午睡习惯已经坚持几十年了。那天当我正迷迷糊糊之际,突然被某客户轻轻摇醒了:"罗工,你一天一万,太贵,起来干活吧。"待我清醒过来,满屋都是黑漆漆的,原来所有客户都在单位专门发的行军床上酣然入睡,不仅偌大的办公室灯全关了,而且拉上了厚厚的窗帘,如同黑夜,只有我一个人摸黑在计算机前即将开始我那按小时计费的工作,哈哈。

说实话,我当时的确有点儿怨言,但人家是甲方,我也无可奈何,也感慨这位客户在那个年代就有了这么强的投入产出意识,更真心感谢这样的客户给了我们乙方鞭策和严苛的要求，令我们在职场上更加投入、更加专业化、更加领先于同行、更加激励我们前行。记得鲁迅先生说过："哪里有天才？我是把别人喝咖啡的工夫都用在工作上的。"请允许我类比一下："为什么要买原厂服务？因为原厂的人把别人午睡的时间都用在工作上了。"

虽然我们团队当年每人一天一万，但是一年的总服务合同就 100 多万，却涵盖了征信一代系统需求分析、架构设计、应用开发、测试、上线和投产后运维等各阶段，给客户带来的回报是难以量化的。该系统从 2005 年 1 月 1 日投产，一直到 2020 年才开始逐渐被征信二代替代，基本稳定高效地运行了 15 年以上，为国家经济这 10 多年的高速发展发挥了重要的基础性作用，相比各种直接和间接经济效益，当年客户为我们服务团队投入的那 100 多万，简直就是九牛一毛。

2. 最贵的一次实施经历

在加入 Oracle 的 20 余年中，我被公司卖得最贵的一次不是近年而是 10 多年前的 2007 年，那次我被南方某销售以每天一万四、一分也不降的 List Price 价格卖给了某日企 10 天。我到了现场才知道，客户的两台 Dell 数据库服务器合起来的价格还不如我 10 天的现场服务费，不是传说中的日本人做事很精打细算吗？怎么会愿意花这么大把银子砸在我身上？原来我去服务的系统是他们非常重要的客户关系系统，我的任务主要有二：优化该系统性能和搭建高可用性环境。下面叙述服务实施中的一些重要事情和趣事。

1）CPU 利用率立竿见影降下来

那次去现场之前我已经得到一份 Oracle 日本公司的同事对该系统的服务报告，在那份掺杂着英文、日文、间或出现几个汉字的报告中，我连蒙带猜了解到该系统 CPU 使用率很高，然后就是一些等待事件高、读写高的表和语句列表、硬解析高等问题，以及需要调整 SGA、PGA 等参数和把一些表驻留在 Buffer Cache 的优化建议。现场具体情况如何呢？

我到现场后那个周一上午，很快就发现，原来是大量交易型语句没有使用绑定变量带来的大量硬解析而消耗了 CPU 资源，CPU 平均利用率达到 80% 以上，甚至经常出现 100% 的峰值状态，如下图所示。

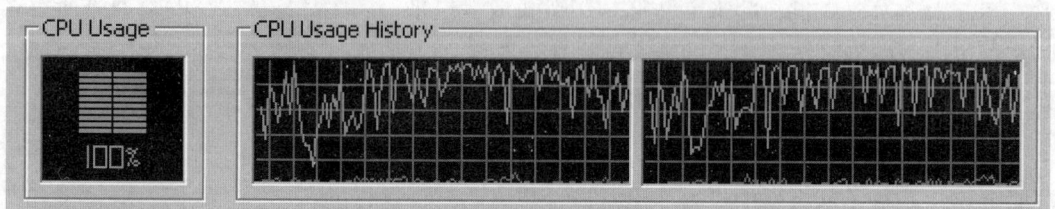

如何解决？有两种方法：一种是修改应用程序，将条件语句中的常量改为变量，鉴于该系统是日本总部开发，应用软件改造的工作量和难度较大、难以实施的情况，于是我建议采取第二种简单方法，即将 CURSOR_SHARING 参数由 EXACT 修改为 SIMILAR，由 Oracle 将所有语句中的常量全部替换为系统生成的绑定变量，从而大大降低语句的硬解析次数。为了修改这个参数，客户把我的建议上报到日本总部，总部经过三天研究，采纳了这个建议，周四上午我们才在生产系统进行实施，这令我第一次切身感受了日本人的严谨工作风格。效果呢？立竿见影：CPU 平均利用率马上下降到 40% 左右，再没有出现持续 100% 的峰值现象。

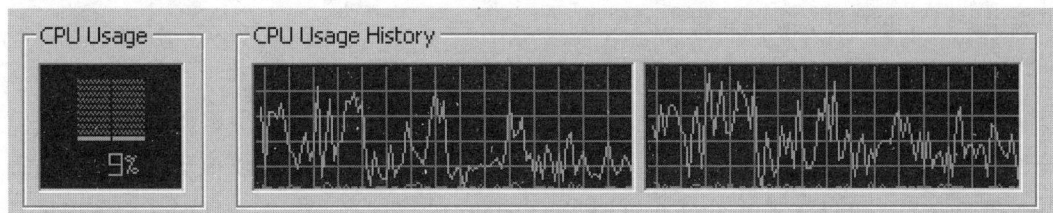

2）乐极生悲

看到一个参数的修改就带来 CPU 利用率的显著下降，客户和我都兴奋不已。可是，也就短暂地开心了不到一天时间，周五上午一上班，客户就反馈周四晚上的跑批应用出问题了，出了个 ORA-03001 错误。与 CURSOR_SHARING 参数修改有关系吗？我经过周五上午的紧张分析和确认，原来真与 CURSOR_SHARING 参数相关，撞上 Bug 4773324。什么情况下触发的？原来是语句的常量条件后含有全角空格，如下图所示。

```
WHERE CRACTRESULT = '5 '
                       全角空格
```

即 "5" 后面的空格是全角空格即 16 进制的 A1 值，而不是普通西文空格 20 值，Oracle 就是在将这个 "5" 替换成系统绑定变量时，没想到后面有个全角空格而触发了这个 Bug。哦，原来严谨的日本应用开发人员也有粗心大意的时候，Oracle 总部研发人员也没想到我们中、日、韩的开发人员在 SQL 语句中都可能书写出全角空格来，哈哈。

怎么办？我第一反应是打补丁，可惜当年 9.2 版本没有这个小问题的补丁，只能升级到 10.2 版本才能解决，申请补丁的 backport 难度也大，时间很长。把 CURSOR_SHARING 参数改回 EXACT？但 CPU 利用率马上又上去了。让开发人员把全角空格排查一遍都去掉？这个工作量也不小。怎么办？最后我想出了一个权宜之计：写一个脚本，白天自动把这个参数设置为 SIMILAR，晚上动态设置成 EXACT。可是万一白天的语句中也有全角空格呢？可见我的方案也并非十全十美。

3）SIMILAR 啊，SIMILAR

这是我职业生涯中第二次遇到 CURSOR_SHARING 参数设置成 SIMILAR 的 Bug。第一次是刚加入 Oracle 不久一次去某电信公司提供现场服务，投产当天看到 CPU 利用率有点高，原因也是大量 SQL 语句没有使用绑定变量，于是，急于表现的我在征得客户 DBA 同意之后，就将该参数设置成了 SIMILAR，CPU 利用率也是立竿见影就下降了。但没几分钟就接到楼下客户项目经理的电话："你们是不是在后台改东西了？前台业务报 ORA-7445 错误了！"吓得我赶紧恢复原状，待业务平稳之后，项目经理电话接踵而至："数据库参数在上线前都经过了严格的测试验证，谁让你们上线当天还改参数？"这就是我当年为年少轻狂的懵懂和鲁莽而付出的代价，哈哈。

SIMILAR 啊 SIMILAR，后来我得知这么简单一个东西，Oracle 几乎每个版本都有这方面 Bug，后来，Oracle 不知从哪个版本起，索性彻底不支持 CURSOR_SHARING 设置成 SIMILAR 了。而我自己掉到同一条沟里两次，早就不敢再在 CURSOR_SHARING 方面表现和折腾了，也早就不关心 CURSOR_SHARING 的发展和变化，而是老老实实保持其默认值 EXACT。对诸如绑定变量窥视、游标自适应等新功能也建议客户不主动实施，主要在应用层也就是从源头解决是否采用绑定变量的问题。例如，高并发量、小事务的应用语句建议采用绑定变量，低并发量、大事务、复杂统计分析语句则不采用绑定变量，这也是更全面、更完美的绑定变量使用方案。

Oracle 现场服务工作看起来很光鲜，但很多时候都在干这种给 Oracle 后台研发人员处理遗留问题、一地鸡毛的活儿。

4）高可用性方案的实施

在第一次去现场服务之前，我以为客户的高可用性方案就是 Windows 平台的 RAC 架构，为此特意进行了一些技术准备，毕竟 Windows 平台 RAC 架构案例并不多。到了现场才知道，原来客户是要在已经搭建的微软 HA 高可用性软件 MSCS 的基础上，再安装 Oracle 的 HA 软件 Oracle Fail Safe（OFS），并将 MSCS 与 OFS 集成为一体。我在第一周重点解决性能问题的同时，尽管建议客户考虑技术更先进的 RAC 架构，但是日本客户非常重视产品的合规性和现有投入，即客户没有采购 RAC，但已经采购了 MSCS 和 OFS。于是，客户决定继续实施 MSCS + OFS 的 HA 高可用性架构。

这使我又一次在 Oracle 职业生涯中成了第一个吃螃蟹的人，不仅当年我可能是第一个实施 OFS 软件的人，而且 Oracle 目前都已经淘汰该软件了。我那次的 OFS 实施可能真成了前无古人、后无来者的绝唱，哈哈。

在该项目实施中，我与客户协商先重点解决性能问题之后再实施 OFS，其实这也是给我自己进行 OFS 的技术储备留下时间和空间。记得该项目实施间隙期我还去了东北某地出差，与其他公司的同行们一起坐卧铺回北京，他们在一起打牌，我则在一旁啃 OFS 的技术资料，他们感慨道：你们外企的人真敬业。我则无奈一笑：我是被人用枪顶到后脊梁骨了，哈哈。

在第二次去客户现场之前，我不仅通读了 OFS 联机手册，而且按照 OFS 文档在自己机器上进行了安装和模拟测试，并根据该日企需求编写了 OFS 实施方案，方案包括 OFS 的多个参数定制化设置，例如 Pending timeout value、Is Alive interval、Looks Alive interval、Resource Restart Policy、Resource Failover Policy、Resource Possible Owner Nodes List、Group Failover Policy、Preferred Owner Nodes List、Failback Policy 等。

第二次到了现场，我先在客户的测试环境顺利安装了 OFS，并启动 OFS Manager 图形管理工具，产生 TREE VIEW，然后连接到 MSCS 的 Cluster，再通过 Verify Cluster 命令验证整个 Cluster 硬件、软件环境的正确性，最后再创建该系统的数据库 Group，并将虚拟 IP 和网络名、所有数据文件、Oracle 实例和监听器等资源加入该 Group 之中。

然后在测试环境开展了正常切换、关闭监听器、关闭实例、拔掉网络心跳线、强行关机等高可用性测试，最后在生产系统顺利安装部署了 OFS 并和 MSCS 进行了集成。但遗憾的是，受限于时间和环境，我并没有针对 OFS 的各种参数设置展开全面测试，而只是一次性设置了这些参数，这不一定全面满足客户的高可用性需求，只能留待客户 DBA 团队日后去优化了。

5）我贵吗？

当年我以公司最高价格服务该日企，并了解到我的价格都超过了客户的两台数据库服务器价格时，隐约还是感觉到了一定压力。但是，两个 5 天下来，我还是顺利完成了客户期待的两大任务：性能优化和高可用性架构的实施。在性能优化领域，我不仅第一时间就发现了最消耗 CPU 资源的问题症结，即没有合理使用绑定变量，尽管在解决过程中遭遇了 Bug，不尽完美，但总体上还是大大缓解了该系统的压力，而且我还在 SQL 语句优化、数据的行迁移和行连接等优化、RMAN 实施和优化等更多方面展开了工作，全面提升了该系统多方面的性能。在高可用性实施方面，则是将 OFS 与现有的 MSCS 进行了集成，完善了现有的 HA 架构，实现了数据库系统的快速故障切换。

这些工作的成效如何用金钱来描述呢？日本同行们一定精打细算过，至少经性能优化之后，该系统硬件资源消耗大大降低，在较长时间内可充分满足其中国市场需求，无须进行硬件的大规模投入。高可用性架构的加固则更难以用金钱来描述了。

现场服务价格超过硬件服务器价格，这是我在 Oracle 的 20 多年职业生涯中遭遇的第一次也是唯一一次，也是当年我对日本同行们更加科学、缜密、节约的 IT 投入观的一次切身体会，想必对当下国内 IT 同行而言依然非常值得借鉴。

3. "喝西北风"的原厂服务部门

1）红旗招展，锣鼓喧天

2021 年 11 月，北方某银行新一代核心系统投产上线，那次的新核心上线是我见识过的场面最为宏大的一次，真可谓红旗招展，锣鼓喧天。尤其是应用开发商为某银行所属的开发公司，该公司将其在母行多年的设计开发成果，特别是母行核心系统研发成果直接输出到各地方银行。在投产期间，据说该公司有数千人之众在现场保障，每天都有数十辆大巴往返酒店与客户现场。另外，还有涵盖硬件、软件、网络、第三方服务等众多公司的同行在现场工作，加上银行的工作人员，估计现场会有上万之众。

而作为 Oracle 现场服务部门，只有销售同事、我和一位 90 后同事三人在现场，更悲惨的是，由于当时没有针对性的合同在身，我们基本是友情客串学雷锋来了。为此，我与销售同事调侃道：人家应用开发商是真正吃大肉的，Oracle 原厂产品部门是吃小肉的，第三方公司是喝汤的，而我们原厂现场服务部门连骨头都没啃上，纯粹是来喝西北风的，哈哈。

2）雷锋的风采

尽管客户没有为该项目采购专门的原厂现场服务，但我们还是应客户要求，一行三人来到了客户现场进行保障工作。我们三人分工明确，销售同事负责总体协调，90 后同事负责投产期间各种具体故障的紧急救援，我的任务则是全面调研评估该核心系统的设计、开发和运维等总体情况，为后续推动客户采购针对核心系统的原厂服务打下基础。

首先，在投产期间，我的年轻同事凭借扎实的技术功底，有效解决了数个紧急故障：包括因表空间空间压力导致 SQL 语句执行时递归清理回收站，以及回收站对象数量较多，最终导致某 insert 语句执行效率差，并出现异常 library cache lock 和 enq: TM - cotention 等待事件的问题；网络问题导致传输的归档日志不完全，从而导致备库 MRP 进程被卡住问题；因表统计信息不准，导致某 update 语句错误采用 nested loop 表连接技术，从而性能差的问题，等等。

其次，我主要在该系统的设计、开发和运维各层面去分析更多全局性问题，例如，目前的分区方案没有按时间进行分区设计，导致未来难以按时间分区进行历史数据归档；核心系统所有业务部署在节点 1，没有实现 RAC 两节点负载均衡，也导致 RAC 难以进行横向扩展；全库备份长达七八个小时，备份时间不固定，且运行在白天交易时段；自动统计数据采集脚本没有在预定时间窗口完成，导致大量表存在统计数据过期，并可能最终导致执行计划不佳；目前以异步方式实施了 ADG，不能实现 RPO=0，即容灾系统有丢数据风险，以及容灾系统只作为容灾使用，没有发挥分担生产系统查询、报表、备份恢复等功能，等等。

　　尽管上线期间我们没有收益，但我们还是发挥雷锋的专业精神，不仅针对上线期间的若干紧急故障提供了及时、高效的服务，有效确保了核心系统的顺利上线，而且在宏观上为该系统进行号脉，为该银行客户未来更深远的发展提出了更多有价值的优化建议。

3）市场经济下的雷锋

　　雷锋的无私奉献精神永存，但当下的雷锋也应按市场规律办事。原厂服务部门在经历了一段时间的不懈努力，尤其与客户的充分协商沟通之后，该客户最终在投产半年多后还是针对新核心系统采购了原厂服务。我想客户不仅意识到原厂服务部门在其核心系统长期稳定高效运维工作中的重要性和价值，而且去年冬天上线期间，原厂技术专家的优异表现也一定打动了客户。

　　据了解，原厂服务已经在该客户展开具体的实施工作，我们不仅将在各种紧急故障的应急处理、重大时期的保障服务等方面展现原厂的专业性和价值，而且将在更全局、更多专题领域展开更多主动性服务，为其核心系统的长治久安和不断优化发展，充分发挥原厂服务真金白银的作用。

4）灵活主动的原厂服务

　　该客户本次采购了原厂的高级白金运维服务包，该服务包不仅有针对客户重大故障不计成本的紧急救援服务，类似于令客户高枕无忧的保险服务，而且也有类似于4S店的多种主动保养服务，例如补丁分析、健康检查、性能分析、安全评估、重大时期保障服务等。但是针对该客户的具体情况，上述现有的主动服务项目并不能完全满足客户需求，例如现有分区方案缺乏时间字段分区将导致客户核心系统未来无法快捷、有效地实现历史数据归档和清理。因此，根据客户IT系统的不同特点和需求，灵活定制更多的主动服务项目，也是原厂服务的特点和优势之一。就像一位桥牌高手，眼里不能只盯着自己手中的牌，而应该眼观六路、耳听八方，既分析同伴的牌型，更主动了解和分析对手的牌型，知己知彼，方能做到百战不殆。

4. 某银行的空间管理服务

　　再讲述一个关于原厂服务真金白银的案例，即某银行的空间管理服务。

　　随着运行时间的延长，数据库系统都会出现空间不断增长的情况。一方面原因在于业务本身的高速发展带来的数据量与日俱增；另一方面原因在于随着 DML 操作的频繁进行，数据库出现了大量空间碎片从而浪费了很多空间。为此，2013—2014 年，某银行组织原厂服务团队针对若干套系统开展了数据库空间管理专项服务，主要运用了数据碎片整理和数据压缩技术。两年实施下来共回收了 179TB 空间，按当年的存储设备价格计算，为该银行共节约了 1790 万元，而且经数据库空间管理之后，数据库的访问性能还得到了大幅度提升。

原厂服务贵吗？那两年，客户为原厂投入了 100 多万元，而客户仅存储设备费用就节约了 1790 万元，而且空间管理是一项常态化、制度化的工作，即客户 DBA 团队不仅可将那两年的空间管理实施方案推广到更多系统，而且可年复一年地进行，最终每年能给该行节省多少存储采购开销？这种真金白银的账只有客户自己清楚。

数据碎片整理和数据压缩技术仅是 Oracle 众多空间管理技术中的基础性技术，若将自动数据优化（ADO）、数据库内部归档（In-Database Archiving）、数据冷归档等更多技术运用于更多客户、更多系统的数据库空间管理，将给客户带来多少经济回报和其他隐形收益？

5. 原厂服务贵吗？

本文前述的我自己和同事的几个案例都不是很浩大的工程项目，其实原厂服务部门多年来在各行各业的新业务系统建设、升级/迁移项目、高可用性架构建设、云系统建设、安全性加固等更多领域，尤其是众多核心和关键业务系统运行维护保障中充分展现了原厂的专业技术能力和职业风采，也给各行各业 IT 系统的高效稳定运行和降本增效发挥了重要作用。

试想，原厂服务团队多少次将客户重要生产系统从紧急故障中挽危难于不倒，为客户挽回了多少直接经济效益和间接隐形回报损失；多少次为客户开展数据库、中间件和应用产品的升级和迁移项目，帮助客户采纳和享受最新的 IT 技术成果；多少次开展高可用性架构实施服务，帮助客户提高业务连续性和灾难防范能力；多少次通过最新的云系统建设，帮助客户实现 IT 资源共享、按需供给、弹性扩展等云计算带来的显著效益，最终有效降低 IT 系统建设和运维成本……

几十年前国门初启之时，国外的先进 IT 技术纷至沓来，进入中国市场，尤其在 IT 系统的基础架构层面起到了非常重要的作用，为中国的改革开放和经济高速发展奠定了重要的 IT 技术基础。我想，国人们首先是接受了先进的硬件平台产品和技术，其次是 IT 同行们在软件采购、合规性、知识产权方面的意识也日益增长。而近年来，国人对 IT 服务的重要性认知度也越来越高。是的，仅有硬件和软件还是不够的，只有通过专业化的服务，才能将这些先进的硬件和软件平台技术与各行各业的业务和应用紧密融合起来，甚至起到化学作用，从而充分发挥客户各种 IT 投资的作用，最终产生收益的最大化。如果国人们都能有这么全面、深刻的 IT 投入观，那么原厂服务一天一万元甚至更高价格都不算贵了。

最后，再讲述一个观点，那就是现代社会分工越来越精细化，在 IT 服务领域的现在和未来也是一个日益精细化分工合作的格局。即越来越多常规性建设和日常运维工作主要由国内开发商和服务团队担当，而在 IT 系统架构设计、重要专题技术实施、关键技术运用、重大故障的紧急救援等领域，原厂服务部门专业人员将扮演更重要角色。

百舸争流，百花齐放，IT 行业各厂商合理定位、共同协作、相得益彰的局面应该是现在和未来 IT 行业发展的常态。

2022 年 10 月 17 日于多伦多

MAA 概述和在国内实施情况分析

若干年前，我和销售同事一起拜访了某全国性股份制银行的数据库运维主管，当年该行正计划将其数据库系统从 IBM DB2 大规模迁移到 Oracle。主管开门见山主动介绍情况："我们全行为这次数据库选型开展了 Oracle Ready 和 DB2 Ready 两个项目，也就是在功能、性能、高可用性、安全性等多个专题领域开展了 Oracle 和 DB2 的全面对比测试。"然后，主管马上告诉我们："测试结果是你们 Oracle 赢了，但是你们知道你们最大的赢面在哪里吗？"我和销售面面相觑，尤其我是初次接触该行，不仅不了解两个项目的测试细节，更不了解 DB2 的相关技术。看我们有点儿语塞，主管马上自问自答："MAA！你们 Oracle 在数据库高可用性领域的产品和技术太全面了，完胜 DB2！"

据了解，在我当年拜访该行的时候，Oracle 系统仅有 20~30 套，最重要的也只有一套黄金交易系统，而若干年后的今天，据说 Oracle 系统已达到数千套，甚至核心业务系统都正在实施迁移 Oracle，该行也成为 Oracle 公司服务部门目前最大的单体客户。这不仅是 Oracle MAA 产品和技术在该行充分展现优势的结果，而且在后来的实施过程中，Oracle 服务团队也围绕 MAA 架构为该行做了大量实施，甚至围绕 MAA 自动化、智能化方面开展了深度二次开发工作。总之，MAA 不仅在该行全面开花、深耕细作，为该行各项业务的高速发展和平稳运行提供了良好的基础技术架构，而且也为 Oracle 产品、服务等多条业务线带来了全面收获——典型的甲乙双方多赢的局面。

那么 MAA 到底是什么？如何深度理解 MAA 的内涵和外延？MAA 在国内各行各业的实施现状如何？MAA 的实施和服务还有哪些值得提升和拓展的空间？这就是我将在本文基于自己的认知和经验展开的内容。

1. MAA 不是单一的产品和技术

我想，MAA 已经为业内大部分同行所熟知，MAA 的全称是 Maximum Availability Architecture，即最大高可用性架构。Oracle 在哪个年代、哪个版本正式推出的 MAA？我没有深度考究，但至少在 2000 年以后尤其是 10g 版本就已经推出，因此，MAA 架构和技术历经将近 20 年的发展，已经日臻成熟、羽翼丰满，在全球和国内各行各业都已经得到全面深入的实施。以下就是 MAA 的全景图。

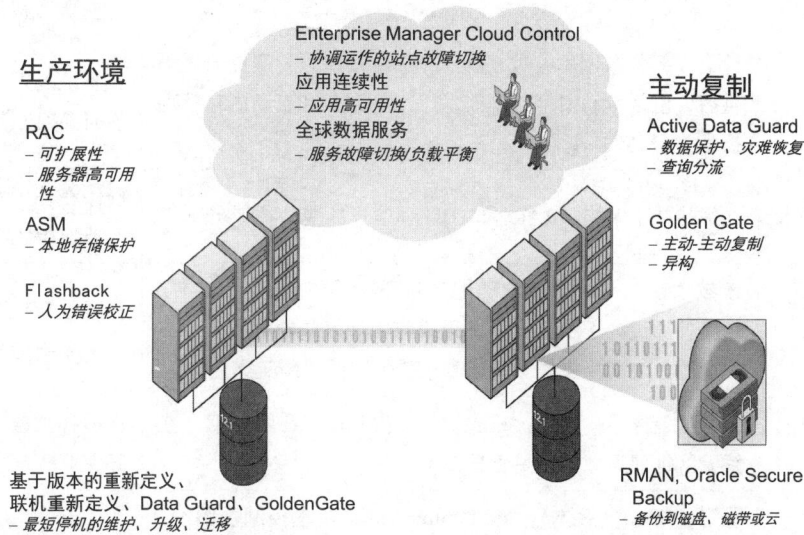

可见，MAA 不是单一的技术，而是一组技术的合称，以下就是本人对 MAA 主要技术进行的初步梳理。

技术名称	技术概述	作用和目的
RAC——Oracle 集群数据库	通过多节点和多实例对磁盘的共享技术，实现数据库系统的高可用性、高性能和扩展性	防范主机、网络、实例等系统故障的发生
ASM——Oracle 自动存储管理技术	Oracle 存储管理新技术，通过磁盘冗余和镜像技术，防范单块磁盘损坏。具有与裸设备相当的性能，并具有更简化的存储管理功能	防范单块磁盘损坏
RMAN——Oracle 物理备份恢复技术	Oracle 最传统、最经典的数据库物理备份恢复技术。RMAN 提供了丰富的备份和恢复技术。例如，各种全库、增量备份策略和技术，以及在不同数据级别和数据类型的恢复技术	在本地防范存储介质的物理故障
Flashback——Oracle 闪回技术	Oracle 10g 新技术。主要用于防范人工操作失误，而且可用于安全审计、数据变更历史跟踪分析、应用测试、容灾系统建设等其他方面	防范人工操作失误
Active Data Guard——Oracle 容灾和数据保护技术	Oracle 经典的异地容灾和数据保护技术，而且还可用于报表查询、物理备份、测试开发、应用软件升级切换、主机升级和扩容改造、数据库软件滚动升级等多领域	异地容灾和数据保护。例如，防止坏块数据传播
Golden Gate	Oracle 满足分布式环境下信息分发、复制、共享，以及数据高可用性解决方案	具有一定的异地容灾和数据保护功能

技术名称	技术概述	作用和目的
参数在线变更技术	针对大部分数据库参数，Oracle 都可在线进行变更而无须重启，包括自动内存共享技术（ASMM）和自动内存管理技术（AMM）等	在系统配置和环境变更时确保业务连续性
补丁在线实施技术	在线热补丁实施、RAC 和 ADG 环境下的滚动补丁实施	确保在补丁实施中的业务连续性
联机在线重定义技术	该技术在几乎不中断业务的情况下，通过创建一个中间表，并通过内部机制，保证原表与中间表的数据同步，最后通过一个切换操作，完成表结构的在线重新定义	在线重新构造和重新定义表结构
数据在线变更管理技术	在线重建索引、在线 Shrink、在线 Move、在线压缩、在线分区创建等数据变更管理技术	在多种数据变更时，确保业务连续性
基于版本的重新定义（Edition-Based Redefinition）	通过 Edition（版本）、Editioning View(版本控制视图)、crossedtition trigger（跨版本触发器）等概念和技术的引入，在应用和数据变更过程中，Oracle 保留变更前（pre-upgrade）和变更后（post-upgrade）两个版本数据，这样，用户既可通过变更前的应用访问旧版本数据，也可通过变更后的应用访问新版本数据，Oracle 通过 crossedtition trigger 保持新旧两个版本数据之间的同步。如果确认应用和数据变更顺利完成，则可将旧版本应用和数据淘汰，直接切换到新版本应用和数据。在应用和数据变更不成功的情况下，也可快速切换回原有版本应用和数据	在应用变更和数据复杂逻辑变更情况下的确保业务连续性和高可用性

　　可见，针对各种计划外的异常故障，例如系统故障和数据故障，Oracle 提供了 RAC、ASM、RMAN、Flashback、Data Guard 等多种技术方案，针对各种计划内的各种变更，例如参数变更、补丁实施、数据变更、应用变更等，Oracle 也提供了丰富的解决方案。限于篇幅，本文仅罗列 MAA 的技术分类，其实每个领域都可展开更多的内容，例如，针对 RAC 高可用性，Oracle 官方就设计了涵盖硬件服务器、网络、存储、实例、GI、数据库等领域的数十种案例，Flashback 也涵盖了七八种防范不同人工错误场景的技术。

　　的确，MAA 不仅不是单一的产品和技术，而且是针对各种高可用性和业务连续性场景需求的技术家族，还是包含产品、技术、架构设计、测试验证、上线实施、文档管理、最佳实践经验、规范化运行维护的综合系统工程，也是充分展现 Oracle 作为全球最大企业级软件供应商的深厚底蕴的真实写照。

　　当年那家银行的 Oracle Ready 到底测试了 MAA 中哪些技术场景，我不得而知，事后我也没有深究，因为反正 Oracle 已经赢了，英雄不问出处，哈哈。我猜可能就测了 RAC、ADG 等 MAA 中最主要的技术就已经完胜 IBM 了。

2. MAA 在国内的实施情况

一方面，如前所述，MAA 技术已经发展了至少 20 年，MAA 概念和理念不仅已经深入国内各行各业 IT 人士内心，而且 MAA 大部分技术也在国内 IT 系统中得到了深入应用；另一方面，MAA 太博大精深了，MAA 中有很多精华技术在国内不仅"深藏闺中无人识"，甚至"偶露艳容天下惊"的机会都鲜见。以下是以我的理解和认知，以百分比形式粗略描绘的 MAA 各技术在国内的使用情况统计图。

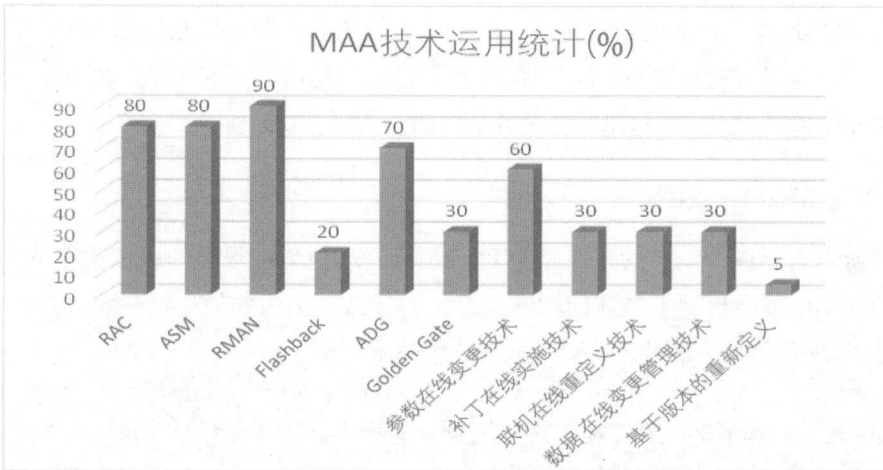

下面我们可以分门别类地剖析。

1）RAC：80%

作为 MAA 最核心的技术之一，RAC 自从 20 多年前的 9i 版本推出以来，已经在全球和全国各行各业几乎遍地开花，尤其在核心和关键业务系统采用 RAC 架构几乎成了一种标配。但是在一些非核心和非关键业务系统，由于高可用性要求不高，或者考虑成本和投入等因素，很多客户没有实施 RAC 而是采取了单机或 HA 架构。因此，80% 的 RAC 实施比例应该比较客观。例如，10 多年前某银行运维主管就说："我们行大部分系统都采用了你们的 RAC 架构，已经好几百套了！"

2）ASM：80%

自从 Oracle 公司在 2003 年发布 10g 版本并首次推出 ASM 以来，ASM 以其与裸设备相当的高性能，比裸设备更简洁、与文件系统相当的可管理性，比裸设备更好的变更管理中的动态负载均衡能力等技术特性，以及 Oracle 在 11g 开始逐步不支持裸设备等众多因素，因此，ASM 基本成为实施 Oracle 数据库的存储管理标准技术，尤其 RAC + ASM 几乎成为一种标配。但是，在一些非重要系统的单机环境下，某些客户依然在采用文件系统技术。因此，80% 的 ASM 实施比例也应该比较客观。

3）RMAN：90%

全球各行各业为什么要把其关键业务数据存储在数据库中而不是普通文件系统中？一个重要原因就是更加安全、稳妥，包括遇到各种故障尤其是硬件存储故障时能够不丢数据。因此，在众多 MAA 技术中，Oracle 能确保客户数据不丢失的物理备份技术（RMAN）应该是最古老、也是实施最广泛的技术，甚至高于 RAC、ADG 等更明星级的技术，90% 的系统都实施了 RMAN 的比例应该不为过。为什么不是 100% 呢？因为的确还有某些客户对数据备份恢复的重要性认识不够，例如，某年在某银行，我曾经对其上百套系统的 RMAN 实施情况进行过调研，令我惊讶的是，至少 10% 的重要系统跑在非归档模式下，也就是没有实施 RMAN。当我对客户指出问题时，平时习惯了对我们居高临下的客户领导感到汗颜了，于是迅速部署其运维团队去弥补这个缺陷。

4）Flashback：20%

作为防范人工操作失误的主要技术 Flashback，在 Oracle 很早的版本就零星推出一些技术，而在 10g 版本得到了整体的增强。但是为什么在国内的使用情况我只打了 20%？因为 Flashback 不是单一的技术，而是如下一个技术家族。

Flashback 技术	主要目的	级别	配置方式	技术原理	恢复期限	适应场景
Flashback Database	快速恢复数据库	数据库级	需要配置	基于存储在 Flashback Recovery Area 中的 Flashback log	取决于 Flashback Recovery Area 容量和 db_flashback_retention_target 参数	● 大规模数据误操作 ● 应用测试 ● 与 Data Guard 综合使用
Flashback Table	整表恢复到指定时间	表级	默认	基于 UNDO 技术	取决于 UNDO 表空间大小，UNDO_retention 参数	各种 DML 错误的表级恢复
Flashback Query/ DBMS_FLASHBACK 包	查询过去时间点的记录	记录级	默认	基于 UNDO 技术	取决于 UNDO 表空间大小，UNDO_retention 参数	● 恢复错误记录 ● 对历史记录进行分析、统计
Flashback Drop	快速恢复 Drop Table 操作	表级	默认	Recyclebin（该表所在的表空间）	自动管理（FIFO 算法）。由表空间的空闲空间确定	● 错误 Drop 表操作
Flashback Versions Query	访问事务历史情况	记录级	默认	基于 UNDO 技术	取决于 UNDO 表空间大小，UNDO_retention 参数	● 访问事务历史情况 ● 安全审计

Flashback 技术	主要目的	级别	配置方式	技术原理	恢复期限	适应场景
Flashback Transaction Query	查询UNDO语句	记录级	默认	基于 UNDO 技术	取决于 UNDO 表空间大小, UNDO_retention 参数	● 查询事务详细情况 ● 查询 UNDO_SQL 语句
11g Total-Recall (Flashback Data Archive)	历史数据存储和利用	表级	需要配置	基于 FDA 区域	取决于 FDA 区域表空间大小	● 历史数据长久存储 ● 对历史数据的分析、统计 ● 安全审计

可惜，国内广大客户对 Flashback 技术内涵和外延的理解非常有限。例如，我经常问："你们使用了 Flashback 技术吗？"大部分客户的回答为："不敢打开，太消耗资源了。"我想客户把 Flashback 理解成单一的 Flashback Database 技术了，的确，打开 Flashback Database 需要配置 Flashback Log，对生产系统正常交易有性能影响。可是，Flashback 还 有 Flashback Table、Flashback Query/ DBMS_FLASHBACK 包、Flashback Drop、Flashback Versions Query 、Flashback Transaction Query 等众多技术，而这些技术或基于 UNDO，或基于 Recyclebin，都是默认打开的。一旦发生人工操作错误，例如，误删除表，或进行安全审计、对历史记录进行分析和统计等，相关的 Flashback 技术都能够发挥应有的作用。

给自己打个过时的广告，在我出版的《感悟 Oracle 核心技术》的第十四章比较系统地介绍了 Flashback 技术，而目前却鲜有 Flashback 技术的运用，或者缺乏最佳实践经验，例如将 Flashback Database 在 Data Guard 容灾端打开，某些客户甚至主动关闭一些 Flashback 技术，实为憾事。

5）ADG：70%

作为最经典的容灾技术，Oracle 实际上在 20 世纪 90 年代的 7 版就推出了 Standby Database，后来历经 Data Guard 以及 11g 之后的 Active Data Guard，技术已经非常成熟，运用场景也从传统的容灾系统建设，拓展到查询和信息发布库、升级等更多领域。在国内各行业监管部门越来越重视容灾系统建设例如强调两地三中心建设的政策推动下，ADG 在国内的运用更是方兴未艾，占 70% 毫不为过。但是容灾系统建设的确是砸银子的事情，包括容灾数据中心建设、网络环境投入等诸多方面，因此受限于资金和投入产出比的考量，还是有至少 30% 的非重要系统并没有通过 ADG 部署容灾系统，这也是未来需要提升并运用新的 IT 理念和架构去加以解决的，例如基于云架构实施容灾系统等。

6）Golden Gate：30%

严格而言，Golden Gate 并不算 Oracle 的高可用性技术，而主要用于分布式环境下信息实时分发、复制、共享等场景，这是因为 Golden Gate 无法像 ADG 一样做到不丢数据即 RPO=0。但是，在国内还是有部分客户将 Golden Gate 用于高可用性领域，尽管有丢数据的风险。加上 Golden Gate 在数据同步复制等方面的应用，尤其是当下分布式架构和开源技术推广，数据同步复制需求日益增加，因此至少有 30% 客户可能实施了 Golden Gate。

7）参数在线变更技术：60%

在我的记忆中，Oracle 至少在 9i 版本开始就推出了数据库初始化参数在线或动态变更技术，例如可动态修改 db_cache_size、shared_pool_size 等参数而无须重启实例，有效保证了在系统环境变更例如扩容时，数据库可进行相应的配置变更并确保业务连续性。此类技术相对简单而成熟，因此国内至少 60% 客户都运用到了此类技术。之所以有 40% 的空白，我想更多是因为 Oracle 技术本身的局限，例如还有很多参数是静态参数，自动内存管理（AMM）不支持 Linux 的内存管理大页功能，导致 SGA、PGA 内存之间不能实现动态调整，等等。

8）补丁在线实施技术：30%

无论应用软件还是系统软件都存在 Bug，都需要安装补丁，Oracle 数据库软件也不例外。通常而言，安装补丁需要在关闭实例和数据库的情况下进行，即数据库服务器短期内停止了对外服务。为了满足日益增长的业务连续性需求，Oracle 在补丁实施方面也推出了热补丁、RAC 和 ADG 环境下的滚动安装补丁等在线实施技术。但是，以我的了解，无论是客户还是原厂专业服务人员，更多的还是稳字当头，鲜有补丁在线实施技术的运用。再加上 Oracle 的 PSU、Patchset、RU 等补丁不支持在线实施，因此补丁在线实施技术运用最多达到 30%。这也说明无论补丁在线实施技术本身，以及技术运用方面都有很大的提升空间。

9）联机在线重定义技术：30%

联机在线重定义技术在 9i 版本就已经推出，并且在后续版本中不断成熟而稳定，而且有很多应用场景：增加、修改、删除表的字段；实施分区表；修改表的物理属性……可是我发现，国内客户对联机在线重定义技术运用并不多，最多也就是 30% 的实施比例。我想广大客户对该技术的不了解，以及需要调用 DBMS_REDEFINITION 包而技术略微复杂等只是一方面因素，但更多的还是各方面人员的胆略和胆识需要提升。

10）数据在线变更管理技术：30%

与联机在线重定义需要调用 DBMS_REDEFINITION 包而技术略微复杂不同的是，在线重建索引、在线 shrink、在线 Move、在线压缩、在线分区创建等数据在线变更管理技术实施相对简单，也就是一条命令的事情，在国内的实施也不是很多，个人猜测充其量也就30%。我想一方面是因为这些技术看似简单，但很多技术都是新技术，在稳定性方面存在不足，例如 2005 年的 9i 版本我就被在线重建索引坑过一次，而在线 Move、在线压缩、在线分区创建则是 12c 以后才推出，另一方面，也还是广大从业人员胆略和胆识所不够而导致。

其实面对这些新技术的运用，不仅需要胆略和胆识，更需要缜密和精细，例如提前分析这些技术可能存在的 Bug 和最佳实践经验，提前安装相关补丁并准备好相关处理预案。这些更专业、更细致的工作风格，更应该是原厂服务部门的优势所在。

11）基于版本的重新定义（Edition-Based Redefinition）：5%

相比系统软件的安装补丁、升级等变更，为满足业务不断发展需求，应用软件的变更频度要高得多。目前广大客户面对应用变更，基本都是采取停止应用进行静态变更的实施策略。而 Oracle 早在 11g 版本就推出了基于版本的重新定义（Edition-Based Redefinition）技术，即在线应用升级技术（Online Application Upgrade），该技术就是为保障应用软件变更情况下的业务连续性。可惜，我不仅基本没有见过客户实施过该技术，甚至绝大部分客户对该技术都是闻所未闻，因此 5% 的实施百分比都是夸大的。

3. 失去了一次露脸机会

2014 年某日，我与一位 Oracle 销售同事一同在某移动公司进行技术交流，具体涵盖了 12c、云技术、数据库整合、容灾、OEM 等多个专题领域。临近中午时分，一直喷到了最适合于人工错误恢复的 Flashback 技术。正在唾沫四溅之际，突然接到客户 DBA 电话："罗老师，能不能暂停一下技术交流？我们正好有三张表刚被人意外删除了，能不能过来用你刚刚介绍的 Flashback 技术帮忙把这三张表抢救回来？"

世界上怎么还有这么巧合的事情？已经由不得我有半分迟疑和任何私心杂念了。于是我端起笔记本电脑一边狂奔，一边赶紧看 Flashback 相关技术细节。

待我赶到客户机器旁边时，资料已经看完了，心中也有底了。于是，在简单询问了问题现象之后，赶紧让客户 DBA 输入如下命令：

```sql
SELECT original_name, object_name,
       type, ts_name, droptime, related, space
FROM user_recyclebin
WHERE can_undrop = 'YES';
```

咦，怎么是空？再在 sys 用户下输入：

```
Select * from dba_recyclebin;
```

还是空！怎么回事？难道删除这三张表的客户不是意外操作，而是诚心搞破坏？用了 "drop table … purge" 命令，或者清空了回收站（Recycle Bin），从而彻底删除了这三张表？与客户进一步确认：这三张表的确是误删除的，而且没有使用上述命令。既然如此，为什么回收站没有这三张表的数据呢？稍一思忖，想起来了！ Oracle 还有个初始化参数（Recyclebin），可控制是否使用 Flashback Drop。一检查，果然如此！原来 DBA 把 Recyclebin 设置成 OFF，从而关闭了 Flashback Drop 功能。唉！遗憾啊，老罗同志失去了一次露脸的机会，Oracle 更失去一次展现技术特点的机会！本来可以通过 "flashback table <table_name> to before drop" 一条简单命令，在数秒就能恢复被误删除表，结果害得客户从生产系统去重新抓取数据，同时恢复被删除的索引、Constraint 等数据，整整折腾了一个多小时。客户庆幸：幸亏生产系统还有数据，否则就会叫天不应、喊地不灵了。

待一切恢复正常了，我还是询问了第三方公司 DBA："为什么要关闭 Flashback Drop 功能呢？"对方回答："你们 Oracle Flashback 太消耗资源了，影响性能，我们不敢打开。"哦，原来如此，还是客户对 Flashback 技术了解不全面、不深入。的确 Flashback Database 是需要进行专门配置的，例如创建 Flashback Recovery Area，还会产生大量 Flashback log，也的确对性能有一定影响的。但是，很多 Flashback 技术一方面是默认配置的，另一方面是基于 Undo 技术的，并不额外产生资源开销的，对性能的影响也非常有限。例如 Flashback Drop 技术仅仅在删除表时才会有一定操作和资源消耗，难道我们的系统每天都有 Drop Table 操作？

我想这也是国内 IT 行业的常态：不分青红皂白；技术运用简单化；动辄一刀切；缺乏对相关技术的深入研究；什么新特性都不敢用；想当然地自己吓自己……

如何真正做到严谨、科学、务实、专业、积极、进取，充分评估、大胆运用各种 IT 新技术和新特性，是业内同行们应该共同追求的目标。

原本只想针对 MAA 写一篇文章，未承想思绪打开，还想展开 MAA 不仅仅是 MAA、MAA 与应用的关系、MAA 的最新发展、MAA 与当下开源和国产数据库的对比、MAA 的实施和服务提升空间等更多话题，只得另开一篇，去容纳那更多泉涌的文思了。

2022年1月30日于湖南衡阳

MAA 更丰富的内涵

《MAA 概述和在国内实施情况分析》一文讲述了 MAA 的基本内涵，并对国内实施 MAA 的情况发表了我的个人感想。在此基础之上，我将在本文展开 MAA 更多话题的叙述。MAA 太博大精深了，短短两篇有关 MAA 的文章只能点到即止，希望我这些粗浅的感想和抒怀能为国内广大客户深度理解 MAA、加深 MAA 实施起到抛砖引玉的积极作用。

1. MAA 不仅是 MAA

顾名思义，MAA 主要是实现 IT 系统的高可用性，但是以我的理解，MAA 不仅是 MAA，也就是在高可用性之外，MAA 相关产品和技术还有更广泛的目标和更深层次的内涵。以下分别讲述 RAC、ADG、Flashback 等技术在高可用性之外的若干运用场景。

1）RAC 不仅具有高可用性

众所周知，RAC 主要具备高可用性、高性能、扩展性等三大特性。

首先，RAC 高可用性特性已经为国内广大客户所高度认可，RAC 架构不仅能防范节点、网络、交换机等各类故障，而且一旦发生故障，相比 HA 架构的分钟级切换速度，RAC 高可用性切换速度几乎为秒级，因此，RAC 高可用性优势非常明显。但是，国内却鲜有客户基于 Oracle 公司官方的测试文档例如 RAC System Test Plan Outline 开展全面、系统、严谨的高可用性测试案例设计和演练，从而全面了解 RAC 内部架构特性，并为 RAC 日常运行维护尤其是各种故障处理准备好高可用性切换预案。因此，尽管 RAC 的高可用性已经深入人心，但仍然有很大的深化空间。

其次，RAC 的多节点和多实例共同访问一个共享的数据库，原理上的确为提升应用性能和吞吐量提供了良好的基础技术架构。但是，国内大部分客户或者将绝大部分应用部署在 RAC 一个节点，把 RAC 当成了单机使用，即"1 + 1 =1"。或者不考虑数据访问分流，导致节点间数据访问冲突明显和 GC 类等待事件高，最终结果就是多节点处理能力还不能单机，即"1 + 1 < 1"。因此，我很少见到客户实施 RAC 的效果达到多节点处理能力线性增长的情况，即"1 + 1 > 1"，甚至 2 节点提升比为 1.8，3 节点提升比为 2.6，4 节点提升比为 3.6……

最后，国内几乎 99% 的客户 RAC 架构都是 2 节点，甚至有些客户观念中以为 RAC 只能是 2 节点，完全没有发挥 RAC 横向扩展到 3 节点、4 节点等扩展性特性。事实上，RAC 从诞生之日起，Oracle 就充分考虑为客户业务发展而推出了增、删除节点的扩展性特性，甚至能够在不影响现有业务运行情况下完成 RAC 架构的调整。在当下云时代，为满足客户云应用按需供给、弹性扩展需求，RAC 扩展性更是成了一项重要的解决方案。可惜，国内鲜有客户去实施 RAC 扩展性，甚至在测试环境都很少演练。

总之，尽管 RAC 在国内已经实施了 20 多年，但是 RAC 不仅具有高可用性，RAC 在高可用性本身，以及高性能和扩展性等特性都有广阔和深远的拓展空间。

2）ADG 不仅可以容灾

作为 Oracle 容灾系统建设的专有产品和技术 ADG，除了容灾之外，ADG 还有更广泛的运用空间，例如：在 ADG 端开启查询功能、备份功能，分摊生产系统负载；自动坏块修复功能；延迟数据同步功能；查询延迟重定向功能；Flashback 闪回功能；运用 ADG 实施升级、迁移；ADG 当成测试环境……

限于篇幅，本文仅描述在某升级项目中 ADG 如何当成测试环境之用的实施案例。该客户的核心生产系统目前运行在 SUN SuperCluster 硬件环境，数据库为 12.2.0.1，并部署了同平台、同版本的 ADG 容灾系统。但是客户无法提供专门的 SUN SuperCluster 测试环境，因此，为确保数据库升级和应用性能稳定性测试在比较真实环境下进行，我们建议在保持核心系统现有容灾系统功能基本不变的前提下，直接将容灾系统作为测试环境之用。示意图如下。

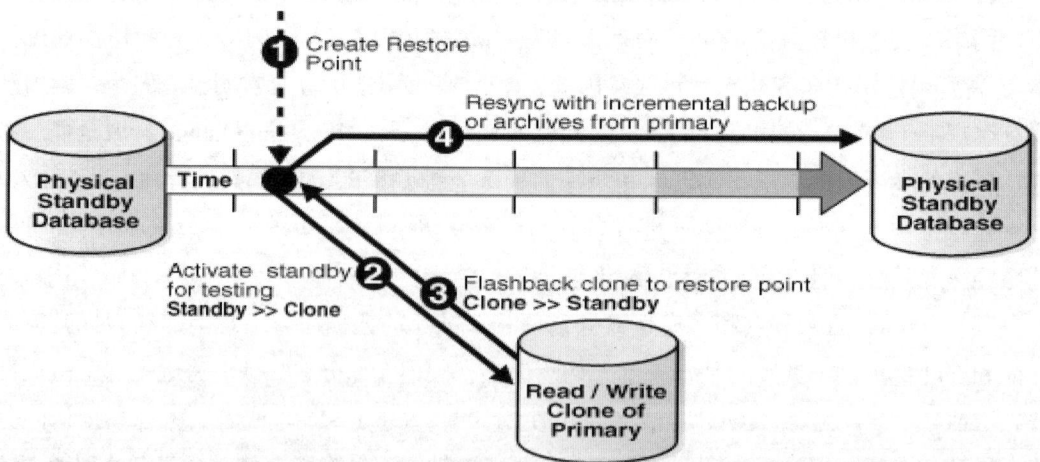

具体步骤如下。

（1）在测试期间的每天 8：00，在容灾环境创建回退点（Restore Point），并以读写方式打开容灾数据库。

（2）在白天的 8：00 — 18：00，将容灾数据库作为测试环境使用。首先，将该库运行 19c 升级脚本，升级为 19c 数据库，即每天都演练 19c 原地升级操作；其次，将生产系统捕获的 STS 文件导入该测试环境，开展 SPA 应用性能稳定性测试等。

（3）在每天 18：00 运行 Flashback Database 功能，将容灾系统（测试环境）数据库闪回到早晨 8：00 的回退点（Restore Point）。

（4）重新以 12.2.0.1 软件启动容灾系统，同时，继续将白天生产系统传输过来的日志文件进行 Apply 操作，将容灾系统数据追平生产系统数据，恢复容灾系统功能。

（5）第二天 8：00 重复上述操作，直至所有测试工作完成。

可见，在该案例中，ADG 不仅提供了与生产系统同样平台的测试环境，而且具有与生产系统几乎一致的实时数据，其很逼真地扮演了仿真和模拟的角色。再者，ADG 依然是容灾系统，只是在白天若发生灾难，需要进行容灾切换时，因为需要进行容灾数据库的闪回和追白天的日志数据，将导致容灾切换速度下降，即 RTO 变长了。

3）Total Recall 产品的典型应用场景

某天与销售同事一同拜访某银行开发部门，该部门当年正在设计开发某应用软件二代系统。当客户聊到根据银保监会需求，二代系统需要保留账户交易历史数据，包括账户余额、交易时间、交易对象等交易历史数据，并进行安全合规性检查，以及对历史数据展开安全审计和统计分析时，我猛然想到了当年 11g 刚推出的 Total Recall 技术，即 Flashback Data Archive（FDA）技术。于是，我向客户隆重推荐该技术，于是，客户很快就被该技术折服了，并感慨不已："你们怎么不早来啊，你们要是早来，我们就直接采用这个技术了，我们就不会花费几个月时间在应用层去实现交易历史数据存储、分析和管理功能了。"

Total Recall 即 FDA 技术，笔者在《感悟 Oracle 核心技术》一书的第 14 章中曾专题介绍过，在 19c 的联机文档 Database Development Guide 的第 19 章中则专题介绍了包括 FDA 在内的各种 Flashback 技术的应用开发，因此本文不再展开详细介绍，只是感慨一番：Oracle 这么优秀，却为业内大部分从业人员所不熟知，真的只是把 Oracle 当成了一个存储数据的库而已，真是太遗憾了。殊不知，充分运用 Oracle 这些内置功能，不仅节省了大量无谓的应用软件开发工作量，而且 Oracle 毕竟是经过严苛测试的工业化产品，其相关技术和特性的稳定性、常用性能也将大大优于我们国内客户自己开发的应用软件。

另外我发现，连我们原厂服务团队都鲜有人全面掌握和了解这项技术，如果我们的服务人员深入了解自己的十八般兵器，更能结合客户的业务场景有的放矢，那么国内 IT 系统品质不仅将会得到显著提升，而且也将给原厂服务部门带来更多的商机。何乐而不为？

2. MAA 与应用无关吗?

我想在大多数 IT 从业人员的理解中，MAA 属于 Oracle 基础架构层面技术，与应用软件没有直接关系。Oracle 公司针对 RAC、ADG、RMAN 等 MAA 技术也的确对外宣传是对应用透明的，即现有应用无须任何修改，可直接部署在 RAC、ADG 等架构中。但是，我认为对应用透明并不意味着完全不用关注应用。事实上，若能充分了解应用特点，并合理部署在 MAA 架构中，将会充分发挥 MAA 除高可用性外更大的潜能。

1) RAC 与应用无关吗?

若应用的开发人员完全不关注 RAC 架构特点，甚至把 RAC 完全当成单库访问，其结果必然是本文上述的两种情况。第一种情况，应用完全负载均衡部署在 RAC 各节点中，其结果必然是节点间数据访问冲突明显、私网流量和 GC 类等待事件高，最终结果就是"1 + 1 < 1"；第二种情况，为避免"1 + 1 < 1"，将所有应用部署在 RAC 一个节点，虽然节点间数据访问冲突、私网流量和 GC 类等待事件都没有了，但是效果是"1 + 1 = 1"。显然，这两种情况都没有充分发挥 RAC 的高处理能力和扩展性特性。

正确的实施策略应该是展开应用数据访问特征分析，采取逻辑和物理两种方案进行合理的数据访问分流，一方面旨在实现节点间负载均衡，另一方面确保节点间数据访问冲突、私网流量和 GC 类等待事件。所谓逻辑方案就是按业务模块和数据库表设计进行数据访问分流，物理方案就是采用 Oracle 分区技术，实现不同节点访问同一张表的不同物理分区，实现数据访问分流的目标。

可见，只有全面、缜密地展开应用数据访问特征分析和实施数据访问分流方案，才能全方位地发挥 RAC 架构的高性能、扩展性等特性，也就是"1 + 1 > 1"。

2) ADG 与应用无关吗?

某日我参加了 Oracle 总部 MAA 团队一位专家举办的 ADG 优化专题线上交流。在交流中，总部专家不仅介绍了 ADG 内部机制，例如 RFS、MRP 等内部进程工作原理，而且介绍了 ADG 参数、网络参数配置等最佳实践经验，以及 ADG 环境下性能检测和优化的多种工具和手段，令我们受益匪浅。在提问环节，我一方面感谢总部专家的精彩分享，另一方面也提出了自己的感想和建议：ADG 基本原理是基于日志文件的，我们不仅应像本次交流一样，在传输和应用大批量日志流量时，优化 ADG 内部进程、网络传输等技术环节，而且应该把生产环境和容灾环境当成一个整体来看待，如何降低生产系统不必要的日志流量才是从源头优化 ADG 的根本。例如，很多行业客户的日终批处理将产生大量日志，导致 ADG 出现数据同步延迟，根本原因不是 ADG 处理能力和网络环境问题，而是应用开发人员采用了大量传统简单的 DML 语句，而不会采用诸如分区 exchange 等 DDL

语句，从而导致了大量不必要的日志流量，因此优化生产系统的应用软件才是最有效的 ADG 优化策略。听完我的建议，总部专家频频称是，尤其肯定我看待 ADG 优化的全局观。其实，我更希望这种全局观能为全行业 IT 人员所共同拥有。

再述说一个 ADG 环境下需高度关注应用特点的运用场景，即读写分流或查询分摊。显然，为在生产环境和 ADG 环境下合理实现读写分离或查询分摊，对应用软件数据访问特征分析是必不可少的，例如哪些应用模块是读和写兼有，哪些应用模块是只读的？即便在运用 19c DML Redirection 特性，允许 ADG 端有少量写操作的情况下，对应用模块展开读、写频度分析，依然是必不可少的，从而达到将大量查询、报表应用合理分流到 ADG 环境，同时又避免 ADG 环境中的应用出现大量写操作的 dblink 重定向，并导致 ADG 环境性能衰减的问题。

3）RMAN 与应用无关吗？

国内客户的数据库 RMAN 备份几乎 99% 都是基于全库级的，即便采取 0 级或 1 级增量备份策略，那也是全库级别的增量备份，资源消耗依然很大。但是 RMAN 是可以在表空间级展开备份的，在表空间级展开 RMAN 备份，将更能体现 RMAN 备份的灵活性和高效率，例如，每天只对当前业务数据所在的表空间进行备份。若出现介质故障，也可只对相应的表空间进行恢复，恢复效率也将大大优于全库级恢复。

可是，欲在表空间级实施 RMAN 备份恢复，结合应用数据访问和管理特点展开表空间的精细化设计是必不可少的。而国内有几家客户展开过表空间的精细化设计？我甚至还见过这样南辕北辙的事情：某银行把表空间简约设计原则写成了全行数据库设计规范，其结果就是表空间设计的粗放，RMAN 备份恢复只能在全库级进行，也意味着很难满足备份恢复的时效性需求，以及更多依靠存储、网络、带库等硬件资源的高昂投入。

Oracle 永远是个软件公司，是靠软件、靠更高的智慧去满足 IT 系统日益增长的需求。如果 Oracle 这么好的技术，那几百页的 RMAN 联机文档，在全球最大市场、IT 系统规模最大的中国客户心目中都无人问津，不仅是中国客户为 Oracle 花费了那么多钱，以及在硬件方面烧了大量无谓钱的遗憾，而且也是 Oracle 公司在产品、技术和服务等多方面没有充分施展作用的悲哀。

4）Flashback 就是高级应用开发技术

Flashback 技术无论作为其主要的定位，即防范各种人工操作错误，还是在测试、安全审计、历史数据管理等方面的运用，我认为都是与应用紧密相关的。例如，Flashback Database 技术用于数据库级别的人工操作错误，但我们应从应用层面充分理解人工错误的性质和范围，只有数据库大面积出现错误时，才应该采用 Flashback Database 技术进行整个数据库闪回。若只是某个表出现人工操作错误，则 Flashback Table 技术更适合。

Flashback Query/ DBMS_FLASHBACK 包则是在记录级进行人工错误恢复的技术。

Oracle 官方最佳实践中有这么一条：对任何错误的恢复都应该最小化。包括对介质故障恢复的 RMAN 物理备份恢复技术，也包括对人工错误防范的各种 Flashback 技术。这样，不仅故障恢复速度和效率最快，而且对业务的整体影响最小。

另外，Flashback DB 在测试工作中的运用，Flashback Versions Query、Flashback Transaction Query 在安全审计方面的运用，以及 Flashback Data Archive 在历史数据管理方面的运用，毫无例外都需要深度分析客户应用，并开展针对性的设计和实施。

在 19c 的联机文档中，最全面和系统地介绍 Flashback 技术专题的资料出现在 Database Development Guide 第 19 章，可见 Oracle 公司官方就是将 Flashback 技术定位在应用开发领域，而且是高级应用开发技术之一。

5）MAA 其他技术与应用的关联性

在 MAA 其他更多技术中，的确有些技术与应用没有直接关联。例如，参数在线变更技术、补丁在线变更技术，但是更多技术还是与应用紧密关联。例如，通过 Golden Gate 技术实施数据同步、复制，一定是要深入分析客户需求，确定在表级、schema 级实施复制。联机在线重定义技术也是针对表的各种变更需求而展开实施的，例如，修改表结构、修改表的物理属性、实施分区等。数据在线变更管理技术则是在数据生命周期管理的大背景下，开展在线重建索引、在线 shrink、在线 Move、在线压缩、在线分区创建等操作，这些无一例外都是需要深入分析应用尤其是应用数据的访问特征的。而基于版本的重新定义（Edition-Based Redefinition）技术的另一个名称叫作在线应用升级（Online Application Upgrade），顾名思义就是专门用于应用在线升级的，其实完全属于应用开发技术领域了。

3. 与时俱进的 MAA

在我的印象中，Oracle 至少在 10g 年代就推出了 MAA 技术，迄今已经发展了近 20 年，应该说已经日臻成熟，但是为满足全球客户日益增长的高可用性、容灾等需求，Oracle 后续每个版本都继续在 MAA 领域精耕细作，推陈出新。以下我凭借自己的记忆按版本采摘若干 MAA 新技术和新特性。

1）11g

11g 中值得一提的 MAA 新技术包括：10g 的 Clusterware 在 11g 中不仅与 ASM 整合成 GI 了，而且 Clusterware 内部架构也是大幅度整改。RMAN 领域推出了自动数据恢复的 DRA（Data Recovery Advisor）技术，大大提高了数据恢复的有效性和准确性。Flashback 领域增加了 FDA 技术，用于历史数据管理。Data Guard 发展成了 Active Data Guard，大大拓展了 Data Guard 的运用场景和空间……

2）12c

首先，12c 的明星技术是多租户、内存数据库选项和 Sharding，而这些新的架构技术与 MAA 技术的融合的确值得大书特书。例如，RAC、ADG 等 MAA 主流技术不仅与多租户、内存数据库选项和 Sharding 全面相互支持，而且也为满足云计算的资源共享、按需供给、弹性扩展、度量计费等特性提供了基础技术架构。

其次，12c 在 MAA 一些传统的技术领域，依然在不断推陈出新。例如，12c 的 RMAN 中增加了对表恢复（Table Recovery）功能，这一看似很基本的需求，但 Oracle 实现起来却是煞费苦心。另外，12c 还提供了分区在线 Move、在线数据压缩等技术，这就大大满足了数据生命周期管理需求。

值得一提的是 12c 在 Data Guard 中增加的 Far Sync 特性，应该也算一项不大不小的革命性技术，也就是很好地解决了在容灾实施中不影响生产系统性能和不丢失数据（即 RPO = 0）两大目标之间的矛盾。目前，在国内各行各业中，但凡采用 12c 以上版本的 ADG 容灾系统，Far Sync 架构几乎成了标配。

3）18c

18c 只是 Oracle 一个过渡性版本，相当于 12.2.0.2 版本，在我的印象中 Oracle 在 MAA 领域没有推出新的架构性技术，但是 18c 在 MAA 中依然精雕细琢。例如，RAC 中推出了的 Undo Block RDMA-Read、Commit Cache、Scalable Sequence 等新特性，这些 RAC 新技术为了有效提高 RAC 性能而在系统层面殚精竭虑，几乎做到了极致。18c 还推出了 GI 零停机安装补丁技术、零停机数据库升级、Sharded RAC、Shadow Lost Write Protection、Automatic propagation of no-logged data to standby 等大大小小的 MAA 新技术，也不断深化了 MAA 的内涵。

4）19c

19c 是 12c 最后一个版本，Oracle 公司不再以新技术、新特性创新为主，而是精心打造产品的稳定性。尽管如此，Oracle 在 MAA 领域仍然推出了一些实用的新技术，例如 ADG 的 DML Redirection 技术，为实施读写分离，特别是分摊生产系统的查询报表负载，又保持应用软件的透明性而提供了非常好的解决方案。

在 19c 的 Data Guard 中，还将主库和备库的 Flashback Database 技术进行了深度整合。例如，主库进行的 Flashback Database 操作将自动传播到备库，主库上创建的 Restore Point 也将自动传播到备库。

4. 与开源和国产数据库的横向对比

1）一次技术沙龙的脱口秀

2019 年，Oracle 公司在上海举办了一年一度的云大会，大会上 Oracle 总部 MAA 研发团队的一位华人高级副总裁 SVP 与国内客户共同举行了一次脱口秀。记得一位客户针对当年 10 月刚发生的某国内数据库产品力压 Oracle 等众多国外数据库产品，取得了 TPC-C 的全球第一，请教 Oracle MAA 总裁对此事件的感想。总部专家一方面衷心祝贺国内厂商取得的成就，另一方面从容不迫，更客观、更全面地发表了如何评价数据库技术先进性的观点。即不仅应评价 TPC-C 这样单一的性能指标，而且还应该在高可用性、安全性、可管理性等更多方面去评价数据库技术的先进性，这样的数据库产品和技术才能真正满足全球客户的全方位需求，从而经久不衰。

2）蜻蜓点水的对比分析

首先，老罗我声明对开源和国产数据库缺乏深度研究，对这些产品和技术的理解仅停留于一些技术资料和交流讲座。但从我的肤浅认知中，还是感觉开源和国产数据库在高可用性领域与 Oracle 相比相距甚远。在《MAA 概述和在国内实施情况分析》开篇中曾讲述 Oracle 在 MAA 领域完胜 DB2，那么相比开源和国产数据库，我认为 Oracle MAA 更是领先了若干年代。

我们聚焦 MAA 最核心的技术之一 RAC，开源和国产数据库应该没有一家具有真正的 RAC 集群功能，充其量就是一个节点读写、另一个节点读，完全没有 RAC 多节点同时提供读写服务的高性能、高吞吐量和扩展性能力。

某天听同事讲解 MySQL 的数据复制技术之后，我以为 MySQL 数据复制与 Data Guard 一样是物理级的块到块复制。我同事说："罗老师，你高看 MySQL 了，MySQL 的数据复制是逻辑级的。"我才知道原来 MySQL 的数据复制类似于逻辑 Data Guard 或者 Golden Gate，是通过 SQL 语句进行数据同步的，与我们 Oracle 客户通常使用的物理 Data Guard 在性能、稳定性、健壮性（Robust）等方面完全不是一个层级的技术。

我没有听说哪家开源和国产数据库在防范人为操作失误的 Flashback、存储管理 ASM、联机在线重定义、在线打补丁、数据在线变更管理技术，甚至应用在线升级等领域有那么多林林总总、精彩纷呈的高可用性技术。

以我的观察，开源和国产数据库目前还只是在对标 Oracle 首先实现功能兼容性，然后在性能方面有所建树而已。类似于还在解决社会的温饱问题，而远没有达到如何追求更高层面的高可用性、安全性、可管理性，类似于社会如何提升生活品质和全方位发展的诉求。

而当下开源和国产数据库厂商众多，各路神仙其实都在为生存和温饱而争夺国内有限的市场，大家都没有时间和精力去提升幸福指数，而 Oracle 等国外厂商并没有原地踏步，依然在更高层面高速发展。因此，开源和国产数据库厂商前方的路依然是充满荆棘，任重而道远。

5. 从 MAA 评估看原厂产品、技术和服务的发展

1）原厂一次跨部门合作的成功典范

就在我写作 MAA 文章期间，Oracle 原厂产品部门和服务部门举行了一次跨部门合作，主题就是针对若干行业客户的典型系统展开 MAA 实施的评估分析。因为各种原因，我没有直接参与该项目，但拜读了同事们的评估报告，收获颇多。

此次评估主要包括了 MAA 中 RAC、ADG、RMAN、Flashback、OGG、应用连续性等产品和专题的评估，在每个专题都开展了深度分析和评估，甚至多达数十个检查项，最终给出了客户具体系统的 MAA 总体评估，包括计划内和计划外宕机的预期和实际 RPO、RTO 指标的评估。该报告一方面基于两个团队本地专家在 MAA 领域的丰富知识和实施经验，另一方面基于 Oracle 公司总部的若干技术专著和最佳实践经验文章，充分彰显了 Oracle 全球和本地技术专家强大的专业技术能力和丰富的实施经验，非常值得业内同行借鉴。

2）MAA 更深内涵和更广阔的外延

尽管我在阅读评估报告之后收获颇丰，但我也感慨，可能由于时间和资源投入的不足，此次评估工作仍然存在一些不足和值得拓展的空间，本文也罗列一二，供同行参考。

首先，评估的 MAA 产品和技术范围还是不够。可能是 Oracle 产品部门主导或积极参与的缘故，本次评估主要针对 RAC、ADG 等 MAA 中需要采购产品 License 的技术——也是 MAA 中最主要的技术，Flashback 只是对 Flashback Database 的实施进行了评估，总体而言缺乏对 MAA 更多产品和技术实施的评估，例如，Flashback 更多技术、数据在线变更、补丁在线实施、在线应用升级等领域没有展开评估分析。

其次，尽管重点对 RAC、ADG、RMAN 等 MAA 主要产品和技术进行了评估，但评估工作还是局限于高可用性本身，对高可用性之外更多的目标没有展开分析和评估。例如 RAC 运行性能和吞吐量、扩展性，ADG 中除容灾之外的查询分摊、备份恢复、延时数据同步、自动坏块校验等更多用途也没有展开深度分析。

最后，没有结合应用层面一起来评估 MAA 各产品的实施，例如没有评估 RAC 环境下应用部署和运行情况，ADG 环境下应用如何实现读写分离，甚至评估如何有效采用 19c

DML Redirection 技术等。

　　尽管我认为本次评估工作仍然有局限和不足，但瑕不掩瑜，我仍然觉得其不失为 Oracle 原厂产品和服务两大部门一次经典合作范例，更有可能是在国内第一次开展如此专业化的 MAA 实施评估工作，为了解国内相关行业的 MAA 实施现状，有效发现存在的问题、隐患和不足，更为不断加固和加深 MAA 实施打下了坚实的基础。

　　结合本次评估工作的评述，也是在结束我的 MAA 系列文章之际，再次感慨：Oracle 产品、技术和文化太博大精深了，不愧是全球数据库的开山鼻祖和龙头老大，也希望我的这两篇关于 MAA 的拙文能令国内数据库行业同行们掩文遐思，为 MAA 沉思，也为自己建设和运维的系统继续深度挖潜、广度拓展和静心沉淀。

2022年3月11日于北京

RAC 的三颗明珠之一：高可用性

RAC（Real Application Cluster，真正应用集群）是 Oracle 数据库集群产品，应该说是在整个数据库领域处于金字塔塔尖的皇冠级技术。业内可能只有 IBM 的 pureScale 具有与 RAC 相似的架构和相当的能力，而目前几乎所有的开源数据库和国产数据库都缺乏与 RAC 相似的集群产品。早在 2001 年，Oracle 就推出了 RAC，目前已经成了全球各行各业核心和关键数据库系统的主要基础技术架构，而 IBM 的 pureScale 在 2009 年才正式推出，现有市场份额非常小。因此，Oracle RAC 实施的质量高低，对各行各业 IT 系统运行的好坏至关重要。

RAC 给客户主要带来三大效益：高可用性、高处理能力和可扩展性。我们不妨称之为数据库皇冠上的三颗明珠。那么，在国内各行各业的 IT 系统中，RAC 这三颗明珠是否非常夺目和耀眼？以老罗我从业 30 余年的经验，我觉得还是不尽如人意，甚至很黯淡。本文就围绕这三颗明珠之一的高可用性展开深入探讨。

1. RAC 高可用性概述

作为共享磁盘技术的 RAC 集群架构，客户首先感知的 RAC 第一大收益就是高可用性，如下图所示。

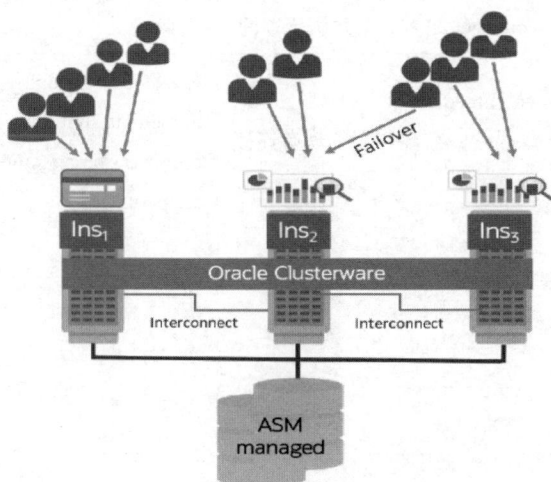

上图表示在三个节点的 RAC 集群中，当节点 3 或实例 3 出现故障时，该节点或实例的应用将自动故障切换（Failover）到节点 2 或实例 2，以确保应用整体不中断。随着 RAC 技术的发展，故障切换能力已经达到秒级，再结合 RAC 高可用性的 ONS、FAN、TAC 等更多技术，为各行各业数据库系统的高可用性和业务连续性打下了坚实的技术基础。

2. 最早的 RAC 高可用性测试

2002 年我在参与全国支付一代系统建设时，成为最早实施 9i RAC R2 版本的国内客户，因为 Oracle 公司在 OTN 官网发布这个版本的第二天，我们 Oracle 本地服务团队就下载并在客户测试环境进行安装、部署。当年产品太新，不仅我们本地实施团队和配合安装的 IBM 团队都毫无经验，而且 Oracle 全球技术支持中心（GCS）也缺乏经验，因此我们花费了整整半个月才在当年的 AIX 5.1 平台成功安装了 9i RAC R2，记得当时一直没有安装成功的具体原因是 IBM 工程师没有把 AIX 5.1 内核编译成 64 位。这也是我第一次体会到了日后业内流行的这句话：安装 RAC 时，你可以不懂 Oracle 数据库，但如果不懂操作系统、集群软件、网络、存储，你肯定装不上 RAC。

作为原厂技术人员，我已经基本了解 RAC 原理，深知 RAC 高可用性对支付一代系统的重要性，于是主动请求客户和测试单位在测试工作中增加 RAC 高可用性测试内容。但是当年 Oracle 公司官方还没有提出 RAC 高可用性测试方面的技术指导性文档。于是，我和测试单位一起设计了主机宕机、数据库实例 shutdown immediate 和 shutdown abort、直接杀 PMON 进程等少数测试案例，详细测试过程如下。

步骤	操 作	结 果	解 释
1	F85A、F85B 正常启动，listener 也正常启动	正常	
2	客户端启动连接 scott/tiger@F85A，并执行查询	正常	
3	F85A 正常 shutdown immediate 同时在 shutdown 过程中，在客户端的现有连接中进行查询	显示 ORA-01089: immediate shutdown in progress - no operations are permitted	正常关机时，不允许其他操作
4	待 shutdown immediate 结束后，进行上述查询操作	正常	原来连接到 F85A 的连接被 TAF 到 F85B
5	启动新连接： connect scott/tiger@F85A	正常	实际被 connect failover 到 F85B

续表

步骤	操 作	结 果	解 释
6	重新启动 F85A 并启动新连接： connect scott/tiger@F85A	正常	该连接连向 F85A
7	F85A 强行中断 shutdown abort 同时在 shutdown 过程中在客户端的现有连接中进行查询	有时会显示 ORA-03113: end-of-file on communication channel	强行关机时，现有连接进行查询操作，连接会中断
8	重新启动 F85A，启动新连接，并再次强行中断 shutdown abort。 待 shutdown abort 结束后，再进行上述查询操作	基本正常，但有时会出现 ORA-25402: transaction must roll back	原因是：DML 操作 -> 节点失败 -> failover 的连接需进行 rollback
9	重新启动 F85A，启动新连接。 在 OS 中强行杀掉 PMON 进程。 在客户端的现有连接中进行查询	正常	原来连接到 F85A 的连接被 TAF 到 F85B
10	轮流将 F85A、F85B shutdown abort	连接的 session 相继能进行 failover	

通过上述测试我们发现，当年 9i RAC 在高可用性方面总体表现良好，基本能满足当年支付一代的高可用性需求。时隔近 20 年，回首当年自创的测试案例非常稚嫩，不仅没有包括集群、网络等领域测试案例，而且测试过程也缺乏切换时间、日志信息等更专业的指标和信息分析。

3. Oracle 更专业化的 RAC 高可用性测试

Oracle 在 2003 年推出 10g 之后，RAC 架构发生了根本性变化，主要是推出了 Clusterware 集群和 ASM 自动存储管理技术。同时，Oracle 总部研发部门的 RAC Assurance Team 团队也围绕 RAC 新的架构，基于 RAC 实施方法论和最佳实践经验，为全球客户提供了指导 RAC 高可用测试的纲领性文档：RAC System Test Plan Outline。各位同行可在 Oracle 技术服务官网 MOS 中通过 RAC and Oracle Clusterware Best Practices and Starter Kit（Platform Independent）（Doc ID 810394.1）找到该文档的链接，并进行下载。

在该文档中，Oracle 的 RAC Assurance Team 团队不仅设计了涵盖硬件服务器、操作系统、网络、Clusterware 集群、ASM、数据库等各层级的近百个测试案例，而且每个案例也分为测试过程、预期结果、测试指标、实际测试结果等专业化细节。例如，以下就是该文档中第一个测试案例"节点正常宕机"的详细测试过程描述。

Test #	Test	Procedure	Expected Results	Measures	Actual Results/Notes

Test 1	**Planned Node Reboot**	• Start client workload
		• Identify instance with most client connections
		• Reboot the node where the most loaded instance is running
		  ○ For AIX, HPUX, Windows: "shutdown –r"
		  ○ For Linux: "shutdown –r now"
		  ○ For Solaris: "reboot"
			• The instances and other Clusterware resources that were running on that node go offline (no value for 'SERVER' field of crsctl stat res –t output)
			• The node VIP fails over to one of the surviving nodes and will show a state of "INTERMEDIATE" with state_details of "FAILED_OVER"
			• The SCAN VIP(s) that were running on the rebooted node will fail over to surviving nodes.
			• The SCAN Listener(s) running on that node will fail over to a surviving node.
			• Instance recovery is performed by another instance.
			• Services are moved to available instances, if the downed instance is specified as a preferred instance
			• Client connections are moved / reconnected to surviving instances (Procedure and timings will depend on client types and configuration). With TAF configured select statements should continue. Active DML will be aborted.
			• After the database reconfiguration, surviving instances continue processing their workload.
				• Time to detect node or instance failure
				• Time to complete instance recovery. Check alert log for instance performing the recovery
				• Time to restore client activity to same level (assuming remaining nodes have sufficient capacity to run workload)
				• Duration of database reconfiguration
				• Time before failed instance is restarted automatically by Clusterware and is accepting new connections
				• Successful failover of the SCAN VIP(s) and SCAN Listener(s)	

正因为 Oracle 官方提供了如此权威性的 RAC 高可用性测试文档，全球客户才能进行更全面、更专业化的 RAC 高可用性测试。但是，这近百个案例不仅测试工作量巨大，而且有些案例雷同，或发生概率很低，于是我们本地服务实施团队在此官方文档基础上，结合客户实际 IT 系统情况和需求，提炼了如下数十个更常见、更经典的测试案例。

测试分类	案例编号	测试案例	测试分类	案例编号	测试案例
系统测试案例	SYS_01	节点正常重启	系统测试案例	SYS_19	拔一根存储至交换线路
	SYS_02	OCR 主节点异常宕机		SYS_20	ASM 盘丢失
	SYS_03	重启宕机节点		SYS_21	ASM 盘恢复
	SYS_04	同时重启所有节点		SYS_22	一个多路复用 Voting 设备无法访问
	SYS_05	数据库实例异常宕机		SYS_23	一个 OCR 设备丢失和恢复
	SYS_06	数据库实例正常宕机	Clusterware 测试案例	CRS_01	CRSD 进程宕机
	SYS_07	重启宕机实例		CRS_02	EVMD 进程宕机
	SYS_08	ASM 实例异常宕机		CRS_03	CSSD 进程宕机
	SYS_09	多个数据库实例异常宕机		CRS_04	CRSD ORAAGENT RDBMS 进程宕机
	SYS_10	Listener 异常宕机		CRS_05	CRSD ORAAGENT Grid Infrastructure 进程宕机
	SYS_11	拔所有公网线		CRS_06	CRSD ORAROOTAGENT 进程宕机
	SYS_12	拔一根公网线		CRS_07	OHASD ORAAGENT 进程宕机
	SYS_13	拔所有私网线		CRS_08	OHASD ORAROOTAGENT 进程宕机
	SYS_14	拔一根私网线 (采用 OS 或第三方网卡冗余配置)		CRS_09	CSSDAGENT 进程宕机
	SYS_15	拔一根私网线 (采用 Oracle 网卡冗余配置)		CRS_10	CSSMONITOR 进程宕机
	SYS_16	交换机故障测试 (交换机冗余配置)	其它类	OTHER_01	dbverify 测试
	SYS_17	节点无法访问 CSS Voting 设备		OTHER_02	Dbms_file_transfer 测试
	SYS_18	节点无法访问 OCR 设备		OTHER_03	数据库 Hang 测试

分享一个花絮：我曾多次在客户现场展现官方这个 RAC 高可用性测试规范文档，每每都引来客户的一片感叹声：还是你们原厂服务部门实施 RAC 更专业。

4. 为什么要进行 RAC 高可用性测试?

1）某大行的 RAC 高可用性测试往事

2008 年，某大行欲在全行全面推广实施 RAC。为此，该行与 Oracle ACS 部门联合开展了 RAC 专题项目的实施，老罗我作为项目经理有幸全程参与了该项目的实施，也为日后 RAC 在该行的全面推广打下了非常坚实的基础。围绕本文的 RAC 高可用性主题，不妨回忆当年一些往事。

当年我们基于上述官方的测试大纲，设计了数十个高可用性测试案例，欲在客户的 RAC 测试环境展开全面的专业化测试。但是，那次测试工作极不顺利，问题频发。最严重的问题是在模拟某个故障时，Oracle 居然把操作系统的 root vg 都干掉了，被客户讥笑你们 Oracle 也太狠了，有弑母之嫌啊。整个 RAC 高可用性测试不仅耗费了大量时间、人力和物力，而且因为提交了无数个 SR，也导致 Oracle 后台投入了大量资源，更引来客户高层的不满和质疑：你们 RAC 到底技术成不成熟？出这么多问题，是不是把我们当成了你们的产品验证环境？

经过我们深入的诊断分析，最终发现，是客户自己安装的 RAC 测试环境有问题，于是将测试环境推倒重来，几乎所有问题都消失殆尽。当年的 10.2.0.3 版本我们只遇到一个真正的不痛不痒的 Bug：Service 在漂移回原有实例之后，不能自动重启，需要手工重启，而该 Bug 在 10.2.0.4 版本修复了，并未影响客户几个月之后全行第一套 RAC 系统的上线。

2）为什么要做 RAC 高可用性测试?

就是在当年回应客户领导为什么要进行 RAC 高可用性测试的质疑声中，我大胆提出了 RAC 高可用性测试的如下三条必要性理由。

（1）通过 RAC 高可用性测试，让客户充分了解 RAC 内部机制。

（2）通过各种故障模拟，给客户运维团队建立未来的 RAC 运维手册和故障应急处理手册。

（3）根据 Oracle 官方建议，每个 RAC 高可用测试案例都是在客户应用软件运行背景下，甚至应用加压下进行的。当各种硬件、系统软件故障发生时，不仅验证 RAC 系统层面的高可用性故障切换能力，也是在验证应用软件的业务连续性，并在应用层制定相应的应急处理预案。

下面仅就第一条理由展开更深入的描述。RAC 架构涉及硬件服务器、操作系统、集群软件、网络、存储等各层级，任何一个层级的任何一个部件出现故障，RAC 都具备高可用性防范能力。正因为 RAC 内部架构的复杂性，Oracle 公司都很难用一张大图来描述其内部架构，为此，Oracle 推出了一篇 51 页的白皮书 Oracle RAC 19c Technical Architecture 来阐述各层级、各领域的 RAC 内部架构。以下即为 Clusterware 各种进程和后台服务的内部结构概要图。

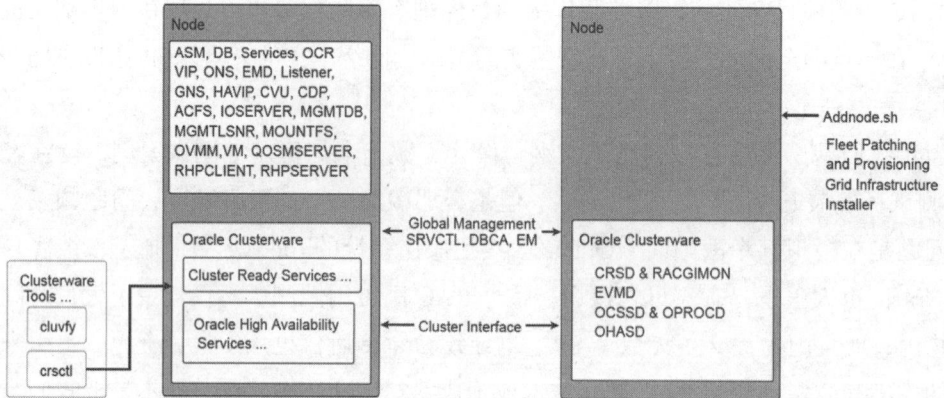

Clusterware Processes and Services

其中，不仅 Clusterware 每个后台进程和后台服务都可能出现故障，都需要进行模拟测试，而且不同的后台进程和服务由于功能和机制的不同，出现故障时对整个 RAC 系统的影响也是不同的。例如，OCSSD 进程若出现宕机，将导致所在节点宕机并重新启动，还将进行整个集群的重组（Cluster Reconfiguration）。测试过程需要记录该节点被逐出的时间、存活节点进行集群重组的时间、该节点重新启动时间，以及重新加入集群时间等各项测试指标。

再例如 EVMD 进程若宕机，OHASD orarootagent 进程将自动检测出 EVMD 进程宕机，并重新启动 EVMD 进程，而整个 RAC 环境将不受任何影响，包括数据库实例、Listener、ASM 实例、Cluster 集群都运行正常，客户应用也将毫无感知，不仅现有会话将继续工作，而且也能接受新的连接和会话。但 DBA 还是需要在 $GI_HOME/log/<nodename>/evmd/evmd.log、$GI_HOME/log/<nodename>/agent/ohasd/oraagent_grid/oraagent_grid.log 等日志文件中跟踪分析相关日志信息，特别是需要关注 EVMD 进程宕机时间和自动重新启动时间，然后深入分析 EVMD 进程宕机的根源，甚至向 Oracle 后台提交 SR，彻底排除该故障的隐患。

总之，全面模拟各种故障情况下的 RAC 不同高可用性反应能力，对 IT 系统运维团队而言将会受益匪浅。

5. 国内 IT 系统 RAC 高可用性测试现状和提升空间

从业 30 余年，我接触过无数次 RAC 系统，但全面系统开展 RAC 高可用性测试的案例只有三四个而已。我想主要原因还是广大客户的重视程度不够，尽管我们经常提出 RAC 高可用性测试建议甚至编写了测试方案，但客户没有给我们提供测试环境、时间和人力资源，令很多 RAC 测试计划都成了纸上谈兵。其次，这种现状我想也与我们原厂实施团队的推进力度不够有关，我们可能太过于尊重客户的项目实施计划，也太过于相信客户的各种困难了，而对 RAC 高可用性测试的必要性强调不够。殊不知，一分投入一分收获，如果仅把 RAC 实施当成简单的安装、配置、补丁实施，而对 RAC 内部架构和高可用性切换过程，以及应用层的故障切换过程缺乏深入的理解，未来在生产系统一旦发生各种硬件、软件故障时，我们的运维人员可能就是两眼一抹黑，完全把 RAC 当成一个黑匣子，被动等待 RAC 内部的故障处理结果，甚至都不会主动分析各种日志文件，了解故障切换的详细过程和指标。还需要澄清的一个误区是：客户往往以为任何故障发生时，RAC 都是自动切换和处理的。事实并非如此，有些故障是需要人工处理的。如果从未进行过 RAC 高可用性测试演练，如何能够应对未来正式生产环境各种可能遭遇的故障？

我想，这就是我们国内 IT 系统在 RAC 高可用性方面的实施现状和巨大的提升空间吧。

6. 原厂实施团队的优势之一

如上所述，尽管我自己实施 RAC 高可用性测试的案例只有三四个，我也见过同事们在不同行业和客户中这方面不多的案例，但我的确很少见客户自己以及第三方本地服务公司全面系统地开展过 RAC 高可用性测试，尤其是达到官方建议的数十个测试案例以及详细的测试指标分析，我想这也是我们原厂实施团队的优势之一。国内 RAC 高可用性实施案例不多，恰恰说明这方面无论是客户自身，还是我们原厂服务部门都有大量的提升空间，进而最终全面提升 RAC 实施质量，为各行各业 IT 系统的高可用性打下更坚实的基础。

"人家第三方公司一天就能安装好几套 RAC，你们原厂为什么一套 RAC 系统需要安装好几天？"我想这是我们原厂销售、实施等各方面人员经常面对的客户质疑，这也令我们很多同事语塞。希望各位同事看完本文之后，我们应该有这样清晰的回应：第三方公司就是简单安装 RAC、配置好参数，最多安装补丁而已，而我们原厂不仅能够完成这些基础性工作，而且还能够基于 Oracle 官方的 RAC 实施方法论，全面开展 RAC 高可用性、高性能、扩展性等多方面的方案设计和测试工作。

当然，并不是每套 RAC 系统都需要耗费这么多时间、人力、物力进行如此专业化的高可用性测试，本人建议一方面针对 Linux、AIX、Windows 等不同平台和 Oracle 不同版本，另一方面针对关键和重要系统，有策略地开展 RAC 高可用性方案设计和测试即可。总之，在投入和产出方面进行综合平衡。

"除了我们原厂实施 RAC 更全面、更专业，我们也可以一天高质量地安装几套甚至几十套 RAC。"我想，我们也应该很自信地直接回应客户的上述质疑，因为我们原厂有 OEM 的快速供应（Provisioning）包，还有 19c 最新的 FPP（Fleet Patching and Provisioning）技术，可以高质量地实现 RAC 环境的快速克隆和部署。

总之，Oracle 原厂服务部门既依托 Oracle 各种产品、技术和工具，又有原厂的各种实施方法论和最佳实践经验，这就是我们原厂服务部门的综合优势。

7. Oracle 官方需拓展的空间

应该说本文充分叙述了原厂的各种优势，但最后也要对 Oracle 官方需要提升和拓展的空间提出建议：我搜索好长时间了，发现 Oracle 官方的 RAC System Test Plan Outline 最新版本只有 11g R2，好像官方没有推出 12c、18c、19c 等版本的 RAC 高可用性测试指导性规范文档。12c 之后诞生了多租户、In-Memory Option 等更多新技术，这些新的架构技术均支持 RAC，12c 之后的 RAC 内部也推出了很多新特性或进行了增强，而这一切都应在 RAC 高可用性测试方案中增强，例如节点宕机之后，多租户环境下 PDB 对应的 Service 如何切换？加载到 RAC 本地内存的 In-Memory 数据如何切换？否则，我们广大客户结合这些新架构、新特性进行 RAC 高可用性测试时，又会回到瞎子摸象的阶段了。

Oracle 是个极具创新能力的伟大公司，假以时日，一定会随着自身技术的不断发展，不断满足我们全球广大客户不断增长的各方面需求。

2021年4月5日于北京

RAC 的三颗明珠之二：高性能

"采购 Oracle 的 RAC 吧，两台机器处理能力肯定比一台强。"

"RAC 对应用是透明的，单机应用不用做任何修改就可运行在 RAC 下，而且速度更快。"

……

这是 Oracle 公司多年来为推广 RAC，尤其是产品销售们讲给广大客户们的华丽辞藻。

就在我前几日写完《RAC 的三颗明珠之一：高可用性》一文并对 RAC 高可用性充满赞誉之后，某同行给我回应："罗老师，除了讲正面，有没有讲 RAC 的负面？"其实我非常清楚，他说的就是 RAC 在性能方面可能会给广大客户带来的陷阱。于是，我第一时间回复他："《RAC 的三颗明珠之二：高性能》将重点讲'负面'。"请注意，我特别用引号来表示负面。相信各位读者看完本文之后，一定能理解我的用心。

1. 从负面案例开始

既然讲 RAC 负面了，那就从负面案例讲起。

某大型国有银行的某重要交易系统近期在某重大节假日之前发生了严重的数据库挂起故障，震动了全行上下，而该故障的一个重要原因就是 RAC 性能问题，因此，我们不妨在技术层面深入剖析，让广大同行们吸取教训。

1）故障现象

该系统在故障期间的主要症状如下：首先业务延迟严重；其次数据库出现大量索引竞争等待事件如 enq: TX-index contention 和 GC 类等待事件；同时 RAC 节点间私网流量巨大，达到 300MB/s 甚至峰值 400MB/s 以上。以下是故障期间的等待事件。

Event	Waits	Total Wait Time (sec)	Wait Avg(ms)	% DB time	Wait Class
enq: TX - index contention	2,321,025	2681.8K	1155	34.9	Concurrency
gc cr grant 2-way	27,234,258	1230.8K	45	16.0	Cluster
gc buffer busy release	4,055,980	900.2K	222	11.7	Cluster
gc buffer busy acquire	11,916,135	763.7K	64	9.9	Cluster
gc current block 2-way	42,740,084	664.1K	16	8.6	Cluster
buffer busy waits	3,962,338	371.8K	94	4.8	Concurrency
gc current grant 2-way	4,960,839	250K	50	3.3	Cluster
gc cr block 2-way	8,700,710	170.4K	20	2.2	Cluster
gc current grant busy	2,254,337	97.3K	43	1.3	Cluster

可见，最高等待事件是 enq: TX-index contention，后面的等待事件几乎全部是与 RAC 相关的 GC 类等待事件。

2）故障原因

上述两类等待事件分别代表如下两个原因。

（1）业务并发访问量增加，导致对部分索引集中进行访问，从而导致这些热点索引产生竞争，严重阻塞了高并发量业务进行。

（2）RAC 系统采取了负载均衡访问方式，没有进行业务分流，导致 RAC 两节点访问冲突明显，私网流量巨大，加剧了高并发量业务的阻塞。

3）故障解决

针对上述第一个问题，我的实施同事在客户运维、开发人员的大力配合下，果断采取了将大量热点普通 B 树索引改造成 Global Hash-Partition Index 的措施，有效降低了热点索引访问冲突，但是对第二个问题则暂时难以解决。好在第一个问题解决之后，该系统已经基本运行平稳了，但 GC 类等待事件和 RAC 私网流量依然居高不下。

其实，我早在 10 年前对该系统进行过 3 天的巡检和调研分析，当时就发现有一定的私网流量和 GC 类等待事件，当年我不仅直言告知客户，甚至发出了可能由于业务增长而导致宕机的告警，可惜客户没有给予足够重视，更没有采取针对性的措施，没想到 10 年后狼真的来了。

该行该系统问题就是国内各行各业 RAC 实施的一个典型现状：RAC 性能陷阱！也就是业内普遍认可的一个 RAC 实施现状："1 + 1 < 1"。

"罗老师，我们的 RAC 运行得好好的，你是不是危言耸听了？"是的，你的 RAC 的确没有出现该行数据库挂起这么严重的故障，也许是你的 RAC 已经实施了数据访问分流；也许即便没有分流，但你的 RAC 还没有出现这么高的业务峰值；也许你的 RAC 其实所有应用都运行在一个节点上了，没有节点之间的数据访问冲突……。但本文仍将继续深入探讨 RAC 的这一性能陷阱问题。

2. 最初的 RAC 压力测试和应用部署

2002 年我参与全国支付一代系统建设期间，也是国内第一套 9i RAC R2 实施期间，我第一次在客户的测试环境进行了 RAC 压力测试，得出的测试结果令我震惊，也应该算一个负面案例。

先看如下的测试数据。

测试案例	20 万笔（不分区）				20 万笔（分区）			
	一个节点的时间	两个节点的时间	吞吐量提高比	节点间传输量	一个节点的时间	两个节点的时间	吞吐量提高比	节点间传输量
案例 1	2868	2720	1.05	25	2931	1993	1.5	0.1
案例 2	3062	3545	0.86	30	3140	1978	1.6	0.1
案例 3	3085	3587	0.86	40	3084	2039	1.5	0.1
案例 4	3614	4368	0.82	50	3545	1988	1.78	0.1

首先，我通过当年的开发技术 PowerBuilder 编写了由简到繁的 4 个案例。其次，我模拟了 20 万笔数据的交易和查询操作，主要对比在 RAC 一个节点运行和两个节点同时运行 20 万笔交易和查询的完成时间。最后，我分别对模拟数据采取了不分区和按行号进行分区的两种策略。

下图就是在表不分区情况下，RAC 单节点和双节点同时运行 20 万笔交易的示意图。

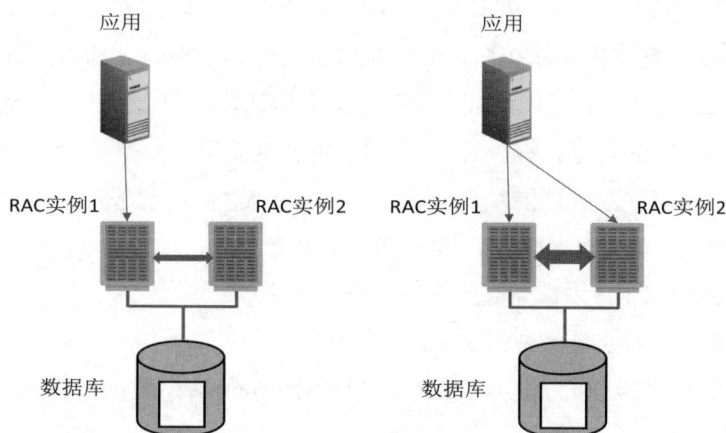

在上表中，案例 4 在不分区情况下，一个节点完成 20 万笔交易的时间为 3614 秒，而应用按负载均衡连接到两个节点，同时运行 20 万笔交易反而需要更长的 4368 秒。我用一个节点完成同等事务量的时间 / 两个节点完成同等事务量的时间来定义 RAC 吞吐量提高

比，即案例 4 在不分区情况下的 RAC 吞吐量提高比 =3614/4368=0.82。这就是我第一次测出来 RAC 的"1 + 1 < 1"，即只有 0.82。而且测试案例越复杂，吞吐量提高比下降越高！节点间传输量也越大，例如案例 1 到案例 4 的节点间传输量从 25MB/s 提高到 50MB/s。原因就是两个节点的数据访问冲突带来的大量协调操作和私网流量，从而导致总体吞吐量反而下降了。这也就是"一个和尚挑水吃，两个和尚抬水吃，三个和尚没水吃"这个典故在 RAC 环境中的具体体现。

下图就是在表分区情况下，RAC 单节点和双节点同时运行 20 万笔交易的示意图。

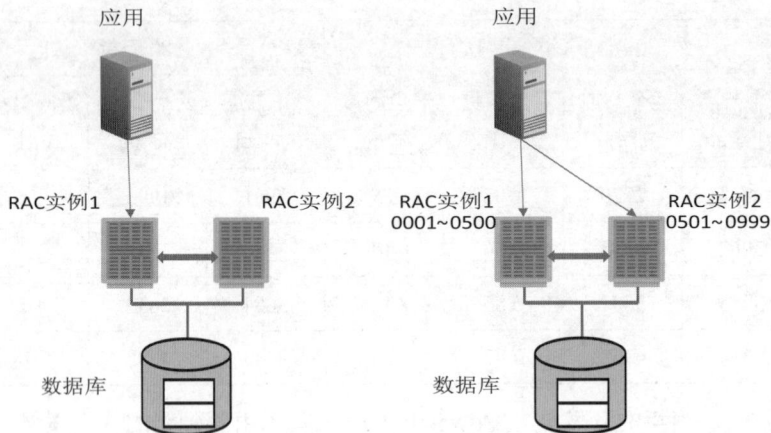

我对几个主要业务表按按行号进行分区，例如 0001 ~ 0500 行号为一个分区，0501 ~ 0999 行号为另一个分区，并且 0001 ~ 0500 行的应用只访问第一个节点，0501 ~ 0999 行的应用只访问第二个节点，得出的测试结果却非常鼓舞人心。例如同样的案例 4，一个节点完成 20 万笔交易的时间为 3545 秒，而两个节点同时运行则只需要 1988 秒。RAC 吞吐量提高比 =3545/1988=1.78，即 2 个节点的处理能力是 1 个节点的 1.78 倍。原因就是 20 万笔数据交易操作按照行号分别被部署在两个节点，而对应的数据也按行号进行了物理分区，两个节点之间的数据访问冲突和协调操作非常少，从案例 1 到案例 4 的私网流量都只有 0.1MB/s。这就是"1 + 1 > 1"的期待效果。

于是，我根据上述测试结果以及 Oracle 官方的 RAC 应用部署最佳实践经验，针对支付一代系统提出了如下的数据库分区和应用部署建议。

- 推荐采用物理分区方法和业务分离结合的方法。
- HVPS 按发起行号将主要业务表进行分区。
- HVPS 应用不需任何改动，主要由 MQ 的 gateway 按发起行号进行大额交易的分配。
- TRCS 按来账和往账业务分离，由 MQ 将来账和往账交易分配到不同 CICS。
- MQ 将来包 / 往包业务分配到指定的 CICS。

可惜，上述建议没有被客户采纳，而是采取了如下比较简单的部署策略。

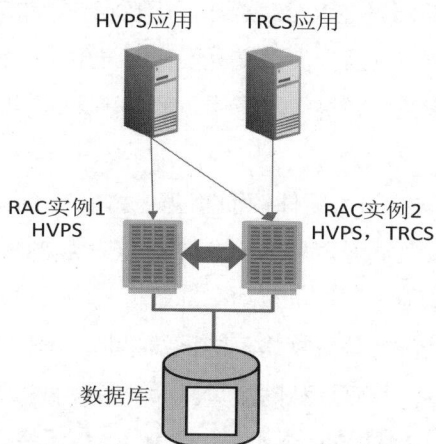

业务表没有进行分区，HVPS 按照连接负载均衡原则均匀地部署在 RAC 两个节点，而 TRCS 应用全部部署在节点 2，原因之一就是 TRCS 业务将日渐减少，最终彻底结束该类业务。这种部署方式早期导致 RAC 两个节点总体负载不均衡，后期又过于强调负载均衡，而 HVPS 应用没有进行数据访问分离，导致了一定数据的访问冲突和私网流量，也就是上述"1＋1＜1"的情况。

为什么当年的支付一代这种并不合理的 RAC 应用部署没有出现大的问题？我想还是因为业务压力并不大，即便"1＋1＜1"，例如，一个节点能完成 1000 笔交易，两个节点反而只能完成 800 笔交易，但也能满足当时的业务需求了。

总之，当年这个案例虽然总体上是一个成功案例，但在 RAC 实施方面却不无遗憾。

3. 某政府行业的 RAC 应用部署和实施

正因为有了上述最初的 RAC 压力测试结果以及支付一代的 RAC 实施经验，2006年，在某政府行业 RAC 实施项目上，根据该行业应用系统特点，我建议采取了如下图所示 RAC 部署模式。

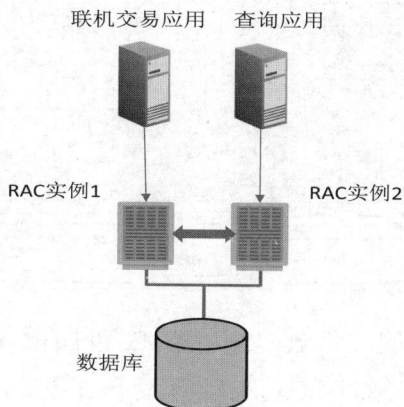

所有联机交易应用全部部署在 RAC 实例 1，而所有查询应用部署在 RAC 实例 2。这种部署方式首先避免了两个节点因为大量交易操作而导致的数据访问冲突和协调操作，而且该行业的查询应用非常多，与联机交易应用负载差不多，因此也较好地实现了两个节点的负载均衡。

但是在该项目压力测试期间，硬件厂商惠普公司也有 Oracle 专家，他对我的部署方案提出了质疑，建议直接按负载均衡部署所有的联机交易和查询应用，即两个实例都运行联机交易和查询应用。于是他按这种负载均衡部署模式，通过加压运行联机交易和查询应用，由于没有采取任何数据访问分流策略，测试结果是，不仅两个节点存在大量数据访问冲突——大量 GC 类等待事件，而且私网流量巨大，最终直接把数据库给搞瘫痪了。此时他不无得意，哈哈大笑："RAC 被我弄死了，原来 RAC 不像你们 Oracle 公司吹得那么牛啊。"我告诉他我是如何进行数据访问分流，将达到理想效果的解释之后，他依然尖锐地指出："至少 RAC 对应用不是完全透明的，不是像你们公司宣传的那样，所有应用不做任何调整，跑到 RAC 上就好好的，甚至性能更好。"

再稍一思忖，他突然恍然大悟："我理解你们 Oracle 文化了，两匹马能做的事情，为什么要让一堆鸡来做呢？"我想他也是基于惠普当年大力推广 Superdome 小型机、抵制 x86 策略，与 Oracle 一唱一和罢了，这也是当年关于集中式架构和分布式架构的一种争执。

4. 回到 RAC 原理

为什么 RAC 环境下不同的应用部署，实施效果或者"1 + 1 < 1"，或者"1 + 1 > 1"？还是需要从 RAC 原理上进行分析，进而总结出 RAC 应用部署的最佳实践经验。

以下为 Oracle 官方一个关于 RAC 节点间数据协调操作的示意图。

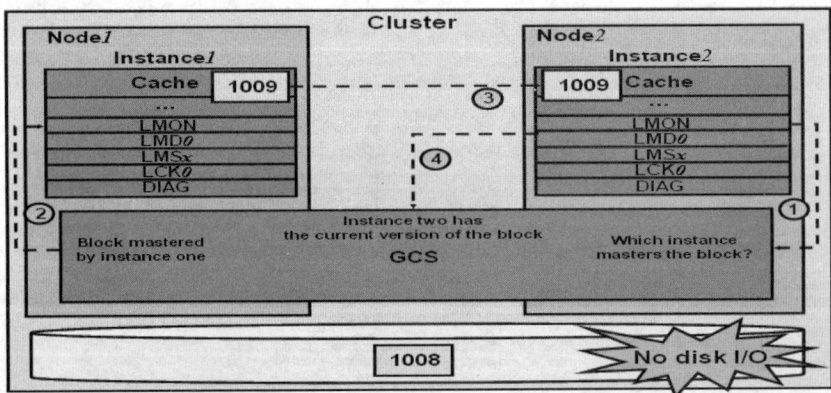

可见，当两个实例对同一份数据进行 DML 和 DDL 操作时，尽管 RAC 的 Cache Fusion 技术基于私网通信，通过 GCS、GES 等后台进程进行数据访问冲突的协调和同

步，避免了通过磁盘进行数据协调和同步的低效率，但是，Cache Fusion 内部技术还是非常复杂的，效率也并非最高的。因为篇幅所限，本文并没有展开更多的协调和同步操作细节。

如下这个 Oracle 官方的示意图更形象地描述了数据访问在本地内存、全局内存和磁盘上的性能差异。

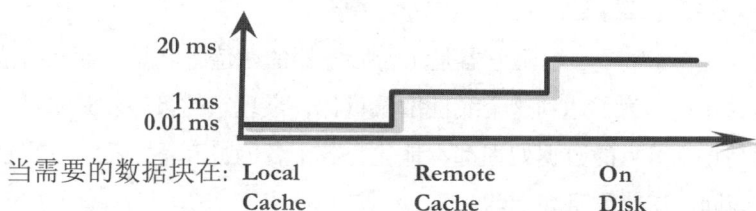

即当数据在本地内存时，直接访问本地内存的用时是 0.01 毫秒，而数据在集群其他节点内存并通过基于私网的 Cache Fusion 技术进行访问的用时是 1 毫秒，而数据通过磁盘进行交互访问，用时更是增加到了 20 毫秒。

总之，尽量将数据访问在本地内存完成，相比远程内存访问和磁盘访问方式，将是效率最高的。这也是内存、网络、磁盘三种不同介质的物理性能数量级差异的具体表现。

尽管 Oracle 在后续版本中不断优化 RAC 节点间数据访问效率，例如，18c 推出的 Undo RDMA、Commit Cache 技术，19c 的 ExaFusion Direct to Wire 、Smart Fusion Block Transfer 等，但无论如何，本地内存访问性能高于网络、磁盘访问性能都是不争的事实。限于篇幅，我将另文解读 RAC 这些性能方面提升的新特性。

5. RAC 应用部署最佳实践经验

既然介绍了 RAC 基本原理，那么为了达到 RAC 最佳性能，如下的 RAC 应用部署最佳实践经验就不难理解了。

1）针对 OLTP 应用的 RAC 应用部署最佳实践经验

由于 OLTP 应用具有小事务、高并发量特点，因此单个 OLTP 小事务是无法通过 RAC 提升性能的，因为一个节点的处理能力就能足够满足单个 OLTP 小事务的性能需求。于是，针对 OLTP 应用，在 RAC 环境下的应用部署不是追求单个事务性能的提升，而是提高整个系统的吞吐量，即 scaleup 指标，如下图所示。

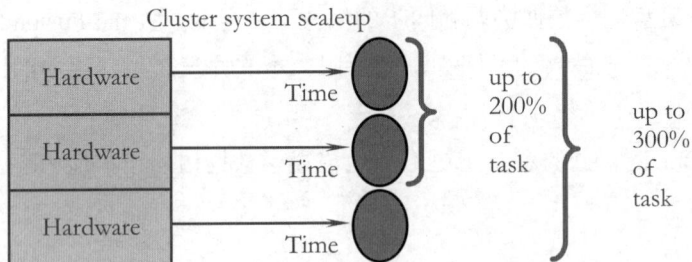

Cluster system scaleup

最理想的状况应该是，2 台服务器是 1 台服务器的两倍吞吐量，而 3 台服务器是 1 台服务器的三倍吞吐量。为了达到这个线性增长目标，最理想的策略就是降低节点间数据访问冲突，也就是每个节点的数据处理都本地化，各干各的，互不干扰，尽可能地降低节点间数据的交叉访问。主要策略如下。

（1）按业务逻辑划分，目标是每个节点访问不同的业务表。例如，在公文系统中，假设发文和收文对应不同的数据库表，则节点 1 可部署发文业务，节点 2 部署收文业务，二者之间基本不会有大的数据访问冲突和协调操作。

（2）如果业务逻辑无法划分，即业务集中访问几张大表，则采取将大表进行分区，并按分区原则进行应用部署的策略，目标是即便 RAC 所有节点都逻辑上访问一张大表，但每个节点实际上访问这个大表的不同物理分区，同样达到了数据访问分离的目的。

2）针对 OLAP 应用的 RAC 应用部署最佳实践经验

由于 OLAP 应用具有大事务、低并发量特点，因此针对单个 OLAP 大事务，主要是查询大事务可通过 RAC 的多节点并行处理能力提升性能。于是，针对 OLAP 应用，在 RAC 环境下的应用部署就是追求单个事务性能的提升，即 speedup 指标，如下图所示。

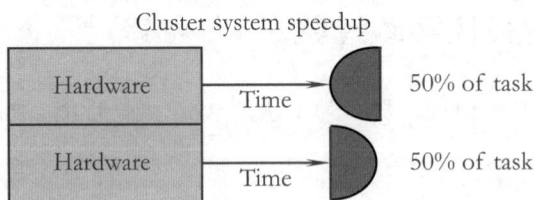

Cluster system speedup

在一个两节点 RAC 环境中，一个大查询事务可分摊到 RAC 两个，每个节点完成各 50% 工作，充分发挥各节点的硬件处理能力，然后再将查询结果汇总到一起。即在 RAC 环境下，一个大事务不仅可以在一个节点内部充分实现并行处理，而且可以通过设置 instance_group、parallel_instance_group 等参数，实现 RAC 节点间的并行处理。

但是即便是 RAC 间节点并行，Oracle 11g 之后的 In-Memory Parallel Execution 技术还是强调本地内存优先原则，即尽量减少不必要节点间的数据传输。以下为该技术的示意图。

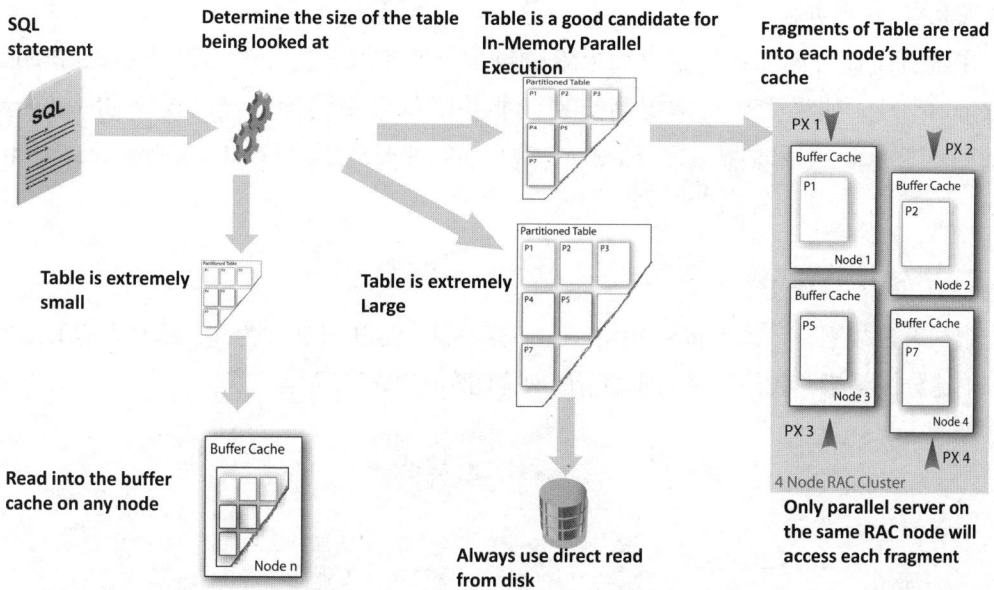

在确定需要对一个大语句进行 RAC 节点间并行处理时，特别是表在分区情况下，通过 In-Memory Parallel Execution 技术在每个节点访问不同的分区数据，尽量避免节点间的数据传输。

再次验证一个事实：针对 OLTP 和 OLAP 不同类型应用，应采取不同的策略，包括 RAC 应用部署。

6. 负面案例的正解

我们不妨回到本文第一个案例，虽然该系统已经通过将大量热点普通 B 树索引改造成 Global Hash-Partition Index 的措施，有效降低了热点索引访问冲突，已经保障系统基本运行平稳了。但是 RAC 节点间数据访问问题一时难以解决。为解决这个问题，考虑该系统业务集中访问若干大表的特点，我们提出了合理进行分区设计，并按分区逻辑进行应用部署的如下建议。

1）分区策略

针对客户账户类表，我们建议按 CUST_ID 字段进行范围分区，主要实现 RAC 分流功能，同时因为这类数据永久保存，所以我们不在分区方面考虑对这类表的历史数据清理。

而针对交易流水类表，我们建议按（时间，CUST_ID）进行二维组合分区，例如，TRANS_PER 表按（TRF_DATE, CUST_ID）进行（Range,Range）分区。目的是按 TRF_DATE 进行一维分区，主要实现历史数据清理共功能，而按 CUST_ID 进行二维分区，主要实现 RAC 分流功能。

在索引设计方面，我们建议如果索引包含分区字段，优先考虑设计 Local Prefixed Partition Index。如果主要考虑提高交易性能并降低索引访问冲突，建成 Global Hash-Partitioned Index。如果主要考虑降低 RAC 数据访问冲突，建成 Local non-Prefixed Partition Index。

2）应用部署建议

根据客户规划，该系统将从 IBM 小型机迁移到 x86 服务器，为此，结合现有 RAC 问题和上述分区策略，我们建议采取如下的架构图和应用部署方案。

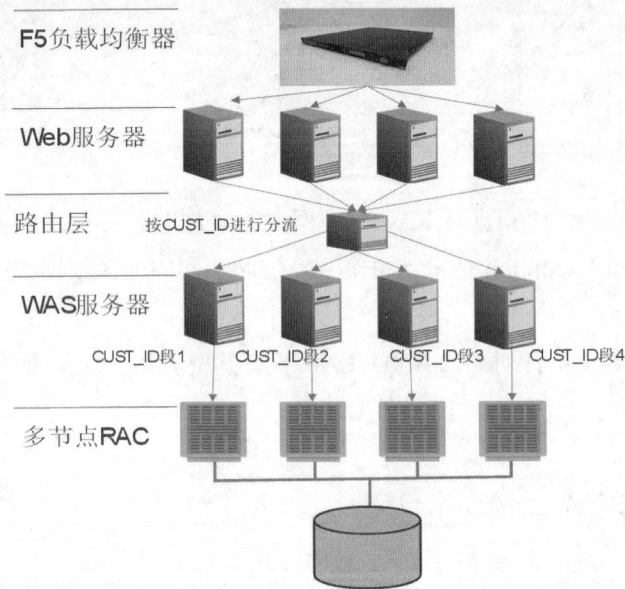

按现有小机配置和现有系统负载情况，合理推演 x86 配置和节点数，初步建议采用 4 节点高配置 x86 服务器。同时，基于上述新分区方案，并按分区逻辑进行应用部署，有效降低 RAC 内部的节点间流量。为此，在 Web 服务器和 WAS 服务器之间增加一个路由层，功能是按客户接入的 CUST_ID 号段信息进行分流，分别连接到相应 CUST_ID 号段的 WAS 服务器，WAS 服务器再直连到相关的数据库实例。

通过这种架构改造和应用部署调整，首先，有效降低了 RAC 节点间数据访问冲突，大大提升了 RAC 处理能力；第二，数据库表结构设计和应用无须大规模改造；第三，继续设计为一套大库，避免分布式架构设计，可便捷地进行全局数据访问，包括日终处理、统计报表等，以及只需对一套库进行运维，例如一套库的监控、备份恢复、补丁管理、容灾等，运维成本低。

可惜，该方案目前还是纸上谈兵。但我们不妨看几个当年精心设计和部署之后，RAC 在性能和线性扩展性方面的成功案例。

性能测试结果

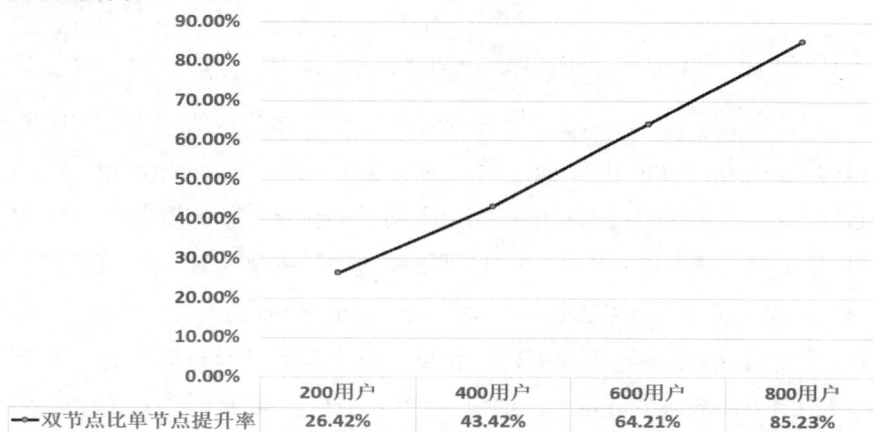

	200用户	400用户	600用户	800用户
━━双节点比单节点提升率	26.42%	43.42%	64.21%	85.23%

该案例在《1+1 > 1 的 RAC 成功案例》一文中进行了详细介绍。上图表明，双节点比单节点提升率更加显著，特别是并发用户数越多，提升率越明显，例如 800 并发用户数下，提升率居然达到了 85.23%，也就是 1+1 实现了 1.85 倍！

如下的测试数据来自当年 10g 平台上的 RAC 多节点扩展性和压力测试结果。

应用	2 node	4 node	6 node	8 node
XYPK	1.90	3.70	5.06	6.71
DJPK	1.90	3.67	5.31	6.56

针对 XYPK 和 DJPK 两类应用，由于合理采取了数据访问分流，RAC 两节点达到了一节点 1.9 倍的处理能力，4 节点、6 节点和 8 节点的扩展能力都是线性增长。

7. 反话正说

本文是以"负面"开篇的，但这个"负面"是带引号的，因此本文最后将正本清源，甚至彻底摘掉 RAC 头上这顶不实的负面帽子。

1）Oracle 华丽辞藻的深度解读

我们再深度解读本文最初的 Oracle 华丽词藻。

"采购 Oracle 的 RAC 吧，两台机器的处理能力肯定比一台强。"——但前提是要降低 RAC 节点数据访问冲突和私网流量，降低 GC 类等待事件。

"RAC 对应用是透明的，单机应用不用做任何修改就可运行在 RAC 下，而且速度更快。"——RAC 对应用逻辑的确是透明的，单机上的应用不用做任何修改，的确可以运行在 RAC 集群环境下。但为了达到高性能和更高的吞吐量，为了数据访问分流，可能需要对应用部署和连接进行调整，甚至需要设计新的数据库分区方案，并按分区逻辑进行应用部署。

2）国内实施 RAC 的现状分析

首先，国内各行各业的 RAC 系统大部分都没有考虑数据访问分流，典型标志包括 TNS 或 JDBC 连接串中的 load_balance 参数都设置成了默认的 on，remote_listener 参数也没有设置成空，甚至 11g 之后的系统还大量采用了 Oracle 默认推荐的 SCAN_IP。这种常规设计和应用部署只考虑负载均衡、RAC 部署的透明性以及 RAC 环境变更之后的可管理性，而忽略了 RAC 节点间的数据访问冲突和流量，最终导致了"1 + 1 < 1"的结果。

为什么大部分 RAC 系统还算平稳？我想，如同当年我参与实施的全国支付一代系统一样，还是因为业务压力并不大，即便"1 + 1 < 1"，例如，一个节点能完成 1000 笔交易，两个节点反而只能完成 800 笔交易，但也能满足当时的业务需求了。但是若压力陡增，出现本文第一个银行案例一样的峰值，RAC 应用部署的这个典型问题就暴露无遗了。

其次，我们发现国内很多客户采取了所有应用运行在 RAC 一个节点，另一个节点闲置或者只运行少量后台操作的部署策略，主要将第二个节点作为高可用性切换之用。我想这类客户一定是感受到了"1 + 1 < 1"的效果，这种部署下即便第二个节点闲置，起码还是"1 + 1=1"的效果，况且 RAC 高可用性切换能力还是非常强的。总之，这种部署实属无奈之举，因为至少导致了资源利用率和投入产出比不高。

再者，国内几乎很少见针对大型统计分析的 OLAP 系统，主动采用 RAC 节点间并行处理技术的，以及 Oracle 11g 之后的 In-Memory Parallel Execution 技术的实施案例。即针对 OLAP 应用，也没有充分发挥 RAC 多节点并行处理能力的高性能和高吞吐量。

3）RAC 优化和服务提升建议

国内大部分 RAC 系统实施比较粗放的现状，的确存在很大的优化空间，也是我们原厂服务部门可为的广阔空间。但是凡事都需综合平衡，针对绝大部分负载并不是很高的 IT 系统，采取 Oracle 默认的负载均衡模式甚至 SCAN_IP 等技术，确保高可用性和管理的简洁性，即便性能不是最佳，甚至"1 + 1 < 1"，也是可接受的。

但是，针对各行各业的关键业务系统，尤其是可能出现业务暴增的系统，则像本文描述的一些投入大量精力开展精雕细琢的策略和解决方案设计、测试和实施，就是必需的功课了。否则，RAC 这种"负面"的软肋会令人痛苦不堪。RAC 这个"负面"软肋也表明：任何一种技术和架构都是有其特点的，也有其局限甚至缺陷的，只有扬长避短，才能将每种技术和架构的优势发挥到极致。再者，RAC 这个"负面"软肋也能令人们感慨：IT 系统是一个整体，尤其是任何架构技术都应与客户的应用、数据库设计等紧密关联起来，相得益彰。那种过度强调对应用透明的策略是不科学、不严谨的。应用开发人员将问题推到 RAC 系统层面，反之，系统层面人员将问题推到应用层面都是视野不够开阔，也是缺乏责任和担当的表现。

这也再次表明：Oracle 产品、架构、技术和实施策略的确是属于企业级的核心和关键业务系统的贵族们的。半开玩笑而言，普通应用的平民系统您就凑合用 RAC 吧，甚至别用 RAC 了，因为 RAC 又要花钱购买 License，您的高可用性、高性能、可扩展性等方面需求也可能没那么高。若要 RAC 实施的效果好，达到高可用性、高性能、可扩展性等全方位目标，还是需要花费很大力气的。

总之，无论如何，如果以精雕细琢的工匠精神合理实施 RAC，高性能依然是 RAC 的三颗耀眼的明珠之一。

2021年4月18日于北京

RAC 的三颗明珠之三：可扩展性

我认为，在广大 IT 同行心目中，RAC 的高可用性、高性能和可扩展性三颗明珠中的可扩展性可能是最黯淡，甚至是负面的。因为国内绝大部分 RAC 系统都是两节点 RAC，很少有超过两节点的 RAC 部署，也很少见客户有将两节点 RAC 扩展成三节点以上，以及将多节点 RAC 进行收缩的操作，也就是很少实施 RAC 扩展性动作。更有甚者，有一天我去某银行探讨该行非常重要的网银系统 RAC 架构优化时，当我提出该系统从 IBM 小型机迁移到 x86 平台可采用 4 节点 RAC 时，客户某领导直言：原来以为 RAC 只能部署在两节点之上。

在当下分布式架构盛行的年代，业内很多同行也有这样的理念：分布式架构相比 RAC 集中式架构的扩展性更好，理由就是，分布式架构的扩展性可以做到处理能力的线性增长，而 RAC 由于节点间数据访问冲突和私网流量等问题，很可能会出现"1 + 1 < 1"的情况。

事实果真如此吗？本文先从多年前的 ICBC RAC 实施项目中的扩展性测试案例分享开始，再到最新的国家某大型交易系统的问题分析和解决方案，与诸位同行共同探讨和揭示 RAC 扩展性的真实内涵。

1. ICBC RAC 扩展性测试案例分享

2008 年，在 ICBC 的 RAC 项目实施中，除了高可用性和高性能专题测试之外，我们与客户还共同开展了 RAC 扩展性专题测试。本文就将与大家分享业内可能很少有同行去开展的 RAC 扩展性测试。

1）扩展性测试目的和内容

RAC 的扩展性是指，随着业务的发展和起伏，RAC 可增加节点也可删除节点，而且在原理上可实现在增删节点过程中 RAC 整体不停机，即业务不中断。于是，在 ICBC RAC 项目中，我们的扩展性测试主要包括两种场景：①在正常情况下，RAC 环境下的节点增加和删除操作；②在异常情况下，假设 RAC 一台服务器出现故障，如何从 RAC 集群中删除该节点，在该节点恢复之后，又如何将该节点增加回 RAC 集群环境。

在 RAC 架构进行增删节点之后，通过 Service 等多种技术实现应用的动态部署调整，从而确保应用在各节点间的负载均衡，又有效降低节点间数据访问冲突，尤其保证在增加节点之后，应用整体处理能力和吞吐量得到线性增长。

2）扩展性测试过程

上述在正常情况和异常情况下的 RAC 增删节点操作步骤完全不一样。Oracle 分别有官方文档描述详细过程，当年我们在参考官方文档的基础上，详细编写了针对 ICBC 环境的操作步骤，以下是正常情况下增加节点的主要步骤。

- 前期准备
  - ◆ 操作系统配置
  - ◆ 存储检查
  - ◆ Oracle 配置
- 增加节点过程
  - ◆ 配置 DISPLAY 变量
  - ◆ 添加 Oracle Clusterware 软件
  - ◆ 添加 Oracle RAC 数据库软件
  - ◆ 添加 listener 及其 OCR 资源等（netca）
  - ◆ 添加 instance - DBCA

以下是正常情况下删除节点的主要步骤。

- 配置 DISPLAY 变量
- 删除 Node2 上的数据库 instance 和相关 service - DBCA
- 从数据库中删除节点
- 把保留的节点 Node1 添加到数据库中（nodelist），删除 Node2 的 ONS 配置
- 在 Node2 上停止 CRS 并删除 init 等文件
- 从 OCR 中删除 Node2 的 nodeapps
- 从 voting disk 中删除 Node2
- 从 clusterware 中删除节点
- 检查删除是否成功

所谓异常情况下删除节点是指，假设某个 RAC 节点因为异常情况而宕机了，但是集群的 OCR 等配置文件中依然保存了该节点的数据库实例、ASM 实例、Nodeapp、Listener 和 VIP 等各种资源信息，因此需要一点点地把这些信息都删除得干干净净，可不是常人想象的：这个节点宕了就宕了，不管它了。实际上，由于这个故障节点的各种资源信息仍然保存在集群各种配置文件中，会给整个 RAC 环境的正常运行带来隐患。若故障节点恢复

之后，又需要一点点地将该节点各种资源信息加载回 RAC 环境。

上述详细细节请见 MOS 中的 Steps to remove Node from Cluster when the Node crashes due to OS/Hardware failure and cannot boot up（Doc ID 466975.1），但是该文档只适合 10.2 和 11.1 版本，更新的 19c 版本中如何进行异常情况下删除节点请见 How to Remove/Delete a Node From Grid Infrastructure Clusterware When the Node Has Failed（Doc ID 1262925.1），以及 19c 联机文档 Clusterware Administration and Deployment Guide 第六章相关内容。

3）官方联机文档居然是错的

记得当年准备开始正常情况下的增删节点方案设计时，突然被总部 RAC 研发团队专家告知，不要看官方联机文档的相关章节，那里面的内容有错误，按照那个章节去操作，肯定会失败。专家同时告知我们几篇 MOS 中的文章，并嘱咐我们一定要按这几篇文章去设计方案和实施，肯定没问题。

哎哟，我可是第一次听说官方文档居然整章内容都是错的，可见当年 RAC 产品和文档还是不太成熟。这也反衬出 Oracle 专业服务的重要性，普通客户和第三方服务人员肯定就是拿着官方文档去实施了。可能只有我们原厂专业服务团队才会去 MOS 知识库中寻找更为专业的文章，更可能得到后台全球技术支持中心和研发部门专家的直接指点。但我想，官方联机文档整章内容都有问题纯属偶然，肯定不是 Oracle 公司文档编写人员故意为之，更不是为推销原厂服务而埋下的伏笔，哈哈。

4）遗憾和不足

当年的 ICBC RAC 项目因为实施周期和实施资源紧张的缘故，很多工作还是实施得不够全面和细致。在 RAC 扩展性测试中我们只是测试了节点正常增加和删除，以及异常情况下的节点删除和恢复操作，但是并未结合压力测试，开展应用扩展性测试。即验证随着节点增加，应用也合理地进行部署调整，从而达到应用处理能力线性扩展的目的，而这正是体现 RAC 扩展性内涵的重要精髓之一。

在我的职业生涯中，能在客户统一规划、部署和支持下，开展全面的 RAC 扩展性测试，可能仅此一例，尽管也存在没有开展应用扩展性测试的遗憾，但我还是要再次感谢 ICBC 当年的投入。

2. 最新案例分享：现状和现有优化措施

2023 年，我有幸对国家某大型交易系统进行了全面的性能分析，不仅发现该系统存在 I/O 高、RAC 私网流量高等典型问题，也令我对 RAC 扩展性，甚至数据库架构发展方向等有了更多新的感受和认知。

1）系统运行现状分析

从业务方面介绍该系统特点，作为承担国家出口业务的重要交易系统，在国家经济恢复和增长的大背景下，在国家一带一路发展战略、广交会、进博会等因素推动下，该系统的业务量出现了高速增长的态势。据业务和开发人员介绍，相比该系统多年前刚投产时，现在的业务量增长了 10 倍以上，最主要的业务主表每天要增加 2500 万笔交易数据，其他业务子表则是日增长亿条记录以上。

在这么高并发量、高负荷的业务压力下，该系统的运行现状如何呢？原来该系统的 CPU 利用率并不是太高，但存在 I/O 高、RAC 私网流量高和 GC 类等待事件高的典型问题。这也是我近年来发现很多 IT 系统存在的普遍问题，即在目前的高配置硬件服务器平台，CPU 的利用率通常不是很高，而 I/O 则是大部分系统的瓶颈所在。而国内大部分 RAC 系统并没有实施数据访问分流，因此，RAC 私网流量高和 GC 类等待事件高就是另一个典型问题了。

2）I/O 高问题浅析

由于本文主题是 RAC 扩展性，因此对最新案例的 I/O 高的问题仅简略描述一番。

首先，与大部分系统一样，该系统 I/O 高的主要原因还是应用 SQL 语句，但是与很多系统不一样的是，该系统最消耗 I/O 的 Top-SQL 语句的单次 I/O 并不高，而且基本都是通过主键索引访问，但语句执行次数非常频繁，因此导致了 I/O 总吞吐量高。如何在现有 Top-SQL 语句中深度挖潜并精雕细琢？为此，我们在现有索引简化、将 Local 分区索引改造成 Global Hash 分区索引，以及运用 12c 的异步全局索引维护（asynchronous global index maintenance）特性，确保 Global Hash 分区索引在分区维护操作时不失效方面，提出了若干优化建议，也在测试环境中验证了优化措施的有效性，并将与后面的 RAC 优化措施形成一个整体方案。

其次，在深入分析该系统的过程中，令我惊讶的是，这么重要的国家级系统，也是服务团队服务了这么多年的系统，数据库内存参数都没有设置到位！这也是导致 I/O 高的重要原因之一。为此，我们开展了内存参数的重新规划，并将操作系统大页参数 vm.nr_hugepages 进行相应的优化。参数优化是最容易实施的优化工作之一，效果立竿见影。

	1st per sec	2nd per sec	%Diff	1st per txn	2nd per txn	%Diff
DB time:	92.0	29.9	-67.5	0.0	0.0	-100.0
CPU time:	15.7	10.7	-32.0	0.0	0.0	0.0
Background CPU time:	3.4	2.5	-27.9	0.0	0.0	0.0
Redo size (bytes):	24,359,876.9	20,514,252.7	-15.8	2,661.6	2,471.9	-7.1
Logical read (blocks):	469,794.3	397,514.7	-15.4	51.3	47.9	-6.7
Block changes:	113,521.9	94,467.4	-16.8	12.4	11.4	-8.2
Physical read (blocks):	54,833.4	34,112.4	-37.8	6.0	4.1	-31.4
Physical write (blocks):	17,606.2	13,234.7	-24.8	1.9	1.6	-17.2
Read IO requests:	54,808.8	34,105.5	-37.8	6.0	4.1	-31.4
Write IO requests:	15,180.9	11,183.1	-26.3	1.7	1.3	-18.7
Read IO (MB):	428.4	266.5	-37.8	0.0	0.0	-40.0
Write IO (MB):	137.5	103.4	-24.8	0.0	0.0	-50.0
IM scan rows:	0.0	0.0	0.0	0.0	0.0	0.0
Session Logical Read IM:	0.0	0.0	0.0	0.0	0.0	0.0
Global Cache blocks received:	7,807.8	9,992.8	28.0	0.9	1.2	41.2
Global Cache blocks served:	3,126.0	3,363.5	7.6	0.3	0.4	20.6
User calls:	21,779.6	18,350.1	-15.7	2.4	2.2	-7.1
Parses (SQL):	3,565.6	3,077.3	-13.7	0.4	0.4	-5.1
Hard parses (SQL):	0.2	0.2	17.6	0.0	0.0	0.0
SQL Work Area (MB):	26.1	20.0	-23.3	0.0	0.0	-23.3
Logons:	0.6	0.4	-25.0	0.0	0.0	0.0
Executes (SQL):	14,906.1	12,595.2	-15.5	1.6	1.5	-6.7
Transactions:	9,152.5	8,299.0	-9.3			

可见，高峰时该系统 I/O 吞吐量从 428.4+137.5=565.9MB/s 下降为 266.5+103.4=369.9MB/s，下降幅度达到 34%，而且总体负载各项指标都几乎全面下降。但是值得关注的是，在上述指标中，唯有 Global Cache blocks received: 和 Global Cache blocks served: 指标呈增长趋势，即 RAC 节点间流量并没有下降，反而出现一定幅度增长。即 RAC 节点间数据访问冲突问题依然存在，而且有越来越严重的趋势。

3）RAC 问题的深入分析

该系统的第二大问题就是，如国内大多数 RAC 系统一样，没有实施数据访问分流，导致了 RAC 私网流量高和 GC 类等待事件高的典型问题。该系统的主要等待事件列表中几乎都是 GC 类等待事件，而且占比非常高，即 GC 类等待事件成了该系统的突出瓶颈问题。

下图是该系统两个典型交易日 24 小时的 RAC 私网流量对比分析。

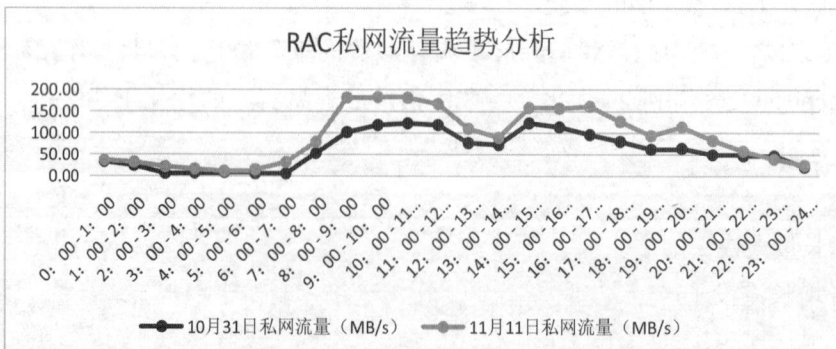

RAC私网流量趋势分析

11 月 11 日的私网流量明显高于 10 月 31 日，最高峰值已经达到 183MB/s。但是有趣的是，由于当年双十一促销活动提前，该系统 11 月 11 日的业务负载还没有 10 月 31 日高，但 RAC 私网流量反其道而行之。那么到底是哪些数据对象占据了 RAC 私网流量呢？以下是统计结果。

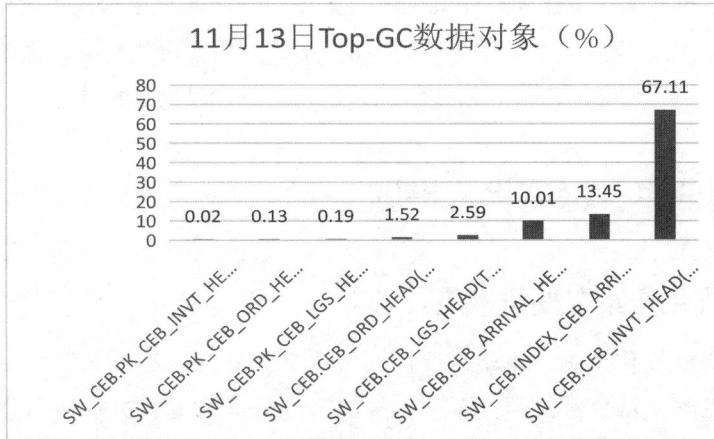

11月13日Top-GC数据对象（%）

原来 67.11% 的 GC 流量都是 CEB_INVT_HEAD 表。据了解，该表就是该系统的业务主表，占据了该系统的大部分业务，目前就是应用负载均衡部署到两个节点运行，导致了大量 RAC 私网流量。

4）部分应用部署调整缓减了 RAC 问题

如何解决 RAC 私网流量问题？我的关注点显然就是占据 67.11%GC 流量的 CEB_INVT_HEAD 表的分流问题。可是，还是开发人员更了解业务和应用，他们深知 CEB_INVT_HEAD 表的分流实施难度太大，却发现 GC 流量排名第二的 CEB_ARRIVAL_HEAD 表和第三的 INDEX_CEB_ARRIVAL_HEAD_4 索引的应用是同一类业务。于是他们提出，先把这类业务从目前的负载均衡分配到两个节点，改为都部署到一个节点，这样至少能降低 20% 的 RAC 私网流量。于是，上午刚开完研讨会，下午 2：30 客户就开始实施该优化策略了。我开玩笑道：这是我见过的史上最有执行力的客户。优化效果呢？果然是降低了 20% 的 RAC 私网流量。

5）只剩骨头了

经过上述内存参数扩容，部分应用在 RAC 环境下的部署调整，以及前期的网络带宽扩容、网卡缓冲区参数优化等措施的实施之后，尽管达到了一定的优化效果，但是该系统的业务增长量太快，例如，1 个半月内的交易量就增长了 20%，这些优化效果很快就被高速的业务增长淹没了。用客户的话讲：现在肉也吃完了，连汤都喝完了，只剩骨头了。哈哈。

任何事物的优化都是"开源＋节流"策略。上述硬件扩容、操作系统参数和数据库参数优化、网络扩容、网络缓冲区参数优化，甚至应用部署调整等都属于开源范畴，而目前该系统的开源方面工作已经基本做到极限，但是硬件扩容和参数优化永远比不上业务增长的速度。

那么节流方面有哪些工作呢？那就是后面将提到的数据库分区方案优化、索引方案优化、SQL 语句优化，以及基于新的分区方案的 RAC 应用部署优化等，这些优化措施将直接降低 I/O、降低 RAC 私网流量。这些的确是伤筋动骨的啃骨头操作了。

3. 最新案例分享：深度优化措施

1）深度优化方案主要技术点

该系统的深度优化措施，也就是要彻底解决 I/O 高、RAC 私网流量高的典型问题，我认为，总体思路是从分区改造入手，并围绕新的分区方案，进行新的分区索引方案设计，以及基于新的分区方案的 RAC 应用部署优化。具体建议如下：第一，将业务主表改造为基于（SYS_DATE, 某个业务字段）的二维组合分区。第二，将业务子表与业务主表通过 GUID 字段建立主外键关系。第三，将业务子表表的分区改造为 Reference 分区。第四，在新的分区方案基础上，结合应用 SQL 语句，开展两个表新的分区索引方案设计。第五，访问这两张表的应用 SQL 语句增加某个业务字段条件。第六，现有索引简化为（GUID）的 Local 非前缀分区索引。

该方案的特点和收益为：第一，同时满足了历史数据管理、应用软件高性能和 RAC 数据访问分流三大目标。第二，这两张表的表结构保持不变，避免了表结构变化带来的现有数据维护、应用程序改造等繁重工作。第三，除了需要对访问这两张表的应用 SQL 语句增加某个业务字段条件，应用软件逻辑上总体保持不变。第四，相关 SQL 语句由于索引的分区裁剪粒度更细，性能显著提升。

2）深度优化方案的难点

当我将上述初步的深度优化方案向客户和盘托出之后，开发团队最大的质疑和困惑就是二级分区业务字段的选取，因为最终客户访问系统可能基于多个不同的业务字段作为查询条件，如何做到全面兼顾，尤其是基于某个业务字段进行合理的业务数据访问分流，这就是深度优化方案的难点所在。

还是应用开发人员更了解业务和应用情况，他沉思一番之后，很快给出了完备的解决方案：不管客户输入 A、B、C 哪个业务字段作为查询条件，最终总能归纳到某个唯一的业务字段，可能是 A、B、C 之一，或者是新的 D 字段，那么我们就以这个唯一的业务字段进行二级分区以及应用部署。真是车到山前自有路。

4. 最新案例更深的话题：架构改造和发展

1）典型的集中式架构

该系统在若干年前建设时采取的两节点 RAC 架构主要是发挥了高可用性特性，而在高性能和扩展性方面却存在上述 RAC 私网流量高、GC 类等待事件高的问题。通过上述基于新的分区方案进行优化改造，也仅仅是解决现有架构下的问题，那么，如何更好地满足业务高速发展需求？

该系统实际上是典型的集中式架构，即便解决了现有的 RAC 实施问题，实现了 $1+1>1$（即充分发挥了两台服务器的处理能力），但是如果业务进一步增长，如何实现处理能力的线性扩展？也就是该系统可能需要更多台服务器计算资源，那么该系统的架构未来走向如何呢？是否走向当下时尚的分布式架构呢？

这也是我们现在既解决当下的突出问题，又开始未雨绸缪的话题。于是我们和客户开始共同研讨未来的三个架构发展方向。

2）方案 1："多节点 RAC + 分区"架构

该方案示意图如下。

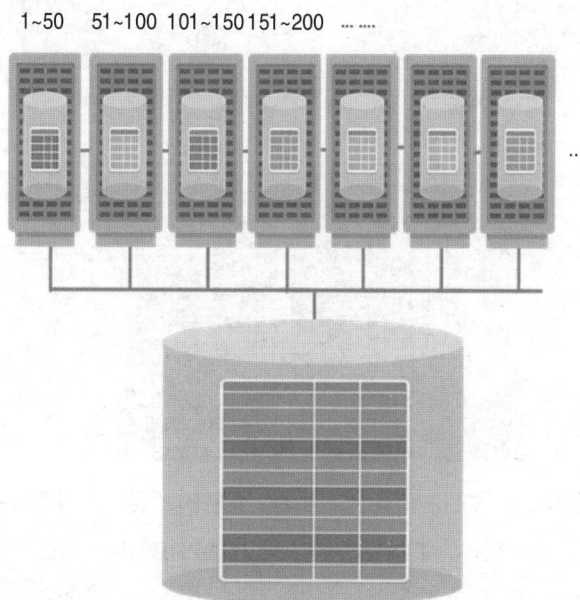

该方案将采取"多节点 RAC+ 分区"的大 RAC 架构。即在新的分区方案基础上进行现有两节点 RAC 架构的优化之后，随着业务的继续增长，运用 RAC 扩展性将 RAC 拓展

为 3 节点、4 节点，甚至更多节点。具体而言，假设二维分区的业务字段是企业编号，我们将应用按企业编号在 RAC 环境分段进行部署，例如企业编号 1~50 的应用部署在节点 1，企业编号 51~100 的应用部署在节点 2，等等。同时，将对这些表的相同分区的 DML 和 Select 操作都部署在同一个节点，例如节点 1 完成企业编号 1~50 的 DML 和 Select 操作，节点 2 完成企业编号 51~100 的 DML 和 Select 操作。另外，在新的分区方案基础上，结合应用 SQL 语句，开展两个表新的分区索引方案设计，例如主要采用 Local 分区索引技术。

这种架构的特点如下：首先，将大幅度降低 RAC 私网流量和 GC 类等待事件。其次，相关 SQL 语句由于本地索引的分区裁剪粒度更细，I/O 将显著下降，性能显著提升。再者，作为传统架构技术，RAC 技术成熟，建设和运维成本较低，可确保高可用性、高性能和可扩展性，也可集中管理、集中备份恢复、集中容灾。最后，RAC 对数据库应用是透明的，无须大规模修改现有应用程序。

总之，该架构物理上是一个库，逻辑上通过分区技术和按分区进行应用部署达到分库即分布式效果。

3）方案 2："RAC+ 多租户 + 分区"架构

该方案示意图如下。

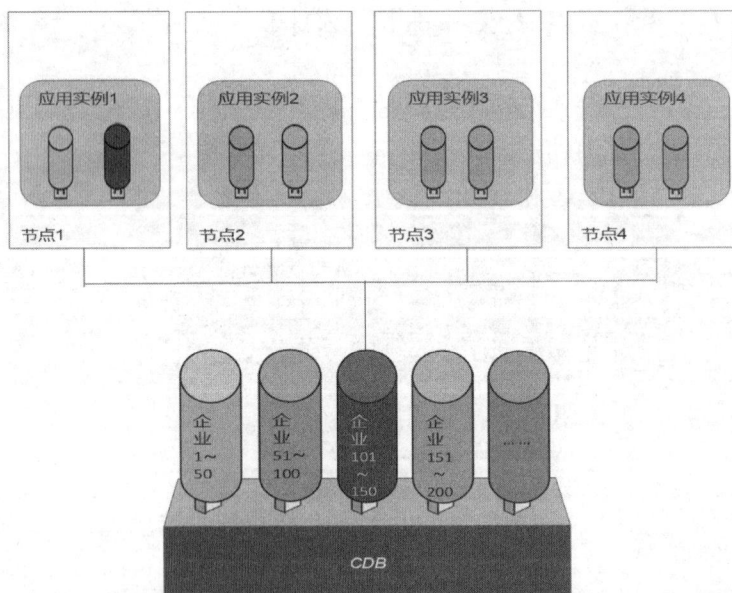

即采用"RAC + 多租户（CDB/PDB）+ 分区"架构。第一，PDB 按企业编号进行规划，例如 1~50 为 PDB1，51~100 为 PDB2，101~150 为 PDB3……第二，按应用负载均衡原则，将不同 PDB 部署在 RAC 不同实例，尽量避免将一个 PDB 部署在多个实例，降低 RAC 私网流量和 GC 类等待事件。第三，如果需要将一个 PDB 部署在 RAC 多个实例，继续采用分区策略达到数据访问分流的目的。第四，在 PDB 中实施相关的索引优化策略。

这种架构的特点如下：第一，将大幅度降低 RAC 私网流量和 GC 类等待事件。第二，相关 SQL 语句由于索引的分区裁剪粒度更细，I/O 将显著下降，性能显著提升。第三，CDB 为一个容器数据库，PDB 达到分库效果，即集中 + 分布融合架构。第四，PDB 级的资源管控、备份恢复等特性，可实现资源的精细化管理。第五，继续发挥 RAC 的高可用性、高性能、可扩展性特性，并实现集中管理、集中备份恢复、集中容灾。第六，该架构对数据库应用是透明的，无须大规模修改现有应用程序。最后，CDB/PDB 架构具有云计算特征，是 Oracle 架构发展方向。

4）方案 3：水平分库（Sharding）架构

该方案示意图如下，即采用水平分库（sharding）架构。第一，假设按企业编号进行规划，例如 1~50 为 shard1，51~100 为 shard2，101~150 为 shard3……第二，每个 shard 实施两节点 RAC 架构。第三，继续采用分区策略达到 RAC 数据访问分流的目的。第四，实施相关的索引优化策略。

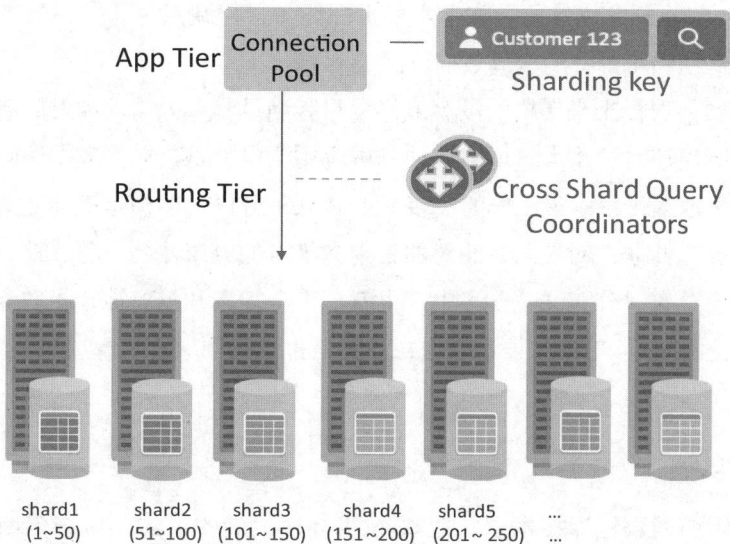

这种架构的特点如下：首先，将大幅度降低 RAC 私网流量和 GC 类等待事件。其次，相关 SQL 语句由于索引的分区裁剪粒度更细，I/O 将显著下降，性能显著提升。最后，Sharding 架构的易扩展性和伸缩性将更好地满足业务高速发展需求，但是该架构的建设、运维成本较高，实施案例较少，而且对应用不透明，应用需要配合进行改造，尤其是几乎所有语句都应该增加分片键（sharding key）条件。

5. 异曲同工

在很多 IT 同行心目中，RAC 架构就是纯粹的集中式架构。的确，很多同行将 RAC

数据库当成一个黑匣子，大部分应用都是负载均衡部署到两个或多个节点，全然没有考虑数据访问分流，因此导致了大量 RAC 私网流量和 GC 类等待事件，也就是"1+1 < 1"的实施效果。都"1 + 1 < 1"了，越扩展性能岂不越差？于是 RAC 又被打上了水平扩展性差的标签。

回首上述最新案例的三个架构发展方向，其实我认为有异曲同工之处，三种架构都在考虑数据访问和应用分流，都在考虑用哪个业务字段进行分流、分库比较合理，也就是都在诠释 Sharding 架构设计中的重要理念：Key is key。只不过"多节点 RAC+ 分区"架构是基于某个业务字段进行二级分区，"RAC+ 多租户 + 分区"架构则是基于某个业务字段进行 PDB 的划分，而水平分库（Sharding）架构则是将某个业务字段设计为分片键（Sharding Key）。

三种架构也有各自的优缺点，"多节点 RAC+ 分区"架构技术成熟，一个大库中的数据访问更灵活，但缺点是缺乏多租户架构的资源隔离性和精细化管理能力。"RAC+ 多租户 + 分区"架构的优点就是资源隔离性和精细化管理能力强，更具有云计算特征。而水平分库（Sharding）架构的最大优势还是在于水平扩展能力，但缺点也非常明显，那就是如何确保全局数据一致性和跨分片的全局数据访问能力差。

这个最新案例如何选择未来架构？没有最好，只有满足其业务需求和发展趋势的最适合架构。例如，我听说该系统将大量增加统计分析应用，也就是全局性数据访问很多，那么我个人还是建议采取最传统、最成熟的"多节点 RAC+ 分区"架构是最佳方案。

总之，集中和分布并非一对矛盾，绝对的集中和绝对的分布才会问题重重。如果一个架构能做到集中蕴含分布，分布又蕴含集中，也就是貌合神离和貌离神合相融合的架构，那就是最佳架构。这哪里是 IT 架构技术问题，分明是哲学问题，哈哈。

6. 忆古思今

RAC 是 20 多年前的数据库技术了。在 IT 技术高速发展的今天，20 多年前的技术仿佛应该是远古时代的技术，甚至落后技术了。可是，当下无论是开源数据库还是国产数据库，并没有出现与 RAC 架构完全一致的数据库产品，也就是并不具备 RAC 的高可用性、高性能和扩展性等综合功能。换言之，RAC 依然具有其技术先进性。

当下数据库架构更崇尚分布式，尤其强调面对业务高速增长的水平扩展能力。我们不妨回首，RAC 早就具有这种水平扩展能力了，只是这么多年了，业内大部分同行并没有深刻认识到 RAC 扩展性的重要性和真正内涵，更没有去亲力而为。再者，RAC 增加和删除节点只是计算资源的动态扩展，其实与现在流行的分布式架构一样，虽然 RAC 是集中式存储数据库，但通过业务划分、分区、Service 等技术，同样也可实现数据和应用在 RAC 集群环境中的合理分布和动态调整，也就是数据资源和计算资源也可以达到分布式效果。

　　再来到当下更热门的云计算话题。所谓云计算应该具有共享资源池、弹性扩展、按需供给、度量计费、高速网络五大特性，而 RAC 技术几乎可以完全满足这五大特性。若再加上多租户等架构技术，RAC 能更好地实施云计算架构。因此，Oracle 公司认为：RAC 不仅依然是传统 IT 系统重要的基础架构技术，而且也是云时代的云计算架构的重要基础设施。

　　忆古思今，RAC 老而弥坚。

2023年11月22日于北京

某银行 RAC 实施项目（上）

某银行在世界 500 强企业中位列前茅。Oracle 则是全球顶级 IT 公司之一，全球最大的企业级软件供应商。该行和 Oracle 相撞，是强强联手，还是火星撞地球般的火花四溅？10 多年前，我作为项目经理曾参与了该行第一个 RAC 项目实施，项目期间的跌宕起伏至今令我回味和反思，那半年个人的心路历程更是烙印深刻。两个不同行业巨人的激情相撞，更令人感觉是那么轰轰烈烈、荡气回肠，乃至地动山摇，哈哈！该行第一个 RAC 实施项目，被老罗我渲染得如同好莱坞大片一样，有那么夸张吗？且听我慢慢演绎。

1. Data Guard 还是 RAC？

话说 2008 年初，我被公司派遣去担任该行第一个 RAC 项目的实施经理时，令我惊讶不已：尽管 Oracle 公司在 2001 年的 9i 版本就推出了数据库集群软件 RAC，到 2008 年已经发展到 10g、11g 两个版本，在全球包括国内各行各业，RAC 已经遍地开花，但是该行居然一套 RAC 都没实施过！

经产品销售等同事介绍才知道：原来该行当年在 9i 平台测试和试用过 RAC，可能遇到一些问题，于是认为 9i RAC 不成熟，因此一直没有把 RAC 作为该行最重要的数据库架构。那么，当年该行数据库采用了什么架构呢？原来主要是"HA+Data Guard"架构。即通常情况下，若一台服务器和数据库实例宕机，通过 HA 软件切换到另外一台服务器和数据库实例。如果数据库出现故障，则通过 Data Guard 切换到备机和备库。

与当年绝大多数行业客户已经大量采用 RAC 架构但还没有大规模采用 Data Guard 的情况恰恰相反，该行是一套 RAC 都没有，但大量实施了 Data Guard，该行乃至成为 Oracle 公司在全球大规模实施 Data Guard 的银行业最大案例。该行甚至把 Data Guard 不仅用于容灾，而且将 Data Guard 广泛运用于应用软件升级和变更场景。即每次进行应用软件升级和变更时，先将生产系统切换（Switch over）到容灾系统，保持业务不中断，然后在原生产系统端升级或部署新的应用软件，再切换回原有的生产系统，并对外提供新版本的应用软件服务。即通过 Data Guard 确保应用软件升级和变更时的业务连续性。

可是，HA 架构的故障切换和 Data Guard 的角色切换毕竟都是分钟级，而且，Data Guard 在 Oracle 产品家族中被定位成容灾产品而不是高可用性产品，也就是说该行的现有数据库架构很难满足高可用性严苛到秒级的需求。于是，在多方积极推动下，到了 2008 年，该行各级领导和技术人员也终于意识到采用 RAC 架构来全面提升其数据库高可用性、高性能、扩展性等综合目标的必要性了。于是乎，该行决定为 RAC 实施正式立项，为全行数百套数据库系统逐渐迁移到 RAC 架构开展专题研究，目的就是深入研究 RAC 技术，并确定全行的 RAC 实施规范，从而确保全行实施 RAC 的规范化和高质量。

我想这就是该行的做事风范、格局和视野，不仅积极听取各原厂商的专业化建议，按照原厂的实施方法论和最佳实践经验展开实施，而且不做则已，一做就是大手笔、高规格、高质量。我想这也是全国银行业几乎每个客户都会经常问我们"某行怎么做的？"的重要原因，该行的确也是全国银行业乃至整个金融行业的 IT 标杆。

在这点上，突然觉得该行与 Oracle 风格相似，即都是不做则已，一做就是全行业的翘楚。记得前些日子在某个同行群中闲聊到 Oracle 19c、21c 包含了支持区块链的新技术，然后一同行就感慨："Oracle 也做区块链了？完了，估计一大批做区块链的小公司要面临倒闭了。"

2. 第一阶段实施结果

当年，该行是如何与 Oracle 公司合作开展 RAC 项目实施的？具体分为两个阶段，并分别与 Oracle 产品售前团队以及售后服务团队展开合作。第一阶段与产品售前团队的合作主要是围绕 RAC 产品和技术本身，验证 RAC 的安装、日常运维管理、高可用性等方面功能和特性，尤其是开展了 ASM、裸设备和集群文件系统 GPFS 三种不同存储架构技术的测试和对比分析。第二阶段则是与 Oracle 售后服务团队合作以第一批迁移到 RAC 环境的应用系统为背景，开展更为深入的架构设计、高可用性方案设计、应用部署方案设计、扩展性方案设计、迁移方案设计等，并最终完成第一批 RAC 系统的正式上线。其中 2008 年 1 月至春节前为第一阶段，春节后至 7 月初为第二阶段。

本节我们主要介绍第一阶段最有特色的工作，即该行与 Oracle 产品售前团队合作开展了 ASM、裸设备和集群文件系统 GPFS 三种存储架构技术的测试和对比分析，以下就是测试总体结果。

存储管理方式	ASM	裸　设　备	GPFS
管理集群数据文件	可以	可以	可以
管理备份数据	可以	不可以	可以
数据文件大小自动扩展	支持	不支持	支持

存储管理方式	ASM	裸 设 备	GPFS
创建表空间步骤	（1）创建磁盘组，包含操作系统中的一个或多个磁盘 （2）创建表空间在磁盘组中，在参数中设置后，不需要指定磁盘组和数据文件的名字，数据文件的大小可以自动扩展	（1）建立 PV （2）使用一个或多个 PV 建立卷组 VG （3）为每一个控制文件、数据文件、Redo 日志文件等划分逻辑卷 LV （4）创建表空间在一个或多个 LV 上，需要指定数据文件的名字和大小，且数据文件的大小不能扩展	（1）使用操作系统的一个或多个磁盘建立一个 gpfs 文件系统 （2）创建表空间在目录中，在参数中设置后，不需要指定数据文件的名字，数据文件的大小可以自动扩展
数据分布	自动均匀分布到一个磁盘组中的所有磁盘	可以分布到多个磁盘	可以分布到多个磁盘
添加、删除磁盘	容易，数据自动在线重新分布	复杂，手工调整数据分布	复杂，调整数据分布
调整 I/O 热点	不需要，自动均衡 I/O	手工调整	手工调整
性能	最高	最高	高
镜像	支持 2 路或 3 路镜像	支持	支持
从现有存储方式转换	使用 DataGuard 方式，容易，停机时间短	如果原来使用卷管理方式，容易 如果原来使用文件系统，复杂	复杂
与 Oracle 集群件及真正应用集群集成	最好	好	好
费用	包含在数据库企业版授权中	单独购买	单独购买

可见，在该行最关注的高性能和可管理性方面，ASM 是二者兼而有之，而基于 HACMP 的裸设备是性能尚可，但可管理性不佳。而 GPFS 则是反之，即可管理性不错，但性能欠佳。尽管 ASM 作为当年推出不久的新技术，成熟性和实施案例不如当年主流的裸设备，但是该行还是着眼于技术先进性和未来发展趋势，最终果断决策选型 ASM 技术，并成为全行实施 RAC 的存储架构标准技术。据了解，尽管后来该行大规模采用 ASM 之后，也出过一些小问题，但总体运行状况还是非常良好的。我想，一方面是 Oracle 公司对 ASM 技术一直在不断完善和改进；另一方面与当年该行与 Oracle 共同开展了 RAC 专项实施不无关系。即在项目中我们结合硬件存储厂商技术，制定了 ASM 实施相关规范，

包括 ASM 实例参数设置、ASM 相关的补丁实施及更多 ASM 最佳实践经验。这两方面共同确保了 ASM 在该行总体实施的高质量。

相比之下，当年很多客户包括一些与该行相当的大型国有商业银行则过于谨慎，还是采用了裸设备技术，不仅导致日常存储管理的复杂化，而且后来升级到 11g 版本时，又不得不面临裸设备向 ASM 迁移和转换的问题和代价。

在实施 RAC 这么关键的数据库架构时，能组织相关厂商对 ASM、裸设备、GPFS 三种存储架构技术进行全面、系统的评估、测试和分析，并果断做出最合理、最有利的抉择，在我从业的 30 余年中，该行不是唯一也是唯二了，从这点就能彰显该行的确是不做则已，一做就是大格局、高规格、高质量的风范。

3. 第二阶段实施规划

如果说项目第一阶段主要是围绕 RAC 产品和技术本身展开，并且确定了"Clusterware+ASM+RAC"的架构规范，为该行全面实施 RAC 确定了技术基础，那么第二阶段则是真刀实枪了，即以该行第一批实际系统为背景，开展更全面深入的 RAC 架构设计、高可用性方案设计、应用部署方案设计、扩展性方案设计、迁移方案设计，并展开相应的测试工作，最终将这套系统成功上线为 RAC 架构。以下是该项目第二阶段当年的工作任务表。

序　号	项目任务	服务内容
（1）	需求分析和系统设计	<ul><li>应用系统情况调研分析</li><li>RAC 架构设计方案</li><li>RAC 高可用性和可扩展性测试</li><li>数据迁移方案设计</li></ul>
（2）	系统搭建	<ul><li>数据库硬件系统环境的检查</li><li>RAC 数据库系统软件的安装和调试（包括测试系统和生产系统环境）</li><li>RAC 数据库创建和配置</li><li>数据库系统备份环境搭建的技术支持</li></ul>
（3）	应用优化	<ul><li>RAC 应用部署建议</li><li>应用优化建议</li></ul>
（4）	系统测试	<ul><li>数据库系统性能压力测试和调优技术支持</li><li>数据库系统高可用性测试</li><li>数据库系统可扩展性测试</li><li>数据迁移方案测试</li><li>数据库系统上线预演</li></ul>

续表

序　　号	项目任务	服务内容
（5）	系统割接上线	• 生产系统上线前封版检查 • 系统割接上线支持
（6）	上线后支持	• 数据库系统监控 • 现场问题诊断和技术支持 • 数据库系统调优

在上述工作内容中，虽然在迁移方案运用到了 Data Guard 技术方案，但总体而言基本还是围绕 RAC 的几大特性而展开：高可用性、高性能、可扩展性、可管理性。例如在高可用性领域，我们基于 Oracle 研发部门提供的 RAC System Test Plan Outline 即测试大纲而展开，共设计了几十个测试案例。在高性能领域，主要围绕应用部署既确保负载均衡，又有效降低 RAC 节点间的数据访问冲突和私网流量而展开相关原则和规范的制定。可扩展性主要包括 ASM 磁盘组扩容，RAC 环境下增加节点和删除节点操作的测试，以及应用动态调整部署。可管理性则不仅包括 RAC 各层级的正常运维管理，而且也包括一些异常情况的处理，例如如何将异常宕机的实例从集群中删除，然后待节点恢复之后又重新加入集群等。还有若干变更性测试，例如公网和私网 IP 地址的修改等测试。

我们不妨放眼全国进行对比，如此全面、系统地开展 RAC 各专项技术研究，乃至专门花费近 100 人天请 Oracle 原厂服务部门共同参与，类似该行这样的高端客户的确为数不多。我们见过大部分客户的 RAC 实施就是简单的安装而已，应用也完全是透明地部署，即把 RAC 当成黑匣子一样的单机数据库。我们也很少见有客户去做高可用性、扩展性测试，即便有少数客户做过 RAC 高可用性测试，但测试案例可能只是局限于实例宕机、服务器宕机、网络掉线、交换机故障等不到 10 个案例，而我们当年在该项目上则是基于上述的 RAC System Test Plan Outline，共设计了几十个全面、专业化的测试案例。再说扩展性测试，可能更鲜有客户去测试和验证了，因此国内也很少见客户随着业务压力增长，将两节点 RAC 扩展到三节点、四节点的 RAC 实施案例，以至于有些客户领导误解为 RAC 只能是两个节点。

该行 RAC 项目第二阶段实施工作不仅体现在 RAC 实施各层级、各专题的专业性，而且还体现在我们是以该行第一批实际系统为背景，即最早确定的企业网银和海外网银系统，展开上述各方面工作的。因此，也可看出，该行不仅重视 RAC 专项技术本身的深入研究，而且也非常重视 RAC 与该行实际系统的有机融合和具体落地实施。

总之，在我从业的 30 余年中，在原厂商的相关实施方法论指导下，把 RAC 一个专项技术实施得如此全面、系统，而且又与自身系统紧密融合的客户，该行的确是领先者和佼佼者。而且在日后与该行的合作中我们发现，该行在升级、新版本新特性研究、容灾、数据库云计算等更多领域都彰显了这种大局观和规范化，也令我们原厂服务部门人员共同成长和提升。

突然觉得在此应该引用赵本山小品的话：我们不仅应该感谢 CCTV，还应该感谢该行。哈哈！

4. 从应用调研开始

"我们的某软件对应用是透明的，您的应用软件不用做任何改造，会比原来跑得更快、更好。"——这是很多原厂商宣传自身产品的广告词，特别是很多产品销售忽悠客户的常用话术。Oracle 公司和销售当年为推广 RAC 也常用这样的广告词和话术。

首先，针对 RAC 而言，我认为这种广告词和话术并非完全虚假，的确应用对 RAC 是透明的，单机应用无须任何改造的确可以运行在 RAC 环境。其次，"跑得更快、更好"就需要打问号了。

IT 系统毕竟是个整体，IT 系统不仅包括硬件和软件，软件也分为系统软件和应用软件。硬件和软件需要紧密融合，系统软件和应用软件也应相得益彰。应用软件只有充分了解系统软件技术特征，才能有的放矢地将系统软件特征充分发掘。反之亦然，即系统软件厂商只有充分了解了应用软件特点，才能扬长避短，达到 "1+1 > 2" 的效果。

原来运行在单机的应用现在要运行在 RAC 两台甚至更多服务器，针对联机交易应用应该是并发量更大，即对外提供服务的用户和会话更多，而针对分析类系统，应该充分发挥 RAC 多节点并行处理能力，响应速度更快。同时还要确保 RAC 多个节点的负载均衡，以及防止 RAC 节点间数据访问冲突太大。这么多因素需要考虑，应用怎么可能完全透明，爱连哪个节点就连哪个节点呢？对备份恢复、容灾等后台工作也是如此，这些后台作业以往都只运行在一个单机节点，现在如何充分发挥 RAC 多节点的作用？同样需要我们好好规划。

总之，更准确的说法应该是：RAC 对应用逻辑是透明的，即 SQL 语句真的不需要修改，但是应用在 RAC 上的部署是不透明的，即应该针对不同类型的应用在 RAC 环境合理进行部署。

于是，该行与 Oracle 合作开展的 RAC 实施项目第二阶段工作，一开始就是企业网银和海外网银的现状调研工作。主要目的就是对现有系统的体系结构，特别是业务功能和数据访问特征等方面展开深入分析，这样才能充分利用 RAC 的技术特点，合理部署应用系统，进而全面提高现有系统的吞吐量并保证负载均衡处理能力等。

当年我们调研了这两套系统的一些情况，大致内容如下。

- 系统整体架构方面。
- 业务功能和数据访问方面。

- 当前性能状况分析。
- 数据库物理设计方面。
- 备份恢复方面。
- 数据库管理方面。
- 灾备系统方面。
- 其他方面。

限于篇幅和合规因素，本文就不展开具体内容了，仅介绍直接与 RAC 应用部署相关的"业务功能和数据访问方面"部分内容。

"企业网银系统主要由企业网银、银企互联、BSP（民航结算）、电子商务、代理合作 Bank、代理业务平台六个业务模块组成。其中前 5 个业务模块访问共同的企业网银数据库，而代理业务平台则访问单独的数据库。企业网银应用、银企互联、电子商务是数据量和交易量最大的三个业务模块，其中企业网银和银企互联占总负载量的 80%。而企业网银、银企互联模块访问一些共同的数据基，而电子商务模块访问的数据相对比较独立。"

通过这些信息我们可知，企业网银系统改造为 RAC 架构主要是，要将企业网银和银企互联两个应用模块在 RAC 环境下合理部署好，既要负载均衡，又要降低这两个模块的数据访问冲突，而恰恰这两个模块目前访问相同的数据基，因此未来如何通过分区、Service 等技术实施数据访问分离，是这个项目一个非常重要的实施工作。

上述调研工作范围、文档框架和内容是我们与该行设计、开发、运维等团队共同制定并完成的，日后也成了该行描述一个应用系统的基本模板。

我们不妨再次横向比较，国内有多少客户能像该行一样，为实施一套 RAC，组织其设计、开发、运维等多个团队人员，与我们原厂商实施团队共同对其现有系统展开全方位的调研和分析，并制定合理的 RAC 实施方案和应用部署方案，乃至形成全行的 RAC 实施规范和应用部署标准？

5. 真正专业化的 RAC 安装规范

在本项目中，我们原厂服务团队主要投入了两位技术人员，除了我之外还有一位经验丰富、技术精湛的实施同事。作为项目经理，我除了担任项目管理和与客户的交流、协调工作之外，在具体工作上我和同事也有一定分工，RAC 安装规范这一基础性工作就是以我同事为主完成的，这也是我见过的最专业的 RAC 安装规范之一。他不仅参考了 Oracle 联机文档、MOS 多篇技术文档，还有 Oracle 研发团队与 IBM 实验室合作完成的数百页在 IBM 平台实施 10g R2 的 COOKBOOK 手册，而且结合该行需求和环境特点，例如存储系统采用了 HDS 产品，展开了如下多方面的该行 RAC 安装规范文档。

- 10gR2 CRS/RAC 安装准备

- ◆ 硬件要求
- ◆ 网络要求
- ◆ 软件要求
- ◆ 用户和组
- ◆ 存储规划
- ◆ 系统参数
- ◆ 网络参数
- ◆ 关于 CVU
- 10gR2 CRS/RAC 安装过程
  - ◆ 关于 AIX5.3 验证错误
  - ◆ 安装 10gR2 CRS
  - ◆ 安装 10gR2 RAC
- 补丁集和补丁安装
  - ◆ 安装补丁集
  - ◆ 安装 Bundle Patch 6706892
  - ◆ 安装独立补丁
  - ◆ 安装 CPU 补丁
- 安装后任务
  - ◆ 创建 ASM 磁盘组
  - ◆ 创建数据库
- 安装配置清单
- 附录 A 参考文档

同样地，限于篇幅和合规性要求，本文不便展开该安装文档详细内容，但是其专业性、全面性还是值得一提的。例如我的同事不仅参考了上述各方面文档，尤其是几百页的 Oracle 和 IBM 的联合工作文档，而且参考了附录 A 中罗列的 MOS 中的 30 多篇文章，可见他的钻研能力和高度的责任心。另外，在补丁方面，他也是从 Oracle 后台知识库等查询了大量官方信息并进行了深入分析，形成了当年 10.2.0.3 版本的补丁实施规范。

我们不妨感慨一下，我们经常会面对客户这样的责问："你们原厂技术人员安装一套 RAC 为什么需要三天？而第三方公司可能一天就能装几套。"想必大家看了上述内容后一定会有所感慨，那是因为深度、质量要求不一样啊。当然，我们原厂也不是每套 RAC 安装都需要花费三天时间，而应该是针对不同平台、不同版本都可能需要三天时间来编写这样的安装规范，而大规模安装实施时我们也可以一天数套，甚至基于 Provision 等产品实现自动化、标准化、高效率的大规模安装。因此，我们的确可以做到又保质又保量。

　　一个如此大气磅礴，又有计划、有步骤实施的项目，并且有了如此良好的开端和扎实的基础，应该是顺风顺水，圆满达到其预期目标了吧？未承想，本项目的实施马上风云突变，进入了一个令该行和 Oracle 双方都纠结、痛苦、煎熬的至暗时期，这么多年过去了，当年那段至暗时期的心路历程依然历历在目，其中的经验教训更值得我们当下 IT 人在当下的工作中去借鉴。如何至暗？如何借鉴？请听下回分解。

2021年8月25日于北京

某银行 RAC 实施项目（中）

话说当年某银行的 RAC 实施项目在经过第一阶段的 POC 测试基本技术验证、第二阶段的总体规划、实际系统调研，以及 RAC 安装规范设计之后，即将进入的测试阶段应该是顺风顺水了。未承想，整个项目来了个剧情大反转，即整个测试过程极不顺利，令该行和 Oracle 双方都备受煎熬，当然，最终结局还是基本完美的，但是其间的经验教训还是值得现在的同行好好借鉴。

1. 从测试环境安装说起

进入测试阶段的第一件事情当然是安装测试环境。当时，我们服务部门管理层认为我们已经完成了 RAC 安装规范，又考虑到只是测试环境而不是生产环境，还考虑控制我们的人天资源投入，于是决定由客户 DBA 按照我们的安装规范文档去实施测试环境的安装工作，另外也是对我们的安装规范文档进行一次验证工作。

记得那天客户 DBA 在现场进行安装，我在家远程提供技术支持，几乎一整天都不断接到他的求助电话，我根据他的错误描述给予了很多支持，磕磕绊绊之后，那天下班之前他终于安装成功了。

第二天，当我和同事来到现场检查这个测试环境时发现，虽然 CRS、ASM 实例、数据库实例都能正常启动，数据库也能正常打开，但我们看到很多未曾见过的蹊跷现象，例如：

- 一个节点 crs 启动很正常，另一个节点 crs 启动很慢，长达 10 分钟。
- 用 crs_stat 检查各服务状态，发现 ons 服务是 offline 状态。
- ……

我和同事面面相觑，是不是安装有问题？可是 crs 最终还是起来了，除了 ons 服务，其他服务也都起来了。而我们分析 ons 只是一个通知服务，也许是无关紧要的一个服务。况且人家的确是按照我们的安装规范文档去实施的，我们不太好随便指责客户 DBA 的问题。于是，我和同事私下商量，还是先跑跑看吧。

日后我们在经历了那么多痛苦折磨之后才痛定思痛：原来我们是死爱了客户和自己的

面子，结果我们双方都活受罪了！哈哈。

2. 百测百不顺

于是，我们与客户就在这样一个疑虑重重的测试环境中开始了各项测试工作，尤其是与高可用性相关的各种破坏性测试案例的演练，没想到几乎每个测试案例都不顺利，本文摘要几个故障。

- 在模拟公网故障时，VIP 漂移失败。
- 一个节点 ocrdump 快，另一个节点 ocrdump 慢。
- ocrcheck、oifcfg 等工具运行时报错。
- ……

最严重的故障是在模拟 ocssd.bin 进程宕机时，并没有按官方文档描述的自动完成节点重启，而是该节点的硬盘引导分区甚至整个 rootvg 都被损坏了，连操作系统都要重装。该严重故障被该行人员戏谑道：你们 Oracle 也太狠了，不仅把自己灭了，而且连老妈都干掉了，有弑母之嫌啊。

于是，我们踏上了艰难的故障诊断之途，更是创建了无数 SR，把后台 GCS 和研发团队都惊得鸡犬不宁。于是乎，我们陷入了打开各种 trace 开关、错误重现、收集无数 trace 日志信息、等待后台分析、再打开更多 trace 开关、再错误重现、再收集 trace 日志信息、再后台分析……无休无止的怪圈，但后台几乎没有给出任何一个问题的根源所在。

那些日子，我们一到现场就面临客户的责难，其实也是客户殷切的期待，我们也几乎随时在催促后台加快诊断过程。客户高层更是焦虑不已："没想到你们 RAC 居然有这么多问题，你们产品这么不成熟，是不是把我们行当成你们公司的测试场地了？这种技术怎么能投入我们行这么重要的 IT 系统中？"

就在艰难诊断各种问题的风口浪尖，Oracle 总部研发团队几位专家造访中国，宇宙第一大行一定是他们的必访之地。那天上午我陪同几位总部专家拜访该行，实则是备受煎熬，还是敬佩几位专家的儒雅、淡定，面对客户高层的种种责难，依然是从容不迫、信心满满。

但是问题依然存在，还是需要我们本地团队和后台专家协同工作，尽快给出故障原因诊断和解决方案。

3. 水落石出

1）原来如此

在历经了至少一个多月连续两轮的高可用性测试，并且连续两次把 rootvg 都干掉之后，在重新安装系统时我们发现了一个问题和规律：虽然两次重装了操作系统，但是保存 Oracle 数据库软件的 DATAVG 卷组并没有重装，而是从测试之前备份到磁带库中的 DATAVG 卷组直接恢复的。于是，连客户内部都质疑了：会不会是最初安装的数据库软件就有问题？

此时我们原厂项目组也开始从头审视整个安装过程，终于从 root 用户的 File Create Umask 属性设置发现问题了，即按照 Oracle 的安装规范，root 用户的 umask 参数应该设置为 022，而当时测试环境的 root 用户 umask 则根据该行安全加固的规范要求，被设置成了 027。

唉，我们之前只专注于 Oracle 用户的环境参数配置，root 用户的环境参数检查可能遗漏了。当年的 CVU（Cluster Verification Utility）工具也没有检查到 root 用户的环境参数问题，当年也还没有 RACCHK、ORACHK 等工具，也不一定能检测到这方面的问题。

为什么 umask 参数设置为 027 而不是 Oracle 要求的 022，会导致这么严重的问题？这是因为正常情况下，即当 umask 设置为 022 时，Oracle 软件的文件属性应为 -r-xr--r--。而在 umask=027 时，属性为 -r-xr-----，即当用户属于 others 组时，没有读写和执行等任何权限。而由于某些 Oracle 软件的文件属于 root:system，这样 oracle:dba 用户将无法读该文件。其实客户 DBA 在安装 CRS 过程中，运行 root102.sh 脚本就已经出现如下的没有权限的错误了。

```
exec(): 0509-036 Cannot load program /oracle/crs/bin/crsctl.bin because
of the following errors:
0509-150 Dependent module /oracle/crs/lib/libttsh10.a(shr_ttsh10.o)
could not be loaded.
0509-022 Cannot load module /oracle/crs/lib/libttsh10.a(shr_ttsh10.o).
0509-026 System error: The file access permissions do not allow the
specified action.
```

因此，由于 root 用户的 umask=027，由此而导致 CRS 安装之后的相关文件权限被更改，并最终导致了 CRS 各种异常的、不可预料的现象。例如，VIP 在漂移中，由于文件权限问题，导致 CRS 无法读取相关文件，从而也无法在其他节点启动 VIP，最终导致 VIP 漂移不成功。

其实我们在发现 umask 参数设置错误之前，已经发现好多次已解决的故障中，都是与 Oracle 文件权限有关。例如，修改相关文件权限之后，ons 服务状态变为正常了，ocrcheck、oifcfg 等工具运行也不再报错了。总结起来，所有故障几乎都与数据库软件的权限有关，而且很可能就是 umask 参数设置错误这个源头而引起的。谁知道 umask=027，导致 Oracle 系统文件权限被改变，最终导致了多少不可预料的后果，甚至出现直接干掉 rootvg 的神操作，我们感觉连后台 GCS 专家们都是一头雾水。

终于，我们凭借这么多证据，也不再顾及客户脸面了："应该是测试环境的 Oracle 软件安装有问题，重新安装吧。"同患难了一个多月的客户欣然接受，于是我们马上重起炉灶，严格按照我们项目初期制定的安装规范，亲自下手了。最终结果是这一个多月来的蹊跷全部烟消云散，一切测试结果如 Oracle 官方文档预期。那艰难、至暗的一个多月终于结束了！

2）教训 1：测试环境同等重要

实事求是而言，那段艰难日子的源头就是测试环境的安装问题，也在于我们部门当初对客户测试环境的重要性认识不足。其实，测试环境与生产环境同等重要，并且测试环境要模拟各种测试场景，甚至进行各种破坏性测试，相比生产系统在投产之后的稳定性，测试环境出问题概率反而更高。因此，测试环境安装和部署应该与生产环境一样的严苛和精益求精，甚至测试环境还是我们自己安装更为保险。

3）教训 2：死爱面子活受罪

其实当初我和同事第一时间就感觉安装可能有问题，但是一时又没有发现是 umask 参数设置问题，更顾及客户面子，于是就将错就错酿成了后面那么多惊心动魄的事，不仅令 Oracle 产品和技术声誉受到不良影响，而且白白耗费了一个多月的宝贵时间，做了太多无谓的故障诊断，甚至惊动了 Oracle 后台大量专家资源，也令整个项目进度，以及压力测试、扩展性测试等其他方面工作受到影响。

面子有时候真是害死人。

4）教训 3：故障诊断的更多方向

虽然那一个多月做了太多无谓的故障诊断，但是也从这些看似无谓的工作中，总结出一些故障诊断的新方法和思路。通常，当我们提交各种 SR 之后，后台专家一般都会让我们提供各种日志和 trace 信息，然后根据这些信息去分析故障原因。我认为这种方法是一种倒推法，例如根据 D 信息，去倒推 C，以及 B 和 A。在大多数情况下，这种倒推法是非常快捷而有效的。但是这次由于数据库软件的安装文件被大规模修改了文件权限，出现了太多不可预知的效果。说句通俗的话，Oracle 被带到沟里太深了，如果想 D、C、B、A 地一点点顺藤摸瓜爬出来，太难了。因此，此时回到原点即直接从 A 开始进行正向分析，更容易定位问题。这次的测试环境就是最初的 root 用户 umask 参数设置没有满足安装需求，这就是我们掉到沟里的起点。

唉，吃一堑长一智，后来在该项目中甚至在投产当天晚上又出问题了，此时我对日志文件里的错误信息只是搂了一眼，根本没有根据错误信息去 MOS 中一通乱查。我决定回到原点，直接看客户的安装和配置过程，是不是又是哪个参数设置错了，果然如此。具体细节，下篇文章分享。

5）教训 4：哪有那么多的 Bug？

当年百测百不顺时，我们太实诚了，真以为都是 Oracle 产品问题，几乎每个问题都提交 SR，甚至都当成 Bug 来处理，以至于被该行穷追猛打，我们自己也感觉被虐得脱了好几层皮。这种问题处理方式不仅令 Oracle 产品和技术声誉受损，而且也导致该行对 Oracle 几乎信心全无。事后总结，Oracle 数据库毕竟是经过严苛测试的工业化产品，而且我们的测试也都是基础性和常规性测试，怎么可能这么大面积地遇到 Bug？一定是我们自己和客户实施的问题，具体而言，就是安装、参数配置、客户环境等方面问题。好在当年最后我们还是回到原点找到了问题所在。也是给各位同行一个经验分享：以后遇到大规模问题，尤其是一些常规操作都有问题时，不要着急怀疑 Oracle 产品问题，还是先从自身查起。

Oracle 当然不是十全十美的产品，当年在该行项目上也遇到真正的 Bug 了，不妨介绍一番：我们在高可用性测试中，当模拟实例或节点宕机时，相关 Service 从 Prefer 实例顺利漂移了到 Available 实例，而当故障实例恢复之后，原有 Service 并没有正常启动，只有运行 Relocation service 命令手动恢复相关 Service，才能将新建会话重新连接原有实例，即需要人工干预才能完全进行恢复。当年 GCS 确认该问题为 Bug：5755010，并且在 10.2.0.4 版本中修复。鉴于该行当时等不及 10.2.0.4 版本发布了，于是我们和对方协商，他们最终放弃了 Service 技术的运用，而是采用了传统技术实现了业务分流，此乃该项目一个不大不小的遗憾。

4. 扩展性测试

在测试环境重新正常安装之后，我们不仅顺利完成了高可用性各种测试案例的测试，而且在其他方面展开了更多测试，例如，业内可能很少有同行去实施和验证的 RAC 增加节点和删除节点测试。

但是本文限于篇幅，就不展开当年该行 RAC 扩展性测试案例分享了，而是会在《RAC 的三颗明珠之三：可扩展性》一文中展开详细描述。该文还会结合 Oracle 最新的多租户、Sharding 等架构技术，以及在当下的主流分布式架构背景下，展开更多的最新案例分享。

5. 压力测试经验分享

由于需要该行的开发、测试等更多团队配合，也由于测试环境、测试数据需要准备，还由于前面的高可用性测试严重不顺，耽误了太多时间，导致 RAC 环境下的压力测试成了最后展开的测试。而且已经临近上线日了，因此压力测试变成了我们双方心中真正的压力测试。尽管如此，还是非常感谢该行各团队的大力支持和配合，我们共同针对海外网银和企业网银两套应用系统在 RAC 测试环境基于 LoadRunner 压力测试工具展开了压力测试，并取得了宝贵的真实数据和结论。

1）海外网银的压力测试结果分享

首先，非常感谢该行开发、测试、运维等团队在时间非常紧迫的情况下，不仅准备好了 LoadRunner、应用服务器、数据库等压测环境，而且还编写了一个非常真实的海外网银组合交易测试案例。

应用分类	应用名称	占测试百分比
海外个人网银	活期账户余额查询	5%
	活期账户当日明细查询	5%
	转账：活期转定期	10%
	外部户转账	10%
	汇款：预结汇汇款	10%
	外汇买卖：行情资讯及交易	5%
	外汇买卖：交易专户指定	5%
海外企业网银	贷款账户基本信息查询	5%
	贷款账户当日明细查询	5%
	转账：定期转活期	5%
	批量转账	10%
	逐笔转账指令查询	5%
	提交汇款	5%
	查询汇款指令	5%
	外汇买卖：行情资讯及交易	5%
	外汇买卖：交易专户指定	5%

其次，我们项目初期已经对海外网银系统业务做了全面分析，了解到该系统又分为个人海外网银和企业海外网银两类业务，两类业务不仅访问不同的数据库表，而且负载也差不多。于是，我们果断提出，按个人海外网银和企业海外网银两类业务进行分流访问的应用部署方案，即个人海外网银业务访问 RAC 第一个节点，企业海外网银业务访问 RAC 第二个节点。在压力测试工作中，我们的第一个案例就是如此部署，并达到了非常良好的测

试效果。例如，主要等待事件几乎没有 GC 类等待事件，私网流量也只有 50KB/s。

最后，为验证按业务分离的有效性，我们有意设计了不考虑业务分流，完全靠负载均衡进行访问的案例 2。果不其然，案例 2 的主要等待事件马上出现了 GC 类等待事件，私网流量也达到 224KB/s。以下就是当时两个案例的 RAC 主要指标的对比图。

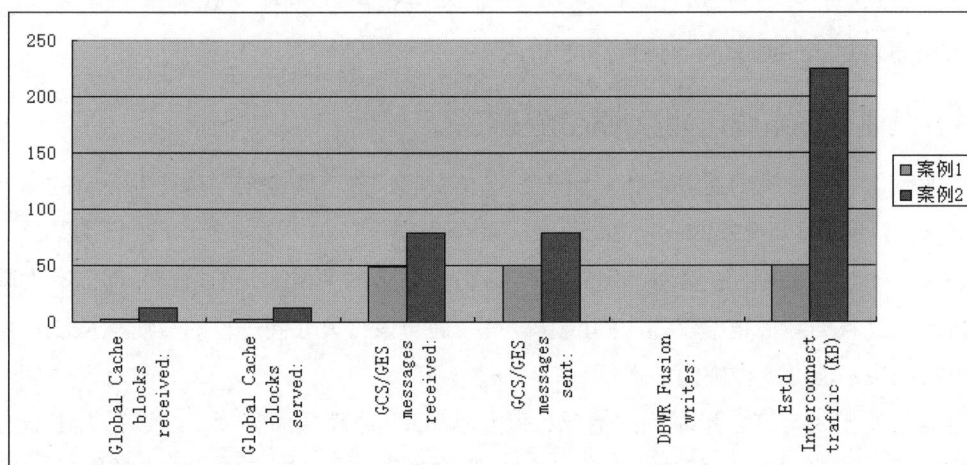

可见，案例 2 的各项 RAC 指标明显高于案例 1，也就是说，按个人海外网银和企业海外网银两类业务进行分离的应用部署方案，非常适合于该系统。

2）企业网银的压力测试结果分享

相比海外网银系统应用在 RAC 环境的漂亮部署方案，企业网银的应用部署效果则不尽如人意。主要原因就是企业网银系统的业务主要集中在企业网银和银企互联两大模块，而且访问相同的数据库表，无法在业务逻辑上进行划分。由于时间紧迫，我们也无法深入分析两大模块访问的数据库表，并研究如何通过分区实现数据访问分流了。于是，我们只好硬着头皮采取最常规的负载均衡模式，也就是让所有业务随机地连接到 RAC 各节点，由 RAC 的 Cache Fusion 技术解决节点间的数据访问冲突问题。

而测试情况呢？根据该行要求，我们那次是在 3 节点 RAC 环境开展的企业网银压力测试，并分别将应用部署在 1 节点、2 节点和 3 节点，得出的测试结果令人失望。例如，我们首先分析了吞吐量指标的情况如下。

实　　例	1 节点	2 节点	3 节点
Corpdb1		14.65	23.52
Corpdb2			17.37
Corpdb3	78.99	65.47	16.78
合计	78.99	80.12	57.67

即 1 节点的吞吐量为 78.99，2 节点 RAC 的吞吐量为 80.12，3 节点 RAC 的吞吐量仅为 57.67。1、2、3 节点的扩展关系为：1 : 1.014 : 0.717。简单而言，两个节点与一个节点处理能力几乎一样，而三个节点处理能力还不如一个节点。

RAC 性能指标也应验了这种情况，例如，一个节点没有私网流量，两个节点私网流量为 222.42KB/s，三个节点私网流量更是达到 380.25KB/s，其他 RAC 性能指标也不佳，gc 类等待事件也出现在最高等待事件之中。

3）企业网银系统压测数据的解读

企业网银系统不良的压测数据一出炉，立马引起了该行各级领导和技术人员的高度关注，这 RAC 不是他们想象的"1 + 1 > 1"，甚至出现"1 + 1 + 1 < 1"了。压测结果同样也引起了 Oracle 产品部门的紧张，还等着与该行签更多的大单呢，于是产品部门有人暗示我去修改测试数据。但是不仅因为测试过程是我们与该行人共同进行的，而且从职业操守出发，我们更不能做这种虚假的事情。

可是，我们还是结合当时测试情况，以及从 RAC 原理层面分析，给该行做出了合理的解释。第一，当时的测试环境不真实，在压测期间，第三个节点一直在跑着另外一个压力很大的测试，极大影响了我们的测试结果数据。第二，企业网银的测试案例中，有几个语句自身有严重的性能问题，这些语句不仅在单机环境下导致内存和 I/O 资源消耗的增加，而且在 RAC 环境下进一步加大了节点间的私网流量，并导致 RAC 其他性能指标的提高，也最终影响了系统的整体吞吐量。第三，也是最重要的，并不是 RAC 本身技术问题，而的确是企业网银业务分不开，导致了过多的数据访问冲突和私网流量，降低了整体吞吐量。

总之，企业网银压测效果不佳是本项目的一大遗憾。如前所述，由于时间紧迫，我们也无法深入分析企业网银主要业务的数据访问特征，并研究如何通过分区实现数据访问分流了。日后该行的很多 RAC 系统可能也采取了类似的负载均衡模式，也就是，RAC 并没有体现出处理能力提高的优势，这是更大的遗憾了。

6. 更多的技术服务分享

除了上述的高可用性、扩展性和压力测试等三个专题测试之外，该行项目组人员根据其自身环境和运维管理规范要求，以及遇到的更多问题，给我们提出了更多的服务需求。本文仅简单描述并点评，不展开具体的技术细节了。

1）逻辑备份问题

问题和需求：该行原来采用 expdp 进行逻辑备份到文件系统，在采用 ASM 之后希望给出解决方案。

解决方案：我们不仅建议直接备份到 ASM 文件系统，而且还给出了进一步转储到磁带库的技术方案，也就是 ASM 文件先复制到操作系统文件，再写入磁带库。其中 ASM 文件到操作系统的传输和复制则建议了 DBMS_FILE_TRANSFER 包、XML DB 虚拟文件夹等方式。可惜当时该行还用不了 11g 已经推出的更简单的 ASMCMD 中的 cp 命令。

感慨：该行运维人员真是考虑问题全面，也乐于接受当年还是新技术的 ASM，并运用到很多方面。

2）公网私网 IP 地址修改需求

问题和需求：该行网络环境并不是一成不变的，经常会重新进行网络环境规划和调整。RAC 投产部署之后，公网和私网 IP 都会面临修改的问题。

解决方案：我们根据官方文档，为该行提供了公网私网 IP 地址修改的标准步骤和流程。

感慨：该行运维人员未雨绸缪，将未来可能发生的变更需求，都提前进行规范化的流程设计并加以演练。这种 IT 主动运维理念值得更多客户学习。

3）CRS 软件管理第三方应用高可用解决方案

问题和需求：由于该行采用了 RAC 方案，包括 CRS 集群管理软件，因此想通过 CRS 实现对第三方应用的高可用性管理。

解决方案：从 Oracle 10g R2 版本开始，CRS 可利用其架构为第三方应用提供高可用性。主要流程和功能包括：第三方应用按照 CRS 要求修改或编写应用程序、脚本等；创建应用的 profile；向 CRS 注册该应用；在 CRS 中启动该应用；CRS 定期检查该应用状态；在检查失败或出现节点故障时，重新启动该应用或故障切换到其他节点；CRS 停止该应用等。

感慨：通过 CRS 为第三方应用提供高可用性管理，不仅是我当年也是迄今为止听到的唯一一个客户需求，该行的 IT 理念和需求真是超出国内绝大部分客户。

4）CRS 无法启动问题

问题和需求：该行在增加节点测试中，发现原有节点 CRS 进程无法启动。

解决方案：经分析原因是在原有节点上运行了该行的用户集中管理软件。该软件屏蔽了 /etc/init* 的执行权限。例如 CRS 所需要的 init.crsd, init.evmd 等脚本的执行权限。因此，关闭用户集中管理软件之后，crsctl 可正常启动和关闭 CRS。

感慨：任何新产品、新技术都会与客户原有环境有个相互适应的过程，Oracle RAC 也会与该行现有环境发生水土不服的情况，需要一个磨合过程。再回到 umask 问题，其实也是一种水土不服，也就是该行是安全规范更高的 027，而 RAC 安装规范要求是 022。因此也不完全是客户 DBA 的误操作。

5）em 无法识别第三个节点

问题和需求：在扩展性测试中，RAC 从两节点扩展到三节点之后，em 无法识别第三个节点。

解决方案：em 不会自动识别第三个节点，需要通过 emca –addInst db 命令将第三个节点的信息注册到 em 中，并在第三个节点中启动 agent，em 才能识别第三个节点。

感慨：em 对该行当年也是新技术，RAC 上线之后该行又马上开展了 em 的专题实施。

6）ORA-16191 错误的解决

问题和需求：在 Data Guard 测试中出现了 ORA-16191 错误。

解决方案：原来是主库归档速度跟不上备库的 Apply 速度，原因是主库的 log_archive_max_processes 参数设置得过小。经测试，将 log_archive_max_processes 设置到 10 以上，就不再出现 ORA-16191 错误。

感慨：这是 10g R2 后 Data Guard 的一个最佳实践经验，即应该将 log_archive_max_processes 设置到 10 以上，而我们当时才设置为 2。可见 Oracle 各领域都有相关的最佳实践经验。

还有更多疑难杂症和客户关注的话题，仅罗列标题，本文就不再展开了。例如 ORA-01565 错误、Listener 静态注册和动态注册问题、listener.ora 中 IP=FIRST 的含义、多网卡的配置问题、如何实现 RAC 对 HDS 盘符的统一命名，等等。

10 多年之后，再翻看当年的技术文档，很多往事又浮现眼前。本文最后简要讲述当年一个故障诊断的有趣过程：客户的三节点 RAC 测试环境出现第一个节点无法 Mount ASM 磁盘组的故障，而另外两个节点却正常启动。原来是该 RAC 测试环境每天晚上要修改服务器时钟，于是客户 DBA 编写了脚本，每天晚上在时钟修改之前三个节点依次自动关闭 RAC，每天凌晨三个节点依次自动启动 RAC。而他一不小心，第三个节点的脚本没有赋予执行权限，导致第二天早晨第一个节点启动 RAC 时，发现第三个节点的 RAC 其实没有被停掉，而这两个节点的时钟信息已经不一致，于是导致第三个节点被踢出，而第一个节点也没有成功 Mount ASM 磁盘组。CRS 一通神操作之后，最后出现了客户描述的错误现象，即第一个节点无法 Mount ASM 磁盘组，另外两个节点却正常启动了。

当年，我为了分析这个故障，在各种日志信息中抽丝剥茧，并按时间序列逐一分析三个节点在多个关键时间点的动作和状态，还画了如下的时序图，令客户最终相信还是自己的脚本权限问题。

5：30 →	节点1：由于节点3依然在运行，启动ASM失败，并踢出节点3	节点2：没有任何动作	节点3：被节点1踢出，并重新启动
5：40 →	节点1：ASM磁盘组没有mount，ASM和数据库实例启动失败	节点2：开始正常启动CRS成功	节点3：节点正在重新启动中
5：48 →	节点1：ASM磁盘组没有mount，ASM和数据库实例启动失败	节点2：CRS正常运行	节点3：开始正常启动CRS成功

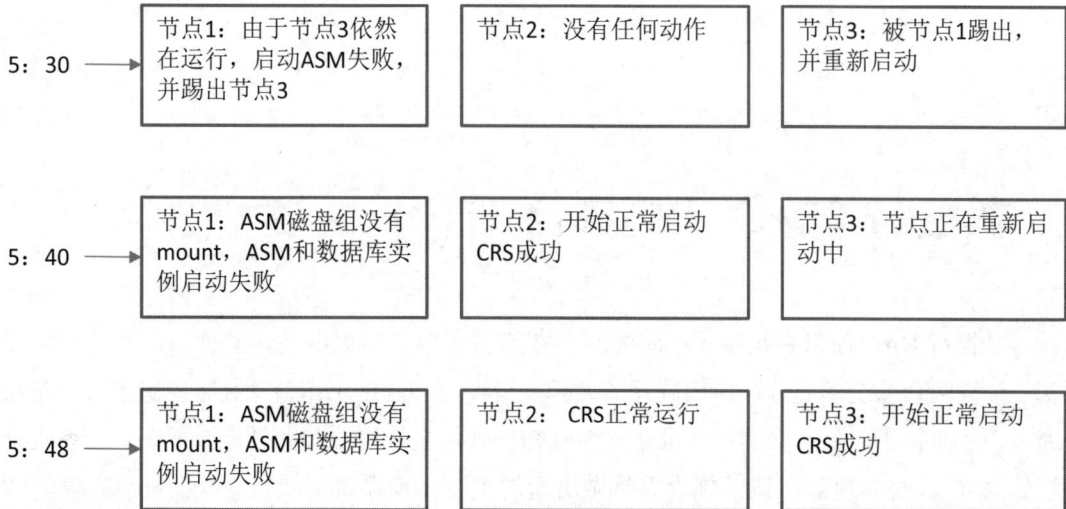

整个分析和诊断过程我感到既辛苦，又有警察破案般的成就感。其实又是被客户的误操作也是神操作给虐了一把，哈哈。

该行 RAC 项目在经历了这么多方方面面的准备和测试，也经历了这么多沟沟坎坎，甚至大风大浪，终于感觉要风平浪静，迎来上线的成功时刻了。未承想，上线过程又是节外生枝，令我们又是措手不及，甚至有堵心窝的不快。欲知后事，且听下篇分解。

2021年8月27日于北京

某银行 RAC 实施项目（下）

某银行 RAC 项目在花费了半年时间，在经历了第一阶段的技术验证，以及第二阶段基于该行两套系统的充分调研而展开的大量方案设计和测试工作，尤其是经历了第二阶段那么多曲曲折折之后，我们终于准备在 7 月初正式将企业网银和海外网银两套生产系统迁移到 RAC 环境。可是，该行领导突然做出新的决定：换系统上线！令我们和该行联合项目组人员措手不及，于是不到 10 天，又是一通紧张忙碌，又发生了很多值得总结和回味的事情，一并在本文叙述。

1. 换系统了

6 月底的某天上午，我和客户 DBA 正在就即将正式上线的企业网银和海外网银两套系统编写迁移方案。该行数据库团队主管走进办公室告知："别忙了，领导决定换系统上线了。"令我们大吃一惊！原因是，领导觉得企业网银和海外网银两套系统还是对外服务的重要系统，第一次实施 RAC 就是这两套系统，领导还是担心风险，于是决定将第一套 RAC 系统选择为内管系统。

听着系统名字，我以为是纯粹的该行内部管理系统，没想到数据库主管告诉我：这套系统名义上是内部的，实际上是为众多对外服务系统提供数据的枢纽系统。如果内管系统出问题了，影响面更大。主管也流露出对领导缺乏全面深入考量的担忧。

怎么办？领导抉择已定。我们只能迎难而上了。该行人员赶紧给我介绍这套系统的架构，具体如下。

内管系统现在为单机和裸设备模式，并部署了一台 Data Guard 系统，另外还通过当年 Oracle Streams 技术向个人支付、移动支付等系统实时传输数据。

我第一反应是暗暗一惊，当年不仅我，而且我们整个服务部门几乎都没有人熟知 Streams 技术。另外，我对内管系统的应用更是一无所知。在不到 10 天的时间，去展开内管系统的现状调研，设计应用部署方案，甚至展开压力测试，完全来不及了。也就是说，我们根本没有时间去根据内管系统业务特点和数据访问特征，去考虑什么业务和数据分流方案了，只能采取简单的负载均衡模式，并不能充分发挥 RAC 的高性能特征。好在内管系统毕竟不是直接对外服务，并发压力并不大，"1+1=1"甚至"1+1 < 1"也无所谓了。

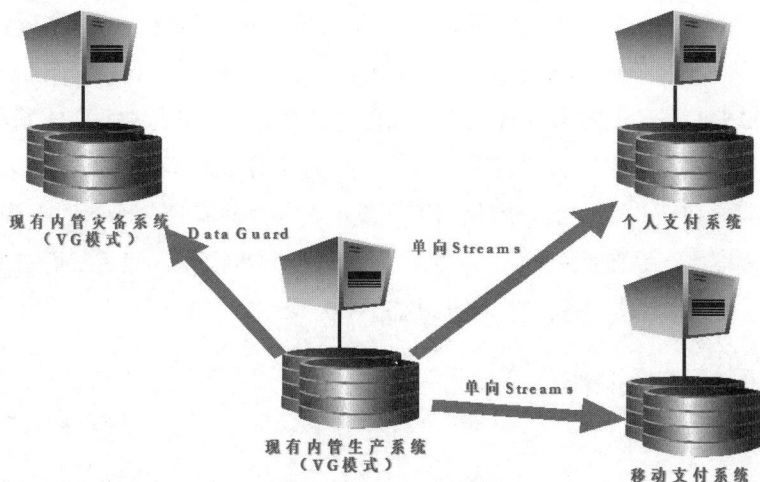

好在前期的安装配置方案、高可用性方案等完全可以直接运用，剩下这 10 天就是部署内管系统的 RAC 环境，然后主要工作就是设计数据库迁移方案，以及 Streams 在 RAC 环境的部署方案了。

2. 基于 Data Guard 的迁移方案

我们和该行协商：迁移方案将采用 Data Guard 技术方案，如上篇所述，这也是该行已经运用多年的成熟方案，此次只是将原来的单机 Data Guard 换成了针对 RAC 的 Data Guard。具体步骤如下。

1）搭建 RAC 环境和 Data Guard 环境

方案如下图所示。

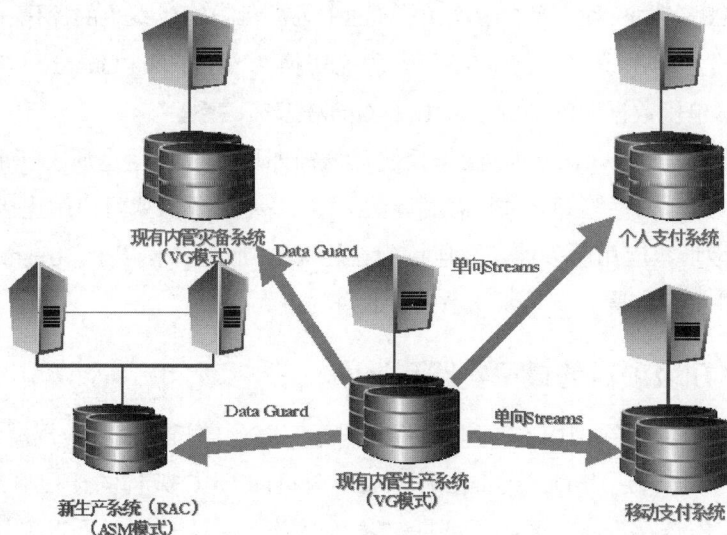

首先保持内管系统原有架构不变，并在新的两台 IBM 小机上搭建 RAC 环境包括 ASM 磁盘组，然后通过 Data Guard 技术将现有生产系统数据同步到这套 RAC 环境，并且完成裸设备到 ASM 磁盘组的自动转换，从而将原来 1∶1 的容灾关系变成新的 1∶2 的容灾关系，即一套为现有内管容灾单机系统，另一套为新的 RAC 环境。

这个动作我们在正式上线前一周就部署完成了，并且只花费一个小时不到就通过日志完成了追数据，即生产系统到新的 RAC 数据库的数据同步操作。然后我们在 RAC 正式上线前持续观察了一周，数据一直处于同步状态。

2）正式上线切换操作

正式上线方案如下图所示。

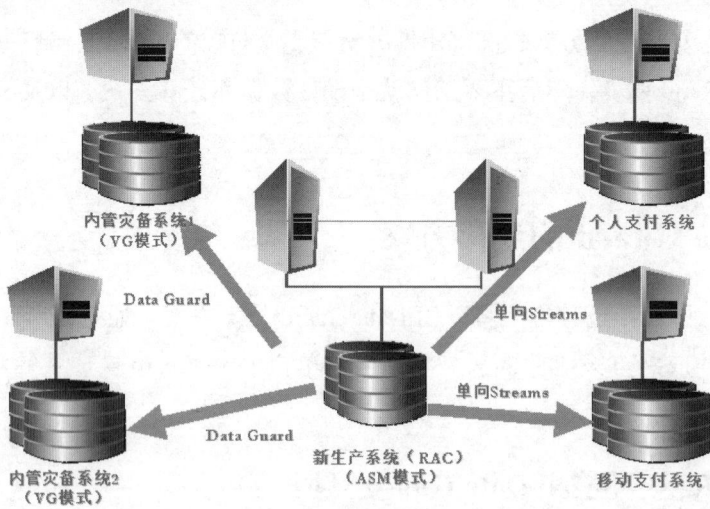

在正式上线的 7 月初的某个晚上，在再次确认生产系统和两套容灾库数据保持同步的情况下，只需将现有生产系统实施切换（Switch Over）到 RAC 系统的操作，就可将 RAC 系统切换为新的生产系统，而将原有生产系统切换为新的 Data Guard 系统，从而形成 RAC 系统到两套单机数据库的新的 1∶2 Data Guard 容灾关系。

从技术本质而言，Switch Over 操作只需几分钟即可完成，但是那天晚上还需要将原有生产系统的 CPU、内存等卸装和扩容到新的 RAC 系统，还需要将应用连接池 IP 地址调整为新的 RAC 地址，应用服务器需要连接到新的 RAC 服务器，以及 Streams 需要在新的 RAC 服务器环境重新部署。又是要几乎一个通宵的重大变更。

3）迁移/升级项目的最早实践和探索

在 2008 年，应该说在国内 IT 行业包括我们原厂服务部门还没有大规模实施迁移/升级项目。而当年在该行运用 Data Guard 技术实施单机向 RAC 架构的迁移项目，应该是后来我们大规模实施迁移/升级项目的最早实践和探索之一了，差别是当年只是运用 Data

Guard 进行迁移，后来我们现在更多是运用"Data Guard+ 原地运行升级脚本"方案，完成了更多客户数据库系统的升级 / 迁移项目。该方案的好处之一在于升级 / 迁移停机时间可控，即实施 Data Guard 时无须停机，只是运行原地运行升级脚本时需要停机，而停机时间窗口与数据库容量无关，只是与数据字典大小相关。好处之二就是回退方案简单快捷，这是因为升级 / 迁移之后，可以切断新生产系统和原有生产系统的关系，保持原有生产系统不变，一旦新生产系统运行不正常，可以快速回退到原有生产系统。

4）彩色版的 Data Guard 实施方案

本来本项目主要是 RAC 实施项目，但由于上线切换用到了 Data Guard 方案，而且也的确与该行以往实施过的单机到单机 Data Guard 方案不同。于是，该行数据库主管对我提出要求："罗工，你们这次把 RAC 环境实施 Data Guard 方案也写个规范文档吧。"主管的需求再细化：写出生产库到容灾库的四种组合实施规范，即单机到单机、单机到RAC、RAC 到单机和 RAC 到 RAC。

我原本计划写四个文档，但后来一想四种组合中其实绝大部分实施内容都是一样的，而且写成一个大文档更便于未来的集中版本管理，于是我决意在一个大文档中将四种组合全部写出来，但为了更醒目地区分四种不同模式的不同参数配置，最后我决定用四种不同颜色字体来表示不同的组合模式。例如红色字体表示单机到单机，蓝色字体表示单机到 RAC，等等。当我把这份五颜六色的彩色 Word 文档递交给客户之后，客户乐了："罗工，我眼都快看绿了。"哈哈，这是我唯一一次给客户提供彩色版 Word 文档。

3. 伪 Streams 专家

1）临时抱佛脚

记得当年听说内管系统与多套对外服务系统通过 Oracle Streams 进行数据实时同步时，我不禁倒吸一口凉气，因为不仅我自己对该技术仅知道点皮毛，而且向公司内部一打听，好像就一位新同事在上一家公司实施过 Streams，但该同事那段日子远在上海做项目，只能远程提供一定服务。该行数据库主管看出了我们的窘迫，于是主动请内管系统开发团队直接参与该工作，并提供了该行现有的 Streams 实施文档。这几天之内，我根本来不及看 Oracle 官方的几百页 Streams 英文文档了，于是客户的 15 页实施文档就成了我的 Streams 技术速成教材。

可是客户的 Streams 实施方案只是针对单机环境的，如何在 RAC 环境部署 Streams，不仅要保证 RAC 多个节点的日志文件能被 Streams 捕获，而且在 RAC 一个节点宕机情况下，如何保证 Streams 的 Capture、Propagation、Apply 进程的高可用性？还是需要我们原厂提供解决方案。于是，我赶紧在官方文档和 MOS 中搜索，尤其是 MOS 中的 10.2 Best Practices For Streams in RAC environment Note:413353.1、10.2 Streams Recommendations Note:418755.1 等文章给了我完整的解决方案。然后基于官方文档，我洋洋洒洒地写出了《Streams 在 RAC 上的实施建议》方案，涵盖 TNSNAMES.ORA 修改建议、Database Link 建议、Queue Table 修改建议、Queues 在 RAC 中的配置、Capture 进程在 RAC 中的配置，以及日常运维中 Capture、Propagation、Apply 进程监控和 LCR 是否有 GAP 的判断和处理等内容。

更牛的是，我不仅在上线前的短短几天内开展了 Streams 在 RAC 环境的部署方案测试，而且基于 MOS 和 SR 解决了几个 Streams 方面的问题，甚至还帮客户解决了几个原来在单机 Streams 环境下就遗留的问题，包括 Streams 与 EM 的冲突、ORA-00600 错误导致 Capture 进程宕机、Streams 与后台批处理的冲突，以及一些 Bug、补丁分析，并提出了升级到 10.2.0.4 的建议，最后为了优化 Streams 性能，还参照 MOS 有关文章，给客户提出了设置 _CHECKPOINT_FREQUENCY=1000、_SGA_SIZE=100 等内部参数的建议，实施效果非常良好。

2）其实是伪专家

短短几天，我俨然成了 Streams 技术专家。记得那段时间的一个上午，我与其说是喝瑟，不如说是向老板叫苦："我连 Streams 官方文档都没时间看，但我现在不仅知道 RAC 环境下如何配置 Streams，而且还会优化 Streams，甚至会玩 Streams troubleshooting 了。"老板哈哈一乐："老罗，恭喜你转型成功，从咨询顾问成功转型为 Support 工程师了，以后会用 MOS 就可以了。"他的言下之意，以后我无须系统地研究某个技术专题，只需借助 MOS 有某个点的深度服务就可以了。

如果不是为了写本文而重温了当年有关 Streams 方面的工作报告，我当年那几天积累的那点可怜的 Streams 知识早就还给 Oracle 和 MOS 了。遗憾，我后来不仅再也没有机会从事 Streams 相关项目的实施，而且第二年 Oracle 公司就收购了数据同步和复制领域更有实力的 Golden Gate 公司，并逐渐将 Streams 淘汰出历史舞台了。我当年在该行玩了几天 Streams，也成了我自己的 Streams 唯一一次实施经历和绝唱。

但是，那种临时抱佛脚、临阵磨枪不快也光的将压力转换为动力的心理承受力，以及如何快餐式地迅速入门一项技术，特别是快速掌握这门技术的关键技术点和分析客户需求和关注问题的工作方法和经验，还是值得总结和借鉴的。

4. 上线之前的小花絮

就在准备上线的紧张之时，一桩小花絮令我们轻松不已。那天该行数据库主管突然对我说："罗工，我们领导请你回公司带句话：我们行要在纽约开分行了，让你们 Oracle 美国总部老大去现场捧个场。"看我有点愣神，主管继续调侃道："我们领导可能有点异想天开，你就是听听而已啊。"哈哈，真是该行的思维方式，拉里是什么人物，怎么可能会去。

若干年后，我去纽约旅游，在曼哈顿唐人街转悠时，突然发现了一栋四层小楼赫然写着该行纽约分行，周边环境太嘈杂、太凌乱了。当年拉里能去这个地方捧场？即便在联合国大厦隆重举行该行纽约分行开业仪式，他也未必会屈尊。哈哈！

5. 正式上线之夜

1）那个不眠之夜

在那年 7 月初的某个通宵，在经历了半年的扎实准备，包括最后 10 天临时换上线系统的迁移方案、Streams 部署方案的应急设计和测试，该行第一套 RAC 系统即内管系统将正式迁移到 RAC 架构。没有领导出席讲话，没有横幅和鲜花，更没有礼炮、礼花，我想这不仅是该行务实、低调的行事风格，更是人家大行早就见惯了大场面、大工程的淡定，一个单机系统切换到 RAC 架构有什么值得大呼小叫的！

根据该行的工作规范，生产系统所有操作全部由该行自己的 IT 人员完成。在上线前两天，客户 DBA 就把上线变更操作写成了规范文档，并发给我详细检查了一遍，又在测试环境成功进行了一遍模拟操作。万事俱备，只欠东风了。

上线当天晚餐之后，我陪同客户 DBA 共同进入 ECC 机房进行最后的环境确认，包括确认几套数据库运行状况和参数配置，现有几套库之间的 Data Guard 和 Streams 数据同步状况等。一切就绪，大约晚 10 点左右，正式进入停机窗口，开始进行切换操作和变更处理。正如看比赛的人比真正比赛的人还紧张一样，那晚我比客户 DBA 还紧张，眼睛瞪得灯笼一样大，生怕这位其实刚毕业不久的年轻 DBA 操作失误，反复叮嘱他尽量别敲命令，而是从已经经过多轮测试的上线变更操作文档中复制、粘贴命令。终于，在大约深夜 3 点左右，顺利完成了数据库 Switch over 切换、硬件扩容之后的操作系统和数据库参数优化、Streams 方案部署，配合中间件团队和应用开发团队调整连接池配置、重启应用服务器和应用等一系列操作，然后再验证切换之后的两套 Data Guard 库数据是否同步，以及 Streams 向其他几套库的数据复制是否同步，一切都正常，上线大功告成了！

2）一个令人闹心的尾巴

就在一切似乎都万事大吉的时候，细心的我多看了一下 Data Guard 的 alert.log 日志，突然发现虽然新的 RAC 生产系统和两套 Data Guard 容灾库数据同步没有问题，但是发现 alert.log 日志里有 TNS 报错信息。我根据错误号在 MOS 中匆匆一查，一时无法定位原因。但凭借前段时间的经验，我猜想又是这位有点手糙的小兄弟把哪个参数搞错了，但我快工作一个通宵了，已经疲惫不堪，眼睛都快睁不开了。数据库主管也看出了我的精力不济，于是善意、包容地说："没关系，RAC 生产系统已经正常工作，Data Guard、Streams 也数据都同步了，你先回去休息吧，这点小问题你明天再过来解决吧。"

于是，我在凌晨 4 点左右，在初夏东方鱼肚白的晨曦中，回家睡觉了。但是一想到经历了半年的辛苦终于成功上线了，却留下这么个小尾巴，不禁令我很堵心。因此，我在睡了几个小时之后，又精神抖擞地回到了该行的 ECC 机房。此时，我特意用 UltraEdit 的文档比较功能，将测试环境的 init.ora 文件与新生产系统的 init.ora 进行详细对比分析，近百个初始化参数一对比，唯有一个参数非常醒目地显示不一样。唉呀，原来小兄弟又犯错误了，把 *.fal_server='EBMSDB_S,STANDBY' 写成了 *.fal_server='EBMSDB_S'，'STANDBY'，即把引号标错了，参数含义也就错了。该参数只是在网络断掉和恢复之后，控制 FAL 进程去生产系统自动传输遗漏的日志文件的。因此，在网络正常情况下，并没有影响数据同步，但是可能 Data Guard 会校验 FAL 进程是否能正常工作，于是错误的 FAL 参数配置导致了 TNS 报警错误信息。

看到我终于诊断出了错误并在纠正之后，TNS 错误也立马消失了，一旁的小兄弟突然真诚地对我说："罗工，对不起，是我的错误，又让你辛苦了。"半年多了，早已习惯了该行永远正确、Oracle 永远错误的我都快泪奔了，哈哈！于是，当天下班后我们兄弟俩高高兴兴地去共享了一顿美餐，也算是为共同辛苦半年、项目圆满成功小小庆祝了一下。

6. 项目总结和感悟

该行第一个 RAC 系统就这么基本圆满地上线了，不仅当时就感慨连连，而且多年后的今天翻阅当年的技术文档，思绪又带回昔日的时光，又是浮想联翩。本文将新旧感想共同表述如下。

1）该行的确是全行业的标杆

当年该行虽然在 RAC 方面起步比较晚，但该行把一个 RAC 架构技术作为一个专题来实施，的确在全国各行各业客户中非常罕见。该项目积累的实施经验，特别是大量方案性文档日后都成了该行大规模推广实施 RAC 的规范文档。2009 年初，我们原厂服务人员又应邀去该行上海的南方数据中心，参加了该行全行的 RAC 推广实施培训会议。这种规范化、标准化的工作流程和工作模式的确值得国内其他客户借鉴和学习。

在参与该行 RAC 项目之前，我曾参与当年国内第一套 9i R2 RAC 实施，并且开展过高可用性测试和压力测试等，而且也实施过多套 10g RAC。但是，像该行 RAC 项目一样开展这么全面、系统、专题化的 RAC 高可用性、高性能、扩展性、可管理性方案设计、测试和上线，我也是第一次，正是通过这些更加专业化的工作，令我对 RAC，尤其是当年刚推出的 CRS、ASM 内部机制有了更深层次的理解，在实施方法论和最佳实践经验方面也是收获颇丰，这对我后来的更多实施工作起到了非常好的作用。哦对，还有那临时抱佛脚玩了几天的 Streams，哈哈。

但是，该行 RAC 项目也有遗憾和不足。不仅有项目最后时期的临阵换系统，导致一些工作进行得非常仓促，而且整个项目的应用部署方面工作有欠缺，也没有运用 Service 技术进行应用的精细化部署。不仅第一套上线的内管系统并没有很精细地分析业务特征，没有实施数据访问分流方案，而且据了解，日后数百套 RAC 的上线也没有开展应用部署的精细化方案设计。也就是说，绝大部分 RAC 系统都没有充分发挥 RAC 高性能、高吞吐量的特性，只不过因为系统压力不够大或采取硬件扩容等方式，该行的数百套 RAC 系统还算能满足其性能和吞吐量需求。

2）心态平和的重要性

回想当年该项目最大的不顺就是测试环境安装问题而导致了大量幺蛾子产生。其实事后总结，整个项目中 Oracle RAC 还是非常稳定的，真正遇到的 Bug 就那个并非严重的 Service 问题。而当年我们双方心态都有问题，即该行过于强势，而我们又过于谦谦君子，也是对自己的产品和技术缺乏自信。在该行的高压下，走上了质疑产品稳定性的歧途，白白做了一个多月的无用功。我甚至都记不起来，当年那一大堆 SR 是如何关闭的？GCS 专家们若知道了其实是 umask = 027 而导致的安装问题，一定会感到很郁闷。

那次，我们双方若心态更平和、冷静分析问题，其实很容易定位既不是 Oracle 产品问题，也不是该行 DBA 操作失误，而是该行的安全规范与 Oracle 的安装规范相矛盾的问题。但是，那一个多月被客户虐成那副惨状，其实也是我们自己没有及时发现 umask 这个源头问题而导致，还是我们自己经验和能力不足而导致。事实上，该行在明白了问题根源之后，很轻松地就接受了 umask 降为 022 的 Oracle 安装规范要求。

3）客户永远是上帝

不谦虚而言，不仅 RAC 产品和技术当年除了那个 Service 方面的 Bug，其实已经很成熟和稳定了，而且我们原厂实施团队做了那么多方面的专题方案和实施规范，也没有出现明显的问题，这为日后该行全行成功实施 RAC 打下了非常好的基础。事实上，当年在实施过程中，反而是该行个别技术人员由于年轻和缺乏经验，犯了一些错误，令我们耗费了很多精力去纠错。实话实说，每次去解决这些问题时，尤其事后证明是客户自己的错误，我们心情还是有点郁闷的，甚至有又被虐了一把的感觉。但是，我想原厂专业服务人员不仅应奉行客户永远是上帝的理念，而且在这些纠错过程中，也的确锻炼了我们处理各种疑难杂症和人为错误的故障诊断能力，乃至提炼了更多的故障诊断方法论。IT 行业人人都可能犯错误，但做一个有能力纠正别人错误的 IT 专业服务人员，不也是一种价值体现和荣耀吗？

在结束这个案例系列篇的最后时刻，还是由衷地用两句话来总结：

"客户虐我千百遍，我待客户如初恋。"

"感谢 CCTV，感谢某银行。"

2021年8月31日于北京

"1 + 1 > 1" 的 RAC 成功案例

2015 年上半年,我们原厂服务部门在广州为一个外企客户成功实施了一个短平快项目,不仅在商务方面值得总结,而且在技术方面也非常有特色,更是将客户业务、应用与 Oracle 相关技术紧密融合,同时也是原厂服务部门销售、售前和实施团队与客户管理、设计开发和运维等团队通力合作的成功案例,值得更多客户和同行借鉴。本文就将讲述这个多年前不太起眼的故事。

1. 2 个小时搞定一个服务合同

2015 年 3 月初的某天上午 10 点左右,我正在深圳至广州的高铁上,计划当天下午去番禺拜访广州某银行客户,突然接到了广州一位销售同事的电话:"罗老师,你今天到广州的时间怎么安排的?有时间帮我去拜访一下 ×× 客户吗?中午两个小时就可以了。"于是,我下了高铁赶场似的直奔中信广场,一边与客户领导和技术人员在会议室享用快餐美食,一边讨论客户 IT 系统当前的紧迫问题和解决方案。

原来是客户的核心交易系统负载太大,尤其难以满足每月促销日线上、线下客户的秒杀活动需求,而且还发生了因 Bug 导致宕机的故障。于是,两个小时内我不仅来不及深入了解实施同事已有工作情况,而且连客户系统都没有登录,只是凭借经验向客户推荐了数据库性能优化服务和补丁服务等。也许是我们销售同事事先在客户面前给本罗老师贴了太多耀眼的光环,也许是罗老师的确说话气场比较大,反正这些很平常的服务建议经罗大嘴说出来,居然把客户 CIO 打动了。但我想最主要原因还是客户的确火烧眉毛了,最终结果是,这次赶场为公司赢得了一个近百万的服务合同。开心!

2. 更充分的调研和服务方案的完善

1)前段工作情况

虽然服务合同基本搞定,但我还是想深入了解前段时间的工作情况,以及客户系统实际运行情况和真实问题所在。于是,我先找来了多位实施同事的服务报告,原来他们已经做了大量卓有成效的优化工作,例如,针对 enq: TX - index contention 等待事件高,将热点索引改造位 Hash + 反转索引，增大主键相关 sequence 的 cache；针对 ITL wait 等待事件高，将相关主键索引的 inittrans 参数值扩大；针对 enq:SV contention 等待事件高，将相关 Sequence 扩大 Cache 值，以及修改为 noorder 属性，等等。据说通过这些优化策略，目前已经基本确保了该系统的稳定运行。

2）实地调研发现了更严重问题

3 月底该公司又一个促销日到来之际，我与实施同事共同来到客户现场进行值守，并实地进行更全面的调研。除了验证前段时间问题的解决情况，我很快发现其实在架构方面存在更严重的问题：原来客户核心交易系统部署在两台高配置的 IBM 780 服务器组成的 Oracle 11g R2 RAC 系统上，但应用全部运行在节点 1 上，CPU 利用率几乎达到 100%，节点 2 只运行了一些第三方监控软件，并没有承载任何核心交易应用，完全没有发挥节点 2 的处理能力。

试想一下：几百万采购的这么高配置的两台 IBM 780 高端服务器，一台不堪重负，几乎无法满足促销日业务高峰的并发访问需求，而另一台基本闲置，也就是"1 + 1 = 1"的状态，忙的忙死，闲的闲死，客户会作何感想呢？

为什么会出现这种情况呢？客户的回答是：最早他们也是将应用同时部署在 RAC 两个节点上了，但发现处理能力和吞吐量还不如一个节点，也就是出现了"1 + 1 < 1"的情况。于是，客户不得已只好采取目前这种一主一备的运行模式了，也就是"1 + 1 = 1"模式。唉，Oracle RAC 又被用成了单机或 HA 架构。难道这是 RAC 固有的问题吗？多年的实施经验告诉我们，这个问题是 RAC 节点间数据访问冲突导致的，合理进行应用部署调整，达到数据访问分离的目的，这个问题是完全可以解决的。

于是，除了服务方案第一版的服务内容之外，我们及时调整了服务策略和服务方向，将 RAC 环境应用部署调整、分区方案完善和实施等作为服务重点。这就是贴近客户实际需求和实际问题，就是 Oracle 服务的针对性和对症下药，这也是提高 Oracle 服务价值和客户满意度的有效途径。

3）自底向上方法论和自顶向下方法论的综合运用

在此，也想对我的实施同事工作提些建议：不仅要有自底向上的工作方法，即根据 AWR、ASH 等性能报告、各种等待事件、Bug 等底层数据去向上分析和解决问题，而且也要有自顶向下的工作方法，即直接从架构、数据库设计、应用等层面去更宏观、更大视野地去分析和解决问题。虽然前段服务工作从微观上解决了一些具体问题，但很多问题并不能完全从等待事件等底层指标所体现，例如，由于该系统 RAC 采取的是跑单边模式，因此，gc 类等待事件几乎没有，难道 RAC 运行就没有问题吗？很遗憾，实施同事没有在 RAC 环境下的应用部署、数据库分区设计的高度去探讨更全面、更彻底的解决方案。

"罗老师，别净说大话了，具体到这个案例，如何从更高层面去解决问题呢？"且听我一一道来。

3. 确定优化方案

1）迈开腿、张开嘴

我想自底向上工作方法虽然有一定效果，但这种方法不仅太过技术化，而且有一定局限性，尤其缺乏主动与客户、开发人员的有效沟通，很难从总体和宏观上解决根本问题。

那天我在现场调研时，一方面看了实施同事前段时间的热点数据分析报告，另一方面直接迈开腿、张开嘴找客户和开发人员沟通，很快了解到客户核心系统具有如下特点：第一，70% 以上的应用都围绕订单主表 MSTB_ORDER_HEADER 和订单明细表 MSTB_ORDER_LINE 表展开；第二，主要分为线上互联网业务和线下实体店业务两类，并且两类业务的负载差不多。

这些应用特点可能通过热点数据分析等手段也能分析出来，但有些应用特点却无法从底层指标数据获取，而直接与客户面对面沟通，不仅效率更高，而且更为准确、更为宏观和更具有全局性。

2）总体优化思路

有了上述客户应用整体情况的了解，优化总体思路也就明晰了。为了提高该系统处理能力，尤其是满足促销日的秒杀活动高并发量需求，一台服务器处理能力显然不够，必须将应用部署在 RAC 两个节点，发挥两台机器的处理能力，但是又要进行数据访问分流，降低 RAC 两个节点的数据访问冲突。

如何将应用部署在 RAC 两个节点并实现分流？首先，不能采取按业务分离即按表分离的逻辑划分策略，因为 70% 的业务都压在两张表上，如果按表分离，数据访问冲突没有了，但依然是两个节点严重的负载不均衡。其次，只能通过分区方案将这两张表进行物理分离。如何分区呢？众所周知，Oracle 分区技术可综合满足海量数据处理的高性能、可管理性、历史数据管理、高可用性等多方面需求。在本项目上，我们在对这两张核心业务表进行分区时，主要考虑了历史数据管理和通过分区降低数据访问冲突的需求。

3）详细优化方案

具体而言，我们决定对订单主表 MSTB_ORDER_HEADER 进行 Range – List 分区，即第一维根据 SALE_DATE 字段按月分区，第二维根据 ORDER_CHANNEL（订单渠道）字段分为 2 个 List 分区，即线上订单业务为一个子分区，线下订单业务为另一个子分区。而根据业务统计，线上和线下业务负载基本均衡，这样 RAC 两个节点将基本实现负载均衡，而且应用服务器也分为线上、线下两类。于是，在采取新的分区技术之后，整个系统的架构和连接关系如下。

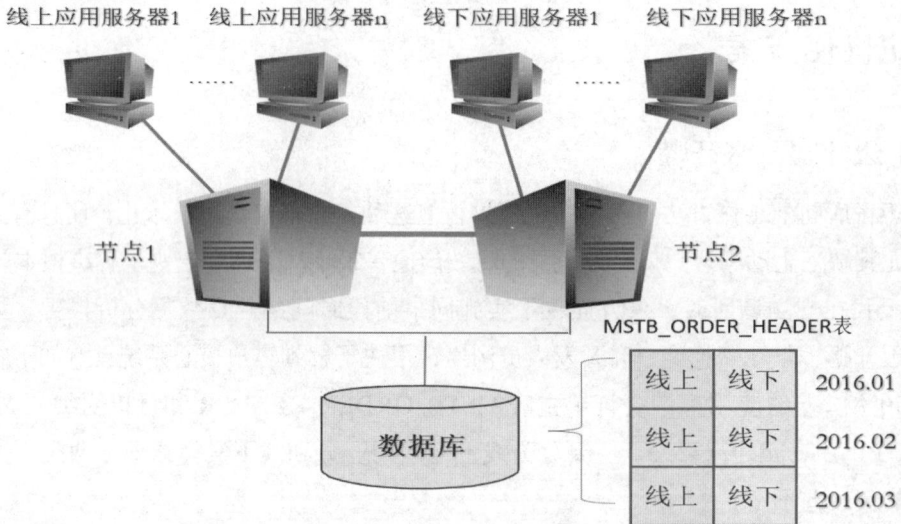

可见，线上、线下应用服务器将分别连接到 RAC 两个不同节点，虽然两个节点在逻辑上是共同访问 MSTB_ORDER_HEADER 表，但每个节点将分别处理 MSTB_ORDER_HEADER 表的线上、线下不同物理子分区的数据，数据访问是没有冲突的。

上面是针对订单主表 MSTB_ORDER_HEADER 的分区策略和应用部署策略，但对订单明细表 MSTB_ORDER_LINE 如何进行分区呢？逻辑上也应该采取与订单主表同样的分区算法，即按（SALE_DATE, ORDER_CHANNEL）进行 Range – List 分区。可是，MSTB_ORDER_LINE 并没有这两个字段，如果要增加这两个字段，不仅导致修改表结构，而且应用也需修改来维护这两个字段。另外，增加这两个字段，反而破坏了数据库规范化设计原则，具体而言就是违背了第二范式，因为这两个字段并不依赖于 MSTB_ORDER_LINE 表的主键。

感谢 Oracle 技术的不断发展，感谢 Oracle 充分为客户着想，我们决定采用 11g 新的 Reference 分区技术可以很好地解决上述问题。即采用该技术的最大益处是不需要修改 MSTB_ORDER_LINE 表结构，应用也无须任何改造，而且还保持了原有的数据库规范化设计。具体而言，就是通过在 MSTB_ORDER_LINE 表的 ORDER_ID 字段上建立指向 MSTB_ORDER_HEADER 表的主键 ID 字段的外键关系，并将 MSTB_ORDER_LINE 表建立为 Reference 分区表。以下就是脚本示例。

```
CREATE TABLE MSTB_ORDER_LINE
(
  ID              NUMBER(12)       DEFAULT 0           NOT NULL,
  ORDER_ID        NUMBER(12)       DEFAULT 0
```

```
    not null,
  ORIGINAL_LINE_REFERENCE_ID              NUMBER(12)              DEFAULT 0,
… …
  CONSTRAINT fk_mol_order_id foreign key(order_id) references MSTB_
ORDER_HEADER(ID)
  )
Partition by reference(fk_mol_order_id);
```

而在系统现有设计中是没有 MSTB_ORDER_LINE 表和 MSTB_ORDER_HEADER 表之间的外键关系的，能否建上这种外键关系呢？经查询统计分析，果然 MSTB_ORDER_LINE 表中存在一些不属于 MSTB_ORDER_HEADER 表的订单明细数据，也就是垃圾数据。幸运的是，我们通过与业务部门和应用开发团队的沟通和确认，删除了 MSTB_ORDER_LINE 表中的垃圾数据，成功建立了外键关系，并成功实施了我们设计的上述分区方案，更是成功地达到了我们的设计目标：按时间进行一级分区满足了历史数据管理需求，二级子分区又实现了降低数据访问冲突的目标。太棒了！

4. 测试结果和实施情况

虽然在 3 月底我和实施同事就已共同形成了总体优化方案，但因为商务合同进展等因素，项目真正实施工作则到 6 月份才正式启动。记得在广州那个炎热的夏天，我和实施同事连续多日奔赴到客户现场，我们俩挤在一个局促的办公桌前，共同将方案细化。但是我只在现场工作了 3 天，具体的各种测试工作和后来的上线都是该同事与客户各团队共同完成的。下图就是压力测试结果。

性能测试结果

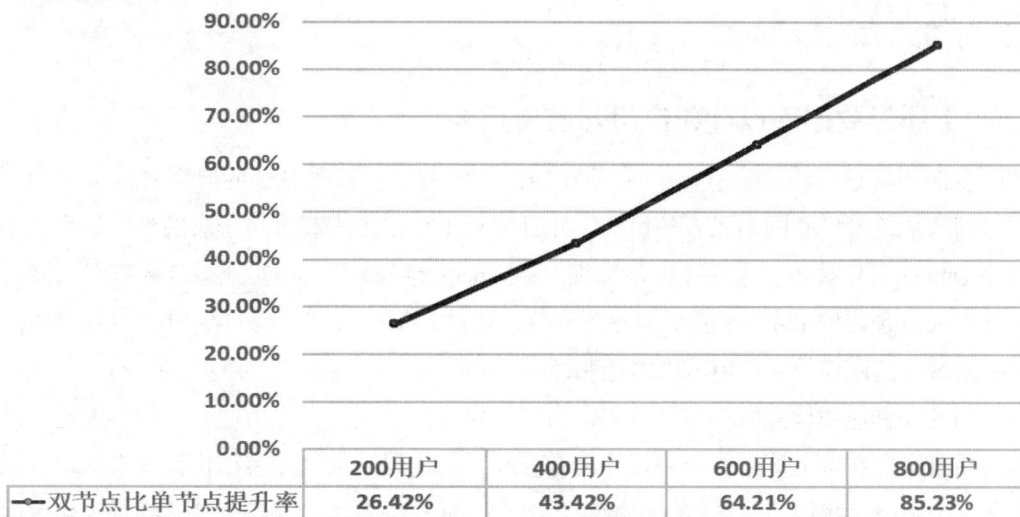

	200用户	400用户	600用户	800用户
●——双节点比单节点提升率	26.42%	43.42%	64.21%	85.23%

可见，双节点比单节点提升率非常显著，几乎是线性增长，特别是并发用户数越多，提升率越明显，例如 800 并发用户数下，提升率居然达到了 85.23%，也就是 1 + 1 不仅大于 1，而且是 1.85 倍了！即假设原来 RAC 跑单边的吞吐量为 1000 笔交易 / 秒，现在 RAC 两个节点都承载业务，总吞吐量将达到 1850 笔交易 / 秒。客户业务、技术各方面人员的开心可想而知，两台高端服务器终于可以并驾齐驱地工作了，对促销日的业务高峰也应对自如了。

5. 美中不足

如上所述，我们通过对该系统最主要的订单主表 MSTB_ORDER_HEADER 和订单明细表 MSTB_ORDER_LINE 成功实施了上述分区方案，并据此进行了应用部署的调整，基本达到了预期效果。但是，除了这两张表，该系统的交易业务还涉及其他更多业务表，可遗憾的是，这些表却由于种种原因无法再按 Reference 进行分区，例如缺乏与 MSTB_ORDER_HEADER 主表的外键字段，或者即便能找到外键字段，但数据存在大量垃圾，也无法建立外键关系。另外，这些表也没有 ORDER_CHANNEL（订单渠道）字段，导致无法再分为线上、线下业务，也就是对这些表的访问无法实现数据访问的分离了。否则，该系统还有优化空间。

若为了实现对这些表的数据访问分离，必须对这些表结构及相关应用进行改造，对于这个已经上线的核心交易系统，这种改造谈何容易。唉，IT 就是一门典型的遗憾学科！但是，毕竟对占据 70% 以上负载的订单主表 MSTB_ORDER_HEADER 和订单明细表 MSTB_ORDER_LINE 进行了成功的优化，已经是很不错的结果了。

6. 多方面总结

1）还是数据库设计和应用开发最重要

本案例应该是将客户业务、应用与 Oracle 相关技术紧密融合的典型案例。我们不仅深入到该系统最核心的两张表的设计，并且建立了订单主表和订单子表的外键关系，而且运用 Oracle 分区技术，包括 11g 新特性 Reference 分区技术成功实施了分区方案，既实现了优化项目预定的 RAC 环境下的业务分流、负载均衡，又尽量降低了节点间数据访问冲突，同时我们还确保了应用软件的透明性。

但凡说到应用优化，多数同行都认为一定要应用开发人员大力配合，甚至大动干戈修改应用程序。在本案例中，应用软件没有修改一行代码，数据库表结构也没有增加、删除任何一个字段，我们完全在数据库层面运用 Oracle 相关技术，就漂亮地达到了优化效果。

在本案例中，我们也没有采取关闭 RAC 的 DRM 特性，甚至没有设置任何与 RAC 相关的隐含参数，完全是通过上述数据库分区技术，就基本实现了项目预期目标。可见，在性能优化中，还是数据库设计和应用开发最重要，效果最显著。

2）从架构问题回溯到数据库设计问题

本文到此，各位同仁一定会有这种感悟：没想到 RAC 负载不均衡的数据库架构问题，最终回溯到表的外键问题。众所周知，国内大多数客户都不愿意设计表间外键关系，设计者自称担心性能，甚至自己都无法道出原因。殊不知，这种粗放的设计方式，失去了多少运用好技术的可能性，例如本案例中的 Reference 分区技术。没有合理采用外键技术并采用 Reference 分区，在本案例中就会直接导致没有充分发挥 RAC 高并发、高性能、高吞吐量、可扩展性等特性。

3）"1 + 1 > 1"的广泛优化空间

本案例是一个 RAC 环境下"1 + 1 > 1"的典型优化案例。试想一下，我们国内各行各业的 RAC 应用部署有多少这种"1 + 1 > 1"的成功案例？我想大多数都是"1 + 1 = 1"的跑单边，或者"1 + 1 < 1"不管不顾的随机自动负载均衡部署模式。可能没有遇到本案例的促销日业务高峰问题，因此绝大多数客户的 RAC 应用都还算岁月静好。但是，如果我们能以更科学、更缜密、更精益求精的态度去优化 RAC 应用部署，不仅各行各业 RAC 系统处理能力更强、投入产出比更高，而且也能给包括原厂商在内的各公司带来更大的收益和回报。

4）"1 + 1 > 1"的更多内涵

除技术方面的上述总结，我认为本案例也是原厂服务部门销售、售前和实施团队与客户管理、设计开发和运维等团队通力合作的成功范例。在项目实施中，各方面人员各司其职，通力合作，例如原厂销售代表与客户各部门紧密沟通，确保了商务合同的顺利签署，为我们后期实施打下了基础。再者，原厂售前和实施同事发挥各自特长，售前主要投入在问题和需求分析、总体方案设计和关键技术的把控方面，实施同事则付出在具体落地实施，甚至我和实施同事在现场一个没有窗户的小房间里，肩并肩地一起协调工作了好几天，如今想起，依然很回味那个收获的火红日子。

这也是"1 + 1 > 1"的更多内涵。

2022年3月29日 于湖南衡阳

RAC 与当下流行数据库架构对比分析

当下的数据库市场百舸争流、百花齐放，不仅 Oracle、SQL Server、DB2 等传统数据库依然不断推陈出新、老而弥坚，而且各种开源数据库，以及基于开源数据库的各种国产数据库，乃至原生态的国产数据库更是争奇斗艳，其中各种架构技术也是层出不穷，但很多概念和术语不尽相同，令人炫目，也让广大业内人员产生一定的困惑和迷离。

最近，我在研读 Oracle RAC 最新的技术白皮书 The New Generation Oracle RAC 时，发现该文不仅全面介绍了 RAC 的最新技术，而且有一个关于 RAC 与时下流行的多种数据库架构优缺点对比分析和适用场景的表格，我觉得非常有价值。该文不仅对目前主流数据库架构技术进行了分类，而且代表 Oracle 官方对目前各种数据库架构，包括对 Oracle 自己的 RAC、Sharding、Active Data Guard、GoldenGate 等多种架构技术进行了对比分析和定位。于是，老罗我决意在本文中将此表格忠实地翻译成中文，以飨同行，并配以架构示意图，以及自己的若干解读，希望与广大业内同行共同进行探讨和商榷。

1. 先忠实翻译官方的对比分析图

尽管广大 IT 技术人员希望看到原汁原味的原文，以下是该白皮书的链接：https://www.oracle.com/a/ocom/docs/new-generation-oracle-rac-5975370.pdf，但为了让更多的同行能够更好地理解相关技术原理，我还是先做个基础性工作，忠实地翻译这个官方对比分析表格如下，若有同行质疑我的英文水平，甚至质疑我为 Oracle 公司夸大其词，不妨请大家去下载原文。哈哈！

序号	技术架构	优　　点	缺　　点	与 RAC 对比
1	集群故障切换架构（Cluster Failover）：若当前服务器出现故障，数据库服务将切换到备用服务器	实施和运用相对简单	无法提供扩展性，也难以保障透明维护能力	RAC 不仅提供了更快的故障切换能力，而且具备扩展性和透明维护能力

续表

序号	技术架构	优点	缺点	与 RAC 对比
2	非共享磁盘架构（Shared-Nothing）：数据库透明地运行在多台服务器的非共享磁盘系统中	在无须共享磁盘的情况下，多台服务器具有扩展能力。尤其适合分析类系统	针对 OLTP 系统，由于高信息同步和事务协调，导致性能和扩展性差 由于难以对上千张表和索引以上的系统进行扩展，导致 ERP、CRM、HCM 等复杂应用难以运行	RAC 融合了共享磁盘架构和非共享磁盘架构的双重好处 类似非共享磁盘架构下的 SQL function shipping 功能，对一些复杂 SQL 分析语句可自动部署在 RAC 多节点进行并行处理，因此一些复杂分析应用和批处理应用可透明地运行在 RAC 多节点之上 针对 OLTP 应用甚至非常复杂的 ERP 应用，通过合理的数据访问分流和缓存，可显著提高此类应用的响应速度
3	数据库分片架构（Sharding）：一个逻辑数据库被分片成多个物理数据库，应用通过分片键进行路由访问	多个独立的物理数据库，具有高扩展性和容错隔离能力	对应用不透明 只适合可以通过分片键进行分割的应用 难以进行跨分片库的操作 不适合复杂（例如 ERP）应用 难以实施分析型应用	Oracle 内置的 Sharding 数据库就是典型的分片架构，即通过分片键将分片成多个物理数据库，具备高扩展性和容错隔离能力 Oracle RAC 与 Sharding 架构可高度融合，即每个分片数据库可部署成 RAC 架构，为每个分片数据库提供高可用性、高性能和扩展性
4	主从复制架构（Mater-Slave Replication）：数据从主数据库复制到 1 个或多个从数据库	提供了容灾保护、故障切换和一定程度的读扩展性功能	不具备写扩展性功能 在故障切换时可能丢失数据 很难保障主从库之间的数据一致性 连接和应用扩展性欠佳 没有跨主从库的分析扩展能力	RAC 与 ADG 容灾方案集成，提供了透明的扩展性和故障切换能力 ADG 还具备额外的读扩展性能力。19c 的 ADG 中还具备一定的透明写能力
5	双活复制架构（Active-Active Replication）：数据跨多个活跃数据库进行复制	高可用性、容灾能力和良好的读扩展性	在多份数据同时进行写操作会导致写数据冲突和数据一致性问题 对应用软件不透明 需要多个数据库（数据文件）的备份 不具备跨多份复制数据的分析和扩展能力	可将每份复制数据部署成 RAC 模式，不仅提高了写扩展能力和分析扩展能力，而且可减少复制数据份数，降低数据访问冲突的发生。 业内领先的数据复制产品 GoldenGate 与 RAC 无缝集成

2. 集群故障切换架构（Cluster Failover）与 RAC 架构对比的深入解读

所谓集群故障切换架构（Cluster Failover）其实就是传统的一主一备的 HA 架构，下图是 HA 架构与 RAC 架构的对比示意图。

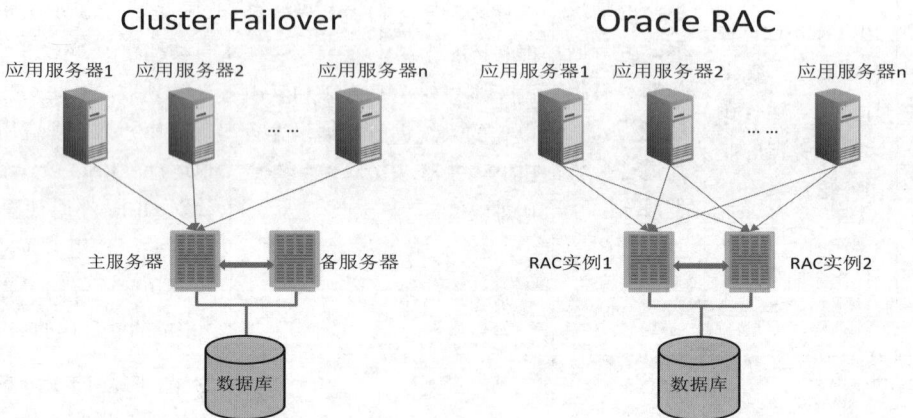

1）解读 HA 架构的优缺点

上图左边就是典型的 Cluster Failover 架构，即 HA 架构。在 20 年前 RAC 诞生之前，HA 架构是当年 IT 行业最主要的高可用架构。HA 架构采取的是一主一备架构，即在正常运行情况下，所有应用都连接到主服务器，备服务器处于空闲状态。备服务器通过心跳线监控主服务器的状态，如果发现主服务器宕机，则 HA 软件将备服务器的数据库实例自动启动并拉起数据库，再自动将 VIP 地址飘移到备服务器，所有应用也将飘移到备服务器。因此 HA 架构优点是，原理简单、易于实施和管理。典型的 HA 软件包括 IBM HACMP、HP Service Guard 等。

但这种架构的缺点也是显然易见的。首先，HA 架构任何时候都只有一台服务器在工作，另一台服务器处于空闲状态，总体投入产出比不高。从数据库角度而言就是单机系统，因此处理能力只能取决于主服务器或备服务器本身的硬件能力，不具备横向扩展能力。其次，在主库发生故障时，备用实例需要重新启动并拉起数据库，这个过程少则数分钟多则几十分钟，甚至可能需要人工干预，因此很难满足高可用性和业务连续性非常严苛的业务要求。

2）与 RAC 架构的对比

相比 HA 架构，上图右边的 RAC 架构具有如下优势：首先，RAC 作为集群数据库，平时就是部署在多台服务器的多个实例同时对外提供服务，相比 HA 架构的单机模式，总体处理能力和投入产出比更高。其次，RAC 的故障切换能力更快，因为某个节点故障发生时，另一个实例已经正常工作，无须重新拉起，数据库也处于打开状态，因此，RAC 的故障切换速度能达到秒级，加上 TAF、ONS、TAC 等新老高可用性技术的综合运用，在切换速度、应用透明性、自动化和智能化方面都远胜 HA 架构。第三，作为集群数据库，当负载增加时，不仅具备与 HA 架构一样的单节点增加 CPU、内存的纵向扩展能力，而且可以通过增加节点提供更大的整体处理能力，即 HA 完全不具备的横向扩展能力。

总之，自从 20 年前 RAC 问世之后，传统 HA 架构已经日渐稀少，主要用于一些对高可用性、高性能、扩展性要求不太高的非关键业务系统了。

3. 非共享磁盘架构（Shared-Nothing）与 RAC 架构对比的深入解读

所谓非共享磁盘架构（Shared-Nothing）其实就是典型的分布式架构，下图是 Shared-Nothing 架构与 RAC 架构的对比示意图。

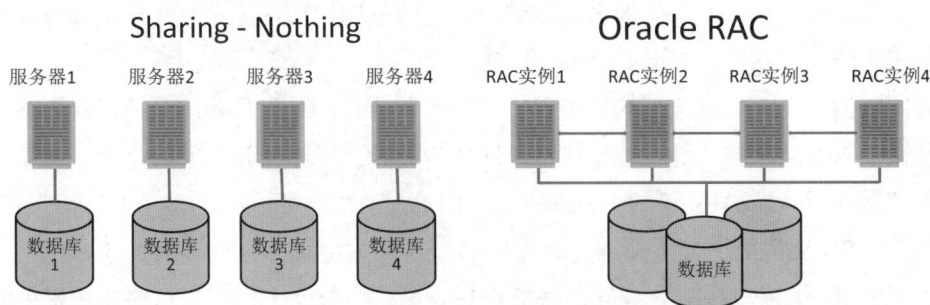

1）解读 Shared-Nothing 架构的优缺点

上图左边就是典型的 Shared-Nothing 架构，简称 SN 架构。在这种架构中，每一个节点都是独立的、自给的，没有共享存储和硬盘，不存在单点竞争问题。因此，SN 架构首先具备一定的高可用性，当一台服务器或存储出现故障，其他 N-1 台服务器和存储依然可以正常工作。其次，由于没有节点和资源竞争问题，SN 架构几乎可以呈线性扩展。第三，SN 架构特别适合大型统计分析和数据仓库应用，一个大型分析语句可分布在 SN 架构的多个节点中并行执行，吞吐量和响应速度都非常好，而且可以随着节点的扩展，达到线性增长的目标。

但是，SN 这种分布式架构的缺点也是显而易见的。以下是加州大学计算机科学家 Eric Brewer 针对分布式架构提出的著名的 CAP 理论：分布式架构应该满足数据一致性（Consistency）、数据可用性（Availability）、分区容错（Partition Tolerance）三大指标。但是这三个指标原理上不可能同时做到，最多同时满足两个指标，如上图所示，或者

CA，或者 AP，或者 CP。这就是著名的 CAP 理论。

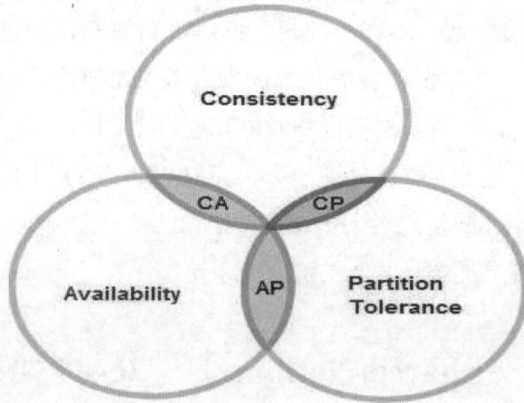

本文我们仅描述在满足分区容错指标，也就是两个节点出现通信失败的情况下，为什么数据一致性和数据可用性不可能同时满足？这是因为，如果欲保证一致性，在节点 1 的数据发生变化的情况下，节点 2 必须等待数据同步之后，才能提供读写服务，这样节点 2 就失去了数据可用性。反之，如果欲保障节点 2 的数据可用性，节点 2 就不能有任何锁定数据的同步操作，这样又失去了数据一致性。

在实际应用中，分布式架构就出现了这样的矛盾：一旦出现跨库交易操作，或者为了保证数据一致性，采取两阶段提交技术，这样势必导致跨库交易性能的下降。或者为了确保跨库交易性能，则牺牲了数据一致性。

因此，SN 架构更适合无须进行跨库交易操作的大型统计分析和数据仓库应用，而很少见大型 ERP、CRM、HCM 等复杂联机交易应用的实施案例，因为这些应用很可能会出现大量复杂的跨库交易操作。当然，SN 架构也不乏在大型统计分析和数据仓库领域成功实施的产品和技术，例如 NCR 的 Teradata。

2）与 RAC 架构的对比

相比 SN 架构，RAC 架构具有如下优势：首先，RAC 融合了共享磁盘架构和非共享磁盘架构的双重好处，这是因为在 RAC 环境下，类似 SN 架构下的 SQL function shipping 功能，可将一些复杂 SQL 分析语句自动部署在 RAC 多节点进行并行处理，因此，一些复杂分析应用和批处理应用可透明地运行在 RAC 多节点之上，达到与 SN 架构相当的吞吐量和响应速度。其次，针对 OLTP 应用甚至非常复杂的 ERP 应用，通过合理的数据访问分流和缓存，可有效降低节点和资源访问冲突，降低私网流量，可显著提高此类应用的响应速度。

总之，RAC 架构既可针对数据仓库应用进行多节点并行处理，又可针对大型联机交易应用实施合理的数据访问分流方案，达到分而治之的效果。换言之，RAC 看似一种集中式架构，实则是在这种集中式架构进行精细化部署和访问的分布式架构。相比 SN 等物理的硬性分布式架构，RAC 架构既集中又分布，更加灵活、更加有弹性、更加科学合理。

4. 数据库分片架构（Sharding）与 RAC 架构对比的深入解读

所谓数据库分片架构（Sharding）其实也是典型的分布式架构，下图是 Sharding 架构与 RAC 架构的对比示意图。

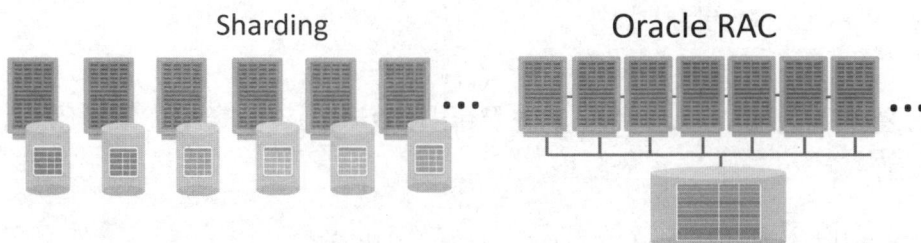

1) 解读 Sharding 架构的优缺点

上图左边就是典型的 Sharding 架构，作为同样的 SN 架构，具有与 SN 架构相同的架构特点，例如每个节点都是独立的、自给的，没有共享存储和硬盘，不存在单点竞争问题，具有良好的扩展性和容错隔离能力等。

但是相比传统 SN 架构更适合于分析型应用，随着互联网应用发展而来的 Sharding 架构更适合于互联网式的高并发量联机交易应用，其原理是将一个完整的逻辑数据库通过分片键划分成多个相互独立的物理数据库，应用软件再通过分片键进行路由访问。这样不仅单个交易事务将被路由到某个分片数据库，只访问一个小数据库，具备更好的性能，而且随着访问量的爆炸式膨胀，可快速增加更多节点和存储，提供更多的对外服务能力，实现良好的扩展性。

同样地，作为典型的 Shared-Nothing 分布式架构，Sharding 架构也遵循 CAP 原理，即不可能同时满足 CAP 三个目标，只能三选二，即 Sharding 架构存在诸多不足。首先，对应用不透明，具体而言，Sharding 数据库设计和应用软件必须针对 Sharding 架构进行精心设计，例如数据库设计最好实施主外键，应用语句最好都含分片键条件。第二，通常只适合可以通过分片键进行分割的应用。一旦应用中不含分片键，将导致该应用访问所有的分片数据库，性能将急剧下降。第三，与传统分布式数据库一样，Sharding 架构难以进行跨分片库的操作，例如复杂的 ERP 应用及需要访问全局数据的分析型应用都不适合部署在 Sharding 架构中。

2) 与 RAC 架构的对比

首先，Oracle 公司也提供了与业内尤其是互联网行业完全相似的分片数据库架构产品 Oracle Sharding，即通过分片键将分片成多个物理数据库，具备高扩展性和容错隔离能力。

相比基于 MySQL 等开源技术的其他公司 Sharding 架构，Oracle Sharding 是基于 Oracle 自身最核心的 Oracle 数据库技术，无论在产品的技术先进性、稳定性、高可用性、高性能、可管理性，以及支持的开发语言、工具等方面，都远胜于 MySQL 等开源技术。例如，在 Sharding 架构中，每个分片数据库可部署成 RAC 架构，将为每个分片数据库提供更好的高可用性、高性能和扩展性。

5. 主从复制架构（Mater-Slave Replication）与 RAC 架构对比的深入解读

下图是主从复制架构与"RAC + ADG"架构的对比示意图。

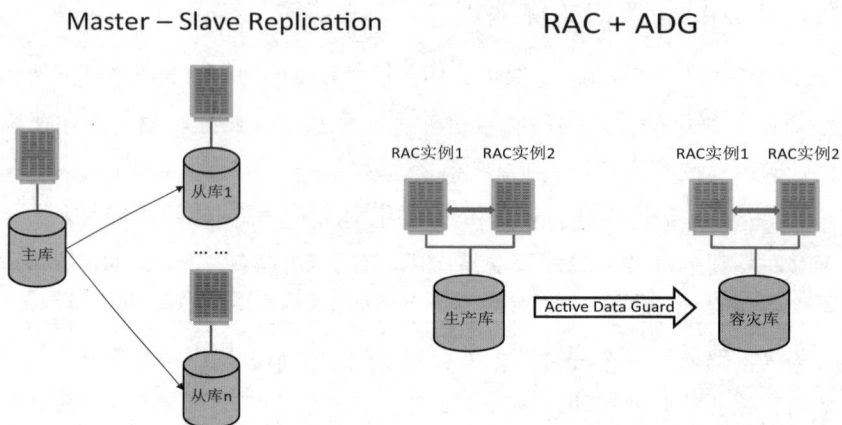

1）技术原理的区别

首先，主从架构的数据库均为单机，当主库实例出现故障时，将切换到某个从库实例和数据库。而 RAC 是多实例共享数据库的集群架构，当某个实例出现故障时，另一个实例将自动快速接管应用，不存在数据库的切换问题。

其次，主从数据库之间是通过数据复制技术保证数据同步的，也就是通过 SQL 语句的逻辑层进行数据同步的。而 ADG 是通过应用（Apply）日志文件，在数据块底层保持块对块（Block to Block）数据同步的，属于物理层技术。

2）解读主从复制架构的优缺点

了解了主从复制架构的技术原理，就不难理解其优缺点了。首先在主从复制架构下，当主库出现故障时，从库可接管主库的业务，因此该架构具备容灾保护、故障切换功能。其次，在主库正常工作情况下，从库也可对外提供查询服务，分摊主库压力，因此也具备一定的读扩展功能。

但是，该架构的缺点也是显而易见的。首先，从库不能进行写操作，所有应用只能在主库的一台服务器完成，这大大限制了整个系统的处理能力，例如对外服务的连接数有限，应用很难满足扩展性需求等。其次，由于主从数据库之间是通过数据复制的逻辑技术来保障数据一致性的，除非牺牲主库性能而采取同步模式，否则在主从库之间很难保证数据的一致性，也就是切换时可能会丢数据。第三，主从数据库为相对独立的数据库，复杂分析应用也不能跨主从库进行访问。

主从复制架构是目前 MySQL 等主要开源数据库普遍采用的一种高可用性架构技术。

3）与"RAC + ADG"架构的对比

相比主从复制架构，"RAC + ADG"架构具有如下优势：首先，RAC 本身就具备高可用性、高性能、扩展性三大特性，当一台主机或实例出现故障时，相应的应用将被其他实例自动甚至达到秒级的快速接管，数据库本身不用进行任何切换。RAC 的集群特性也确保了比主从复制架构的单机更强大的高性能、高吞吐量和横向扩展能力。其次，ADG 是物理层块对块同步的，不仅同步性能更高，而且最大保护和最大可用模式能保障数据不丢失。再结合 12c 之后的 Far Sync 技术，更能够在尽量不影响生产系统性能的情况下，确保数据不丢失，也就是 RPO=0。再次，ADG 从 11g 版本开始就提供了实时数据同步时的读功能，以及 RMAN 备份恢复等功能，既保障了查询操作的时效性，又大大降低了生产系统的负载和压力。最后，19c 的 DML Redirection 功能允许在 ADG 中进行一定的写操作，而且对应用软件透明，也大大拓展了 ADG 系统的资源利用率。

总之，相比主从复制架构，"RAC + ADG"架构技术更先进，功能更多，也更安全稳健。

6. 双活复制架构（Active-Active Replication）与 RAC 架构对比的深入解读

下图是双活复制架构与"RAC + OGG"架构的对比示意图。

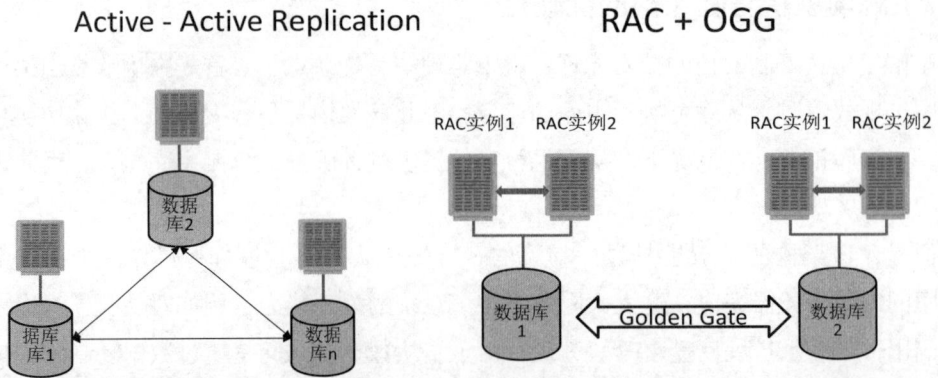

Active - Active Replication

RAC + OGG

1）解读双活复制架构的优缺点

与主从复制架构一样，双活复制架构也基于数据复制技术，具备数据复制技术同样的优点和缺点，例如，该架构具备高可用性、容灾能力和良好的读扩展性，也同样具有数据一致性和性能的矛盾，不具备跨多份复制数据的分析和扩展能力等。

相比主从复制架构，双活复制架构更大的特点是多份数据可以进行写操作，这种看似理想的双活架构，实际上会导致严重的写数据冲突和数据一致性问题。为避免写数据冲突，应用将进行精心设计和部署，这又导致了应用软件不透明，应用开发、部署和管理难度增加。同时，多份数据副本的存在，也加大了整个数据库的管理和维护难度，例如，需要对多份数据副本进行备份恢复。最后，这种分布式架构也不具备跨多份复制数据的分析和扩展能力。

2）与"RAC + OGG"架构的对比

如果因为合规性、本地化、属地化以及性能等需求，必须采取双活或多活数据中心方式，例如某跨国企业必须在各国部署数据中心，并在各数据中心进行本地交易操作和数据访问，同时要保障全球数据一致性，也就是必须采用双活或多活数据复制架构的情况下，Oracle 官方建议将每份复制数据部署成 RAC 模式，这样不仅提高了每份数据的写扩展能力和分析扩展能力，而且可减少复制数据份数，即降低分布式架构设计复杂性，降低数据访问冲突的发生。

同时，在这种双活或多活数据复制架构中，Oracle 官方建议将业内领先的数据复制产品 GoldenGate 与 RAC 无缝集成。因为在业内众多数据复制产品中，GoldenGate 具有诸多优势，例如并行复制能力具有更好的复制性能，自动冲突检测和解决能力更智能地解决数据访问冲突问题等。

7. 个人更多的感和悟

本文上述内容基本围绕 Oracle 官方的多种架构分析对比表格进行深入解读，也基本忠实于 Oracle 官方观点。以下围绕数据库架构这个当下热门话题，继续展开个人更多的感和悟。

1）没有一种架构技术是完美的

Oracle 官方将目前主流的数据库架构划分为集群故障切换架构（Cluster Failover）（即 HA 架构）、非共享磁盘架构（Shared-Nothing）、数据库分片架构（Sharding）、主从复制架构（Mater-Slave Replication）、双活复制架构（Active-Active Replication），以及 Oracle 自己的 RAC、Sharding、Active Data Guard、GoldenGate 等数种架构，应该说每种架构都有其优缺点和适应场景。

虽然 Oracle 官方充分强调 RAC 架构在高可用性、高性能、可扩展性、数据一致性、全局数据访问能力、应用透明性等方面的综合优势，但其他架构同样也有其存在的必要性。例如，为满足合规性、本地化、属地化以及性能等需求，双活或多活数据中心架构则成为必然的选择。再者，如果 IT 系统没有那么高的指标要求，或者能忍受数据不一致性等其他问题的存在，HA、主从复制等其他架构也有其存在的合理性。

况且 RAC + ADG 等架构虽然技术先进，但也存在实施和管理难度大的问题。假设如国内大部分 RAC 系统实施粗糙，例如普遍存在"1+1 < 1"问题，或者将 RAC 简单实施成了单机模式，那么还不如放弃 RAC 架构，直接采用 HA 或其他数据复制架构，除非你的高可用性切换指标要求达到了秒级。

2）分布式架构并不是最先进，更不是未来主流发展方向

上述数种架构技术其实总体上可以分为集中和分布式两种架构。由于互联网企业普遍采用了分布式架构，特别是数据库水平分片架构（Sharding），在满足互联网高并发量甚至爆炸式业务增长方面取得了耀眼的成效，于是，近年来向互联网学习，全面采用分布式架构成了一种时尚，乃至认为分布式架构是最先进架构，也是未来主流发展方向。

本人对上述观点明确说 No！不仅如上所言，没有一种架构技术是完美的，每种架构都有其优缺点和适应场景，而且分布式架构并不是什么新技术和先进技术。在老罗我 20 世纪 80 年代读大学和读研时，就学习了《分布式计算》和《分布式数据库》等课程。回忆当年的课程内容，其实现在很多流行的分布式产品和技术还达不到当年这些理论课程的水平，例如现在的分布式数据库其实由一堆单机数据库组成，数据库技术本质还是单机的，只是在数据库之上的应用层进行数据访问分流、互操作和汇总等处理。而当年的《分布式数据库》讲授的是，直接在数据库层面进行互访问、互操作、对应用透明的专门的分

布式数据库 SQL 语言。

再则，愚以为业内目前普遍采用分布式架构其实是一种无奈之举。因为目前的开源和国产数据库的单库处理能力满足不了高并发量、高吞吐量的需求，又不具备 RAC 多台服务器访问一套数据库的集群架构，于是只得采取分库策略，也于是导致了大量分布式数据库架构的出现。直率而言，这种策略不仅不是先进，反而是一种倒退，也是一种简单粗暴策略。还是那句通俗的粗话：明明是一匹马能做的事情，为什么要让一堆鸡去做呢？而且鸡和鸡之间还叽叽喳喳吵个不停。哈哈。

况且，即便是充分满足了互联网高并发量访问的水平分库架构，也同样遵循经典的CAP 原理，即在跨库交易的数据强一致性、跨库的全局数据统计和分析等方面存在明显问题，或者说是在牺牲了这些能力之后才取得的高并发量访问能力。这种架构并不适合那些复杂交易系统和需要全局数据访问的传统行业系统，例如，银行若采取这种水平分库架构，那么转账处理可能涉及跨库操作，日终处理更需要通过 DB link 等传统技术或在应用层进行跨库的全局数据处理，这些都将导致数据库一致性问题、性能问题等很大的风险。

3）云架构才是未来架构主要发展方向

古曰："合久必分，分久必合。"历年来，数据库架构的发展其实就是在集中和分布两种极端之间跳跃。前些年，各行各业为降低成本、加强资源共享等，都强调数据大集中。而近年来，随着数据量和访问量的增加，为提升性能等，又走向了分布式架构，甚至为了分布而分布，乃至认为分布式架构才是未来 IT 技术发展方向和政治正确方向。这种简单、极端的思维模式对整个 IT 行业的健康发展是不利的。

那么未来的 IT 架构应该往哪个方向发展？有没有既集中、又分布，即融合两种架构优点的架构？愚以为：有！这就是云架构！因为云架构首先强调资源共享和资源整合，具备集中式架构的特征，同时，云架构又强调资源的精细化管控、按需供给和弹性扩展，这些又具备分布式架构的分而治之特征。

作为一个已经全面转型云计算的 IT 巨头，Oracle 早就在这个领域大有作为，各种新老技术不仅充分诠释了云计算的资源共享、按需供给、弹性扩展、度量计费、高速网络等 5 大基本特征，而且也是在哲学高度诠释了集中和分布两种架构的融合。例如，分区技术就是将一张逻辑上的大表拆分成了若干物理上的小表，既可在每个小表上分而治之，也可对整个分区表进行透明的全局访问，这就是 Oracle 在表级的集中和分布两种策略的融合。分区技术比绝对的物理分表技术高级多了。再者，12c 之后的多租户技术也是在一个容器（CDB）的大集中框架下，对多个 PDB 数据库的分而治之，甚至还可在 PDB 级再进行水平分库，即 Application Container 架构技术。这就是 Oracle 在库级的集中和分布两种策略的融合。还有，RAC 这种传统集中式架构技术，其实也应按照逻辑或物理方式进行数据访问分流，才能达到理想的实施效果，这也是一种集中和分布的结合。甚至，19c 的

Sharding 这种典型的水平分库架构技术还与 RAC 这种典型的集中式架构进行了融合，推出了所谓的 Sharded RAC 架构技术……

我将另文讲述 Oracle 云架构集中和分布融合的这些特性。

本文最后想说：集中和分布就是一对哲学意义上的矛盾，业内或走向绝对的集中、或走向绝对的分布，其实还是哲学理念不够深远。未来若能先提升哲学理念，合理解决集中和分布这对矛盾，甚至将二者融为一体，那么我们的 IT 系统将上升到更高的境界。即所谓：

"貌合神离，貌离神合"。

2021年5月2日于湖南衡阳

Windows 平台 RAC 安装之殇

以下是我当年在《品悟性能优化》一书中的一段文字：

> "我害怕 Oracle 什么技术工作？
> 在 Oracle 数据库众多技术工作中，例如数据库逻辑设计、物理设计、系统安装、应用开发指导、性能优化、备份恢复、故障诊断等，我最怕安装和打补丁！没想到吧？
> 本章只说说安装，特别是 RAC 安装的话题。在 Oracle 公司从事技术的同事有一个共识：安装RAC，其实不需要懂多少 Oracle 数据库，你会启动和关闭 Clusterware，以及启动和关闭ASM 实例、Listener、数据库就可以了，但如果你不懂操作系统，不懂 HA 软件，不懂网络，你肯定装不好 RAC……"

没想到已经从事 Oracle 技术工作 30 多年，在 Oracle 公司也已就职 13 年的 2014 年，在安装问题上再次让我吃尽苦头：为某客户在 Windows 2012 平台安装 11g R2 RAC，居然折腾了我一个多月，自觉加了无数次的班，向 Oracle 公司后台服务团队申请的 SR 都升级到了 7×24 的 1 级，仍然搞不定，最后连客户都绝望地准备放弃了，但执着的我在梳理了所有问题的来龙去脉之后，最终还是主要靠自己的力量安装成功了。其间的酸甜苦辣、心路历程、经验教训值得回味和总结，也希望让更多的 Oracle 同行从中受益。

1. "为什么要在 Windows 平台安装 RAC？"

话说某客户为充分满足其新建系统高可用性、高性能、可扩展性等综合需求，决定在Windows 2012 平台部署 Oracle 11g R2 RAC。"为什么要在 Windows 平台安装 RAC？"这是我向客户提出的第一个问题。毕竟在 Windows 平台实施 RAC 的案例非常少，我自己也只在某海关客户实施过一次 Windows 2008 的 10g R2 RAC，而我所在的 Oracle 服务部门，经打听才知道，只有一位同事在一个银行客户的 Windows 2008 平台实施过一次 11gR2 RAC。如今在 Windows 2012 平台部署 Oracle 11g R2 RAC 对我这"老家伙"而言，也是吃螃蟹的头一遭。

Oracle 的确在 x86 平台的 Linux 环境下部署 RAC 才是更普遍，甚至业界公认的最佳实践经验。更何况，RAC 本身现在就是 Oracle 公司在 Linux 平台首先进行研发的，其稳定性和成熟性肯定更好，装机量可能也是各平台中最多的。

无奈，客户的回答是考虑商务问题，这批 x86 服务器已经采购了 Windows 2012

License，更换为 Linux 不太合适。怎么办？毕竟 11g R2 RAC 在 Windows 2012 也是通过 Oracle 官方认证的，产品是没问题的，那就上吧。

　　于是在正式安装日期之前的半个月左右，我就开始做功课了：查阅了 Oracle 官方联机文档中 Windows 平台的 RAC 安装手册，同时还在 MOS 中查阅了在 Windows 平台实施 RAC 的最佳实践经验等文档，基本上一切就绪，准备开练了！

2. 出师不利

　　也许大家都知道，安装 RAC 最重要的是安装前的环境准备。于是，在正式安装的第一天，我花费了半天时间对操作系统、网络、存储环境进行了大量检查和配置工作，下午准备正式安装了。在最后一次检查网络环境时，发现问题了：在命令行窗口明明是 Ping 主机名和公网名，怎么返回的是私网 IP？这是怎么回事？找来网络管理员帮忙，他也困惑了。于是我只好硬着头皮启动 OUI 安装 GI 了，在 OUI 进入到第 6 步选择集群节点信息时，发现 OUI 居然将私网名（HSEDB1-priv）当成了公网名（HSEDB1），第二个节点名称更是邪乎了，不是 "HSEDB2"，而是被 OUI 自动设置成了 "HSEDB1,HSEDB2"，还没办法手工去修改。这是什么问题啊？实在搞不定，继续硬着头皮往下走吧，终于在安装进程走到 66% 时走不动了，OUI 无法进行远程复制。

　　很简单，应该是网络问题，为什么 Ping 主机名或公网名，返回的是私网 IP 呢？一定也把 OUI 搞迷惑了，甚至 OUI 检测的远程结点名是 "HSEDB1,HSEDB2"， OUI 要把 GI 软件复制到哪儿去呢？呵呵。于是，我 "理直气壮" 地要求客户网络管理员先解决网络 Ping 问题了，这下可难为了网络管理员。不过也真佩服这老兄的能力，到了第二天下午快下班时，他终于告诉我们一个解决方案：在两个节点公网的 "属性" 中选择 "高级"，然后将 "自动跃点" 选项关闭，并将接口跃点数（Metric）设为 1，就能解决问题！

　　我们照葫芦画瓢，果真如此，不仅 Ping 没问题了，而且 OUI 也能将本地节点和远程节点正常地都识别出来了，太棒了！于是，OUI 顺利完成了远程节点复制，一直进展到 100% 了。但是到此时，OUI 又不动弹并报错了，该问题更严重，我们后面再详细叙述。

　　还是回到网卡跃点数的问题，根本原因何在？过了几天之后，当我与一位老同事在讨论安装问题时，他的一个建议让我自己找出了真正原因。当时他提醒我："老罗，你是不是应该看看 Oracle 最新的安装文档啊，Oracle 联机文档也是有版本，经常更新的。"是的，我看的安装文档只支持到了 Windows 2008，并没有包括 Windows 2012 平台，我想当然地认为 Oracle 在 2008 和 2012 两个平台的安装需求应该不会有太大出入——**第一个错误出现了**！

　　于是，我还是听从了同事建议，下载了一个最新的安装文档。果然，在新文档的网络环境准备一节中，发现了专门针对 Window 2012 的如下一段话。

```
"1.2.2.7 Manually Configure Automatic Metric Values
On Windows 2012, the public and private network interface for IPv4 use
the Automatic Metric feature of Windows. Automatic Metric is a new
feature in Windows that automatically configures the metric for the
local routes that are based on link speed. The Automatic Metric feature
is enabled by default, and it can also be manually configured to assign
a specific metric.When the Automatic Metric feature is enabled and using
the default values, it can sometimes cause OUI to select the private
network interface as the default public host name for the server when
installing Oracle Grid Infrastructure.
… …
In the Interface Metric field, set the public network interface metric
to a lower value than the private network interface. For example, you
might set the public network interface metric to 100 and the private
network interface metric to 300."
```

根据上述 Oracle 官方建议，应该将公网 Metric 设置为 100，私网 Metric 设置为 300，这才是最佳实践经验。为什么网络管理员只建议我们将公网 Metric 设置为 1，而私网 Metric 保持为自动设置值，也能解决问题呢？后来我通过一个网络命令（netsh interface ipv4 show global）检查网卡属性时，才发现 Windows 2012 将所有网卡的 Metric 默认值都设置为 128。因此，只要将公网 Metric 设置为 1，已经低于私网 Metric 默认值 128，已经满足 Oracle 的安装需求了。也许这是我们的歪打正着，呵呵。

不管是互联网上哪篇文章如何描述原委，甚至假设是网络管理员蒙出来的解决方案，虽然解决了问题，但还是应该找到上述 Oracle 官方的正式说法，这才是从事技术工作的真正职业诉求。

更多的经验：以后千万不要想当然了，一定要求真务实！一定不要偷懒！一定要阅读 Oracle 最新的安装文档！

更再次说明：安装 RAC 其实不需要你懂多少 Oracle 数据库，但如果你不懂网络，你肯定装不好 RAC！

3. 更大的错误还在后头呢！

与上述没有合理设置网卡跃点数（Metric）的问题相比，更大的错误还在后头呢！这是什么问题？如何产生的？影响面有多大？下面一一道来。

错误就是因为自诩为原厂技术人员，除了看看公开的安装文档，还应该看看 Oracle 公司的内部技术资料，特别是最佳实践经验文档。于是我阅读了 RAC and Oracle Clusterware Best Practices and Starter Kit（Windows）（Doc ID 811271.1）。该文档有如下一段话。

```
"... ...
Prevent installation, upgrade, and patching failures by stopping
'Distributed Transaction Coordinator' (MSDTC) on each node prior to
installation or upgrade or patching.
Prevent patching failures by stopping and disabling 'Windows Management
Instrumentation' (WMI) services on each node.
... ..."
```

我在阅读上述这一串英语排比句时，错误地理解在 GI 安装过程中需要像关闭 MSDTC 服务一样，而关闭 Windows Management Instrument（WMI）服务，其实 WMI 服务只需在安装补丁过程中进行关闭，而 WMI 服务是 Windows 一个非常基础的服务，以下就是该服务的描述。

> "提供共同的界面和对象模式以便访问有关操作系统、设备、应用程序和服务的管理信息。如果此服务被终止，多数基于 Windows 的软件将无法正常运行。如果此服务被禁用，任何依赖它的服务将无法启动。"

同样地，Oracle GI 的启动也要调用 WMI 服务。关闭该服务，导致 GI 无法启动。这就是为什么在 OUI 安装完 GI 之后，已经进展到 100% 需要启动 GI 了，但是 GI 无法启动的根本原因！——这是第二个，也是最大的错误！

这也是经验教训之二：作为原厂技术人员，多看内部最佳实践经验文档是必需的，但是，既然看了就一定要看仔细！更不能看错了！

我是如何发现这个问题的呢？纯属阴差阳错！原来在我关闭 WMI 服务之后，发现不知是 Windows 还是 Oracle 会自动重启 WMI 服务，这样，我的 GI 安装成功并正常启动了！于是，朦胧中觉得以前的安装中 WMI 被我关闭可能是个错误。后来在安装 11.2.0.4.5 PSU 补丁时，发现 Oracle 的补丁 ReadMe 文档的一个错误，更证实了我的判断。原来该 ReadMe 文档在安装补丁之前的一个步骤中通过如下命令关闭了 WMI 服务。

```
net stop winmgmt
```

在安装完补丁之后需要运行 rootcrs.pl –patch，而该命令实际上要启动 GI，结果我发现 GI 起不来了！当时我还以为是补丁安装过程出了问题。仔细一分析，我唯一改变环境的动作就是这个关闭 WMI 的操作。于是，当我手工重新启动 WMI 服务之后，GI 正常启动了，rootcrs.pl –patch 操作也完成了！原来 Oracle 11.2.0.4.5 PSU 补丁的 ReadMe 文档有 Bug！原来 WMI 服务这么重要！原来我在最初安装时，主动关闭 WMI 服务是一个多么愚蠢的错误！

4. 节外生枝：网络组播问题

上述 WMI 服务被错误关闭，导致 GI 无法启动。但是 GI 相关日志显示的报错信息为 CRS-4530，再次被 Oracle GI 杂乱无章、指东打西，甚至完全错误的日志信息误导了我。因为在 Top 5 Grid Infrastructure Startup Issues（Doc ID 1368382.1）文章中，Oracle 分析关于 CRS-4530 的如下各种原因中，组播（Multicast）是一个非常重要的原因，而且最适合于我们的场景。

```
Possible Causes:
1. Voting disk is missing or inaccessible
2. Multicast is not working for private network for 11.2.0.2.x
(expected behavior) or 11.2.0.3 PSU5/PSU6/PSU7 or 12.1.0.1 (due to Bug
16547309)
3. private network is not working, ping or traceroute <private host>
shows destination unreachable. Or firewall is enable for private network
while ping/traceroute work fine
4. gpnpd does not come up, stuck in dispatch thread, Bug 10105195
5. too many disks discovered via asm_diskstring or slow scan of disks
due to Bug 13454354 on Solaris 11.2.0.3 only
```

于是，我们请求网络管理员解决组播（Multicast）问题，而网络管理员坦言，他也不知道如何确认组播是否配置正常。非常敬业的他还是从网上找来了一些组播测试的图形界面工具，但通过这些工具测来测去，却发现 Oracle 需要的组播地址一会儿通，一会儿又不通了。

既然如此，我哪还敢继续去安装啊。于是把问题推给了网络管理员：你们先把组播问题解决吧。因此，RAC 安装过程进一步延迟。

5. 组播呀组播！

就在网络管理员"痛苦"地研究组播问题时，我突然发现 Oracle 安装前的环境检查工具 cluvfy 其实能检查组播功能是否配置正常，以下就是 cluvfy 工具检查结果的片段。

```
正在检查多点传送通信 ...
正在检查子网 "11.0.10.160" 是否能够与多点传送组 "230.0.1.0" 进行多点传送通信
...
子网 "11.0.10.160" 是否能够与多点传送组 "230.0.1.0" 进行多点传送通信的检查已通过。
正在检查子网 "192.168.1.0" 是否能够与多点传送组 "230.0.1.0" 进行多点传送通信
...
子网 "192.168.1.0" 是否能够与多点传送组 "230.0.1.0" 进行多点传送通信的检查已通过。
多点传送通信检查已通过。
```

什么呀？其实 cluvfy 工具检查组播功能已经通过。只不过 Oracle 将"组播通信"（Multicast）翻译成了"多点传送通信"，导致我们一时没有正确理解这个检查结果。**经验和错误之三：Oracle 你瞎翻译什么呀！**

于是，我们不再理会组播测试的问题，而且恰好在 WMI 服务被重启的情况下，我们误打误撞地把 GI 安装成功并且正常启动了！

6. 最大的痛苦！

当那天晚上误打误撞把 GI 安装成功并且正常启动之后，幸福劲儿没持续多久，又遇到了一个新问题：RAC 数据库都安装完成了，但在配置远程 TNS 访问时，发现一个实例无法连接，进一步发现该实例 VIP 远程客户端无法 Ping 通！

当时我同事听到这个问题都轻松一笑："老罗，这对你还不是小事一桩！"没想到就是为了这个小事，折腾我时间最长。为解决此问题，我们在 MOS 中创建了一个 SR，并且最终升级到 1 级，得到了 Oracle 后台 7×24 小时的技术支持。虽然定位为网络问题，但是由于问题的复杂性，一直没有得到有效解决。

围绕该 SR 的一些花絮也值得一提：当该 SR 升级到 1 级之后，我们发现有中国本土、欧美和印度三位工程师在轮流提供 7×24 小时不间断服务。首先，欧美工程师发现我们一个节点存在网卡顺序不对问题，虽然我们按照他的建议调整了网卡顺序，但是问题依然没有解决。尽管如此，我们还是非常佩服和感谢他的倾力分析。中国工程师在提供了多种建议和方案无果之后，便转为比较沉寂的态度，也许他在静静等待我们自己进行更全面深入的分析。让人非常失望的是印度工程师，他不仅没有提出一条建设性建议，而且仅仅因为欧美工程师让我们做了各种 cluvfy 操作，发现环境没有问题之后，他突然提出该问题与 Oracle 无关，请求我们关闭该 SR。这是什么职业态度啊？问题都没定位，更谈不上解决，你这么着急干什么？

想起一位在后台处理过 SR 的同事的话："很多人处理 SR 的目的不是为了解决问题，而是为了如何快速关闭 SR。"是啊，多关闭一个 SR，他的业绩就提高了一点。呵呵。

还想起一个小品里面的话：同样的事情，做人的差距怎么这么大呢？呵呵。

7. 最终问题的解决

已经折腾快一个月了，虽然 GI 和 RAC 都安装并启动成功，但还是存在一个 VIP 无法 Ping 通的情况，无法投入正常使用，这也让三位 Oracle 后台专家黔驴技穷了，还是靠自己吧。此时，我反复对比了环境需求，发现应该还是我们自己的问题：我们没有配置公网、私网网卡的跃点数（Metric）！

为什么又回到最初的问题呢？原因是：由于网络管理员当时在检查组播环境时，得出了这么一个结论：他认为如果设置跃点数，通过下载的组播检查工具进行组播检查时，会显示组播无法通信，于是他就没有设置跃点数。但他通过调整公网、私网顺序，能保证OUI正常识别主机名、公网和私网。于是，他便认为无须配置跃点数了。

也许，这就是我们最终一个VIP无法Ping通的根本原因。虽然OUI在安装界面中能准确识别出主机名、公网和私网了，谁知道OUI后台的配置过程中，由于公网、私网跃点数都为128，能否保证公网一定要在私网前面的顺序安装要求呢？

因此，我们最终认为：还是应该严格遵循Oracle的安装要求，即配置公网、私网的跃点数（Metric），并且在保持WMI服务启动的情况下重新进行安装。另外，Oracle cluvfy工具检查组播功能已经通过了，可以忽略组播检查工具的检查结果了。

同时，我们也征求了Oracle技术专家建议，得到了他们的认可。于是，我们严格按Oracle安装要求准备环境之后，终于重新安装成功，并且所有VIP和SCAN-IP全部可以Ping通，RAC for Windows 2012环境终于可以提供正常服务！

8. 最终总结

首先，如果我们最初阅读了Oracle最新的Oracle® Grid Infrastructure Installation Guide 11g Release 2（11.2）for Microsoft Windows x64（64-Bit）文档，正确配置了网卡的跃点数，就不会出现OUI无法识别主机名、公网、私网的问题。

其次，如果我们详细阅读并正确理解了RAC and Oracle Clusterware Best Practices and Starter Kit（Windows）（Doc ID 811271.1），就不会出现错误关闭WMI服务，导致无法启动GI问题，更不会引出组播问题，进而导致问题复杂化了。

以下是主要问题过程的图示。

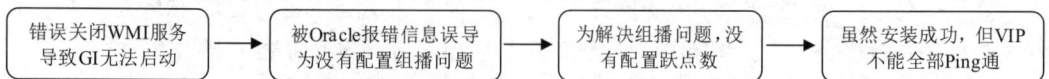

| 错误关闭WMI服务导致GI无法启动 | → | 被Oracle报错信息误导为没有配置组播问题 | → | 为解决组播问题，没有配置跃点数 | → | 虽然安装成功，但VIP不能全部Ping通 |

总之，关闭WMI服务是一个最大的错误，导致阴差阳错，节外生枝，使得问题拖延了这么久。最终回到原点，即通过保持WMI服务启动，合理配置网卡跃点数，就确保了RAC安装成功并运行正常。

转了一大圈，一切回到原点，原来事情是这么简单！

细节决定成败！

严谨、细致的工作，能防范大部分问题的产生！

2016年6月26日于北京

Clusterware 是成熟产品吗？

Oracle 公司自 10g 版本开始就推出了集群管理软件 CRS，以后又升级改造成 Clusterware，到 11g 版本之后更是大动干戈，内部架构进行了大幅度改造，并与 ASM 技术整合在一起，称为 GI（Grid Infrastructure）。Clusterware 替代了硬件厂商和第三方厂商的集群软件功能，也使得 Oracle RAC 与 Clusterware 集成为一体，在产品的整体性、服务支持一体化等方面具有显著优势。

作为新产品、新技术，稳定性、成熟性略差，情有可原。但到了 11g 仍然如此，则让人难以理解了。

本人最近在 Windows 2012 平台实施了 2 节点 11.2.0.4 RAC，并通过增加节点方式扩展到了 4 节点 RAC，在国内实属罕见案例。其间一些波折，表明 Clusterware 产品仍然不成熟。

话说那天我在实施节点扩展操作之前，先花费了半天时间进行了新节点的环境准备之后，并通过如下命令进行了环境检查。

```
cluvfy stage -pre nodeadd -n hsedb3 -verbose
... ...
节点 "hsedb3" 上的共享存储检查成功
硬件和操作系统设置 的后期检查成功。
```

哟，一切都"成功"，开练了！于是，我按照 Oracle 文档标准流程在节点 1 开始运行 AddNode.bat 脚本了，一切"正常"！我继续在节点 3 运行了 gridconfig.bat 等脚本。

待所有脚本顺利运行完之后检查环境时，却发现节点 3 根本没有加入到集群环境中，节点 3 上的 Clusterware 服务也根本没有启动。——这就是产品的严重不成熟，明明是出问题了，所有脚本却不显示任何一条返回错误，居然显示一切正常！更可气的是，AddNode.bat 脚本的日志文件（addNodeActions2014-09-07_04-52-22PM.log）也居然显示一切正常，最后还来一句：

```
*** 安装 结束 页 ***
C:\app\11.2.0\grid 的 添加集群节点 已成功。
```

明明知道 Oracle 支持在 Windows 平台进行 RAC 增加节点操作，但现在没有成功，一定是我犯什么错误了，也肯定知道有什么错误信息藏在什么日志文件里了。无奈天色已晚，忙乎一天了，于是先打道回府了。

隔日，待我回到现场仔细分析各类 Clusterware 日志文件信息时，首先在 alerthsedb3.log 文件中大海捞针般地发现了出错信息。

```
[cssd(4484)]CRS-1649: 表决文件出现 I/O 错误：\\.\ORCLDISKORADG0; 详细信息见
(:CSSNM00059:) (位于 C:\app\11.2.0\grid\log\hsedb3\cssd\ocssd.log)。
```

于是，按图索骥继续去查询 ocssd.log 文件中的信息。又像侦探一样，在 ocssd.log 文件 8000 多行的日志信息中发现了如下错误信息：

```
2014-09-07 17:00:06.192: [    SKGFD][4484]ERROR: -9(Error 27070, OS
Error (OSD-04016: 异步 I/O 请求排队时出错。
O/S-Error: (OS 19) 介质受写入保护。)
```

此时，其实本人已经觉察出问题了：可能是节点 3 对存储设备只有读权限，连表决盘（Voting Disk）都没有写入功能，从而导致失败了。为保险起见，还是根据上述出错信息在 Metalink 中进行了一番搜索，果然如此！Tablespace（Datafile）Creation On ASM Diskgroup Fails With "[ORA-15081: Failed To Submit An I/O Operation To A Disk]: [O/S-Error:（OS 19）The media Is Write Protected]" On Windows.（ Doc ID 1551766.1 ）详细描述了原委和解决方案。于是，按照该文档的建议，我将节点 3 对所有共享存储设备的权限从只读状态修改为可读、可写的联机状态。也明白一个细节：新节点对共享存储设备的权限默认设置为只读状态。无论如何，安装之前没有仔细检查共享存储设备的权限是我犯的一个错误，但是你 Oracle 提供的 cluvfy 工具也没检查出来，而且还告诉我 "节点 "hsedb3" 上的共享存储检查成功"，太误导人了！

接下来该是重新进行节点增加操作了。且慢！因为前面已经错误地进行了节点增加操作，而且居然显示成功了，那么运行 AddNode.bat 脚本的节点 1 肯定已经在 OCR、Voting Disk 等集群文件中写入节点 3 不正确的信息了。因此，需要先实施从集群中删除节点 3 的操作，但是发现 Oracle 标准文档中的删除节点操作的如下第一条命令有错误！

```
C:\>Grid_home\perl\bin\perl -I$Grid_home\perl\lib -I$Grid_home\crs\install
Grid_home\crs\install\rootcrs.pl -deconfig -force
```

又是一番折腾，将上述命令修改如下。

```
cd \app\11.2.0\grid
C:\>perl\bin\perl -I perl\lib -I crs\install crs\install\rootcrs.pl
-deconfig -force
```

终于顺利删除了节点 3！

现在可以重新来一遍了。这次一马平川地成功增加了节点 3 的 Clusterware 以及 RAC，还有节点 4 的 Clusterware 和 RAC。

感悟之一：明明节点 3 对共享存储只有读权限，而 cluvfy 却说：节点 "hsedb3" 上的共享存储检查成功！一定是 cluvfy 只检查了读权限，而没有检查写权限。很可能是 cluvfy 的 Bug！

感悟之二：明明增加节点 3 的操作失败了。但不仅 AddNode.bat 没有在命令行及时显示错误，而且对应的日志文件还显示"添加集群节点已成功"。极大地误导客户！罪不可恕！

感悟之三：诊断 Clusterware 问题太难了！Oracle 公司没有告诉客户 Clusterware 问题的诊断思路，特别是日志文件太多了，不知道先看哪个日志文件，后看哪个日志文件。此次本人完全是凭经验，先看了 alerthsedb3.log 文件，才找到问题的蛛丝马迹，进而逐步确认问题并加以解决。

……

总之，11g Clusterware 仍然是一个非常不成熟的产品！

2016年7月16日于北京

解读 RAC 若干最新特性

作为数据库领域皇冠级技术的 Oracle RAC，自 2001 年 9i 版本推出之后，历经 20 多年的发展，不仅在全球各行各业得到了广泛深入的运用，而且，Oracle 公司一直在不断优化 RAC 技术本身，每个版本都推出了涵盖 RAC 高可用性、高性能等领域的若干新特性。下图是 9i 至 19c 的 RAC 新特性发展路径图。

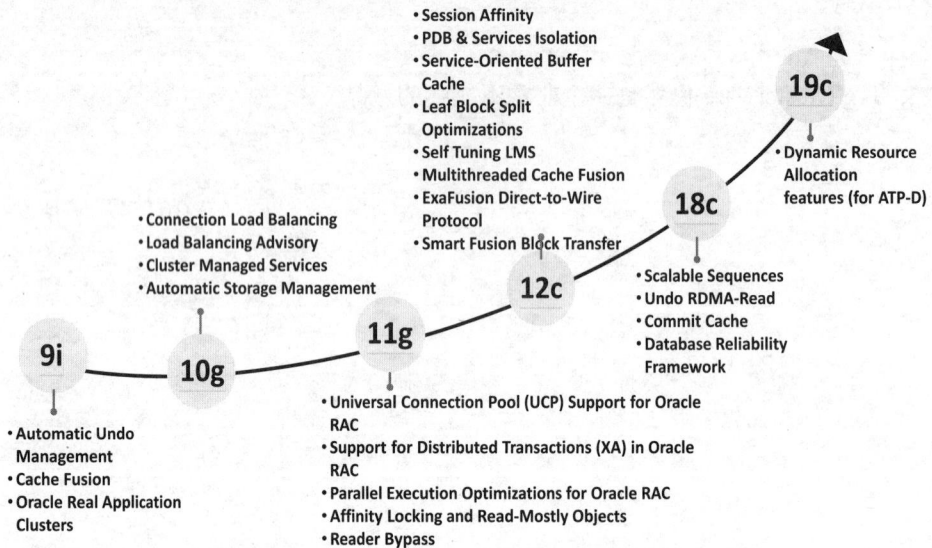

本文主要介绍几个 12c 之后与性能有关的 RAC 新特性，并发表自己的解读和观点。

1. 18c 的 Undo Block RDMA-Read 概述和解读

1）18c 的 Undo Block RDMA-Read 概述

首先，18c 版本推出的 Undo Block RDMA-Read 只针对 Oracle 数据库一体机 Exadata，在普通商用服务器并没有提供该特性。下图是该特性的示意图。

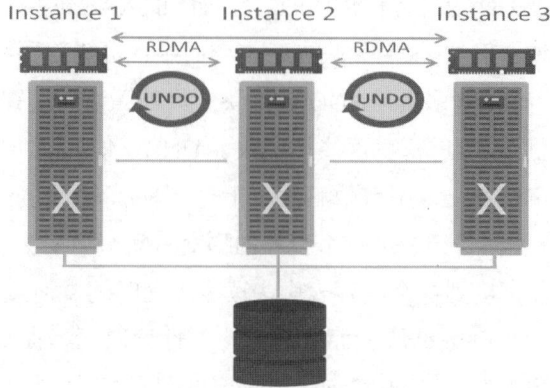

即在 Exadata 一体机的 RAC 架构中，通过 Undo Block RDMA-Read 新特性，为保持数据一致性，RAC 一个实例将以新的 RDMA 协议和算法直接从另一个实例的缓冲区（Buffer Cache）中读取 UNDO 数据块，而不是基于传统的 Cache Fusion 技术，即通过 LMS 进程去读取 UNDO 数据块。据官方测试结果，读取效率从传统的 50 微秒降到了现在的 10 微秒。通常而言，很多应用的 RAC 节点间数据流量中 UNDO 信息占了很大一部分，例如，据统计 EBS 应用的 15% 私网流量是 UNDO 数据块。因此，Undo Block RDMA-Read 特性将大大提升 RAC 环境中 UNDO 信息的传输效率，降低 LMS 进程负载，进而整体提升 RAC 环境运行质量。

2）解读 Undo Block RDMA-Read

首先，Undo Block RDMA-Read 新特性只在 Exadata 一体机推出，可见 Oracle 公司的一个重大策略就是强化自身一体机的竞争能力。其次，任何优化技术无外乎就是或开源或节流，Undo Block RDMA-Read 显然属于节流策略，即直接从 Buffer Cache 中读取 UNDO 数据块，减少了 LMS 进程传输 UNDO 数据块的更多环节。第三，我想也是最重要的，该新特性毕竟只是针对 UNDO 数据块的传输优化，而在 RAC 私网流量中，我想绝大部分应用最主要传输的还是应用数据本身。因此，即便 UNDO 优化了 5 倍以上，对 RAC 私网流量和节点间数据访问冲突的全局性影响还是有限的。应用部署的总体优化对降低 RAC 私网流量和节点间数据访问冲突依然是更主要的。

总之，Oracle 已经在自己的系统层面竭尽所能了，但 IT 系统是个整体，IT 系统优化效果依然是架构设计和应用开发所占的比重更大。

2. 18c 的 Commit Cache 概述和解读

1）18c 的 Commit Cache 概述

与 Undo Block RDMA-Read 新特性一样，18c 的 Commit Cache 也是针对 Exadata 一体

机的，而且也是针对 UNDO 信息传输优化的。在传统的 RAC 架构中，UNDO 信息同步是直接传输 UNDO 数据块，例如 8K。而且在一个会话中，可能需要针对多个远程事务都去检查提交信息，导致串行传输多个 UNDO 数据块。另外，访问远程 UNDO 头信息还需要等待日志刷新到磁盘之后才能进行。这些都导致了 UNDO 信息同步的低效率。

18c 的新特性 Commit Cache 则有效解决了上述多种问题，Commit Cache 在每个实例中部署和维护一个内存表，并记录了每个事务的提交时间。当某个会话需要检查远程事务是否提交时，LMS 进程直接到这个内存表中去读取提交时间。通过 Commit Cache 技术，不仅不需要读取整个 UNDO 数据块，而且只需一次性读取远程提交时间，而不需要多次传输 UNDO 数据块。再者，Commit Cache 技术不再需要将日志信息写到硬盘再读取，而是直接读取远程节点的内存中的提交信息，访问效率显著提升。最后，当本地节点读取到其他节点的提交信息之后，也将存储在本地内存表中，这样其他会话就可直接从本地内存表中读取其他节点的提交信息，进一步减少了远程 UNDO 数据访问。

总之，18c 新特性 Commit Cache 大大提升了 UNDO 信息同步效率。

2）解读 Commit Cache

Commit Cache 与 Undo Block RDMA-Read 如同一对孪生兄弟一样是紧密关联的。例如，都是针对 Exadata 一体机的，都是针对 UNDO 数据传输优化的。因此，其解读也与上述 Undo Block RDMA-Read 一样，不再赘述。

3. Scalable Sequence 简介及解读

1）经典问题及常规解决方案

在高并发量访问应用中，例如密集的 Insert 操作应用中，特别是通过 Sequence 产生流水号的应用中，很容易导致热点索引问题，即 enq: TX-index contention 等待事件。解决此类问题的传统策略包括将相关索引改造成 Global Hash-Partitioned Index，Reverse Index，将 Sequence 的 Cache 值扩大等。

2）新解决方案

在 18c 中，Oracle 推出了新特性：Scalable Sequence，为解决这个经典问题提供了新的解决方案。所谓 Scalable Sequence 就是在传统的 Sequence 基础上，增加了一个默认的 6 位数字作为前缀或偏移量，即：

```
scalable sequence number = 6 digit scalable sequence offset number ||
normal sequence number
```

其中：

```
6 digit scalable sequence offset number = 3 digit instance offset number
|| 3 digit session offset number
```

更进一步：

```
3 digit instance offset number = (instance id % 100) + 100
3 digit session offset number = session id % 1000
```

即 6 位前缀数字分为两部分，第一部分的 3 位为通过实例号即 instance id 对 100 取模，并且加 100。第二部分为根据会话号即 session id 对 1000 取模。

例如，以下语句创建了一个新的 Scalable Sequence：

```
CREATE SEQUENCE Order_seq
 START WITH 1
 INCREMENT BY 1
 MAXVALUE 9
 NOCYCLE
 CACHE 20
 scale extend;
```

通过访问上述新的 Scalable Sequence，连续产生的序列号如下：

```
SQL> select ORDER_SEQ.nextval from dual;
   NEXTVAL
----------
   1011401
SQL> select ORDER_SEQ.nextval from dual;
   NEXTVAL
----------
   1011402
```

其中：instance_id_id% 100 + 100 = 1% 100 + 100 = 101

Session_id% 1000 = 140% 1000 = 140

另外，Scalable Sequence 还有一个选项：Extend 或 Noextend。Extend 表示该序列的长度 =X 位 +Y 位，其中 X 即序列的偏移量或前缀位，默认为 6 位，Y 表示序列定义中的 MAXVALUE 的长度。而 Noextend 则表示序列总长度为 MAXVALUE 定义的长度。

3）解读 Scalable Sequence

新的 Scalable Sequence 增加了 6 位数字作为序列的前缀或偏移量，而 6 位数字由 Instance_id 和 Session_id 取模计算而来，导致序列号不再具有排序性质，从而避免了序列值单调增长而导致的索引树热点数据的产生，很好地规避了高并发量交易操作，特别是高密度 Insert 操作导致的索引竞争和热点问题，将极大提高此类应用的处理能力和扩展性。而且该特性也适合单机数据库环境，在 RAC 环境下对系统整体处理能力、吞吐量和扩展能力有更显著的效果。

但是，新的 Scalable Sequence 实际上是贯彻了以空间换时间的理念，即通过增加 6 位数字，改变了序列的排序特性。相比传统技术，尤其是 Global Hash-Partitioned Index 技术，空间消耗问题更加突出，而且 Global Hash-Partitioned Index 解决索引竞争和热点问题效果其实非常好。因此，个人建议还是以传统的 Global Hash-Partitioned Index 技术作为解决此类问题的首选技术方案。

4. 解读 Make RAC Ready 测试结果

某天，阅读了一份 Oracle 官方 Make RAC Ready 的 PPT，该 PPT 不仅概述了 Oracle 在 RAC 方面若干新特性，而且展示了若干案例的官方测试结果。

1）测试结果 1

以下是第一个案例测试结果。

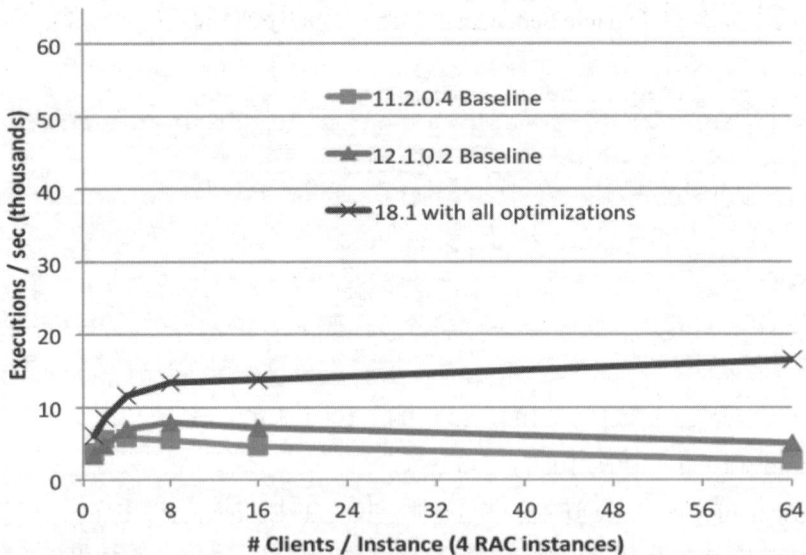

即在一个 4 节点的 Exadata RAC 环境下，相同负载情况下，18c 的吞吐量（事务数 / 秒）是 11.2.0.4 的三倍多，原因就是采用了本文介绍的 Scalable Sequences、Commit Cache、Undo Block RDMA-Read，以 及 未 提 及 的 Leaf Block Split Optimizations、Smart Fusion Block Transfer、ExaFusion Direct to Wire 等诸多新特性，从而产生了非常好的综合优化效果。

2）测试结果 1 的解读

遗憾的是，该 PPT 没有介绍具体的测试案例情况，因此也无法判断每个新特性对优化的贡献度情况。也许是一个高密度的 Insert 操作测试案例，并且通过 Sequence 产生流水号，于是通过 Scalable Sequences 大量缓解了索引竞争，再通过 Commit Cache、Undo Block RDMA-Read 等新技术大量优化了 UNDO 信息同步操作，还有 Smart Fusion Block Transfer、ExaFusion Direct to Wire 等新特性，最终达到了非常好的综合优化效果。

但是，并非所有应用都是高密度的 Insert 操作及通过 Sequence 产生流水号的场景，建议我们作为用户还是应结合自己的实际应用情况，展开针对性的优化和测试工作。这个官方案例仅作为参考，更不要轻易对外宣传：Oracle 19c RAC 比 11g RAC 快 3 倍，赶紧升级到 19c 吧。哈哈！

3）测试结果 2

以下是第二个测试案例对比分析结果。

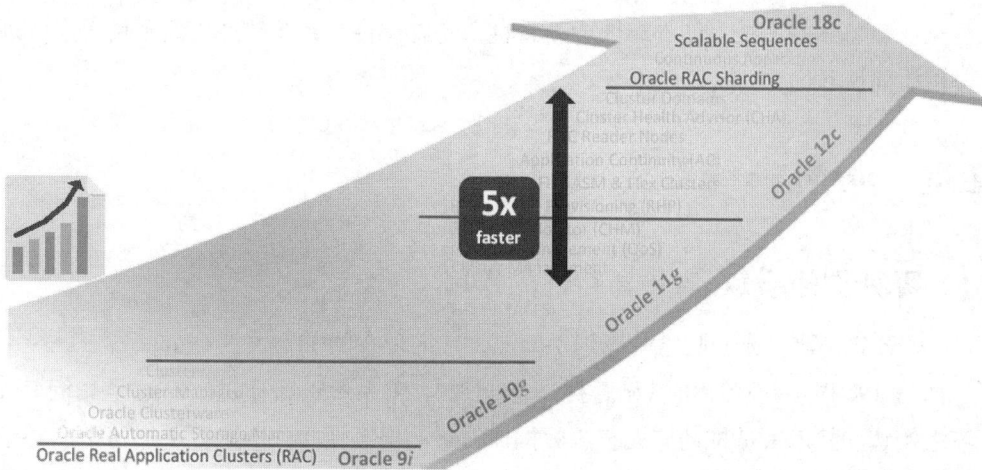

即针对某高竞争负载业务场景，18c RAC 相比 11g RAC 速度提高了 5 倍以上。

4）测试结果 2 的解读

同样遗憾的是，Make RAC Ready 没有该案例的详细情况介绍，只介绍运用到了 Smart Fusion Block Transfer、Undo Block RDMA-Read 等新特性。同样地，这个官方案例测试结果仅作参考，切勿过度解读和宣传，一切以自己的实际应用测试结果为准。

5）测试结果 3

以下是第三个案例的测试数据。

案　　例	事务量 / 秒	扩展性 1	事务量 / 分钟	扩展性 2
并发 1000 用户	15156	N/A	903558	N/A
并发 2000 用户	21308	1.41	1260572	1.39
并发 5000 用户	30555	2.02	1491200	1.65

同样地，该案例没有介绍具体测试案例、场景以及运用了哪些 RAC 新技术，主要是想介绍吞吐量和扩展性的增长情况，例如，并发 1000 用户的事务量 / 秒为 15156，而并发 2000 用户的事务量 / 秒为 21308，扩展性为 21308/15156 = 1.41，而并发 5000 用户的事务量 / 秒为 30555，扩展性为 30555/15156 = 2.02，等等。

6）测试结果 3 的解读

非常遗憾，本人认为这组测试数据并不漂亮，并发 2000 用户相比并发 1000 用户，扩展性仅为 1.41，而我们基于传统分区技术进行合理的应用部署，扩展性曾经达到 1.8 以上。而并发 5000 用户相比并发 1000 用户，扩展性更只有 2.02，理想值应该是 4 点几倍。

可见，新特性并不是万能的。因为新特性只是在硬件和系统软件层面殚精竭虑，远没有在应用层面展开优化的实施效果好。

5. 更进一步感悟

1）切勿过度解读和宣传新特性的作用

"×× 客户，建议你们赶紧升级到 19c 吧，你们现在的 11g 版本 Oracle 官方已经不支持了，而且 19c 很多新特性可以显著提高你们现有 IT 系统运行质量。"这是我们 Oracle 原厂广大销售和技术人员推动广大客户数据库升级的主要话术。的确，上述每个字都是千真万确的，但是切勿过度解读和宣传 19c 新特性的作用，更切勿让客户感觉只要升级到了 19c，他的 IT 系统就可以飞起来了，甚至忽略了客户现有系统在设计和开发方面存在的根深蒂固的问题。

再者，通过上述若干 RAC 新特性的介绍我们发现，某些测试案例是针对某类特定场景的，例如，高密度的 Insert 操作并通过 Sequence 产生流水号的场景，才达到 3 倍乃至 5 倍的提升效果。况且某些测试案例的测试数据表示，新特性的优化效果还不如传统优化技术的实施效果好。例如，上述的 1000、2000、5000 并发用户的扩展性测试结果还没有传统分区技术的优化效果好。

2）IT 系统是个整体

众所周知，IT 系统是涵盖业务需求、架构设计、数据库设计、应用开发、数据库系统软件、集群软件、操作系统、服务器、网络、存储等多个技术领域的系统工程。每个领域都做到最优化，才能确保 IT 系统整体最优化。

作为一个创新能力非常强大的公司，20 年来 Oracle 在 RAC 领域也在不断优化。但 RAC 只是集群数据库软件，例如本文介绍的 Scalable Sequences、Commit Cache、Undo Block RDMA-Read 等新技术，以及未提及的 Leaf Block Split Optimizations、Smart Fusion Block Transfer、ExaFusion Direct to Wire 等诸多新特性，或者只是基于 Exadata 一体机的，或者只是优化了 UNDO 信息传输效率，或者只是硬件层面的优化，其总体优化效果还是有限的。只有每个领域都做到最优化，特别是应用层面、数据库架构和数据库设计的最优化，才能确保 IT 系统整体最优化。

新特性固然好，新技术也非常诱人，我们应积极拥抱和推广新技术。但是传统技术可能优化效果更好，也就是姜还是老的辣。新旧结合，相得益彰，才能达到更完美的境界。

2021年4月26日于湖南衡阳

云计算对某央企 IT 理念的冲击

近期和同事一起频繁奔波于北京某央企，以推动其 EBS、ERP 等系统优化和升级工作。该客户将 Oracle 的应用软件套件（EBS）用于其内部信息管理，的确遇到了一些功能和性能方面的问题，于是我们一直将 EBS 系统加固、改造、优化和升级作为服务重点。同时，应客户需求，我们也对其一线交易系统即 ERP 系统的运行状况进行了调研。就在最近一次向客户进行汇报的研讨会上，发生了一件无心插柳的趣事，我以为这也是当下 IT 行业一个新的发展趋势的写照。本文就将讲述这个刚刚发生的故事。

1. CTO 突然瞪大眼睛了

在那天的汇报研讨会上，如往常一样，客户技术人员和我们还是以 EBS 系统优化为重点，特别是就如何在 EBS 系统中开展数据库分区方案设计而展开热烈讨论。此时我发现，并不非常熟谙技术的客户 CTO 对太具体的分区技术和 EBS 应用场景似乎不太感兴趣，甚至低头摆弄起了手机。

可是，当我们将话题转向 ERP 系统优化，特别是当我提到如果 ERP 系统能够升级到 19c，并且通过多租户技术进行数据库整合和云计算，将大大节省硬件服务器资源，例如可从 10 台服务器降为 4 台时，突然间我发现 CTO 抬起了头，并让我回到那张如何节省服务器的片子，仔细询问起来。

原来该客户的服务器是部署在其集团私有云上的，每个月都要交租金，如果能从 10 台节省到 4 台，月租金就能省好几万元，一年下来就是几十万元了。CTO 马上问我们：你们升级 ERP 系统大约需要多少钱？当他听到升级项目的实施费用也就几十万元时，CTO 更加饶有兴趣了。是啊，升级只是一次性的投入，而租赁却是每月都在发生的。这种真金白银的成本下降，一定会计入该公司的绩效考核指标，难怪 CTO 瞪大眼睛了。

1）感慨 1：云时代的 IT 投入新理念

在人们的传统意识中，国内客户特别是央企、国企客户对硬件投入都是比较慷慨，甚至有点儿不计成本。于是，那天讲述到升级和实施数据库云计算能带来服务器资源的节省，我以为客户并不太关注，因此也没有浓墨重彩，甚至一带而过，但没想到 CTO 如此青睐这个话题。我想这就是当下的云时代给 IT 行业带来的投资新理念。在传统模式下，客户的各种硬件、软件资源都是一次性采购，尽管可能会很奢华、利用率并不高，但反正钱也花了，并且也计入了其固定资产，无所谓节约成本一说。而云经济则是一种租赁经济，或者叫共享经济和规模经济，是按需供给、度量计费的成本计算模式。这种更科学、更节约、更精准的 IT 投资和成本考核理念，实则是社会的进步，也令我们国人尤其是大国企、大央企的 IT 管理部门和从业人员的 IT 理念与时俱进了。

2）感慨 2：领导和技术人员的关注点真不一样

该客户的 ERP 系统运行在 11g R2 版本，客户为什么愿意听从我们的建议升级到 19c？并不是被我们危言耸听的"Oracle 公司已经不提供 11g 服务支持了"所吓到，最初也不是出于节约成本考虑，而是客户的确遇到了一个在 11g 平台难以解决的问题，即一台服务器上的多个实例很难实现 I/O 资源精细化管控和隔离，而 19c 的多租户架构则可以便捷、有效地实现 PDB 级的 CPU、内训、I/O 资源隔离和精细化管控。

可是，实现 I/O 资源精细化管控和隔离只是客户 DBA 焦虑的需求，而减少服务器数量，降低每个月的租金，才是客户 CTO 更关注的话题。这也再次验证：客户领导和技术人员的关注点真不一样，我们在服务推广过程中的确应做到有的放矢，即面对客户不同层级关心的问题而采取不同的策略和话术。

2. 现状分析

1）我的手工 Capacity Planning

"真的能从 10 台降到 4 台吗？请你们收集现有各省系统运行数据，并进行一次详细的容量评估吧。"雷厉风行的 CTO 马上给我们布置任务了。

恍惚之间记得 Oracle 有个专门做云计算容量估算的工具：Capacity Planning，可是下载、学习该工具，然后再去客户现场几十个节点部署和采集数据，再产生容量评估报告，估计得花费好几天时间。还是短平快地来个手工操作吧：请客户提供几十套库 24 小时的 AWR 报告，我通过 Excel 表格来进行 Capacity Planning。

2）现有架构和资源消耗情况

客户现有的 ERP 系统按省部署，共计 29 套系统，部署在私有云 10 台 x86 服务器上，每套 ERP 系统均为两实例 11.2.0.4 RAC，为部署 RAC，10 台服务器分为两组，也就是每台服务器均部署了 5 ~ 6 个数据库实例。这个架构画出来太复杂、太庞大了，本文就省略了，仅以如下示意图表示。

即每台服务器运行了多个实例和数据库，而每个实例都需要消耗 CPU、内存和 I/O 资源，实际运行情况呢？本文仅展现第一组系统的资源消耗情况。

服务器名	系统名称	CPU 利用率	实 例	内存 (GB)	I/O(MB/s)
erp-1	重庆 ERP	9.53	cqdb1	50	8.54
	广东 ERP		gddb1	104	194.8
	海南 ERP		hidb1	32	5.78
	湖北 ERP		hudb1	104	31.39
	器械 ERP		qxdb1	50	4.51
	四川 ERP		scdb1	50	24.26
			合计	390	269.28
erp-2	重庆 ERP	6.4	cqdb2	50	0.32
	广东 ERP		gddb2	104	91.24
	海南 ERP		hidb2	32	2.66
	湖北 ERP		hudb2	104	48.04
	器械 ERP		qxdb2	50	0.53
	四川 ERP		scdb2	50	2.76
			合计	390	145.55

可见，两台服务器的 CPU 利用率还不到 10%。每台服务器共分配 390GB 内存，但实际利用率并不高，内存浪费明显。两个节点均有一定的 I/O 流量，其中节点 1 为 269.28MB/s，节点 2 为 145.55MB/s，经分析主要是应用软件质量不高导致。我想即便进入了云时代的租赁经济，但客户的传统思维惯性依然严重，也就是依然非常重视硬件配置，即便 CPU 利用率都是个位数。

这种架构设计和上述运行数据表明存在如下多方面问题。

● 硬件资源投入过大。共投入 10 台服务器，不仅每台服务器 CPU 利用率都不到 10%，而且生产系统租金成本高，相应地，容灾系统也需要投入一定成本。

● 运维管理成本高。共运维管理 29 套数据库，每套数据库均需要进行监控、性能优化、备份恢复、安全管理、容灾等。应用软件维护成本也高，例如需要在 29 套数据库中运行应用升级脚本等。

- 资源管理能力差。只能在 CPU、内存方面进行各 ERP 系统的精细化管理，难以在 I/O 方面进行精细化管理。
- 全局数据访问能力差。例如全公司数据汇总、统计分析能力差，各省系统之间的互访问能力差。

3. 新架构设计和容量估算

1）新架构设计

下图是基于 Oracle 19c RAC 和多租户技术（Multi-Tenant），以及分析现有系统运行的资源消耗数据而设计的 ERP 系统新架构。

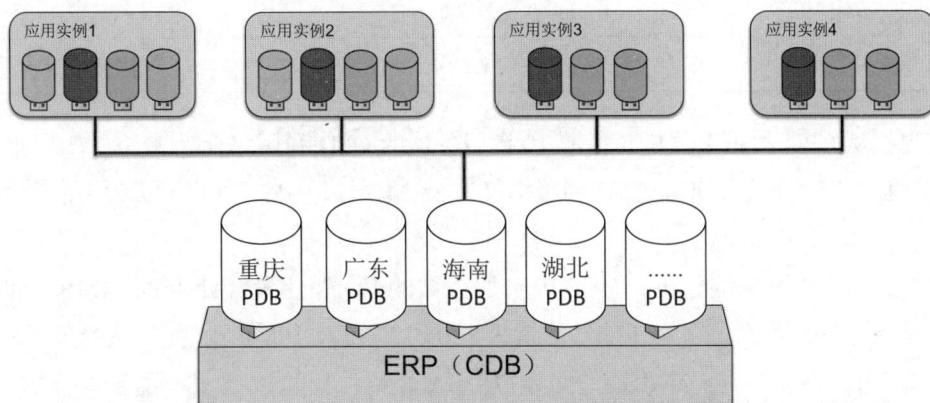

即在新的架构设计中，29 套系统全部整合为一套 19c RAC+ 多租户系统，具体设计要点如下。

- 部署 4 台现有配置的 x86 服务器构成 ERP 数据库资源池硬件环境。
- 全部升级到 19c，并实施一套 4 节点 RAC + CDB/PDB 架构。
- 每个省 ERP 系统部署在一个 PDB 中。
- 按每个省的负载在 4 个节点进行负载均衡部署。建议按 I/O 负载高低，进行轮询部署。
- 尽量将两个不同开发厂商的应用部署在不同节点。
- 应用软件通过 PDB 服务连接至 ERP 数据库。

2）新架构容量评估

我怎么敢大放厥词：10 台服务器减少为 4 台？底气还是来自现有系统的运行数据分析。

现有服务器	现有 CPU 利用率（%）	现有 I/O 吞吐量（MB/s）
erp-1	9.53	269.28
erp-2	6.4	145.55
erp-3	7.09	126.42
erp-4	4.62	26.79
erp-5	6.59	113.49
erp-6	6.01	39.22
erp-7	5.01	378.52
erp-8	5.88	237.06
erp-9	4.69	104.14
erp-10	2.42	64.27
合计	58.24	1504.74

首先，从 CPU 利用率分析，目前 10 台服务器的 CPU 利用率合计才 58.24%，如果均分到 4 台服务器，每台服务器 CPU 利用率仅为 58.24/4=14.56%。如果按峰值 1.5 倍计算，则为 14.56%×1.5=21.84%。

其次，从 I/O 吞吐量分析，目前 10 台服务器的 I/O 吞吐量合计 1504.74MB，如果均分到 4 台服务器，每台服务器 I/O 吞吐量为 1504.74/4=376.18MB/s。如果按峰值 1.5 倍计算，则为 376.18×1.5=564.27MB/s。据客户 DBA 介绍，目前该型 x86 服务器的 I/O 上限为 2GB，峰值离上线还有较大空间。

再次，从内存使用分析，以广东为例，PGA 规划了 24GB，实际才使用了 4GB。我们暂时没有详细分析 SGA 各部件的使用内存，预计实际使用情况也与 PGA 类似。因此，广东的现有分配内存为：80GB（SGA）+24GB（PGA）足够满足需求，而且有很大富余。而新架构的一台服务器的内存依然为 512GB，也假设依然分配 390GB 内存给 Oracle RAC 的一个实例，应该足以满足 5 ～ 6 个省 PDB 运行的内存需要。

最后，我们再考虑 RAC 发生故障时的业务处理能力。在极端情况下，即如果三台服务器出现宕机，存活的第四台服务器的正常 CPU 将达到 58.24%，正常 I/O 将达到 1.5GB/s，基本能支撑全部业务。但峰值 CPU 将达到 87.36%，峰值 I/O 将达到 2.25GB/s，将无法支撑全部业务。当然这种极端情况发生概率是非常低的，此时还可以考虑主动切换到同样配置的 4 节点容灾系统。

总之，在现有服务器配置下，4 节点 RAC+ 多租户架构足够支撑全部省份 ERP 系统运行。况且经现场调研分析，ERP 系统的应用软件还有大量优化空间。预计优化之后，

CPU、内存、I/O 等各方面资源还会有大幅度下降。

4. 多租户下的资源精细化管控

除了上述客户 CTO 最关注的多租户新架构能节省服务器资源的收益之外，CDB/PDB 架构能更好、更便捷有效地实现 CPU、内存、I/O 资源精细化管控，则是客户 DBA 在运维过程中更关注的收益。

以下是 DBA 目前关注的具体问题。

"现在一台服务器部署了五六个实例，每个实例的 CPU、内存可以通过相关参数进行设置，控制每个实例的 CPU 和内存使用量，但 I/O 资源消耗怎么控制？"

"我们按业务量高低搭配进行配置，但广东等业务量大的省，I/O 流量太大，高峰时把一台服务器的 I/O 资源都吞噬掉了，弄得同一服务器上的其他省的 ERP 系统都无法运行了，怎么办？"

其实 Oracle 各个版本早就在资源精细化管控方面推出了多种技术，以下我们不妨从 CPU、内存、I/O 方面概述这些不同版本的技术。

1）CPU 资源精细化管控技术

Oracle 早在 8 版就推出了 Resource Manager 技术，通过资源计划的定义，可为不同消费组的用户限定 CPU 利用率。11g 中则通过设置 CPU_Count 参数，可为数据库实例定义可使用的 CPU 线程数上限，即所谓的 Instance Caging 技术。在 12.1 和 12.2 版本之后，Resource Manager 技术和 Instance Caging 技术又支持到 PDB 级。

总之，有了这些技术，该客户目前尽管一台服务器运行了多个数据库实例，但 CPU 资源还是可以精细化管控的，未来升级到 19c 并实施 CDB/PDB 架构，还可在 PDB 级进行 CPU 资源使用的有效管控。

2）内存资源精细化管控技术

目前客户尽管一台服务器运行了多个数据库实例，但内存资源还是很容易实现精细化管控的，即为每个实例设置相应的 SGA、PGA 参数，但的确存在内存消耗过大和浪费的问题。若采用多租户技术，一方面可直接在 CDB 级设置 SGA、PGA 参数，有效充分利用内存资源；另一方面可在 PDB 级设置 SGA、PGA 内存管参数：SGA_TARGET、SGA_MIN_SIZE、DB_CACHE_SIZE、DB_SHARED_POOL_SIZE、PGA_AGGREGATE_LIMIT、PGA_AGGREGATE_TARGET，实现 PDB 级内存管理的精细化和个性化。

其实根据 Oracle 多租户最佳实践经验，通常在 CBD 级设置内存参数就足以满足多租户下各 PDB 应用的内存需求了，那为什么 Oracle 还要在 PDB 级提供上述内存管理技术？

我们不妨举个例子：假设某个 PDB 对应的应用非常繁忙，也就是其 SQL 语句运行频度非常高，由于 buffer_cache、share_pool 等主要内存部件基本都是按 LRU（Least-Recently Used，最近最少使用）算法进行管理，于是，该 PDB 应用访问的数据和 SQL 语句将占满 buffer_cache、share_pool 等内存且难以释放，令其他 PDB 应用几乎申请不到内存资源，即无法工作，怎么办？因此这就是 PDB 级 SGA、PDB 各种参数设置的必要性，也就是分别设置这些内存部件使用的上限和下限，确保所有 PDB 应用合理有效运行。

结合到该客户，我们考虑简化管理，以及内存足够的因素，决定暂时只在 CDB 级进行内存参数设置，也是为各 PDB 应用充分共享内存。未来若因为负载增加，内存资源紧张了，才考虑 PDB 级内存参数设置的必要性。

Oracle 推出 CDB/PDB 两级内存管理机制，实际上也是集中和分布、统一和个性化两种技术路线的融合。

3）I/O 资源精细化管控技术

同样地，Oracle 在传统的 Resource Manager 技术中就可通过相关参数设置，例如最大物理 I/O 请求量（IOPS）和最大 I/O 量（MBPS）等，实现 I/O 资源精细化管控。在 Exadata 一体机的存储系统，还可通过 IORM 技术实现一体机上的 I/O 资源管控。

进一步，在 Oracle 12.2 版本中，在 PDB 级又推出了 MAX_IOPS、MAX_MBPS 参数，相比传统技术，客户可以更加便捷、有效地在多租户环境下实现 I/O 资源精细化管控。

回到该客户，升级到 19c 并实施多租户架构，不仅将现有 29 套数据库整合为 1 套 CDB/PDB 数据库，服务器资源大大节省，也省下了每月的昂贵租金，而且还可更有效地实现 CPU、内存尤其是 I/O 资源精细化管控。再者还可简化整个系统的运维管理，以及容灾架构。客户何乐而不为？

5. 无心插柳，尚未成荫

一个收效如此明显，也没有太多技术难度和风险，只需要修改应用连接池，对应用软件完全透明的项目，客户尚在精准评估投入产出比，以及申请预算的流程之中，也就是无心插柳，但柳尚未成荫。

但是，该项目和该客户新的 IT 理念的确与传统 IT 理念不同。如何更加精准化地控制 IT 投入，已成为 IT 行业的共识。通过采购服务，将 IT 系统从传统架构转向云架构，有效实现增效降本，也将成为当下和未来 IT 行业发展的重要趋势。

未来 IT 行业的各种云架构一定会柳树成荫、令人赏心悦目的。

2021 年 11 月 8 日于北京

针对某保险公司某系统的思考

就在本周各地疫情四起的日子，我还是按计划去位于昌平的某保险公司现场开展工作。那天清晨，为了避开北京的早高峰，我选择了走六环再绕回京藏高速的路线，上了高速看导航才发现足有 90 千米，心想这不是相当于从北京到天津了吗？

也许这就是魔咒，到了客户现场才发现我的健康宝状态不正常，被保安婉拒门外，原来就是因为半个多月前我去过天津。于是只得遵守国家防疫政策，又驱车将近 60 千米走五环回到社区进行报备，一直到当天下午健康宝才恢复正常。一天往返 150 多千米，唯一有意义的事情就是把自己健康宝状态恢复了——真是特殊时期的特殊经历。

第二天，我又再赴该客户现场，原计划只是对其一套重要的交易系统进行性能评估，未承想，该系统不仅性能状况如我预期一样问题多多，而且在架构设计，乃至该公司技术发展策略和路线方面都令我收获颇丰，真是不枉我两天驱车 300 千米的辛苦和汽油钱了，也为我写作新书提供了最新的素材，哈哈。

1. 先从架构开始

那天接待我的同事先告诉我，这套交易系统实际上不是一套数据库，而是按省部署成了 10 套数据库。于是，我第一感觉就是一定又是时下高喊分布式架构而诞生的产物，接下来与该客户数据库运维主管的交流中，不仅印证了我的第一感觉，而且大致了解了该公司 IT 技术总体发展策略和路线，这种策略在当前大环境下非常具有代表性。

1）现有架构分析

下图是目前该系统架构的示意图：原来该系统按省进行部署，共部署在 10 台 x86 平台的 VMWare 虚拟化服务器中，其中每台虚机运行一个单机数据库实例，数据库版本为 11.2.0.3，每个数据库中以用户和 Schema 方式部署了三个省的数据，而且三个 Schema 下的数据库表结构是完全一样的。

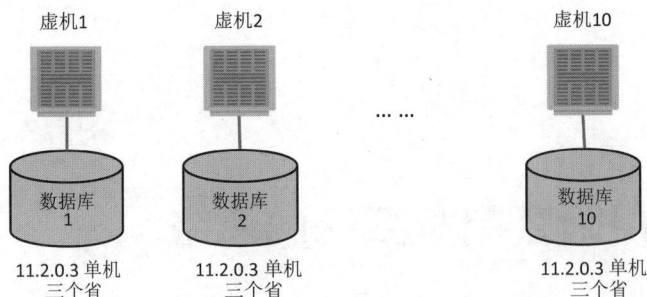

当年这个系统为什么设计出了这种分布式架构？第一次接触该系统的我无从知道设计开发者的初衷，但我猜想一定是当下的大环境使然，即业内高喊分布式架构是 IT 发展先进方向，传统行业向互联网架构学习等口号；也许是设计开发单位对性能目标比较重视，也是对 Oracle 数据库技术了解并不深入，设计者人为控制一套数据库系统规模，将一个全国性数据库按省拆分为 10 个库、每个库三个省数据等各种因素所共同导致。

2）现有架构问题重重

各位读者对这种分布式架构的问题一定一目了然。首先，10 套数据库只是采取了虚机的 HA 高可用架构而没有实施 RAC，高可用性指标明显不足。而且连 ADG 都没有，无容灾而言。虽然一套系统宕机只影响三个省份，但三个省份的业务停顿也应该是该保险公司不可忍受的。其次，10 套数据库带来的硬件、软件投入和运维成本不低，虽然该系统采用了虚拟化技术，而且具有硬件资源的动态扩展和伸缩能力，但是 10 套虚机也是基于物理机之上，需要消耗大量硬件资源。再则，10 台服务器的维保成本和 10 套数据库实例的软件运行成本即标准服务成本，以及 10 套数据库的性能监控、备份恢复、补丁管理、升级等运维管理工作量和成本都是显而易见的。第三，这种绝对的物理分布式架构，给各省之间的数据互访问，以及全局数据访问都带来了极大的困难，也大大降低了报表处理、统计分析等业务功能。

2. 性能总体评估

如前所述，当年设计者设计分布式架构的一个重要初衷一定是为了确保该系统的性能，但是分库之后的性能状况究竟如何？那天我主要登录了其中一套数据库进行了评估，总体状况却并非良好，甚至堪忧。下面我从多方面对这套系统的性能状况进行评估。

1）CPU 利用率不是评估一套系统性能好坏的唯一指标

先贸然说一个有趣现象，很多次我要去对一套系统的性能状况进行调研时，客户通常都会说："这套系统压力其实不大，特别是 CPU 利用率并不高。"暂且不展开 CPU 利用率是不是评估一套系统性能的唯一指标，我感觉客户一个潜意识是有点儿讳疾忌医，不愿意让人知道其系统其实存在很多问题，也是在某种程度上掩饰自己日常监控、优化等方面工作的不足。

此次去该保险公司之前，客户也同样先给我表达了这样的基调。我只是在微信中如此回答："首先，CPU 利用率不是评估一套系统性能好坏的唯一指标，CPU 利用率只是一个百分比，现在的硬件配置都很高，CPU 利用率不高可能掩盖了很多问题。其次，除了 CPU，还有内存消耗、物理 I/O，尤其是应用响应速度等更多指标，应该综合更多指标来评估一个系统的性能状况。第三，CPU 利用率不高，有时候反而说明系统存在性能问题，例如，批量处理应用就应该启动多个进程进行并行处理，提高系统的整体吞吐量，这时候 CPU 利用率越高越好。通俗而言，就是资源充分利用，大家都没闲着。"

1）该系统的真实性能状况

登录该系统之后果然发现，前一天白天的 CPU 平均利用率仅有 10% 多一点，难道这个系统的性能就很好吗？我很快发现物理读写超过了 100MB/s，压力不小呀。再看最消耗时间 SQL 语句清单，如下所示。

lapsed Time（s）	Executions	Elapsed Time per Exec（s）	%Total	%CPU	%IO	SQL Id	SQL Module	SQL Text
56,835.83	359	158.32	14.97	26.20	76.59	8g7cyfwurw9pk	DBMS_SCHEDULER	call tk_bbs_oto()
56,829.85	358	158.74	14.97	26.19	76.60	gj5gqjaj960qd	DBMS_SCHEDULER	SELECT COUNT（*），SUM（CASE WHEN...
13,197.28	22	599.88	3.48	80.22	18.95	3w9r3jhq1ju41	JDBC Thin Client	select ob.oblist_guid, ob.obje...
13,081.28	93,611	0.14	3.45	98.34	0.23	af5mjk26t08j9	JDBC Thin Client	SELECT arg.package_name AS pro...
10,293.14	6	1,715.52	2.71	39.26	59.59	agswqjryp7kkm	JDBC Thin Client	select ob.oblist_guid, ob.obje...
9,331.23	30,713	0.30	2.46	98.62	0.00	5bfrybwcaxq6g	JDBC Thin Client	select cc.oder, cc.staff_id, c...
8,594.75	31,306	0.27	2.26	98.67	0.00	g2g22g3gjg803	JDBC Thin Client	select rank()over（order by bb....
5,450.78	264	20.65	1.44	2.42	97.89	2acj36gur0fbc	JDBC Thin Client	SELECT count（t.customer_guid）...
5,448.52	873	6.24	1.44	4.07	96.22	2c7xux529xwgk	JDBC Thin Client	select count（t.customer_guid）...
5,362.65	12	446.89	1.41	68.13	31.38	7ync1hk938qvh	pmdtm@TKNTS-ETL（TNSV1-V3）	BEGIN TK_SP_CUSTOMER_DB_IMPOR...
4,301.49	264,378	0.02	1.13	45.90	53.79	9abv1xz2bpd9c	JDBC Thin Client	select count（:"SYS_B_0"）from ...
4,291.74	307	13.98	1.13	2.89	97.44	dax5rqf5a2tn1	JDBC Thin Client	select * from（select t.custo...

原来很多语句的单次执行时间都在几十、几百甚至上千秒，使用该应用软件的最终用户体验如何？我们不妨看实际上最消耗总体时间的第二条语句的详细情况。

```
SELECT COUNT(*),
       SUM(CASE
               WHEN O.HANDLEBY_ID IS NULL THEN
               1              ELSE
               0              END),
       SUM(CASE
               WHEN TRUNC(O.CREATEDDATE) < TRUNC(C.STRINGFIELD14) THEN
               1              ELSE
               0              END)
  FROM CUSTOMER C
 INNER JOIN OBJECTIVE O ON C.CUSTOMER_GUID = O.CUSTOMER_GUID
 WHERE C.STRINGFIELD14 > TRUNC(SYSDATE)
   AND O.OBJECTIVETYPE_ID = '4A9899'
   AND O.OBJECTIVESTATUS IN ('OPEN', 'FAIL')
```

该语句目前的执行计划是对 CUSTOMER 表进行全表扫描，而该语句的含义是对当天的客户信息进行某种统计和分析，目前，CUSTOMER 表的 STRINGFIELD14 字段缺乏索引，所以最终客户每次运行该语句都是对所有时间的所有客户信息进行了查询统计，每次统计都需要 158 秒，即 2 分多钟，这种客户体验可想而知。如果创建该字段索引，预计仅查询当天数据的上述语句只需 1 秒不到结果就出来了。

2）控制数据库规模不是解决性能问题的根本

通过控制数据库系统规模来确保数据库性能，我想这是业内很多同行一个朴素的共识，于是就有了当下的通过分布式架构控制数据库规模而确保性能的通行做法，也有了划分当前交易库、历史库，乃至当前交易表、历史表等更多的实施策略。通过上例可见，这种控制数据库规模并不是解决性能问题的根本，尤其针对上述联机交易类语句，如何设计索引、分区等基本技术才是解决性能问题的最有效途径。打个比方：一本书只要设计好目录了，即便是查询《辞海》，效率都是非常高的。而这个检索目录，就是我们数据库中的索引和分区技术。

我们不妨再细化一下该案例，由于目前应用软件设计存在的缺乏索引等基础问题，导致上述语句需要 158 秒，可能还在业务人员的忍受极限以内。如果是全国大集中架构，现有语句将是对 10 倍以上数据的全表扫描，也就是 1580 秒，一定令最终客户无法忍受。而目前这种昂贵的分库架构仅仅是权宜之计，而且随着业务的增长，上述语句的响应速度还会与日俱增。但是，如果把上述索引建好，不仅目前性能就是 1 秒钟，即便是全国大集中架构，也只会是略微增长到 1 秒多，最多 2～3 秒的速度。建个索引和实施分库架构，两相对比，投入产出比的差异是多么显而易见！

也许只有在某些需要进行后台运维管理操作中，控制数据库规模才可能达到一定的优化效果，例如后台的数据库备份恢复、统计数据采集等。但即便是这些后台运维管理操作，也有很多精细化的实施手段，例如数据库备份无须总是在数据库级进行全库和增量级备份，假设我们把表空间设计得更精细一些，比如按年度设计表空间，我们就可以只备份当年表空间的数据了。统计数据采集也是如此，我们无须每次都是整库或整个 Schema 级进行统计数据采集收集，为什么不考虑按时间分区收集统计数据呢？这些都是提升后台运维管理操作性能的有效途径。

过度控制数据库规模而导致的架构复杂、建设和运维成本高、全局数据访问能力下降等问题不再赘述，其实这种实施策略也是我们很多从业人员思维不够缜密、细致，也是对 Oracle 这样真正企业级软件技术缺乏深度了解，以及内心世界缺乏自信的一种表现。

3. 该系统的改造和优化建议

1）"老罗就知道建索引"

针对该系统在应用软件性能、数据库设计，尤其是架构设计诸多方面存在的上述问题，如何下手进行改造和优化？显然应从应用软件性能优化开始着手，这是整个系统改造的基础，只有把现在的 10 套单库性能都优化到一定程度了（例如物理 I/O 从 100MB/s 降到了 10MB/s），我们才能轻装上阵，开始对这个复杂的庞然大物实施大手术。

应用优化如何做？忽然想起多年前原厂一位销售老大对我的戏谑之言："老罗，每次看你的优化服务方案，就是索引、SQL 语句、分区这三板斧。"的确，这次对该系统的优化又将是这三板斧吃遍天下了。该系统不仅连上述基本的索引都没有建好，在 SQL 语句编写方面也存在很多问题，而且还没有实施分区，而超过几十 GB 的大表都上百个了。

事实上，索引、SQL 语句、分区这三个领域不仅是数据库比较基础的技术，而且是投入产出比最高的优化技术。这些技术看似基础，实则也是高深莫测的，以索引专题为例，Oracle 不仅有数十种内部机制不同的索引，而且即便是最基本的单索引和组合索引设计原则、多表连接下的索引设计原则，以及各种复杂的分区索引设计原则等诸多方面，都足够令我们广大开发人员和 DBA 们烧脑了。索引技术专题也是目前各行各业开发人员乃至专业服务人员需要恶补的功课。

我有一个美好愿景：我们全国各行各业的数据库系统若都能开展一次系统、全面的索引优化项目，哪怕梳理一遍每个系统的组合索引，那么全国的 IT 系统性能将至少提高一个数量级！

2）大手术之一：升级到 19c 并实施多租户

如果该系统经过优化后，各方面性能指标大幅度提升了，系统减负了，那么我们就有信心开始实施大手术了。方案之一就是升级到 19c 并基于多租户技术甚至更先进的 Application Container 架构，将该系统从现在的 10 套分布式数据库架构，改造成一套 RAC 大集中架构，并通过 ADG 实施容灾系统。下图仅描述经典的 CDB/PDB 架构，暂时不描述复杂的 Application Container。

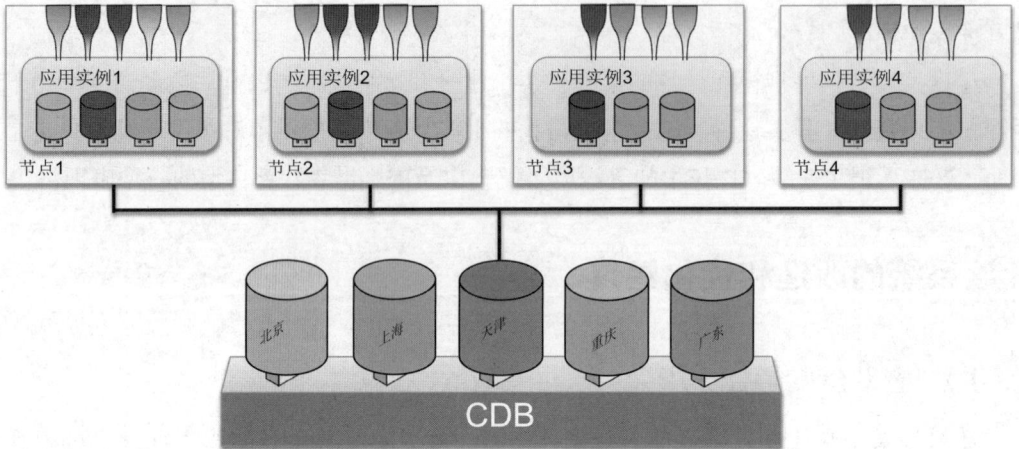

首先，我们可基于优化之后 10 套系统的负载情况，将所有应用部署在一套多节点 RAC 之中，例如 4 个节点的物理 x86 环境。其次，10 套数据库升级和迁移到 19c 一套 CDB/PDB 环境下，原来的每套数据库甚至每个省数据迁移到一个 PDB 之中，并按每个省的业务负载情况，将应用负载均衡部署到 4 个节点之上，同时按省设计 Service，即按 Service 进行负载均衡部署和高可用性切换。这种新架构将带来如下种种收益。

（1）基于 RAC 架构技术，整个系统具有了高可用性、高性能和扩展性。高可用性不言而喻，而性能也相比原来单机架构更好了，因为可以根据每个省的负载情况，将负载大的省的应用部署在多个节点，处理能力更强了。而且由于每个节点部署了访问不同省 PDB 的应用，RAC 节点间数据访问冲突也非常少。再者，若 4 个节点处理不够，还可横向增加节点，使得该系统具有了更好的扩展能力。另外，还可通过 ADG 集中部署容灾系统，具有了原系统不具备的容灾功能。

（2）建设和运维成本下降了。原来需要 10 套虚机，现在只需要 4 台服务器，无论是继续采用虚机还是物理机，不仅硬件投资减少，而且各种硬件软件维保费用和运行成本都下降了。

（3）原来需要运维管理 10 套数据库，现在只需要集中管理一套 CDB/PDB 数据库，既可大大降低运维工作量，例如备份、恢复、打补丁、容灾等，也可在 PDB 级进行精细化管控，达到集中和分布相结合的效果。

（4）基于 CDB/PDB 架构，具有了原系统不具备的良好的全局数据访问能力和数据库之间的互访问能力，将非常方便实施全国范围的统计分析、报表处理等业务功能。

（5）这种基于省进行划分 PDB 的架构，与原有分布式架构逻辑上基本——对应，几乎对应用透明，整个升级 / 迁移过程几乎无须对应用进行任何改造，仅仅是连接方式或中间件的连接池重新进行配置即可。

3）大手术之二：升级到 19c 并实施传统的 RAC 架构

如果该系统没有按省进行数据模块化管理的需求，而且想更灵活、更简洁、性能更好地进行全局数据访问和数据互访问，那么不采用多租户技术，而是采用最传统的单库 RAC 架构也是一个不错的选项。示意图如下。

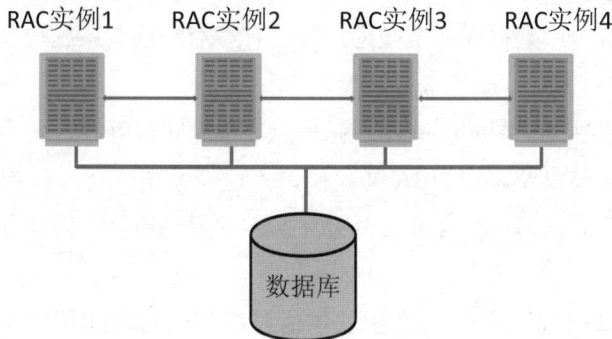

首先，该架构基于 RAC 架构，具有方案一的 RAC + 多租户架构一样的高可用性、高性能和可扩展性。

其次，该架构的实施将在数据库分区方面精心设计，基本策略是客户类表直接按省份进行分区，而交易类表按"时间、省份"进行分区，并将应用按省份的负载情况均衡部署在不同的节点，这种部署不仅能实现 RAC 多节点的负载均衡，而且也能有效降低 RAC 节点间数据访问冲突。

再次，这种回归最传统架构的方案，通过最简单的 SQL 语句就能实现全局数据访问和各省之间数据互访问，非常灵活和便捷，连 CDB 内部的 DB link 以及在 CDB 级通过 contains 语句访问全局数据等新技术都免除了。

但是，这种方案不仅对数据库设计要求较高，而且也需要应用软件进行配合改造，例如，主要 SQL 语句尤其是交易型语句都应该带有省份字段条件，才能直接访问相关表的分区，即指哪儿打哪儿，实现数据访问合理分流。

总之，方案一更符合 Oracle 云技术发展方向，但涉及多租户环境设计、开发和运维等新技术、新挑战，而且全局数据访问和各省之间数据互访问方式略微烦琐、性能略差。方案二更为传统，应用对数据的访问更为灵活，效率更高，但不具备数据模块化管理和资源精细化管理等云技术特征。无论哪种方案，将相比现有分布式架构在投入产出、高可用性、性能、扩展性、容灾能力等各方面都将是质的飞跃。

4. 再说原厂服务空间的拓展

过去的一年中，原厂在该保险公司提供了非常专业化的服务，尤其是驻场工程师的敬业和专业能力，充分体现了原厂的服务价值。我的同事不仅解决了无数个生产系统出现的疑难杂症，挽客户 IT 系统于狂澜而不倒，而且在优化、升级、容灾、OGG 数据复制同步等多个领域都为客户做出了全方位的专业服务，令客户赞不绝口，客户甚至直言：自从 ×× 今年来现场驻场之后，我们整个运维团队都像吃了定心丸。

但是，我每次去现场展开调研，他都感慨：我们现在的服务还是很传统的，也就是事后解决故障为主，也基本都是在运维阶段展开，缺乏对客户整体架构的了解，我们现在连客户到底有多少套 Oracle 数据库都不知道，更没有参与到这些系统的架构设计、应用开发和未来发展规划之中。

本周我第一次接触该公司的该系统，就是他第一时间告诉我这套系统实际上是分布式架构，在现场我也与他以及客户 DBA 共同探讨了这套系统优化、改造的总体思路，他甚至在方案细节上都已经有了一些成熟的想法，上述方案二的分区设计方案我们就已经有了一些共识。

"没有做不到，只有想不到。"我想这句话对任何人而言都是适应的，何况对具有最强专业能力的原厂服务团队而言。如果我们能主动而为，以更强的责任心和胆略，与客户直诉该系统当下存在的问题，不仅描绘出未来优化、改造多种技术方案，而且做出精准的投入产出分析，我相信同样有能力、有担当的客户一定会欣然接受，并积极组织实施的。

积极主动、服务前移到设计开发阶段，这就是原厂服务部门的极大拓展空间。全生命周期服务不是只有从头到尾参与才是全生命周期覆盖，而是可以在 IT 系统任意时间点、任意周期都可提供服务的理念，因为一个 IT 系统永远处于不断优化、不断改造之中。

5. 去 O

本文最后还要讲述一个敏感话题：去 O。那天我到现场初步了解现有系统架构之后，我先主动与客户数据库运维主管进行沟通，并直接说出了将现有系统升级到 19c 并实施整合的策略。没想到我这位小师妹的回应令我视野更为开阔，原来她并没有质疑我方案的合理性和可行性，而是道出了该公司 IT 技术未来发展策略方面的考量乃至纠结。

那天她的第一反应是不敢再继续用你们 Oracle 了，因为 Oracle 产品部门正在追究该公司的产品许可证合规性，如果继续升级该系统到 19c 甚至使用多租户等更多特性，他们感觉捆绑 Oracle 更紧密了，在与 Oracle 产品部门的深入交涉中，他们将更加不利。于是，他们在考虑是否将该系统撤离 Oracle，转向 MySQL 等开源技术。

针对客户这些考量和忧虑，我更多从技术层面给予了回应：第一，该系统现有的分布式架构的确导致了需要更多产品许可证的问题，如果进行整合，10 台服务器减少为 4 台，那么产品许可证成本、软件运行成本等自然都下降了，你们也可更灵活地与 Oracle 产品部门协商了，说得直白点：我们没有安装那么多 Oracle 实例呀。第二，如果一定要转向 MySQL 等开源技术，虽然产品方面免费了，但整体架构将更复杂，至少应该考虑 MySQL 的 MHA、MGR 等高可用性架构吧，不仅硬件投资进一步增加，而且运维人员成本也将大量增加。何况 MySQL 本身的生态并不完善，并不是每个公司都有能力运维好开源系统的。第三，据我那天的调研分析，该系统业务复杂度不低，现有基于 Oracle 的众多复杂 SQL 语句能否在 MySQL 平台具有良好的功能兼容性以及性能稳定性，MySQL 优化器能不能胜任这些复杂的 SQL 语句，应用软件需要进行多大程度的改造甚至再开发，这一切都是未知数。综合这么多方面因素，用我同事的话说：这么重要的交易系统想去 O，没戏。

总之，该公司欲转向开源化，并非源于国家的行政性诉求，而主要是该公司在产品合规性方面的考量。说得更直白点，就是钱的问题。这个世界上但凡能用钱解决的事情，那都不是个事儿。哈哈。

2022年1月16日于北京

云计算不仅是虚拟化

云计算、大数据、人工智能（AI）等技术是当今 IT 行业发展的趋势，云计算自诞生之日已经将近 20 年，目前仍然在如火如荼地发展之中，现在各行各业几乎是人云亦云。

虚拟化技术是硬件和操作系统层面实施云计算的重要基础技术，业内大部分云计算项目实施都运用了虚拟化技术。但是以我的认知，业内却存在过于强调虚拟化技术在云计算中作用，甚至存在将云计算与虚拟化画等号的现状。

本文先从一个实际案例开始，然后叙述云计算的业内标准定义，在广度和深度方面探寻云计算的真正内涵和外延，再开展不同层级云计算的投入产出分析，特别分析只强调虚拟化技术实施存在的不足，希望给大家描绘出一个超越虚拟化技术的更深刻、更广泛的云计算世界。

1. "云计算与你们 Oracle 公司有关系吗？"

若干年前的一天，我和一位销售同事一同去拜访某移动公司新成立的云计算部门，希望能与该部门领导共同探讨在云计算领域的合作空间。可是，领导的开场白如同一桶凉水把我们浇了个透湿："云计算与你们 Oracle 公司有关系吗？"

眼看就要被领导扫地出门了，但我们还是耐心地向领导解释：其实 Oracle 公司在云计算领域颇有建树，甚至是引领整个云计算领域发展的公司之一。Oracle 公司不仅是云计算基础技术架构供应商，而且提供了 IaaS、PaaS、SaaS 各层面的大量产品和技术，同时在云计算实施方法论、最佳实践经验和实施案例方面也是硕果累累。

"你们来晚了，我们的云计算都基于 x86 虚拟机，与你们 Oracle 关系不大，已经做完了。"虽然领导认真听取了我们的上述介绍，但依然给我们下了逐客令。哦，明白了，原来领导对云计算的理解是这样的：云计算就是将数据和应用从传统小型机迁移到 x86，尤其是运行在基于 VMware 虚拟化技术的虚拟化机平台。简言之，领导认为虚拟化就是云计算。

我想，这也是国内很多同行对云计算的片面理解，也就是将云计算与 x86 化、虚拟化技术画等号，甚至认为云计算就是去 IOE 了。其实虚拟化技术只是云计算 IaaS 层面一个具体实现技术而已。

2. 从标准开始

先说一段往事：20 世纪 90 年代的《计算机世界》报在头版有一个专栏，由该报社一位资深名记撰写，每篇文章都讲述一个 IT 行业现状和发展的小专题，专栏文笔流畅、内容新颖、观点鲜明甚至犀利，可读性非常强，广大读者收获颇丰。记得一篇小文的主题和内容大致如下：为什么美国 IT 行业会领先于全球？一个重要因素就是掌握了全球 IT 行业发展的标准制定话语权，并且标准先行。该文说道，IT 行业每项新技术问世之后，美国各 IT 厂商虽然相互竞争，但为了新技术的健康有序发展，也为了各厂商的共同利益，大家会坐到一起，共同制定该技术的相关标准，目的就是让大家都在共同的标准和规范之下展开有序的竞争，减少不必要的消耗。就像先制定比赛规则，大家再公平、公开比赛一样。文中最后总结道，这也是美国市场经济的成熟性在 IT 行业的具体表现。

云计算从何而来？原来云计算的理念不是 IBM、Oracle、微软等传统 IT 公司提出来的，而是在 2006 年最早由 Google 公司提出来的，当初 Google 发展业务已有多年，也积累了大量硬件资源，其中很多资源已经被淘汰。为了充分进行设备利旧，发挥这些被淘汰硬件资源的潜在效益，Google 决定将这些资源以物理机和虚拟机的方式通过互联网租赁给广大客户，并收取租赁费用。这就是云计算的最初起源和生态环境。也可能如本文开篇案例，为什么云计算最初都是从硬件和操作系统层面开始实施的源头所在。

那么最早从事云计算的相关厂商是如何协商制定云计算标准的呢？请看美国国家标准与技术研究院（National Institute of Standards and Technology，NIST）的如下定义：

"云计算是一种新的计算模式。在该模式下，用户可便捷、按需地通过网络访问一组包括网络、服务器、存储、应用和服务在内的计算资源池，并且服务供应商可以极少的管理成本，对计算资源提供快速供应和释放能力。"

简言之，云计算应具有如下 5 个基本特征：按需的自助服务能力、资源共享池、快速灵活的伸缩性、可度量的服务、高速网络访问能力。从服务层次分类，云计算包括 IaaS（基础设施即服务）、PaaS（平台即服务）、SaaS（软件即服务）三个层级。从服务模式和服务范围而言，云计算分为公有云、私有云、社区云和混合云。

可见，只要能实现云计算的上述 5 个基本特征，具有 3 个服务层次和 4 种服务模式和服务范围的所有技术和产品都可以称之为云计算技术和产品。虚拟化技术的确在 IaaS 层面满足了服务器、存储、网络等层面按需的自助服务能力、资源共享池、快速灵活的伸缩性、可度量的服务等云计算基本特征，尤其是近年来 x86 服务器技术的高速发展，性价比的优异表现，更使得基于 x86 的虚拟化技术成为云计算平台的主流基础架构技术。但是，虚拟化并不等同于云计算。下面我们将在云计算上述基本概念的基础上继续深入探讨这一话题。

3. 不同层次的云计算收益分析

下图左侧是从整合性、投入／产出比两个维度对三个层级云计算的对比分析图，可见，IaaS、PaaS、SaaS 越往上，整合性越高，投入／产出比也越高。据了解，国内大部分云计算项目都是在 IaaS 层面展开，尤其是广泛实施了虚拟化技术。例如，将原来大量基于物理机的系统都迁移到虚拟机

之中，但原有系统并没有实施整合，因此整合力度不够，投入／产出比也就不高了。

而作为 PaaS 层的重要技术数据库云计算（DBaaS）则是在 IaaS 云计算之上实现的更高层次、给客户带来更高投入产出比的云计算技术。下图右侧是 Oracle 公司描述的 4 种数据库整合和云计算模式图。

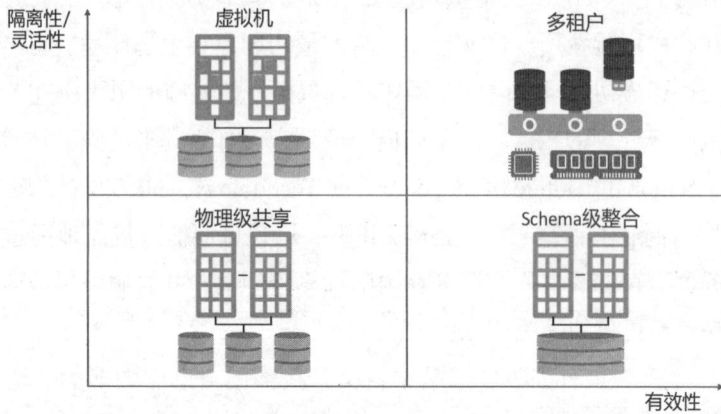

	方式1：虚拟机	方式2：共享物理机	方式3：Schema级	方式4：多租户技术
整合程度	低	中高	非常高	非常高
维护	中等（VM分配和管理策略难度大）	简单	不定，简单到复杂都有（视资源隔离需求而定）	简单
资源共享程度（经济性）	低（服务器和存储，虚拟化导致计算和IO损耗大）	高（服务器、存储和操作系统）	很高（服务器、存储、操作系统和数据库实例）	很高（服务器、存储、操作系统和数据库实例）
隔离度	很高	高	低	高
实施	简单	简单	中等	简单
适用场景	小型数据库规模性能和可用性要求不高	灵活适用于各种场景	应用数据隔离要求不高需要大规模数据共享	灵活适用于各种场景
服务器类型支持	支持在x86、小型机、数据库云服务器上进行部署			

在该图中，横轴代表有效性由低向高，纵轴代表隔离性 / 灵活性由低向高。在该象限图中，可分为物理级共享、虚拟机、Schema 级整合和多租户 4 种模式。可见，物理级共享即平台共享在有效性、隔离性 / 灵活性等方面都是最低的，因为原有数据库只是整合到一个物理平台，数据库套数依然没有变化，消耗的硬件资源依然很大，管理成本也没有下降，而且隔离性 / 灵活性也不是很好。虚拟机级实施数据库整合和云计算，可以实现硬件资源的按需供给和灵活扩展，隔离性和灵活性也会得到提升，但数据库套数依然没有变化，因此有效性也欠佳。Schema 级实施数据库整合和云计算，由于数据库被整合成一套，因此有效性提升了，但隔离性和灵活性却没有得到提升。如果通过 Oracle 12c 之后的多租户架构实施数据库整合和云计算呢？那么，将会是整合的有效性、隔离性和灵活性都最佳，因此是 Oracle 最佳的数据库整合和云计算模式。以下是 4 种模式更全面的对比分析图，限于篇幅，本文就不展开具体分析了。

4. 虚拟化级云计算特点

某年，我和销售同事去上海某外资银行进行服务推广，在交流中得知，该行 IT 系统架构为典型的烟囱式架构，即存在不仅系统套数多，而且平台不统一、各系统缺乏资源共享、缺乏扩展性、数据互访问差等问题。于是，我们提出开展数据库整合和数据库云计算项目实施的建议，并期望在该项目中充分发挥 Oracle 相关产品和服务的作用。可是，由于预算和商务等因素，我们没有得到客户的积极反馈。待几个月后我们再次拜访该客户时，令我们惊讶的是，客户告知他们已经实施完整合项目和云计算项目了。怎么这么快就实施该项目了？我们很快了解到，客户原来只是基于虚拟化技术进行了数据库的迁移，数据库并未进行真正的整合，示意图如下。

即客户基于 x86 平台的虚拟化技术构造服务器资源池，并为每套应用单独分配一台虚拟化机，并在每台虚拟化机上将数据库统一部署为 Oracle 11g 或 12c，中间件也统一部署为 WebLogic、WebSphere 或 Tomcat 开源产品。在应用层面，将各应用软件迁移、重新编译、测试、部署到云平台应用服务器中。

总之，客户的云计算项目实际上只是基于虚拟化级技术实施了 IaaS，数据库、中间件和应用层都没有实施整合和云计算。这种仅 IaaS 项目的优点如下：首先，因为与原有系统的拓扑结构为 1:1 关系，原有系统的数据和应用也无须考虑与其他系统数据和应用的整合，因此云架构设计、云迁移、云管理实施相对简单，所以客户自己很短的时间内就完成了实施；其次，各应用系统分属不同系统，所以隔离性、安全性也较好；然后，在少数几台套配置、高性能的 x86 服务器上通过虚拟化技术将 CPU、内存、I/O 等硬件资源进行划分，构造出多台虚拟机，并部署相应的数据库、中间件和应用软件，这种模式降低了服务器数量，提高了资源利用率；最后，在硬件平台统一采用 x86 服务器和 Linux 操作系统，数据库软件和中间件软件也统一采用 Oracle 11g/12c、Web Logic、WebSphere 或 Tomcat 开源产品等，实现了云平台基础设施的标准化和规范化。

但这种方案的缺陷也是显而易见的，首先，系统套数与原有系统一样，整合密度较差，没有有效降低云平台建设、运维工作成本。例如，在云平台中每迁移一套系统，仍然需要单独部署一台虚机，云系统管理人员仍然要对这么多套系统进行运维管理工作。因此，这是一种投入 / 产出比并不高的云架构方案。

5. DBaaS 云计算特点

针对上述某外资银行案例，我们不妨基于多租户技术来描述实现数据库级云计算 DBaaS 的技术方案，下图为云平台架构示意图。

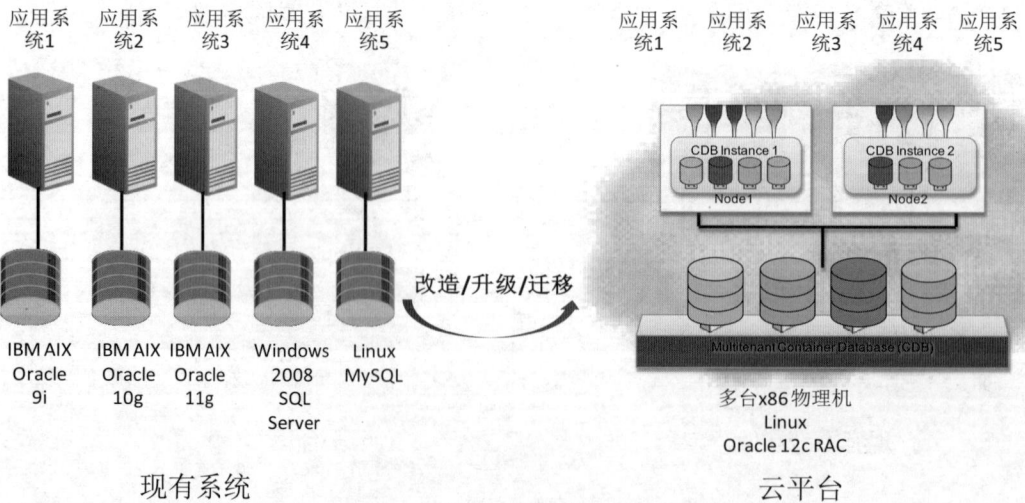

现有系统 ── 改造/升级/迁移 ── 云平台

在 IaaS 层面，由多台 x86 物理机或者虚拟机来构造服务器资源池，并安装 Linux 操作系统。而在 PaaS 层面，统一安装一套 Oracle 12c RAC 集群数据库管理软件，并创建 CDB/PDB 数据库，将现有数据库以 PDB 方式部署在该平台之中。中间件统一部署为 Web Logic、WebSphere 或 Tomcat 开源产品。在 SaaS 层面，将现有各应用软件迁移、重新编译、测试、部署到云平台应用服务器中。

这种基于 12c 多租户技术构造的云平台，其优点是：第一，整合密度高于虚拟化技术，不仅共享主机和操作系统，而且共享数据库和中间件服务器，最大限度地共享了各种资源，从根本上解决了原有系统过多问题，大大降低了建设和运行维护成本，有效保障了云平台系统的投入 / 产出比。第二，这种架构将原有各应用数据部署在专门的 PDB 之中，应用本身也通过 Service、Resource Manager 等技术进行管理，因此也具备了虚拟化技术相当的隔离性，而可管理性更好。第三，Oracle 12c 的 CDB/PDB 多租户技术是专门为云平台架构而设计的，具有优异的整合性、快速插拔能力、资源可管理性、安全隔离性、动态可伸缩性等特性，是未来云平台的主流架构技术。第四，Oracle 支持所有主流硬件和操作系统平台，包括 x86 服务器和 Linux，因此在技术方面将不会受虚拟化软件限制，这种架构也支持任何类型的应用。

这种方案不足主要是实施难度加大，由于这种架构将运行在统一的硬件和操作系统平台，以及统一的数据库版本，甚至统一的字符集之中，难免有跨平台、跨版本的迁移工作，因此云迁移工作难度比较大，而且相比传统数据库架构，多租户架构的运维管理相对复杂，即数据库套数减少了，运维工作量减少了，但多租户数据库运维管理的难度增加了。

6. 最新案例的感悟

最近，我们在为某客户的云计算项目编写方案，明显感觉客户自己和友商过于看重 IaaS 层，如内网、外网、服务器、应用 P2V、磁盘镜像技术等，尤其是虚拟化技术，而对 PaaS 层特别是 DBaaS 基本忽略。因此，我们反复强调 DBaaS 的核心作用，数据库层的确是承上启下的，可以带动 IaaS 层和 SaaS 层云平台架构设计和云迁移方案的制定。

为此，我们特别提出了以数据库为核心，贯穿 IaaS 和 SaaS 的 4 种云平台架构模式，即虚拟机模式、物理整合模式、逻辑整合模式和多租户模式。在这 4 种模式中，只有虚拟机模式才是纯粹的虚拟化技术，而后 3 种模式可以在虚拟机上部署，也完全可以在传统的物理机上进行部署。因此，我们特别强调虚拟化技术并非唯一的 IaaS 层解决方案，我们也正与客户在探讨 IaaS 和 DBaaS 的关联关系和实施细节，例如，哪种云平台架构模式适合于虚拟机、哪种适合于物理机；存储资源如何在 IaaS 和 DBaaS 层共同实现共享；容灾方面也不一定考虑 IaaS 层的磁盘镜像技术了，因为 Data Guard 才是更适合于 Oracle 数据库的容灾技术；甚至在考虑友商基于 IaaS 层的监控管理软件也不适合了，因为该软件根本监控不了 Oracle 数据库、中间件等 PaaS 层运行状况，反而是 Oracle EM 12c 具有全方位、端到端的监控管理能力。

如何真正理解云计算的精髓；如何真正实现云计算的 5 个基本特征，充分提高云计算的投入 / 产出比；甚至在更高层面上，IT 系统建设的决策者和实施者们如何能更加全方位、深刻地理解 IT 行业的一些新理念和新解决方案，我想应该是大家共同面对和思考的大问题。

2018年9月18日初撰
2024年6月21日更新于北京

我看 Oracle 云计算

若干年前，我曾写过关于云计算方面相关文章，今日重读，觉得大部分内容依然未过时，但觉得还是应该加入一些时尚元素，在深度和广度方面都进行拓展之后再收入新书中，对广大同行们将更有可读性和参考价值。

下面的内容有些写于若干年前，有些是最近的添砖加瓦，希望读者们看不出缝隙，而是浑然一体的一篇文章。

1. 敏感时期的拜访客户之行

2019 年夏天某日，我来到上海某银行进行 Oracle 数据库云计算（DBaaS）的专题技术交流，那段时间正是 Oracle 公司开始在全球包括中国大规模裁人的敏感时期。Oracle 云计算？在这个敏感时期谈这个敏感话题，的确有点尴尬。于是那天在客户现场的一开篇，我就以哀兵姿态向客户自问自答：

"最近 Oracle 研发中心正在大规模裁人，大家知道主要原因和裁员方向是什么吗？"出乎我意料的是，来自实体经济体的客户反应出奇地淡定，也许他们觉得与己无关，也许他们还没有深入了解其中的玄机。于是我自答道：

"主要是因为 Oracle 云计算市场竞争力不够，Oracle 从总部到全球各研发中心将现有云计算研发团队都裁掉了，并准备重组。"

不管怎样，那次我还是按照原来准备的 PPT，按照我的思路展开宣讲了，当然还是以正面宣传 Oracle 云计算为主。现在将那次演讲的关键点，以及更多思路和观点，甚至最新情况再梳理一番，整理成文。

2. 一步赶不上，步步赶不上

首先，我向客户介绍云计算的理念不是 IBM、Oracle、微软等传统 IT 公司提出来的，而是在 2006 年最早由 Google 公司提出来的。那个年代恰好是业界大力推崇网格计算（Grid Computing）的年代，Oracle 的 10g、11g 的 g 就是 Grid，可以说是网格计算年代的代表性产品和典型技术。当年云计算理念刚推出，的确与网格计算概念有很大的重合性。于是，出于竞争目的，Oracle"老大"拉里埃里森本能地抵触云计算，甚至口出狂言："云计算到底是指什么？省省这种愚蠢的概念吧！"

但是随着大数据以及云计算的快速发展，Oracle 很快就感到了阵阵寒意，越来越多的企业用户开始用云数据中心取代传统数据中心，直接冲击了 Oracle 传统的企业级软件业务。Oracle 也意识到，相比网格计算，云计算无论从内涵还是外延都更有深度和广度。意识到错误的 Oracle 马上开始 180 度的转型，并终于在 2013 年推出了典型的适合云计算的数据库旗舰产品：12c，c 就是云（cloud）。但市场是不等人的，就在 Oracle 徘徊的那几年，亚马逊、微软、Google、阿里巴巴、IBM 等已经在云计算领域快速起步、风起云涌、攻城略地，占据了云计算市场的大部分份额。下图是国外相关组织进行的 2018 年全球公有云计算市场份额统计分析图。

Public cloud platform usage worldwide 2018

Current and planned usage of public cloud platform services running applications worldwide in 2018

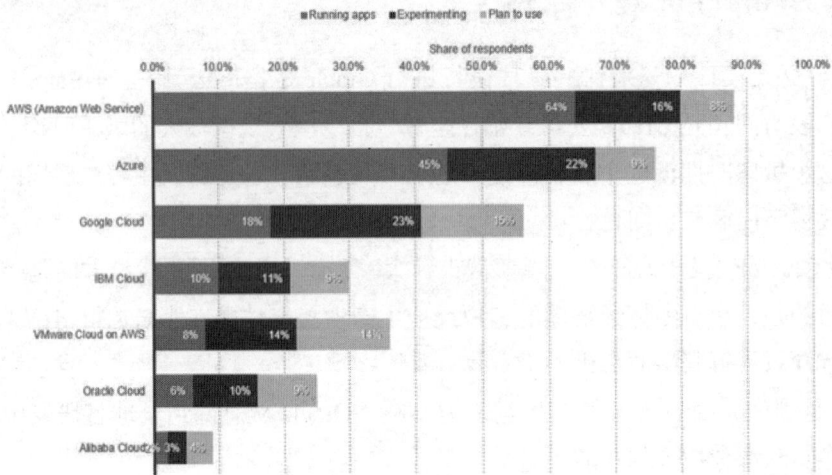

■ Running apps   ■ Experimenting   ■ Plan to use

Share of respondents

	0.0%	10.0%	20.0%	30.0%	40.0%	50.0%	60.0%	70.0%	80.0%	90.0%	100.0%

AWS (Amazon Web Service) 64% 16% 8%

Azure 45% 22% 9%

Google Cloud 18% 23% 15%

IBM Cloud 10% 11% 9%

VMware Cloud on AWS 8% 14% 14%

Oracle Cloud 6% 10% 9%

Alibaba Cloud 3% 4%

statista

可见，AWS、微软、Google、IBM 等占据了前几位，尤其是 AWS 独占鳌头，Oracle 则排名靠后，包括增长率都有限。在其他调查组织的排名中，Oracle 甚至不幸被列入了其他类。市场更是具有马太效应的，占据市场份额最大的 AWS 不会给后面几位太多的时间和空间了。

Oracle 真是处于"一步赶不上，步步赶不上"的窘境之中。

3. Oracle 云计算真的没有希望了吗？

作为传统 IT 公司，Oracle 虽然在云计算领域起步晚了，市场份额目前也非常小，但真的没有希望了吗？我认为，Oracle 凭借其在传统领域多年来的市场份额和广大的客户资源，以及产品和技术的全面性，仍然具有后发优势。关键是 Oracle 需要与时间赛跑，需要更全面的转型云计算产品和技术的研发，以及更有效的云市场推广策略。

1）Oracle 云计算解决方案的全面性

在传统 IT 公司中，其实 Oracle 是产品线最全、最丰富的公司之一，覆盖硬件、操作系统、网络、数据库、中间件和应用软件各层级。这也为 Oracle 转型为覆盖 IaaS、PaaS 和 SaaS 等各层级云计算全面解决方案奠定了坚实的基础，下图为 Oracle 云计算的全家福图。

即 IaaS 层面涵盖了服务器、存储、网络、一体机等硬件，也包括操作系统、虚拟化等系统软件技术；在 PaaS 层的 Oracle 数据库和 WebLogic 中间件更是市场占有率最高的明星产品；而在 SaaS 层，则是涵盖了 Oracle 应用软件套件、CRM、Sieble 等应用软件和行业解决方案。如果说这些产品和技术还是属于传统领域，而上图右边的云管理套件，则是 Oracle 更全面的诠释云计算的资源管理、自服务供应、度量和计费等云基本特性的产品。

2）又一次临阵磨枪

说到 Oracle 的云管理套件（Cloud Management Pack），让我突然想起又一次临阵磨枪的往事。某年冬天，应南区某销售邀请，她从广州、我从北京共同飞赴贵阳，与南方电网贵州分公司客户一起探讨其云计算解决方案。我原以为主要是介绍 Oracle 的云计算产品和技术、实施方法论，以及云计算带来的收益分析等。可是等飞到贵阳在晚餐时，才知道原来无须讲解这些内容，客户最关注的是如何通过 Oracle 的云管理套件来快速、高质量地完成其数百套数据库系统的整合和云计算平台的建设，并了解云管理套件的成功实施案例。通俗而言，就是无须交流为什么要做，而是如何做，尤其是如何高水平做的问题。

在我以往关于云计算服务推广的经历中，通常我们都是花费精力在为什么要做、Oracle 云计算的多种产品和解决方案介绍方面，没想到，一个西部省份的客户的理念这么先进，不仅完全接受了云计算理念，而且在实施方法方面已经超越了手工实施阶段，进入了运用工具和平台进行自动化、智能化、精细化实施的高级阶段。我想与贵州被国家层面定位为云计算基地的大战略有关，贵州的相关企业在云计算方面的理念和实施方法方面可能比东部、北部、南部地区的企业更为先行和先进。

Oracle 产品这么多，我哪有时间去逐个儿深入研究和实施？于是当晚回到酒店一方面我赶紧找出云管理套件的产品白皮书和 PPT 进行研读，主要是重温云管理套件的各产品特性，例如整合规划器、容量计算向导、度量和计费管理、快速部署等。另一方面，赶紧向实施团队了解有哪些实施案例。非常感谢同事们的帮助，深更半夜的，还真给我提供了几个在银行和移动公司的云管理套件实施案例，例如通过快速部署功能，以图形化方式快速实施 Data Guard 的成功案例。

尽管是临阵磨枪，但还是准备了足够的资料，第二天的交流也基本满足了客户需求。这就是在 Oracle 原厂的工作特点：时常面临挑战，充满紧迫感。我们不是一个人在战斗，而是一个团队在战斗。

3）Oracle 在私有云领域的独特优势

上述云计算市场份额统计调查图，其实是针对公有云市场的。的确，公有云主要是针对一些个人、部门、正在成长中企业，或者业务关键性不强的 IT 系统，Oracle 本来在这些领域就没有太大的市场优势，Oracle 的市场优势主要体现在银行、电信、政府等传统行业，而这些行业 IT 系统迁移到公有云还是有诸多合规性和安全性制约的。至少在国内，这些行业一方面已经为 IT 系统进行了多年的软硬件和人员的投入，另一方面受限于国家各种监管和管控限制，其数据和应用走出企业内部数据中心，迁移到公有云是很难的。更别提在当下强调国家核心利益的大环境下，这些关乎国计民生的 IT 系统的数据和应用走出国门，迁移到国外云数据中心的可能性几乎为 0。

但是，云计算包括公有云、私有云、行业云和混合云等多种形态。而 Oracle 在传统 IT 领域的巨大优势，不是为 Oracle 在企业内部实施私有云或者行业云提供了非常好的基础吗？云计算不是单一的技术和形态，公有云也罢，私有云也罢，只要是实现了美国标准化协会（NIST）定义的云计算五大特征：资源共享池、按需的自助服务能力、快速灵活的伸缩性、可度量的服务、高速网络访问能力，都可以称其为云计算。

各行业的广大客户内部需要私有云吗？太需要了。回想当年，我们 Oracle 服务团队有幸参与了某个国有大型银行的全国大集中项目，评估分析和优化了该行数百套 Oracle 数据库，令我们感慨的是：第一，系统太多了；第二，各系统之间负载太不平衡了，尤其是80% 以上系统的资源利用率处于下图这种情况。

可见，该系统除了晚上几个后台作业对资源有一定开销之外，大部分时间的资源利用率都非常低，CPU 和 I/O 利用率几乎都是个位数。该行数百套这样竖井式、独占式系统给IT 系统建设带来多大的投入乃至浪费，以及运维工作量？

System Summary 2010-8-17

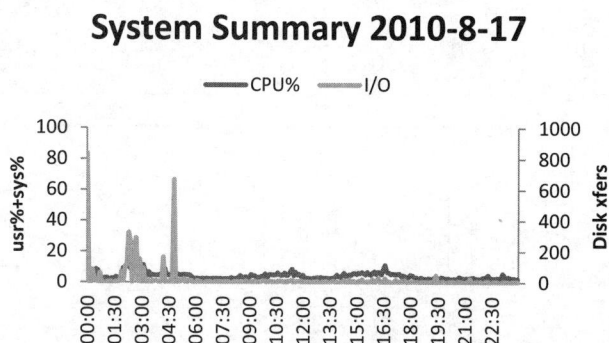

好在随着云计算理念深入人心，云计算产品和技术的高速发展和成熟，各行各业的客户已经深刻意识到开展云计算架构设计、建立和迁移到云计算平台给企业带来的巨大红利了，那就是省钱、资源共享、投入产出比更高、更好的伸缩性、更灵活地适应未来业务发展需要，等等。

Oracle 的多租户（Multi-Tenant）、服务（Service）、RAC、资源管理、内存数据库选项、ADG、云管理套件、一体机、云服务器等一众适合于云计算的新老产品和技术将大有用武之地。另外，Oracle 的公有云和私有云其实采取了相同的技术架构、产品、技术和运维管理方案，也就是说客户未来可在公有云和私有云之间无缝衔接和双向迁移。再者，作为全球顶级 IT 公司，Oracle 不仅有全面的云产品、云技术，还有整套云计算实施方法论，以及强大的服务支持体系，这些多方面要素共同构造了 Oracle 云计算的全景图。最后，从客户角度而言，在传统行业大量掌握传统 IT 技术的 IT 人员，无须太多的知识结构重组，就可以快速搭上 Oracle 全面转向云计算的快车甚至火箭，一步就登云上天了。

上述方方面面共同构成了 Oracle 在云计算领域厚积薄发的强大底蕴。

再与最大的竞争对手 AWS 相比，依托 Oracle 在传统领域优势和云整体发展战略，Oracle 可以在公有云、私有云、行业云、混合云之间顺畅地游走，而很难想象 AWS 能在私有云领域会有大的发展，至少我们很难看到 AWS 的数据库 Aurora 在传统的银行、电信等行业有大规模运用。

4. 从云计算五大特征看 Oracle 数据库云实施相关技术

如上所述，美国标准化协会（NIST）定义了云计算五大特征：资源共享池、按需的自助服务能力、快速灵活的伸缩性、可度量的服务、高速网络访问能力。而实施 Oracle 数据库云计算（DBaaS）项目，为了实现这五大特征，并不是依靠单一的产品和技术，而是各种新旧技术的组合。以下假设以 Oracle 推荐的 RAC + 多租户作为实施 DBaaS 的主要架构，示意图如下。

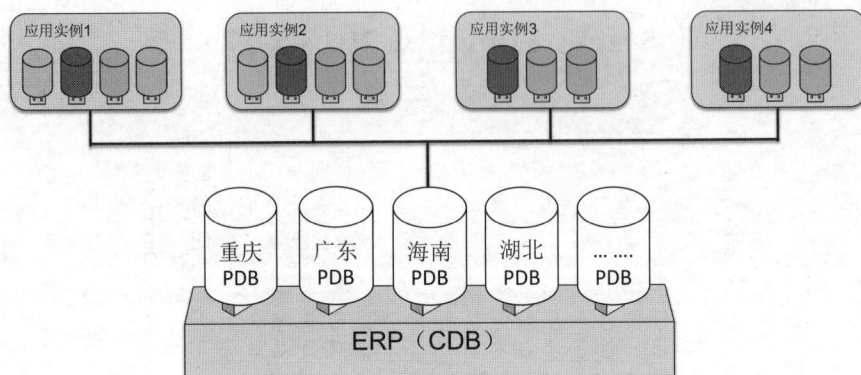

DBaas 特征	实施类别	技术实施内容
资源整合	架构设计	包括 19cRAC 架构设计；CDB/PDB 架构设计；版本和补丁方案设计等
	多租户环境的升级 / 迁移方案设计	针对多租户环境的升级 / 迁移方案设计，包括"升级 +Plug""创建 PDB+ 导入数据"等多种升级 / 迁移方案设计
	多租户环境日常运维管理	包括 19cClusterware、ASM、RAC、CDB、PDB 日常运维方案和操作。例如 CDB 和 PDB 启动和关闭、CDB 和 PDB 的数据库备份和恢复等
	多租户环境的高可用性方案	针对多租户环境下的 RAC、ADG 等高可用性架构的实施
按需供给	RAC 环境下的按需供给	包括 RAC 环境下 Service Relocation，硬件扩容能力等
	多租户环境下的按需供给能力	包括多租环境下资源管理器运用、Instance Caging，PDB 级内存参数设置等
弹性扩展	RAC 环境下的弹性扩展能力	包括 RAC 环境下的增加节点、删除节点
	多租户环境下的弹性扩展能力	包括 PDB Plugging/Unplugging，PDB Hot clone，PDB Relocation，PDB Refresh 等技术的实施
度量计费	度量	包括 OEM 的 Cloud Management 套件中 Meter 等模块和插件的实施
	计费	包括 OEM 的 Cloud Management 套件中 Charge 等模块和插件的实施

即假设采用 4 个节点的 RAC 架构，以 CDB/PDB 方式实现数套现有系统整合和新建系统部署的云平台架构。接下来，我将叙述除了高速网络访问能力之外，Oracle 相关产品和技术是如何实现其他四大特征的。

1）资源整合

首先，为实现资源整合，不仅涉及 RAC 架构设计，而且涉及 CDB/PDB 的架构设计。其次，将包括多租户环境的多种升级/迁移方案设计，例如"升级 + Plug""创建 PDB + 导入数据"等多种升级/迁移方案设计。再次，开展多租户环境日常运维管理工作，包括 19c Clusterware、ASM、RAC、CDB、PDB 等各层级的日常运维方案和操作，例如 CDB 和 PDB 启动和关闭、CDB 和 PDB 的数据库备份和恢复等。最后，还将包括多租户环境的高可用性方案设计和实施，包括 CDB/PDB 环境下的 RAC、ADG 等高可用性架构的实施。

说到多租户，不禁想起 2013 年 5 月在上海参加 Oracle 大学的 12c 新特性培训的情景，当年只有寥寥几位同行和同事参与了那次培训，也就是说我们几位成了国内较早了解多租户架构的客户。当我们学习到多租户数据库包含 CDB/PDB 两个层级时，有人感慨，Oracle 怎么学 Sybase 和 SQL Server 了？每个用户都可以在一个大数据库中创建自己的数据库，而不是 Schema 了。其实，待我们学习的多租户内容更多，特别是日后实施时，才明白 Oracle 的多租户架构与 Sybase 和 SQL Server 的多个数据库架构还是有本质区别的，那就是 Oracle 的多租户架构更好地诠释了云计算的资源共享、按需供给、弹性扩展、度量计费等基本特征。

2013 年那次的培训课提供了大量的实操练习，第一次接触多租户概念的我们只能复制、粘贴地照猫画虎完成相关练习。我想对一个传统 DBA 而言，在基于多租户实施 DBaaS 项目时，深入了解多租户内涵，以及与传统 RAC、Service、ADG 等技术融合，乃至多租户的日常运维操作等，都需要有个不断熟悉和深化的过程。

2）按需供给

所谓按需供给，我认为就是根据业务和应用发展需求，云平台能灵活地提供相应的计算、存储、网络等各种软硬件资源。在 Oracle 数据库中，Oracle 提供了多种传统和新的技术手段满足这种按需供给的需求。例如，通过为应用定义 Service，可根据应用需求灵活在 RAC 多个节点进行部署，负载低的时候将 Service 只部署在 1 个节点，负载高的时候将 Service 部署在多个节点，或通过 Service Relocation 功能将相关 Service 部署到配置更高的节点。在 CDB/PDB 中每个 PDB 默认就是一个 Service，还可根据业务特点进行 Service 的细粒度设计，并以 Service 为单位按需和按负载在 RAC 节点中进行灵活部署。除 Service 传统技术之外，Oracle 还可在 PDB 级定制化设置 SGA、PGA 等内存参数，以及对 I/O 进行管控的 MAX_IOPS、MAX_MBPS 参数，甚至在 Exadata 实施 IORM 技术。还有传统的资源管理器，以及对 CPU 进行精细化管理的 Instance Caging 技术。

上述林林总总的新旧技术，为应用的动态变化在 CPU、内存、I/O 等各层级都提供了全面的按需供给能力。

3）弹性扩展

我认为云计算平台的弹性扩展就是随着云业务的高速发展或收缩，云平台的计算、存储、网络等各种软硬件资源应具备快捷的扩展和回收功能。为此，RAC 的传统增、删节点操作就是典型的弹性扩展能力，可惜业内实施 RAC 架构 20 多年了，几乎都是 2 节点 RAC，也鲜有客户进行 RAC 节点的增、删操作，更很少有客户了解 RAC 的增、删节点操作是不需要应用中断的，也很少有人通过 Service 进行应用的腾挪，从而实现扩容和收缩之后应用在 RAC 各节点上的总体负载均衡。

在新的 RAC + 多租户云平台中，整合的应用类型更多，应用的变化更大，对云平台的弹性扩展需求更高。除了 RAC 增、删节点操作，Oracle 在 CDB/PDB 层面提供的 PDB 快速插拔（PDB Plugging/Unplugging）、PDB 热克隆（PDB Hot clone）、PDB 重定位（PDB Relocation）、PDB 刷新（PDB Refresh）等功能，为云平台的弹性扩展，以及云平台之间的数据和应用快速腾挪，提供了丰富、便捷的技术手段。通俗而言，在云平台中数据和应用都以 PDB 为单位进行了模块化设计和部署，通过上述 PDB 层级的各种技术手段，我们可将相关数据和应用在云平台以模块方式进行灵活部署、拆装和腾挪，从而能够充分满足云计算的弹性扩展需求。

4）度量计费

相比网格计算，我认为度量计费特征是云计算领域最有特色的。因为传统网格计算只强调资源共享、按需供给和弹性供给，并未从商务和技术层面将度量计费作为一个重要需求和指标加以考虑。

而在 Oracle 新版本的 OEM 中，已经在云管理（Cloud Management）套件中内含了度量（Meter）和计费（Charge）模块和插件，并结合 Service 等传统技术，可按业务类型、业务部门，按时间等维度进行细粒度的度量、计费和成本分摊。

说一个外资银行的案例：2022 年我们在为某外资银行提供 DBaaS 方案时，客户对度量、计费和成本分摊话题非常感兴趣。因为在现代企业的财务报表和业绩考核中，IT 系统的投入越来越需要精细化地分摊到相关业务部门，以往的 IT 架构下都是每个业务部门甚至每套业务系统都独立部署在专门的服务器中，于是不管该服务器的资源利用率高低，该服务器的成本都分摊到该业务部门的成本核算之中，这种方式显然是粗线条和欠科学合理的。而随着云平台的部署，多个业务部门、多套业务系统都运行在一套资源池中，如何进行成本分摊？

如果云平台能提供从应用到磁盘的全栈式度量和计费模式，在主机、数据库、中间件等各层级，甚至基于服务（Service）方式，按实际应用的 CPU 利用率、内存消耗、I/O 吞吐量等指标，按年、季度、月甚至天、小时等粒度进行动态核算、计费和成本分摊，那么这种按实际使用和消耗情况进行核算和成本分摊的模式，不仅更精细化，而且更科学、合理。更有意义的是，相比以往架构下的按业务最高峰值配置的硬件投入成本将更低，投入产出比更高。

这是我遇到的少数重视精细化核算和成本分摊的客户，也希望该外资银行这种更先进、更科学的 IT 投入和管理理念，能迅速为国内更多企业所吸收，甚至成为新质生产力的重要因素之一。

5. 有感于微软与 Oracle 在云计算领域的合作

在 2019 年那次与上海的银行客户交流当晚，在网上得知了微软的 Azure 云与 Oracle 公有云展开战略合作的新闻，颇感惊讶。

多年来，人们都知道微软是全球软件业的老大，Oracle 位居老二，人们也以为就像中美关系一样，老大和老二之间会如火星撞地球一般竞争激烈。其实，业内人士都知道，微软和 Oracle 分别是面向个人和企业客户，二者在市场、产品和技术等各方面形成竞争的场合并不多。至少，本人在 Oracle 公司 20 余年了，几乎没有在客户现场遇到过微软的同仁。

而此次微软和 Oracle 在公有云领域的合作，据说是微软大气，首先抛出了橄榄枝，而 Oracle 这次也放下了一贯高傲，甚至霸道的身段，欣然与微软牵手了。当然，两家公司都是各有所图，抱团取暖，共同对抗云计算领域的独角兽 AWS。微软看重的是 Oracle 多年来在传统企业级客户市场的产品、技术和服务等各方面的深厚底蕴，希望通过合作提升其 Azure 公有云平台的客户档次。而 Oracle 就更加目标明确了，毕竟微软 Azure 平台聚集了仅次于 AWS 的第二大云客户群体，将这些客户转型为 Oracle 客户，甚至直接从 Azure 云迁移到 Oracle 云，一定是 Oracle 的如意算盘。

这就是世界常态，没有永恒的敌人，只有永恒的利益，对国家是如此，对企业也是如此。微软和 Oracle 这对几乎老死不相往来的企业，现在为了共同的利益都合纵连横了。

6. 感知 Oracle 公司最新发展

2023 年 6 月由于公司发展需要和个人意愿，我离开了供职 22 年的 Oracle 中国公司。对老东家业绩最新发展的关注度也日渐淡漠，偶尔从一些媒体和同行微信群中了解到 Oracle 公司最近全球业绩发展非常不错，例如 FY24 财年的全球总收入达到近 530 亿美元，Oracle 股票价格也是一路涨势。下图是 Oracle 美国本土、欧洲区和亚太区三大板块的最新营收分析。

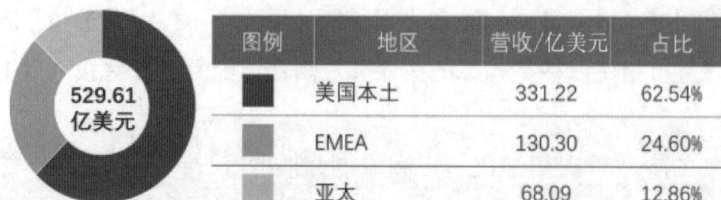

图例	地区	营收/亿美元	占比
	美国本土	331.22	62.54%
	EMEA	130.30	24.60%
	亚太	68.09	12.86%

529.61 亿美元

即美国本土的 62.54% 占据大半江山，其次是欧洲的区 24.60%，然后是亚太区的 12.86%。其中亚太区比例最高的是日本，中国可能连 1% 都不到。

作为中国人，我不禁想起 Oracle 中国市场占 Oracle 全球市场比例的指标变化情况，2001 年我刚加入 Oracle 中国公司时，从老员工和公司内网上了解到，这个指标只有不到 1%。22 年的就职时间，我了解到这个指标最高可能达到 2% ~ 3%。可是在 2024 年的今天，这个指标又回到原点，令人唏嘘。

回到本文的主题：Oracle 云计算。虽然我没有再看到最新的云计算市场供应商排名图，不知道 Oracle 现在排名如何，但了解 Oracle 公司全球业绩最近不错的主要原因归功于其云计算尤其是公有云业务的高速增长，下图是 Oracle 最新的按产品划分的营收比例图。

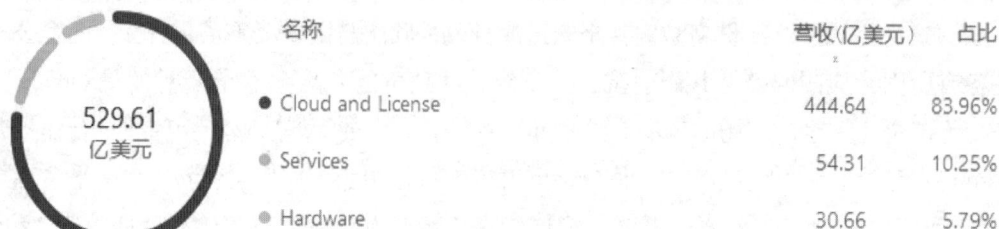

名称	营收（亿美元）	占比
Cloud and License	444.64	83.96%
Services	54.31	10.25%
Hardware	30.66	5.79%

529.61 亿美元

即 83.96% 来自于云和传统的产品许可收入，其中云方面收入又占了 44.47%，即 Oracle 在云方面收入已经占到了总收入的 3 成以上，并且仍然处于高速增长之中。

再说 Oracle 云与微软 Azure 云也展开了深度合作，下图是微软 Azure 云与 Oracle 云中心在各层级的互联互通架构图。

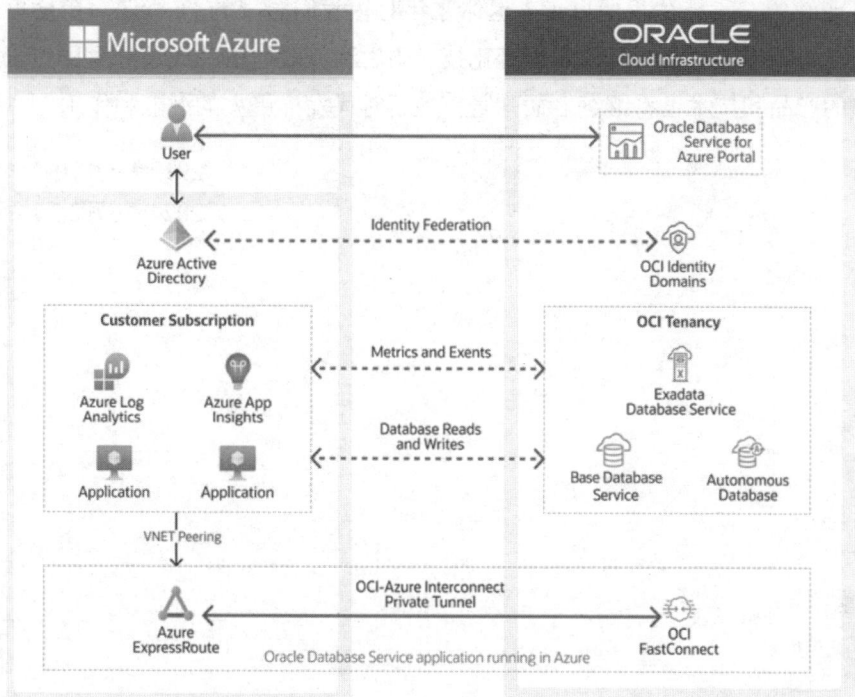

　　即 Oracle 与微软在云计算领域的合作不是停留于市场宣传，而是实打实的紧耦合合作。我想，Oracle 在云计算领域的业绩很大程度上也是来自于与 Azure 云的合作。

　　可是，Oracle 公有云业务在中国市场除了少数出海企业之外，客户案例非常少。与微软 Azure 合作的 Oracle Database Service for Azure 项目也没有覆盖中国市场。

　　为什么会出现这种情况呢？我想这与数年前与腾讯合作在中国开展 Oracle 云计算业务项目的夭折有直接关系，即 Oracle 公有云没有在中国落地，导致绝大部分中国企业和客户无法遵循数据和应用不能出境的合规性和安全性要求，也就是国内大部分企业无法登上海外的 Oracle 公有云。对 Oracle 公司和中国客户而言，应该是一个双输的结局。但是，Oracle 的中国市场本来就只有 1%，因此对 Oracle 公司全球业绩发展并没有伤筋动骨。对中国客户呢？不仅无法享受 Oracle 公有云带来的各种收益，而且由于 Oracle 越来越重视和转型为云公司，很多最新技术和产品例如人工智能（AI）、自治数据库（ADB）等都优先在公有云发布，因此 Oracle 最先进技术移植到传统 OP 版本之后，才能进入中国市场，已经产生时间差了。

　　40 多年前，当 Oracle 产品和技术刚进入中国时，中国客户和中国市场是张开双臂拥抱的，Oracle 不仅在数据库领域一枝独秀，而且在中国高速发展的这几十年的确扮演了 IT 系统重要基础架构技术的作用。在当下的开源和国产化大背景下，虽然 Oracle 已经不再独占市场，但从技术发展和先进性而言，业内同行公认 Oracle 依然是数据库领域的翘楚。在当下实现中国式现代化、发展新质生产力的进程中，国外先进的科学技术和发展理念依然是不可或缺的。我想在我即将步入退休之年时，我们国家的 IT 行业一定会更加百花齐放、更有活力，不仅有大量开源和国产化技术雨后春笋般地茁壮成长，而且 Oracle 这样先进、成熟的产品和技术也将继续老而弥坚，在新时代发挥更大的潜能和作用。

2019年6月10日初撰于上海

2024年6月24日更新于北京

设计开发和优化篇

众所周知，设计开发质量对 IT 系统品质包括性能优良的作用是至关重要的。设计开发和优化的技术手段千万种，而我一直认为 IT 系统质量不佳的大部分问题并非需要多么高深的技术加以解决，恰恰是索引、分区等基础性技术运用不当所导致。

本篇我将以一个地产公司为背景开始讲述性能优化方法论，然后将在逻辑设计、表空间设计、索引设计、分区设计等方面，结合大量案例分享这些基础性技术的运用。与 10 多年前很多开发人员不建索引相比，现在大家已经大量创建索引了，但是新问题也接踵而至，那就是索引设计不合理导致的性能问题更加隐秘，带来的危害同样严重。

本篇既讲述广大开发人员普遍使用的本地分区索引实施经验，也将讲述全局分区索引、Bitmap Join Index 等鲜为人知的索引技术的神奇功效，还将结合移动公司、政府等行业客户的具体案例，分享分区方案的大局观和深刻性。本篇的《某银行的季度结息应用优化》实际上是讲述分区技术在跑批应用中的运用，还有 ERP 领域如何开展分区方案设计的官方经验和个人认知。

当下 IT 行业非常强调数据库的中立性、适配性和兼容性，换言之，越来越淡化数据库内部功能的使用。而我则持不同意见，即我一向主张充分发挥数据库内核的强大计算功能。因为这样不仅性能更好，而且免去了大量应用开发工作，IT 系统总体质量更高。在 SQL 开发规范和审核工具方面，我也提出了审慎而行的观点，更希望这些开发规范和审核工具不要成为束缚广大开发人员能动性和自由翱翔的桎梏。

在设计开发和优化领域，业内还有很多仁者见仁、智者见智的不同工作风格，例如很多同行非常重视 SQL 语句编写的重要性、强调执行计划稳定性、突出 Hint 的使用，甚至还有一条语句不要超过 5 个表连接等所谓最佳实践经验，而我则持不同观点。本篇包含了与很多同行不同工作风格的文章，例如《应用优化与应用透明性》《成也萧何，败也萧何——令人纠结的 Hint 问题》等，欢迎大家相互切磋、共同进步。

IT 系统可总体分为 OLTP 和 OLAP 两类系统，二者在业务访问特征和技术运用策略方面都迥然不同。本篇的《初识数据仓库》主要讲述 OLAP 系统特点和技术运用策略，以及 20 多年前与各友商和开发商共同参与中国移动经分系统研讨会，华山论剑，收获颇丰的往事。《数据仓库应用开发经验之谈》一文则是讲述不能机械地运用 OLAP 系统技术运用策略，而应该是根据实际应用场景和开发策略而采取更合理的技术。

本篇还包括了两篇对两种数据加密技术展开深入探讨的文章，尤其是两种方案的测试方法、指标对比分析等内容一定值得大家参考。

当前，国产数据库领域群雄并起，各厂商都在展现自身产品的风采，但我以为 IT 系统是一个整体，数据库引擎和优化器再出色，如果没有良好的数据库设计和应用开发，也难以保障 IT 系统的高质量。本篇叙述的逻辑设计、物理设计、索引、分区、执行计划最优化和稳定性、OLTP 和 OLAP 的不同技术运用策略等，适合于所有数据库产品和平台。我叙述的 Oracle 平台这些技术的运用和曾经发生过的往事，尤其是经验总结，一定有益于正在进行的国产化替代进程。

从某地产公司优化探讨优化方法论

无论是 DBA 还是开发人员，性能优化都是数据库从业人员一项常规性、也不断充满挑战的工作。如何开展性能优化工作？各路神仙是八仙过海、各显神通。有的同行擅长底层硬件、操作系统、数据库的配置和参数分析和优化，有的同行擅长应用软件分析和优化，还有的同行擅长从架构、数据库设计以及业务层面展开分析和优化。

如何更全面、系统地开展性能分析和优化工作？本文先简要回顾 Oracle 公司官方多年前就总结提炼的自顶向下和自底向上两种方法论，然后以某地产公司某系统的性能分析和优化为背景，叙述我在实际项目中运用自底向上方法论开展性能分析和优化的过程和若干经验之谈，最后还将分享 Oracle 高级优化技术的真实案例。

1. 回顾自顶向下和自底向上性能分析和优化方法论

所谓自顶向下，就是在项目建设初期就开展性能分析和优化工作，此时通常以业务需求分析、架构设计、数据库设计为主，逐步过渡到应用开发、测试和最终上线运维阶段。因此自顶向下方法论一方面蕴含着时间轴上的从前往后的全生命周期，另一方面也表示在 IT 系统层级中从架构、数据库设计、应用开发到系统软件和硬件平台的自顶向下。显然，自顶向下方法论是更主动的优化行为，可尽量将性能问题消灭在 IT 系统建设初期的萌芽阶段。因此该方法论对 IT 系统性能的贡献是最大的，也是投入产出比最高的。

可是，大部分同行在设计开发初期都是以实现功能为主，对高性能等非功能性目标重视程度不够，导致很多性能问题都是在投产后的运维阶段才暴露出来。此时应该用自底向上方法论去指导性能优化工作，即从底层硬件环境和配置开始分析，逐级往上分析操作系统、数据库系统、应用软件，以及架构设计乃至业务逻辑。因此自底向上方法论一方面包含时间轴上的从后期运维工作往前期设计开发工作的倒推，另一方面也表示在 IT 系统层级中，是从硬件、操作系统、数据库软件，到应用软件、数据库设计、架构设计，乃至业务逻辑分析的自底向上。显然在很多情况下，自底向上方法论是性能问题已经暴露时的不得已而为之，大部分问题也不是靠底层硬件扩容和系统参数调整就能解决，而是应回溯到应用优化、数据库设计优化，乃至架构优化才能解决问题。因此，自底向上方法论的投入产出比通常不如自顶向下方法论。

从业 30 余年，我有幸能自始至终参与客户的 IT 系统建设并积极献计献策的项目并不多，大部分情况下还是在生产系统运维阶段存在性能问题，才被动投入其中。于是，自底向上方法论成了我最常运用的方法论。本文也将以自底向上方法论为主要脉络，展开我的性能优化经验之谈。

2. 某地产公司某系统的应用性能分析

1）从底层看起

话说 2020 年春天，正值疫情初起的猖獗之时，我和销售同事应某著名地产公司客户之邀，走入了该客户 IT 系统现场。为什么在那么危难的时刻，客户还邀请我们去现场？原来该客户一套重要交易系统压力巨大，性能极差，尤其是疫情的负面影响，这直接导致了大量租户退租和转租业务量激增，系统已经不堪重负。

第一次身临地产行业 IT 系统，如何分析？是的，运用自底向上方法论，即先从硬件、操作系统看起。原来该系统运行在两节点 x86、Linux 平台，Oracle 11.2.0.4 RAC 数据库，国内数据库目前最经典的架构之一。硬件配置为 32 颗 CPU、128GB 内存，应该算中等配置的服务器。数据库容量还不到 1TB，相比银行、电信等行业，该系统并发访问量也不是太高。可是，该系统的资源消耗情况呢？下表是该系统业务高峰时段的 CPU 利用率情况。

Snap Time	Load	%busy	%user	%sys	%idle	%iowait
02-Mar 15:00:24	448.09					
02-Mar 16:00:08	397.17	100.00	94.70	4.03	0.00	0.00
02-Mar 17:00:28	342.91	100.00	95.56	3.38	0.00	0.00
02-Mar 18:00:03	463.22	100.00	94.84	3.97	0.00	0.00

在当下硬件配置越来越高、广大客户也越来越重视硬件投入的情况下，CPU 利用率还长时间处于 100% 饱和状态的系统应该非常罕见了。21 世纪 20 年代了，该地产公司又让我见识 CPU 利用率长时间处于 100% 状态，我又开眼了。哈哈。

除了 CPU 利用率，该系统的 I/O 消耗也达到大于 200MB/s，内存则达到 14GB/s，还有硬解析达到 140 多次 / 秒，而正常值应该是 10 次 / 秒以下。该系统的等待事件还表明，RAC 节点间数据访问冲突明显，私网流量很大。

总之，通过对该系统业务高峰时期的几份 AWR 报告的粗浅分析，已经得出结论：该系统的确是资源消耗巨大，已经快跑不动了。这是什么原因导致的？是硬件资源不够，马上迁移到配置更高的硬件服务器甚至 Oracle Exadata 一体机吗？或者是 11g 版本太老，马上升级到 19c 吗？不，几乎 99% 都是应用软件和数据库设计问题惹的祸。

2）其实都是应用常规性问题

按照自底向上方法论，在初步了解底层系统配置和资源消耗情况之后，我马上转入了应用软件和数据库设计层面，其实还是大量应用常规性错误导致的问题。例如，最简单的缺乏单字段索引、缺乏组合索引、条件字段前错误编写了函数、被驱动表连接字段缺乏索引等。本文仅对被驱动表连接字段缺乏索引问题进行深入分析，这也是业内普遍存在的一类典型问题，以下就是该系统的一条语句：

```
SELECT *
  FROM WDRMSNEW.VIEW_CM_BUNKCONTRACTBGDETAIL
 WHERE PLAZAESTIMATESINDEXID = 2582471
```

据深入分析，该语句对 VIEW_CM_BUNKCONTRACTBGDETAIL 视图进行访问，基表为 CM_PLAZADYNAMICINDEX 表 和 BS_BUNK 表，目 前 CM_PLAZADYNAMICINDEX 表通过 BUNKID 字段与 BS_BUNK 表进行连接操作，并且 CM_PLAZADYNAMICINDEX 表为被驱动表，但 CM_PLAZADYNAMICINDEX 表 BUNKID 字段缺乏索引，导致对该表进行全表扫描。为便于理解，我将该语句以 A、B 两个基表为例进行更简单、清晰的描述：

```
SELECT *
  FROM A,B
 WHERE A.ID = B.ID AND A.ID = 2582471
```

针对该语句，我想大部分开发人员都会在 A（ID）上创建索引，此时 Oracle 首先基于 A.ID=2582471 条件通过 A（ID）索引先快速访问 A 表，即 A 表为驱动表，然后再根据 A.ID=2582471 的少数记录值去访问 B 表，即 B 表为被驱动表，因此，应该在 B（ID）上也创建索引，即所谓的在被驱动表的连接字段上创建索引。可是，不少开发人员却忽略或者没有理解这条索引设计规范，经常导致对 B 表进行了全表扫描。如果语句中 B 表还有其他选择性很高的条件，而且 ID 为非唯一索引或字段选择性不高的情况下，例如：

```
SELECT *
  FROM A,B
 WHERE A.ID = B.ID AND A.ID = 2582471 AND B.TRANS_DATE = sysdate -1;
```

我们还应该根据组合索引设计原则，设计 B（ID,TRANS_DATE）的组合索引。

单字段索引、组合索引、被驱动表的连接字段上创建索引等，其实都是索引设计的基本知识，尽管实际的语句可能很复杂，甚至客户的视图等编写方式掩盖了很多问题，但基本原理永远都不会改变，这也应该是广大设计开发人员熟练掌握、运用自如的基本功。

3）OLTP 型应用优化经验之谈

IT 系统分为联机交易（OLTP）和联机分析（OLAP）两类，或者在同一个系统中包含 OLTP 和 OLAP 两类应用，即所谓混合类系统。OLTP 和 OLAP 应用在业务特征上有显著区别，在优化技术运用方面也是各有特点。

OLTP 型应用优化经验之一：先分析语句的 where 条件部分，分析是否为 OLTP 型语句。以该地产系统如下语句片段为例：

```
… …
where Plazaid = '1001286'
    and Propertycompanytype = 'BUSINESSCOMPANY'
    and Documentdate >=
        to_date('2020-05-25 00:00:00', 'YYYY-MM-DD HH24:mi:ss')
    and Documentdate <=
        to_date('2020-05-26 23:59:59', 'YYYY-MM-DD HH24:mi:ss')
```

该语句中的 Plazaid、Documentdate 条件表明查询某个购物中心、某一天的数据，显然是大海捞针式的 OLTP 语句。因此，索引、Nested_Loop 连接应该是执行计划的主要内容。可是该语句执行计划如下：

即虽然首先按（Plazaid、Documentdate）组合索引访问了 FD_RECEIPT 表，但是要对 FD_RECEIPTNOLOG 进行全表扫描。进一步分析发现，该表与 FD_RECEIPT 表通过 REFRECORDID 进行连接，而目前没有设计 FD_RECEIPTNOLOG（REFRECORDID）字段索引，导致全表扫描。又一个被驱动表的连接字段上没有创建索引的错误。

于是，我总结了 OLTP 型应用优化经验之二：在根据语句中的 where 条件，确定选择性最强字段已经创建索引，并按该索引访问相关表即驱动表之后，再根据语句的连接访问顺序，逐个确定被驱动表的索引设计情况，大部分情况对被驱动表的访问应该还是索引+Nested_Loop。如此顺藤摸瓜，直至完成所有表的访问。

4）OLAP 型应用优化经验之谈

同样地，通过分析 SQL 语句的 where 条件部分，很快就能识别出 OLAP 型语句。例如，该系统中一条语句片段如下：

```
......
FROM WDRMSNEW.VIEW_BS_BUNK A
WHERE NOT EXISTS (SELECT *
          FROM WDRMSNEW.V_RPT_BILLDETAIL_PROPERTY_RS B
        WHERE B.YEARSTR = :B2
          AND B.BUNKID = A.BUNKID
          AND B.TJTYPE = '合同')
```

显然 B.TJTYPE='合同'的选择性非常低，B.YEARSTR=:B2 是查询某年的数据，选择性也不高。因此该语句就是大批量数据访问的典型 OLAP 语句，创建索引显然不是有效的优化措施。现有执行计划显示，该语句对 RPT_BILLDETAIL_PROPERTY_RS 表进行全表扫描，如何优化？

经过深入分析我们发现，RPT_BILLDETAIL_PROPERTY_RS 表没有分区，因此，对该表按 YEARSTR 字段进行年度分区，Oracle 将有效采用分区裁剪技术，只查询相关年度的数据，即只对某个分区数据进行扫描，避免了全表扫描。

如果某个分区即某年的数据量依然很大，进一步的优化策略就是采用并行处理技术。当然前提是待其他应用优化下来，CPU、内存、I/O 等硬件资源消耗大幅度下降之后，才能有足够的资源供并行处理之用。

这就是优化总体策略"开源节流"的综合运用，索引、分区裁剪技术都是节流，并行处理就是开源。

3. 某地产公司某系统的数据库架构优化探讨

1）开发商的主要优化策略分析

依据自底向上方法论，我们在初步完成底层系统指标分析，特别是以应用软件和数据库设计优化为重点的分析和优化工作之后，也展开了数据库架构层面的分析工作。与此同时，开发商也在重压之下开展了该系统的优化分析工作。我们理解开发人员优化工作的重点一方面专注于业务和应用层面，另一方面则是在架构方面做文章。

开发商是如何考虑架构优化呢？原来鉴于系统压力过大，他们首先建议按业务模块进行垂直分库，例如已经将报表模块拆分成独立的数据库进行管理，并计划进一步拆分财务模块。其次实施读写分离，建设读数据库，将报表的读取切换到读库，后续还将其他业务模块的列表读取、查询页面切换到读库。然后对超过 1000 万条记录的表实施分表、分区设计。

总之，这就是我们当下经常遇到的广大同行采取的架构优化策略，即但凡遇到性能问题，一个重要优化策略就是分库、分表和分区。

2）架构优化并不需要大卸八块甚至推倒重来

虽然数据库架构非常重要，但是针对性能问题，我们还是应该深入探究根源所在。以该地产公司该系统为例，导致系统性能问题的主要原因在应用软件和数据库设计层面，例如上述的索引设计、分区设计等问题。将架构进行上述大规模的改造，并没有从根本上解决问题，而只是一种减缓问题严重性的权宜之计。例如原来在一个大库、大表上的全表扫描减缓到在一个小库、小库的全表扫描，为什么不通过合理的索引设计彻底解决全表扫描问题呢？更广泛深入分析，分库、分表不仅带来 IT 建设投资的增加，而且带来整个数据库架构的复杂化，以及运维管理的复杂化和成本增加。再则，分库操作，必然带来库之间的互访问问题，以及数据一致性和全局性数据统计等问题。

因此，我们建议在尽量保持现有数据库架构不变的前提下，充分考虑索引优化、SQL语句优化、分区实施、RAC 优化等技术的实施，在这些优化技术的综合运用之后，若依然不能满足性能需求，再考虑分库、读写分离等策略的实施。

即便未来真要实施读写分离，我们也建议不要在应用层面展开实施，而是采用 Oracle ADG 架构实施整库的读写分离，好处在于不仅实施、管理简单，而且能做到生产库和查询库的数据实时同步。另外，ADG 实施对应用基本透明，甚至允许查询库有少量 DML 操作存在。

总之，该系统的确需要在架构方面进行优化，例如 RAC 环境下的应用部署优化、ADG 容灾和读写分离架构实施等。但是，架构优化并不意味着对现有架构大卸八块甚至推倒重来，这种大动干戈不仅导致投资、运维成本增加，而且导致应用软件大幅度改造、数据一致性差、全局数据访问能力下降等一系列问题。

Oracle 官方曾表述：RAC 依然是 IT 系统的主流架构之一。回到该地产公司，该系统的经典两节点 RAC 架构依然具有强大的生命力，只要应用软件和数据库设计优化工作做到位了，RAC 这种集中式、简洁明了的架构依然可以长期稳定高效地运行下去。这也是在架构设计方面返璞归真的普世哲学的具体体现。

4. 应用高级分析技术的实施案例

1）基本优化技术能解决绝大部分性能问题

如前所述，我在该地产公司的性能分析和优化中，基本上只是对几份 AWR 报告的分析，以及一些基本脚本和命令的使用，就完成了该系统的性能总体分析和优化建议。该系统大部分问题也都是一些常规性问题，尽管有些问题比较隐蔽，例如开发人员大量使用了视图，加大了分析工作难度，等等。

我发现目前业内很多同行对性能问题的分析则是 AWR、ADDM、ASH、设置 10046 事件、统计信息分析、SQL Profile、SQLHC、SQL Monitor 等十八般兵器全用上，对一些性能问题的分析也非常深奥和复杂。例如，对如何确保执行计划稳定性的分析和技术运用就非常投入，甚至一遇到性能问题，就通过 SQLHC 工具采集该语句的执行计划历史情况，分析是不是统计信息不准确，或者需要采用 SQL Profile 来绑定某个最优的执行计划。而在我的实施经验中，大部分性能问题都不是执行计划不稳定问题，而是索引设计、分区设计等问题而导致。试想，某条语句因为缺乏合理的索引或分区设计，性能从来就没好过，绑定什么好的执行计划呢？

可是，在现实的 IT 系统中，的确也有极少数问题需要使用 Oracle 的高级优化技术。本文最后就将叙述我在 Oracle 自动调优工具和 SQL Profile 技术方面的实施经历和实施案例。

2）初识 SQL Profile

记得多年以前，在某银行数据仓库项目上遇到一条非常难优化的 SQL 语句，当时即便我采集了统计信息，甚至在语句中增加了 HINT，Oracle 产生的执行计划都不尽如人意。最后，不得不通过 SR 寻求老外高手的指点，他建议我采用当年 10g 刚出炉的一个新技术，即让我为该语句生成 SQL Profile 信息，然后再执行该语句。问题解决了，太神了！也记得当时我问老外：以后是不是遇到非常复杂的、优化难度很大的 SQL 语句，就扔给 Oracle，特别是产生一遍 SQL Profile 来辅助优化器？老外专家不无得意地在 SR 中简明扼要地回答："That's right！"

3）再次感叹 SQL Profile 的牛

某年，某石化客户数据库从 9i 直接升级到 11g 之后，日常登录页面从原来的 4 秒多下降为 30 多秒，令广大客户苦不堪言。我在深入分析这条将近 200 行的 SQL 语句时，发现该语句执行计划已经基本找不出明显问题，例如既没有全表扫描，也没有全索引扫描，甚至语句的 Cost 也非常低（当然 Cost 并不十分准确）。但是语句执行效率并不高，资源消耗也非常高。如何进行优化？

山穷水尽之际，想起了上述多年前的往事，更想起了神奇的 SQL Profile 技术。于是，在 MOS 中搜索到 Automatic SQL Tuning and SQL Profiles（Doc ID 271196.1）之后，我照猫画虎地开练了，主要优化动作就是采集并使用了 SQL Profile。优化效果如何？以下就是优化前后的对比，这是优化之前的各项指标：

Stat Name	Statement Total	Per Execution	% Snap Total
Elapsed Time（ms）	30,273	30,272.96	17.76
CPU Time（ms）	29,968	29,968.19	17.79
Executions	1		
Buffer Gets	1,246,155	1,246,155.00	14.68
Disk Reads	5,437	5,437.00	0.80

这是优化之后的各项指标：

Stat Name	Statement Total	Per Execution	% Snap Total
Elapsed Time（ms）	4,653	4,652.71	3.00
CPU Time（ms）	4,470	4,470.23	2.90
Executions	1		
Buffer Gets	303,480	303,480.00	2.32
Disk Reads	9,740	9,740.00	1.39

可见，语句响应速度从 30 秒回到了 4 秒多，Buffer Gets 从 1 246 155 下降到 303 480！我对语句没做任何改动，也没创建新的索引，执行计划就更好了，实际效果更是如此地好！SQL Profile 牛啊！

4）实施细节

下面就是 Oracle 自动优化工具和 SQL Profile 技术综合运用的详细过程：

（1）生成自动优化任务。

```
declare
    my_task_name VARCHAR2(30);
    my_sqltext CLOB;
    begin
        my_sqltext := '<欲调优的 SQL 语句文本>';
        my_task_name := DBMS_SQLTUNE.CREATE_TUNING_TASK(
        sql_text => my_sqltext,
        user_name => '<用户名>',
        scope => 'COMPREHENSIVE',
        time_limit => 60,
        task_name => 'test1',
        description => 'Task to tune a query on a specified table');
    end;
    /
```

（2）执行自动优化任务。

```
begin
 DBMS_SQLTUNE.EXECUTE_TUNING_TASK( task_name => 'test1');
 end;
 /
```

（3）查询 Oracle 产生的自动优化报告。

```
set long 10000
set longchunksize 1000
set linesize 100
set heading off
 SELECT DBMS_SQLTUNE.REPORT_TUNING_TASK( 'test1') from DUAL;
set heading on
```

（4）接受 Oracle 自动优化任务产生的 SQL Profile。

```
DECLARE
 my_sqlprofile_name VARCHAR2(30);
 begin
 my_sqlprofile_name := DBMS_SQLTUNE.ACCEPT_SQL_PROFILE (
 task_name => 'test1',
 name => 'test1');
 end;
 /
```

接下来就可以运行需要调优的语句，并观察优化效果了。效果就是上面显示的那组令人激动不已的数据，而且在 Oracle 产生的新执行计划中，明白无误地显示采用了 SQL Profile。

```
"SQL profile "test1" used for this statement "
```

读者现在只需将你需要优化的语句和所属用户名填入上述脚本之中，也可以照葫芦画瓢开练了。

5）SQL Profile 到底是什么？

SQL Profile 信息存储在 Oracle 数据字典之中，除了 dba_sql_profiles 视图显示的有限信息之外，的确有种看不见、摸不着的讳莫如深的感觉。SQL Profile 到底是什么？其实 SQL Profiling 可以与表和统计信息的关系相类比，SQL Profile 就是一条 SQL 语句的统计信息。例如：当我们遇到一个复杂且资源消耗非常大的 SQL 语句时，Oracle 可通过一些取样的数据，或者可以执行该语句的一个片段，以及分析该语句的历史执行情况，来评估整体执行计划是否最优化。而这些辅助信息，就是 SQL Profile 信息，并保存在数据字典之中。

SQL Profiling 工作原理如下图所示。即该图上半部分显示 11g 自动优化工具 SQL Tuning Advisor 在针对某条 SQL 语句产生 SQL Profile 信息之后，在上图的下半部分，当 Oracle 正式需要执行该 SQL 语句时，优化器不仅利用该语句所访问对象的统计信息，而且利用 SQL Profile 信息，来产生整体上更优的执行计划。

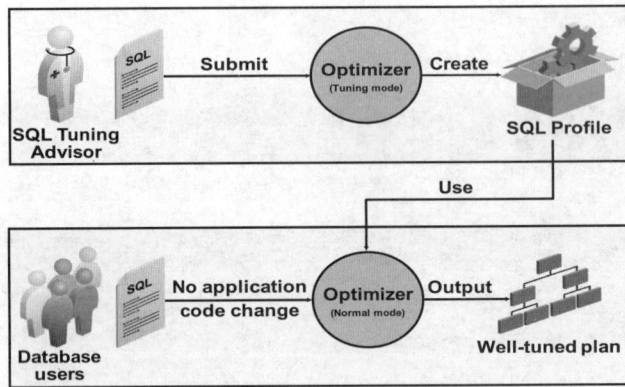

6）什么时候该使用自动调优工具和 SQL Profile？

Oracle 的自动调优工具和 SQL Profile 的确像潘多拉盒子一样充满魔力。继续上述优化案例，尽管该语句被 Oracle 优化了，但我仔细对照了优化前后 50 多步的执行计划，怎么也没找出到底是哪些步骤被 Oracle 优化得效果是如此之好，真是太神奇了！

是否一遇到复杂语句就依靠自动调优工具和 SQL Profile 进行优化呢？且慢，首先，尽管应用性能问题很多，但最主要的问题还是一些传统的、基础性问题。例如：缺乏合适的索引尤其是组合索引；组合索引设计不合理，导致 Index Skip Scan 操作；SQL 语句中错误地使用函数，导致索引无法使用等。针对这些问题，合理运用 20% 的基础技术，例如索引技术，其实能解决 80% 的问题。这些技术也是 DBA 和应用开发人员的基本功和基本设计开发规范。其次，自动调优工具和 SQL Profile 也非包治百病的灵丹妙药，也有看走眼的时候。Oracle 自动工具怎么可能比我们更了解自己的数据模型和数据分布情况，进而给出更准确的优化策略呢？再次，Oracle 自动工具使用起来也并不简单，而且需要 DBA 与开发人员紧密配合。针对大部分基础性问题，其实有经验的 DBA 和开发人员一眼就能看出问题，何必杀鸡用牛刀呢？

那何时使用自动调优工具和 SQL Profile 进行优化呢？本人的经验之谈：当针对一些复杂 SQL 语句，运用传统的、人工分析方法难以奏效时，建议尝试使用这些新技术，也就是当成优化工作的最后一招。

无论如何，Oracle 的自动调优工具和 SQL Profile 还是牛！不得不服！但使用起来还是应该恰如其分。

2023 年 9 月 25 日于北京

表空间设计之遐想

表空间是 Oracle、DB2 等各主流数据库一个重要且传统的基础技术，也是数据库物理设计的重要内容。如果把数据比喻成鸡蛋，那表空间就是盛放鸡蛋的篮子。国内 IT 系统表空间设计现状如何？存在哪些不足和问题？表空间设计的基本原则和最佳实践经验是什么？本文不妨一一道来。

1. 30 年前的表空间设计

30 多年前，我们作为 Oracle 在中国最早的客户之一实施数据库设计时，几乎没有任何物理设计的理念和知识，就知道在逻辑上写出建表语句而已，连表空间都不指定，更别提表的 pctfree、pctused 等一堆物理属性参数了。大家知道当年 Oracle 5.1 版在不指定表空间的默认情况下，把表放哪儿了吗？SYSTEM 表空间！

于是，在我们项目组历经半年的应用软件设计和开发之后，开始往数据库里灌数据时，不一会儿，数据库就报 SYSTEM 表空间满的错误（ORA-1652）。在当年连 Oracle 联机文档都没有的情况下，我们抱着一本翻译得像天书一样的 Oracle 资料，苦苦研读，终于找到了如何扩表空间的命令。当年的 Oracle 5.1 版，居然要先通过一个 Oracle 提供的 ccf 工具，在操作系统创建一个文件，然后再通过 " alter tablespace <tablespace_name> add datafile <datafile name>" 命令将该文件添加到指定表空间，从而完成表空间扩容工作。

就这样，我们照猫画虎般地把 SYSTEM 表空间直接扩充了！也满足数据加载需求了。今天回忆起来实在是汗颜——这就是我们 30 多年前的数据库物理设计和表空间设计水平。

2. 表空间设计之初心：提升性能

表空间究竟如何设计？目的是什么？借用现在的时髦用语，本人认为我们表空间设计之初心就是提升性能了。的确，在几十年前硬件磁盘镜像技术面世之前，表空间对应的数据文件是直接存储在单块物理磁盘之上的，若数据都存储在单块磁盘之上，一定会带来 I/O 的竞争，影响性能。于是，当初的表空间设计通常会制定这样一些规则：按照业务逻辑划分多个表空间；或者直接设计一组表空间，将数据随机打散存储在这一组表空间中；表和索引分别设计表空间，因为通常是通过索引访问表数据的，避免索引和数据存储在相同物理盘而带来的 I/O 竞争……上述种种规则，无外乎是为了降低 I/O 竞争，提升数据库访问性能。

但是，随着硬件技术的发展，尤其是 RAID 0、RAID 1 、RAID 1+0、RAID 5 等磁盘镜像技术的发展，表空间对应的数据文件已经不再落在单块物理磁盘上，而是落在一组物理盘被条带化打散之后的逻辑盘上了，尤其是 Oracle 10g 之后推出的自动存储技术（ASM），一组物理或逻辑磁盘可以被 Oracle 进一步条带化打散（即 strip to strip）并自动管理，不需要我们在表空间设计时考虑如何打散磁盘，提升性能了，磁盘存储管理不仅更加简洁、更加智能化，而且性能也越来越好了。Oracle 甚至建议一个 ASM 磁盘组管理的磁盘越多，数据越均匀被打散，性能更好。

总之，随着硬件和存储管理技术的发展，现在已经不需要考虑通过表空间的精细化设计来提高数据库访问性能了。那是否又回退到我们 30 多年前那个质朴的年代了呢？

3. 表空间设计之更多初心：高可用性、可管理性

我们不妨继续回到源头，探究表空间设计之更多的初心。其实，表空间设计不仅是为了提升性能，而且也是为了提高数据高可用性、可管理性等多重目标。下面不妨深入探讨一番。

1）高可用性

正如"不要把所有鸡蛋放在一个篮子里"这么朴素的道理一样，把所有数据都存储在少数几个甚至一个表空间的最大风险就是高可用性下降。试想，若该表空间对应的数据文件出现一个坏块，都可能导致整个表空间不可访问，进而可能导致整个系统不可访问。如果要通过 RMAN 等备份技术进行恢复，也基本上是全库恢复，恢复时间（RTO）等能满足现在 RTO 越来越严苛的目标吗？

某天在某银行，我发现该行当年最大的库已经接近 100TB 了，却只设计了数据和索引两个表空间，我绝非危言耸听地对负责该系统的客户 DBA 说："万一哪天磁盘出问题了，你需要一次性恢复 100TB 数据，可能要几天几夜，能满足你们业务连续性需求吗？"他回答说："恢复不出来，找你们 Oracle 高级服务部门啊。"如果如他所愿，那我们部门该打广告了："您想在 10 分钟内恢复 100TB 的数据库吗？请找 Oracle 高级服务部门。"这个广告一定是虚假广告，哈哈。

若该系统按照一定原则和规范，设计了一组 N 个表空间，那某个表空间对应的数据文件出现问题，影响的业务范围可能也只是 $1/N$，同样的恢复时间也是 $1/N$。

2）可管理性

不知从何时开始，我发现国内 Oracle 数据库之间传输数据，Exp/Imp 和 10g 之后的 Data Pump 仿佛成为无论是业务人员，还是开发人员以及 DBA 们唯一会使用的工具。我在第一本书《品悟性能优化》中，曾讲述过我的一个同事在加拿大找工作面试的故事。老外问："你认为在 Oracle 中最快的 ETL 技术是什么？"我的同事立马回答："Transportable Tablespace。"即表空间传输技术，老外听到他的答案，激动得跳到桌子上："我面试过 200 人了，你是第一个答出来的。"他从此得到了一份非常厚禄的工作。所谓表空间传输技术就是在物理层传输数据文件的技术，远高于 Exp/Imp、Data Pump、SQL Loader 等需要 SQL 逻辑运算，并且产生大量日志的逻辑层技术。

但是，表空间传输技术是需要表空间精细化设计的。如果所有数据都存储在一个表空间中，无法剥离哪些是需要传输的数据，表空间传输技术也是无法实施的，除非要传输整个库的数据。

数据可管理性不仅体现在数据库之间的数据传输，还体现在数据压缩、数据归档、数据生命周期管理、数据安全性等诸多方面，通过表空间的精细化设计，这些方面的技术运用空间更大、灵活性更大。例如基于表空间的压缩技术的实施、基于表空间的透明数据加密（TDE）技术的实施等。反之，粗粒度的表空间设计，只能带来简单、粗放、技术手段原始、性能低下等诸多不良后果。

4. 表空间设计之基本原则及案例分享

如前所述，现在的表空间设计中，提升性能已经不是主要目标了，提高高可用性、可管理性、安全性等成了更主要的诉求。那如何具体体现，如何制定相应的设计原则和规范呢？虽然属于物理设计范畴，与业务逻辑没有直接关系，但表空间设计还是应充分考虑不同业务系统对数据的高可用性、可管理性和安全性的不同需求，也是与交易系统、数据仓库系统和混合类系统等不同系统类型相关的。

以下是我们曾经为某银行的数据仓库系统确定的表空间设计基本原则，本文再略微剖析一番，供各位看官参考。

1）系统数据与应用数据必须存储于不同的表空间

我想这一条是业内公认和普遍实践的，再也不会有客户像本文开篇的我们 30 年前一样，把应用数据存储在 SYSTEM 和 SYSAUX 系统表空间的情况了。

2）表和索引分离，存储在不同的表空间

我认为这一条依然是业内普遍遵循的，但目的不是早期为了减少表和索引的 I/O 竞

争，提升性能，而是方便对表和索引进行不同的管理工作。例如我们在数据备份恢复时，可以只对表所在的表空间进行备份恢复，由于索引数据是再生数据，是可以不需要备份而通过索引重建恢复的。这样将大大提升备份恢复效率，降低资源开销，更好地满足 RTO、RPO 等指标要求。

在数据迁移时，我们可以一改只使用 Data Pump 等导入导出的传统技术，使用表空间传输高级技术，更好地满足性能和资源消耗需求。

再则，归档库可能只需要表的数据，不需要索引数据，因为归档数据访问与生产系统可能不一样，因此可以不需要生产系统的索引，而建立符合归档数据访问需求的新的索引。

3）按应用划分数据，不同应用的数据存储于不同的表空间

例如在该银行的数据仓库系统中，我们按金融工具（Instrument）进行分类，不同金融工具数据存储于不同表空间，这样既提高数据管理灵活性，也减小单个表空间故障的影响范围。

4）以时间（月）为单位进行分区和表空间的设计和分配

在该项目中，一方面数据库容量太大，另一方面业务部门有按月进行数据统计分析和上报数据等需求，因此我们在已经按上述原则设计表空间的基础上，进一步增加了按月进行分区和表空间设计和分配的原则，这样表空间更加细粒度，更好地满足了数据管理的灵活性需求，例如可以对某类应用的某月数据进行表空间级的数据加密。

5）为 Stage 区域、汇总数据分别设计表空间

作为数据仓库系统，该系统有大量的中间计算结果和汇总数据需要存储。之所以为存放中间数据结果的 Stage 区域和汇总数据分别设计表空间，就是因为考虑这些数据或者为临时性数据，或者为可再生数据，可以不用进行数据备份和恢复，这样可以降低数据备份恢复等管理性工作的资源和时间开销。

6）为归档数据设计表空间

考虑数据仓库系统海量数据的访问特点，以及客户为了设备利旧，在同一个 SAN 存储网络中集成了性能不一的存储设备的特点，我们特意将访问频度较高的当前数据存储在性能较好的存储设备之中，还此专门设计了 ASM 磁盘组和一组存储当前数据的表空间，将访问频度不高的历史归档数据存储在性能较差的存储设备之中，还专门设计了 ASM 磁盘组和一组存储历史归档数据的表空间，实现了好钢用在刀刃上这一目标，又兼顾了归档数据存储和访问的需求。

5. 表空间设计之现状和感悟

如果对照上述表空间设计基本原则，我想我们国内大部分数据库系统可能只遵循了前两条，因此我们看到的大部分数据库系统除了若干系统表空间，然后就是一个数据表空间和一个索引表空间，如此粗放式设计的弊端不再赘述。

再说一个生动案例：最近我们为某大型保险公司的新一代核心系统在设计优化方案，其中最主要运用的技术是分区技术，但我们也很快发现了其表空间设计也如同国内大部分数据库系统一样简单、粗放。当我向客户指出其弊端和风险，并提出精细化设计的建议时，客户第一反应是："不用搞得这么复杂，运维管理起来太麻烦了。"

我想也许这就是国内大环境在 IT 行业的心理折射。国家这些年的确发展很快，但众所周知，依然是规模型、粗放型和资源浪费型的经济发展模式，国家高层和普通百姓也都知道科学发展、节约型发展的重要性。尤其是在人们心目中，IT 行业作为高科技一定是阳春白雪，不承想，其内部设计却是如此简单、粗放。现在人们也越来越崇尚工匠精神，也客观赞赏我们东亚近邻锲而不舍的精雕细琢，但为什么不从我们每个人分内的点点滴滴做起呢？

回到我们 Oracle 高级服务部门，我想大家对这种粗放式的现状其实都心知肚明，但我们却有点视而不见，例如我们的巡检报告和其他服务报告中很少评估这种表空间粗放式设计现状，也没有提出精细化的全面建议。如果客户采纳我们的建议，不仅能极大提升客户的 IT 系统品质，也能给我们服务部门带来许多新的服务机会呢。例如，将现在简单的全库备份恢复方案优化成表空间级备份恢复方案；将简单的数据传输和数据归档实现方式优化成表空间传输技术；在表空间级进行数据加密和压缩；在表空间级运用 ADO 技术进行数据生命周期管理，等等。

IT 系统设计如此简单粗放，甚至不太作为，人们都有点熟视无睹了。而一旦发生重大故障，客户又无比重视，举全行之力、全公司之力，尤其我们作为乙方，每次遇到重大故障，客户恨不得让我们把全公司各级老板和所有技术资源，乃至海外资源都全部投入上去。其实很多时候由于系统本身设计的缺陷，投入再多资源也是无济于事的。这种事前不投入、不重视，事后不计成本投入的思维模式和行事风格，实则是我们急需改进的。

再继续该保险公司的故事：当客户不愿意进行表空间细化时，我有点急了："我们 Oracle 的很多高级技术，尤其是这种先进、全面的设计理念就是针对中国这样全球最大的 IT 系统的，你们都不采纳和实施，那谁用？"他的回答令我哭笑不得："我们本来就不想用你们 Oracle，想去 O 了。"不得不联想到国内近年过于强调的国产化和自主可控化，其实技术多元化无可厚非，但无论走什么技术路线，采取什么具体技术，先进和全面的设计理念，做事的缜密精神，才是最重要的。

最后还是继续保险公司故事作为本文结束，尽管客户有抵触，但我还是笑侃："×

老师，你知道我这人很轴的，我会继续磨你的，你肯定会被我磨垮的。"他也乐了："好的，你慢慢磨我吧。"

　　是的，这个世界很多事情之所以与众不同，就是因为多了一点责任、主动、坚持和执着，也正因为这份责任、主动、坚持和执着，这个世界才会越来越美好。

2020年3月18日于北京

老生常谈性能优化

高性能是 IT 系统一项非常重要的非功能性指标需求，性能优化服务也是 IT 专业服务领域一项重要的服务内容。回首自己数十年的 IT 从业经历，前 10 年基本是一名数据库应用开发人员，即以实现业务功能为主。加入 Oracle 公司的 20 余年，虽然驰骋国内无数行业客户，但已经很少再从事某个行业的具体应用开发工作，主要是为客户提供高性能、高可用性、安全性、可管理性等非功能性目标的专业服务，其中，性能优化服务更是自己投入时间最多、收获最为丰厚，也是最有心得的服务领域。

因此，围绕性能优化这个既传统又经久不衰的话题，我决意再来个老生常谈的系列篇，既有性能优化方法论的回顾和最新体验，也有若干传统技术在实际案例中的深度运用，还有这个领域若干新技术的实施经验分享。总之，希望在这个传统得不能再传统的领域能谈出我新的体验和感受，也能令各位读者产生新的共鸣。

1. 性能优化方法论的最新体验

1）初涉性能优化领域

我是 1999 年下半年在某互联网公司从事 DBA 工作时，正式涉足性能优化领域。与很多同行初涉此领域一样，我最初也是在数据库软件底层花费了不少精力，尤其是研究数据库各种初始化参数原理和最佳设置方案。那个年代还是 8i 版本，还没有 9i、11g 等版本推出的自动共享内存技术（ASMM）和自动内存管理技术（AMM）等。因此，当年我在 db_block_buffers、shared_pool_size、shared_pool_reserved_size、large_pool_size 等参数方面苦苦钻研，可是对系统的整体性能提升却收效甚微。我想主要原因还是以前作为一名开发人员并未深入了解数据库内部机制，于是，越不了解的东西越充满神秘感，更希望后台这些神秘参数的设置能起到神奇作用的一厢情愿罢了。

在屡屡无功而返之后，我又回到了自己的老本行即应用开发领域，我不再编写具体 SQL 语句，开始协助开发人员在 SQL 语句执行计划分析、索引设计、分区方案设计等方面开展了探索性工作，没想到，在这些领域的粗浅工作令系统的整体性能马上呈数量级的提升，也令该网站当年在国内互联网领域一些开拓性应用具有了明显的性能优势。例如，该网站是当年全国最大的个人邮箱系统，也是最早的城市生活信息网站、最早的交友网站。

此时，我开始感悟到性能优化是一个系统工程，虽然后台参数不是万能的，但没有合理设置后台参数是万万不能的。什么时候我该专注于后台参数？什么时候又该专注于设计和应用开发？ Oracle 有没有一整套性能优化方法论来指导我们广大客户的实际优化工作？

2）初识 Oracle 性能优化坐标图

当年尽管初有斩获，但我还是想系统研究一番性能优化领域，即开展理论和实践的结合。于是，我开始从头到尾阅读 Oracle 8i 的联机文档 Database Performance Tuning Guide，其中第一章就专门讲解性能优化方法论，给我印象最深刻的就是如下这张分别代表收益和成本两条曲线的坐标图。

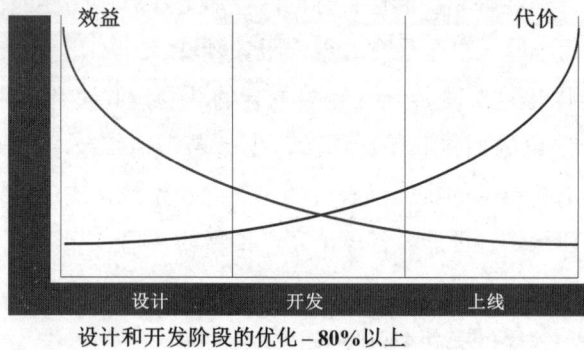

设计和开发阶段的优化 – 80%以上

该坐标图的横轴是 IT 系统的时间生命周期，总体分为设计、开发和上线三个周期。纵轴有效益和代价两条曲线，其中效益曲线是逐步下降，而成本曲线则是逐步上升，即随着时间的推移，性能优化的效益是逐步下降，而成本则是逐步上升的。

在官方上述坐标图的基础上，日后我又结合自己的实施经验丰富了该坐标图，即在每个阶段都加入了数据库领域的相关工作，如下图。

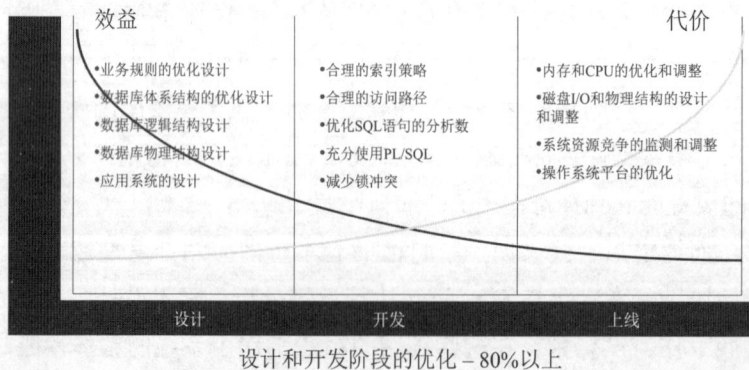

设计和开发阶段的优化 – 80%以上

　　首先，业务规则设计、数据库架构设计、数据库逻辑和物理结构设计、应用系统设计等各种设计工作对性能优化的贡献度是最高的；其次，是开发阶段的 SQL 语句编写、合理的索引策略、降低 SQL 语句分析次数、充分使用 PL/SQL、减少锁冲突等各种应用开发技术的优化运用；最后是上线和运维阶段开展的硬件和数据库环境各种参数设置、资源竞争的监控和调整，以及操作系统层面优化等工作。而上线和运维阶段的优化工作不仅对整体性能提升的收益有限，而且往往是成本最高昂的。

　　试想，在运维阶段我们才发现一个成型应用的数据库表结构设计有问题，导致了极度消耗系统资源，此时重新开展数据库表结构的设计和应用优化的成本已经太高，甚至是不可能的，因此只得用更好的硬件设备去弥补。这不是典型的投入高、产出小吗？在我们刚刚进行的北方某客户优化项目中，那么多动辄几十 GB 全表扫描的语句，如果不在应用软件方面进行优化，靠任何硬件的增大投入都是收效甚微甚至无济于事的。

3）20 多年之后还沉湎于参数设置

　　20 多年过去了，我感觉很多同行依然沉湎于参数设置，甚至比我当年的钻研更加投入，例如在 spfile 文件中动辄设置了数十、上百个隐含参数。我们不妨先看看我摘录的 Oracle 公司关于隐含参数的一段官方观点：

```
"Hidden parameters only give performance gains in very rare cases. In
general, all you need to do to your init.ora to activate RAC is to set
cluster_database to TRUE.

The general rule with hidden parameter is: Oracle does not support
it. So if a customer set it without Oracle recommending it, it is not
supported. Hidden parameters in particular,which e.g. disable integrity
checks, have to be used with extreme caution and should never be set in
production environments."
```

　　首先，Oracle 官方认为隐含参数很少能用于提升性能。其次，官方并不支持隐含参数的设置，除非得到研发和全球客户支持中心（GCS）的许可和认证。我个人经验是隐含参数通常都是用于关闭某些存在 Bug 的内部新功能而使用的 Workaround，由于内部特性是相互关联的，因此是否关闭、如何关闭、是否会导致其他兼容性问题等等的确需要研发和 GCS 的支持和认可。再次，解决 Bug 的最有效办法是安装补丁和升级到更高版本，我也看到 Oracle 官方关于数据库升级的一条最佳实践经验：升级之后，取消原有版本中的所有隐含参数。Oracle 言下之意是我的新版本理论上已经修复了旧版本的所有 Bug，因此可先取消所有隐含参数。如果再遇到问题，我们在新版本的新平台上再研究新的解决方案，例如申请新的 Patch，或者重新设置新的隐含参数。

　　那些在数据库参数包括隐含参数方面依然煞费苦心的同行，与其说是对上述 Oracle 官方观点缺乏了解，不如说站在性能优化方法论高度而言，还没有完全领悟性能优化领域是一个系统工程，即不仅缺乏对性能问题的整体认知，更没有深刻意识到设计、开发工作对 IT 系统整体性能的作用至少大于 80%。

　　再以最新的北方某客户优化项目为例，在我们提出的 23 条优化建议中，21 条都是针对 SQL 语句的，只有两条是分别扩大 PGA 和 shared_pool_size 参数的。SQL 应用优化的实施效果几乎都是从数十 GB 数据访问量到几 MB、几十 KB 的数量级下降，而将用于复杂统计运算、排序操作的 PGA 区域从 10GB 扩大到 30GB，哪有应用优化的效果显著？即便 PGA 保持为 10GB，只要应用优化工作做得彻底，大部分应用的数据访问量已经降到几 MB、几十 KB 了，其实也已经足矣了。而扩大 shared_pool_size 参数也只是针对 version count 太高的问题，对该系统的巨大 I/O 问题不会产生直接的优化效果。

　　再述说一个案例：某天围绕某客户系统的性能问题，与原厂 GCS 和本地技术专家们一起开会研讨，当看到本地专家们为规避 RAC 的 DRM 风险和 Bug，通过设置 _lm_drm_disable、_gc_policy_time、_gc_undo_affinity 等隐含参数关闭 DRM 时，连 GCS 后台专家都不苟同，并表述了应该保持 DRM 开启状态的官方观点。我的经验和观点是：与其在 RAC 内部机制方面苦思冥想，还不如在 RAC 环境下的应用部署策略、应用和数据访问的有效分流、降低数据访问冲突等方面多下功夫，也就是将视野从数据库底层机制拓展到设计、开发等更大领域去考虑问题。

2. IT 系统设计开发基本原则：返璞归真

1）20 多年前央行某系统的日终批处理

　　2001 年，我刚入职 Oracle 公司不久就非常有幸参与到央行某重要系统的咨询服务工作中，初出茅庐的我不仅技术和经验稚嫩，更没有那种能力和气场去对该系统的数据库设计和应用开发说三道四。下图是该系统当年的主要表结构设计和日终批处理流程图。

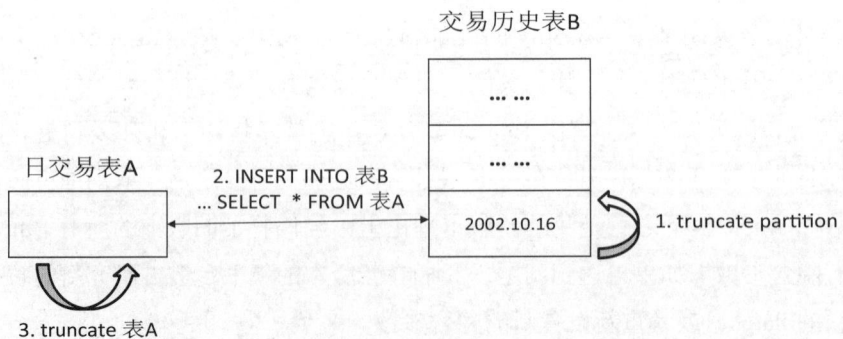

即该系统的开发商设计了只存储当天交易数据的日交易表 A，以及存储 1 个月交易数据的交易历史表 B，表 B 还按日进行了分区，即分别设计了所谓的日表和月表。

在每天交易结束的日终批处理时，先通过 alter table ＜表 B＞ truncate partition ＜当天分区名＞语句，清空表 B 中上个月当天的交易数据；再通过 INSERT INTO ＜表 B＞…SELECT * FROM ＜表 A＞语句，实现数据的转储；最后 truncate table ＜表 A＞。

据开发商介绍，如此设计的主要目的就是为了确保白天的联机交易性能，他们朴素的想法是，在一个只有几百万条记录的表 A 中进行数据的查询和插、删、改操作，总比在一个几千万，甚至亿级表 B 中进行同样操作的性能要好。可能一直到当下这种朴素想法都是很多开发人员的想法，甚至在当下强调分布式架构基础上，更有所谓分库、分表、分区等把表尽量打散、变小的更加浩大的工程。

回到当年的央行客户，该系统在上线当天晚上撞上了 Oracle 9i 的自动段空间管理（auto segment space management）技术的一个 Bug，导致上述日终批处理流程未能顺利完成。待 Oracle 紧急研发补丁、故障平息之后，我才深入了解上述表的设计和日终批处理流程，于是我斗胆提出了能否把上述 INSERT INTO ＜表 B＞… SELECT * FROM ＜表 A＞语句修改为分区 exchange 操作的建议，因为 exchange 操作是 DDL 操作，只是交换了数据的地址，而不是真正搬移数据，性能将远远高于原来的 DML 语句。

更进一步，我提出了能否彻底取消日交易表 A，直接在历史表 B 上进行交易操作的建议，这样，连日终批处理中的这段数据转储操作都完全可以省略。客户和开发商担心的联机交易性能问题被我一通分区表和分区索引技术原理讲解，尤其是普通索引和 Local 分区索引的差异分析和应用场景分析说服了，例如，在一个数百万级表 insert 一条记录和在一个数千万、数亿级表 insert 一条记录的性能几乎一样，select、update、delete 操作通常都是带条件和索引进行访问，而一个数百万级表的普通索引和一个数千万、数亿级分区表中某个分区的 Local 分区索引效率也是相当的。本文就不展开这些原理和差异性分析了。

总之，这就是 IT 系统设计开发中返璞归真原则的一个真实案例，也就是设计开发应尽量尊重事物本质，切忌过度设计和开发。这也是"多做多错，少做少错，不做没错"这一普世原则的具体表现。如果当年该系统只设计了一个交易历史表 B，没有日终处理的数据转储操作，也就不会倒霉地撞上 Oracle 那个 Bug 了，哈哈。

2）先人还是仙人？

某日，与一位石化行业的开发商同行一起在现场进行应用性能分析和优化，面对一条数百行的子查询套子查询、视图套视图的复杂无比的 SQL 语句，我们已经分析得筋疲力尽，我不禁问道："这语句是你们公司写的吗？"他诡异地一笑："先人写的。"原来他们公司只是负责实施和客户化开发的本地公司，而该应用软件主体是集团总部下发的，由另外一家公司设计开发了多年，这条语句就是那家公司某位先人编写的。

"这么复杂的语句，可能是机器自动生成的吧，人可能编不出逻辑这么复杂的语句！"我继续感叹道。"罗老师，是人写的，仙人写的。神仙的仙！"开发商同行继续调侃道。

哈哈！我恍然大悟！

众所周知，时下医疗行业普遍存在过度医疗问题。以本人的体验，IT 行业也存在着过度使用技术的现象。殊不知，再如上述"多做多错，少做少错，不做没错"这个常识一样，IT 系统很多问题就是过度使用技术和逻辑过度复杂所导致的。

3）返璞归真适合于世界万物

试想，如果一个数据库系统的逻辑模型都设计得晦涩难懂，基于复杂模型之上的 SQL 语句也一定冗长无比，不仅让人难以理解，也难以让 Oracle 优化器产生合理的执行路径，从而产生最优的运行效率。别忘了，Oracle 优化器也是人编写的，也不是任何复杂的 SQL 语句都能理解并执行得非常好。如果一个表的索引比字段都多，该系统一定缺乏一个良好的索引设计规范；如果一个交易系统的 SQL 语句的逻辑条件都没有合理设置，那么这个应用需求和用户界面一定没有合理分析和规范化。最近，我在某银行进行性能分析和测试时，一条复杂语句居然跑了 14 个小时，待我与开发商共同分析该语句时，开发人员埋怨客户没有输入时间条件，但我认为是操作界面没有将账号、时间等字段作为必输条件，并且创建账号、时间的复合索引，甚至采取分区技术，才是解决该问题的根本之道。

因此，如同世界万物一样，IT 系统设计基本原则之一就是返璞归真，也就是根据事物本身规律去合理制定技术策略和实施细则。

首先，在模型设计方面应该只要能准确描述业务需求即可，具体而言，应该把握以数据库规范化的第三范式（3NF）为主，兼顾非规范化设计的若干最佳实践经验的平衡原则。过于追求数据库规范化，过于强调降低数据冗余性，从而将表拆分和设计得太多，这样将导致 SQL 语句表连接太多，很容易掉入性能问题的陷阱。

其次，导致应用软件复杂化一个重要原因是技术运用策略不合理。例如，通常导致 SQL 语句复杂无比的两个典型原因就是过度使用子查询和视图。我在第一本书《品悟性能优化》中，就曾观点鲜明地不建议采用子查询，而是直接采用多表连接技术，除非存在 not exists 等逻辑操作。不采用子查询的原因不仅是导致语句冗长，可读性下降，更重要的很可能会误导 Oracle 优化器不能产生最优的执行计划。

合理运用视图技术，的确能提高应用程序的模块化、封装性并加强安全管理，但是过度使用视图的确可能导致语句复杂化，而且也不能确保执行计划最优化，尽管 Oracle 提供了视图的谓词推入功能等技术。

3. 一个老掉牙的案例

1）一次全国性大事件

20多年前我入职 Oracle 公司的第一个春节前，某政府行业一个业务系统出现了重大故障，严重到因为系统性能太差，很多客户无法取钱过年，少数客户愤怒地砸了交易柜台。就是在该行业爆发全国性大故障，并严重影响春节期间社会稳定的大背景下，我当年所在部门的同事们奔赴现场展开了救援工作。

那一周，我在外地出差，等我周五回到北京才被公司派到现场，原来我的同事们已经在现场连续工作了一周，并接力编写了同一份实施文档。20多年后重温当年这份浸满多位老同事心血的文档，也仿佛回到了当年大家一起协同合作，甚至共赴困境的情景。

通过阅读同事们前面的工作报告，才大致知道事件的技术原委：原来该系统当年部署在全国各省，分别采用了 IBM、HP 等小型机，数据库统一为当年的 Oracle 8.0.5 版本，并采用了 Oracle 第一代的集群软件 OPS（Oracle Parallel Server），也就是后来的 RAC 前身。首先，需要实话实说的是，当年的 OPS 的确太不成熟了，据了解，当年在该行业的运行中，由于应用压力太大，应用在 OPS 的部署也不合理，导致 OPS 问题频频，甚至噼里啪啦地宕机或挂死。于是，我的同事们与客户商量，为了确保业务稳定性，暂时把所有的 OPS 都关掉，即运行在单机模式下。其次，尽管关闭了 OPS，当年的单机 8.0.5 也问题不少，而且由于当年该系统的安装部署不是原厂实施的，在环境配置、参数配置等方面也非常不规范。例如：IBM ogms 进程不能启动的原因是 HOSTS 文件中配置的 IP 地址不是服务 IP 地址；HP 平台数据库进程只能使用一个 CPU 的问题是 HP 的 Bug；Oracle 联机日志配置太小；HP 平台的 maxuproc 等核心参数和数据库的 lm_proces 参数需要调整，以满足高并发量会话连接需求；还有 ORA-600、ORA-29701、ORA-3113、ORA-3114 等错误忽隐忽现的状况……再次，与大部分客户思路一样的是：但凡遇到性能问题的第一个思路就是扩容。因此，我的同事们当年也是配合客户的扩容动作，进行了数据库参数的扩大，甚至将数据库迁移到性能更好的服务器之中。

我理解上述救援操作主要还只是解决了系统平稳运行和业务连续性问题，但是性能问题几乎没有显著改观。例如，我周五去现场时发现代表性能好坏的一个重要指标 Buffer Cache 命中率指标依然只有 60% 多，而正常值应该是 99% 以上。

2）我的一招鲜，吃遍天

我到现场的当晚，在前面老同事工作的基础上继续开展工作，重点就是对如下最消耗 I/O 资源的语句进行深入分析。

```
select SumFileName
  from ExSumRecTb
 where (((((ExSumRecTb.SumFromFlg = '2' and ExSumRecTb.SumImpExpFlg =
       '4') and
       ExSumRecTb.SumDispFlg = '0') and ExSumRecTb.SumFileType =
       '10') and((SumSndProvCode = '21' or SumSndProvCode = '22')
       orSumSndProvCode = '23')) and rownum < 1001)
 order by SumTxnType desc
```

该语句当时是对 ExSumRecTb 表进行全表扫描，在分析各条件字段的记录分布情况后发现，除了 SumSndProvCode 字段，其他都是标志类和类型类字段，即这些字段的可选性非常低，于是我建议开发商创建了 ExSumRecTb（SumSndProvCode）索引。实际效果呢？下图是当年 Buffer Cache 命中率指标的陡变情况。

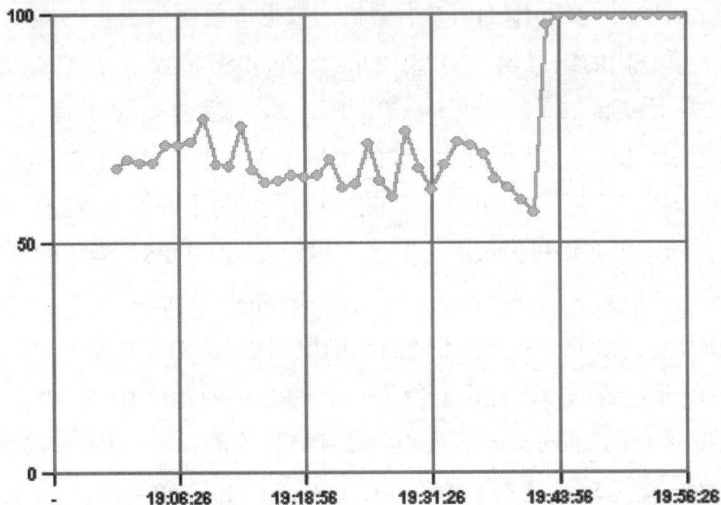

即 Buffer Cache 命中率指标从 60% 多陡增到 99% 以上，I/O 急剧下降，全国各省系统的该业务模块响应速度也大幅度提升。当时在机房内就传来了客户和开发商的一阵欢呼，我当时也窃喜，相比老同事们在系统层面的丰富经验和技术功底，我就擅长建索引这一招，真是一招鲜，吃遍天呀，哈哈。

在春节后，该系统基本风平浪静了，我又代表 Oracle 服务团队编写了针对该系统的优化建议书，涵盖了数据库逻辑设计、物理设计、架构设计、应用开发，以及运维投产后的监控分析等诸多领域的服务内容。当年，我们服务团队为保障该系统春节前后的稳定运行，主要解决了系统层面问题，以及若干应用层面的瓶颈问题，而整个系统的性能状况依然堪忧。公司安排我写优化建议书的目的就是希望能与客户和开发商开展深层次合作，共同实施全面的优化项目。可是，国内客户可能迄今都是如此，即好了伤疤忘了疼。看到系统基本不宕机了，主要应用性能也提升了，于是整个优化项目也就流产了。

今日再回看当年我主笔的优化建议书，虽然貌似洋洋洒洒写了 20 多页，其实也存在不完备之处，例如，不仅整体上没有展开分区实施和优化专题的描述，而且在上述语句的优化过程中，也只考虑了建索引，今日回首才发现，SumSndProvCode 字段很可能与省的编码相关，分区实施和优化也应该是一个方向。甚至在建议书中我还罗列了一些 CPU、内存、I/O 监控指标的计算公式，以及一些基于 Oracle 视图的复杂监控语句，实乃吸引客户眼球、炫耀技术的幼稚之举。

最后再述说该案例中一个花絮：春节后与客户、开发商等共同开会研讨后续优化工作，并在会上宣讲我的优化建议书，客户一位处长特意与我私聊：×× 硬件厂商销售代表建议他们采购其最新的服务器，内存配置达到 64GB，销售代表说客户一个省的数据量也就不到 64GB，他们的服务器可以装下一个省系统的所有数据，性能保证没问题。然后处长问我："硬件厂商的建议有道理吗？"这种 20 多年前的建议和观念迄今可能依然存在，尤其是一遇到性能问题、系统挂死问题等，大部分客户领导的第一反应还是硬件扩容。现在的硬件服务器内存配置都达到几个 TB 了，也足够装下一个 TB 级数据库了，可是现在谁敢说把数据库数据全部装到内存，性能就没问题了？

本文老生常谈性能话题的一些初心为：硬件不是解决性能问题的灵丹妙药；各种系统参数的设置只是一个必要条件，而不是充分条件；设计开发应该返璞归真，切忌过度甚至人为复杂化；一个 IT 系统良好的设计和开发，IT 技术尤其是类似索引一样的基础技术的合理运用，运维管理的精细和科学化，才是确保 IT 系统稳定高效运行的根本。这些传统得不能再传统，朴实得不能再朴实的话，迄今仍然值得大家去品味并共同实践。

2023年8月28日于北京

再谈最经典的优化技术：索引

众所周知，现代企业之所以把重要数据都存储在数据库而不是文件系统中，是因为数据库系统不仅提供了更好的安全性和可靠性，而且提供了更快速、灵活、性能更好的数据访问方式，而索引就是提高数据库访问性能的最主要技术，因此索引也是数据库最核心的技术之一。

在 10 多年前我出版第一本书《品悟性能优化》之后，获得了很多业内同行的好评，特别是认为我在多种索引的原理介绍和适用场景讲解方面通俗易懂、很实用。但是，我也听到一些同行指出我对一些概念的描述还不够精细和量化的问题。而 10 多年来，不仅 IT 行业设计开发水平在不断提高，索引技术也在不断发展，而且我自己又见识了更多的索引实施案例，对索引技术也有了更多理解和感悟。因此 10 多年之后的今天，综合各方面情况，我决定再来一次老生常谈，再谈一次最经典的优化技术：索引。希望我这次能谈出更多的新意，从而对各位同行有更大的帮助。

1. 如何计算索引的可选性？

1）单字段索引可选性计算

在《品悟性能优化》第四章中，关于如何创建单字段索引，我只是笼统提出了在选择性（Selectivity）最高，即在字段内不同记录值最多的单字段创建索引。如何具体计算单字段的选择性？应该按如下公式进行。

```
单字段选择性 =（1 - 单字段的不同值数量 / 表的总记录数）*100%= NDV(number of distinct values)/ num_rows）*100%
```

其中，单字段的不同值数量的英文原文为 number of distinct values，缩写为 NDV，num_rows 表示表的总记录数。根据上述公式，单字段选择性取值为 0% ~ 100%，取值越小，表明该字段选择性越强，越适合创建索引。

以存储 dba_objects 数据对象信息的 test 表为例，计算 object_id 和 object_type 字段的选择性语句如下。

```
create table test as select * from dba_objects;

select count(distinct object_id) object_id_d,
       count(distinct object_type) object_type_d,
       count(*),
        (1 - count(distinct object_id) / count(*))*100 object_id_s,
        (1 - count(distinct object_type) / count(*))*100 object_type_s
from test;
OBJECT_ID_D OBJECT_TYPE_D   COUNT(*) OBJECT_ID_S OBJECT_TYPE_S
----------- ------------- ---------- ----------- -------------
      72668            47      72670       .0028       99.9353
```

即 test 总记录数据为 72670，object_id 字段的不同值即 NDV 为 72668，object_id 字段的选择性为（1-72668/72670）×100%=0.0028%，选择性很强，几乎唯一标识了 test 表的记录。而 object_type 字段的不同值即 NDV 为 47 个，object_type 字段选择性为（1-47/72670）×100%=99.93%，选择性很差。因此，针对如下语句：

```
select object_id, object_type from test where object_id=16 and object_
type='TABLE';
```

应该在 object_id 字段创建索引，性能远远高于在 object_type 字段创建的索引。进一步的简单算术原理就是，如果基于 object_id 字段索引进行等于操作查询，平均一次只查出 72670/72668= 约 1 条记录，而如果基于 object_type 字段索引进行等于操作查询，平均一次将查出 72670/47=1546 条记录。因此，object_id 字段索引性能大大高于 object_type 字段索引性能。

字段选择性多高适合创建索引？ Oracle 官方建议是，当查询出的记录数低于表的总记录数的 10% 才适合用索引，否则将进行全表扫描。以 object_type 字段为例，平均一次查询记录数为 1546/ 总记录数 72670=2.12%，因此，object_type 字段还是适合创建索引的。

但是即便创建了索引，真实语句是否用索引，优化器还需要根据具体的查询条件值而定。例如满足 object_type='TABLE' 条件的记录数有 2220 条，2220/72670=3%，因此执行计划为按索引访问；而满足 object_type='SYNONYM' 条件的记录数有 11537 条，11537/72670=15%，因此执行计划为全表扫描。

2）复合索引可选性

大部分业内同行们都了解，复合索引性能将大大高于单字段索引。以如下语句为例：

```
select object_id,object_type,created from test where object_
type='SYNONYM ' and created > sysdate - 100
```

如果只创建 object_type 字段索引，如前所述，object_type 字段的不同值即 NDV 为 47 个，object_type 字段选择性 =（1-47/72670）× 100%=99.93%，执行计划是按该索引进行访问，一致性读是 211 次。如果继续创建 created 字段索引，created 字段的不同值即 NDV 为 1589 个，created 字段选择性 =（1-1589/72670）× 100%=97.81%，Oracle 自动判别出 created 字段的选择性更高，执行计划是按 created 索引进行访问，一致性读降到 44 次。如果进一步创建（object_type,created）组合索引呢？Oracle 自动判别出该组合索引的选择性更高，执行计划是按该组合索引进行访问，一致性读最终降到 9 次。

为什么复合索引选择性大大高于单字段索引？这就是组合索引选择性计算公式：

组合索引选择性 ＝（1- 多个字段的不同记录值 / 总记录数）*100%

由于 Oracle 不支持多个字段的 distinct 操作，即不支持 distinct（c1,c2…），因此针对上述语句，（object_type,created）组合索引选择性可通过如下语句计算。

```
select(1 - (select count(*) from (select object_type, created from test
group by object_type, created))
        / (select count(*) from test))*100 object_type_created_s
from dual;

OBJECT_TYPE_CREATED_S
---------------------
            94.3539
```

即（object_type,created）组合索引选择性为（1-4101/72670）× 100%=94.35%，比 created 字段选择性的 97.81% 更高，其中 4101 为（object_type,created）的不同记录值数量即 NDV 值，即由 select count（*）from（select object_type, created from test group by object_type, created）子语句计算而来。

再按上述简单算术公式计算，基于 object_type 字段索引进行查询，一次将查出 72670/47=1546 条记录。基于 created 字段索引进行查询，一次将查出 72670/1589=45 条记录，而基于（object_type,created）组合索引进行查询，一次将只查出 72670/4101=17 条记录。

这就是组合索引性能为什么通常高于单字段索引的原理所在。

与单字段索引一样，即便创建了组合索引，真实语句是否使用组合索引，优化器还需要根据具体的组合查询条件值而定，即查询的记录数低于表的总记录数的 10% 才走索引，否则将进行全表扫描。在上述语句中，我特意采用了 created > sysdate-100 而不是 created=sysdate-100 条件，就是想测试基于成本的优化器的精准计算能力。事实上，object_type=‘SYNONYM’ and created>sysdate-100 的记录数低于表的总记录数的 10%，所以用了（object_type,created）组合索引，而 object_type=‘SYNONYM’ and created > sysdate－2000 的记录数大于表的总记录数的 10%，所以又进行了全表扫描。

2. 单字段索引的使用场景

我认为单字段通常适用于如下一些使用场景：

1）只有单个约束条件的语句

如果一条语句只有单个约束条件，如果创建索引，当然是单字段索引。但是，只有当查询出的记录数低于表的总记录数的 10% 才适合用索引，否则将进行全表扫描。因此，只有大部分情况下查询出的记录数低于表总记录数的 10% 才适合创建索引。个人的进一步建议是一切以优化器的实际执行结果为准。

2）多个动态约束条件的语句

如果多条语句访问同一张表，而且每条语句的约束条件是动态的，例如，语句 1 的约束条件为 A 字段 = 'XXXX'，语句 2 的约束条件为 B 字段 = 'XXXX'，语句 3 的约束条件为 A 字段 = 'XXXX' and B 字段 = 'XXXX'，则建议分别对 A、B 字段创建单字段索引。这样三条语句都会采用 A 字段或 B 字段索引。当然，若创建（A,B）字段组合索引，很可能进一步提高语句 3 的性能，但是若没有 B 字段索引，语句 2 就无法使用索引，包括无法使用（A，B）组合索引，因为语句 2 只有 B 字段约束条件而没有 A 字段约束条件，违反了组合索引前缀性原则，即语句通常只有包含组合索引第一个字段的约束条件，才能使用该组合索引。

3）存在单字段选择性非常高的约束条件字段

继续以如下语句为例：

```
select object_id, object_type from test where object_id=16 and object_
type='TABLE';
```

如果创建（object_id,object_type）组合索引，性能比 object_id 单字段索引更高吗？我们不妨计算（object_id,object_type）组合索引的选择性如下。

```
select(1 - (select count(*) from (select object_id,object_type from
test group by object_id,object_type))
        / (select count(*) from test))*100 object_type_created_s
from dual;

OBJECT_TYPE_CREATED_S
---------------------
            .0014
```

即（object_id,object_type）组合索引的选择性为 0.0014%，与 object_id 单字段索引的选择性 0.0028% 相差无几。实际的一致性读次数也只是从 4 次降为 3 次，几乎可以忽略。因此，（object_id,object_type）组合索引就没有必要创建，因为 object_id 字段的选择性已经非常高，类似于主键了。

因此，并不是凡是语句中有多个条件就一定要创建组合索引，还是应该根据组合索引的选择性指标以及语句的实际执行结果来判断是否需要创建组合索引。特别是语句中已经存在单字段选择性非常高的条件字段，就直接在该字段上创建单字段索引就可以了，例如本语句中的 object_id 字段索引。

3. 组合索引创建的误区

我认为在组合索引设计方面业内存在如下一些误区。

1）没有充分设计组合索引

业内还是有很多开发人员没有深刻体会到组合索引相比单字段索引的性能优势，例如本文上述案例中，（object_type,created）组合索引的确比 object_type 和 created 单字段索引效率高得多。

再举个银行的简单例子：如果客户要按账号（account）和交易时间（trade_time）查询交易明细数据，如果对账号（account）字段和交易时间（trade_time）字段分别建索引，那么优化器或者按账号（account）索引进行访问，查询出（access）该账号所有历史交易明细，然后再过滤（filter）出某个交易时间的数据。或者按交易时间（trade_time）索引进行访问，查询出（access）该时间段所有账户的交易明细，然后再过滤（filter）出某个账户的数据。如果对账号和交易时间创建组合索引（account, trade_time），那么优化器将一次性从该组合索引树上根据账号（account）值和交易时间（trade_time）值一次性查询出需要的数据。显然组合索引效率比单字段索引效率高得多。

我曾多次在客户现场感慨，如果我们针对某个系统来一次合理创建组合索引的专项行动，这个系统的性能将显著提升，资源消耗显著下降。真心希望广大客户朋友能尽快实施这样的专项行动。

2）没有遵循组合索引前缀性原则

如前所述，所谓组合索引前缀性原则，就是指语句通常只有包含某个组合索引第一个字段的约束条件，才能使用该组合索引。例如组合索引为（A,B,C）三个字段，但是语句中只有 B 和 C 的约束条件而没有 A 约束条件，这就违反了组合索引前缀性原则。结果就是或者不使用（A,B,C）组合索引而采用全表扫描方式，或者采用性能不佳的 Index Skip

Scan 访问方式。本文后面还将展开 Index Skip Scan 的专题讨论。

　　组合索引前缀性原则的基本原理就是因为索引是排序的结果，例如（A,B,C）组合索引是先按 A 字段值排序，A 字段值相等的情况下再按 B 字段值排序，B 字段值相等的情况下再按 C 字段值排序。如果没有 A 字段约束条件，就无法在（A,B,C）索引树上按 B、C 字段值进行检索。但是没有 A 字段约束条件，也可能采用 Index Skip Scan 访问方式，关于 Index Skip Scan，我们后面再表。

3）过度设计组合索引

　　与上述第一个误区相比的另外一种极端情况是，可能大部分同行都了解组合索引性能通常优于单字段索引性能的缘故。我发现与 10 多年前相比，现在开发人员广泛设计了组合索引，但是却出现了过度设计组合索引的误区。这种过度设计组合索引又分为如下几种情况。

　　（1）组合索引出现了子集和包容关系。例如（A,B,C）组合索引原理上已经包容了（A，B）组合索引，或者说（A，B）是（A，B，C）的子集，因此（A，B）组合索引是多余的，可以删除。

　　（2）组合索引没有考虑选择性，尤其是包括了太多选择性很低的状态、类型、代码等字段。例如如下语句：

```
select object_id,object_type,created,status from test where object_
type='TABLE' and created > sysdate - 100 and status = 'VALID';
```

　　由于 status 字段的记录值只有 VALID 和 INVALID 值，也就是 NDV 值为 2，因此如下计算（object_id,object_type,created,status）组合索引的选择性为 93.65%。

```
select(1 - (select count(*) from (select object_type, created,status
from test group by object_type, created,status))
       / (select count(*) from test))*100 object_type_created_s
from dual;

OBJECT_TYPE_CREATED_S
---------------------
          93.65
```

　　这与（object_type,created）组合索引的选择性 94.35% 提升很小，而且实际执行结果的资源消耗也相差无几。因此，（object_type,created）组合索引足矣。

　　试想一下，我们有多少组合索引包含了 type、status、code 之类字段，如果我们精确计算一下这些组合索引的选择性，估计大部分组合索引都可删除 type、status、code 之类字段。

　　我还曾经发现过一个极端情况，某银行核心系统的组合索引几乎都包括了

FARENDMA 字段，也就是法人代码字段。一家银行不就是一个 FARENDMA 字段值吗？把 FARENDMA 包括在组合索引中，没有任何性能提升的作用。即便未来业务发展了，一家银行不止一个法人代码值，这类组合索引对性能提升依然非常有限，因此完全可以将所有组合索引中的 FARENDMA 字段去掉。这样既节约了索引空间，又降低了 DML 操作对索引的维护操作。

为什么设计那么多字段的组合索引？最近与一位开发人员坐在机器面前沟通，他坦言："只要客户有可能要输入查询条件的字段，都设计到组合索引之中。"他可能以为客户只要输入其中任何一个字段的查询条件，这个组合索引都能用上，而且效率都很高。哈哈，怎么还和我 30 多年前刚从事数据库开发工作时一样的懵懂？我那时根本不知道组合索引还有前缀性和选择性一说。

4. 错误的 Index Skip Scan 使用

1）Oracle 的一片好心

先介绍 Oracle 的 Index Skip Scan 技术原理。如上所述，通常情况下只有当语句中包含某个组合索引的第一个字段的约束条件时，Oracle 才会使用该组合索引，这就是所谓的组合索引前缀性原理。但是 Oracle 9i 版本推出了 Index Skip Scan 技术，即在某些情况下，即便语句中没有包含某个组合索引的第一个字段的约束条件，Oracle 也可能使用该组合索引。具体原理是，Oracle 将按照第一个字段的不同记录值，将该索引分解为多个子索引，然后在每个子索引树上用该组合索引后面的字段进行检索。

举例如下：

```
SQL> create index i_test_3 on test(status,object_name);
Index created.

SQL> select * from test where object_name='USER$';

Execution Plan
----------------------------------------------------------
Plan hash value: 3924515580

--------------------------------------------------------------------------
| Id | Operation                            | Name    | Rows | Bytes | Cost (%CPU)| Time     |
--------------------------------------------------------------------------
|  0 | SELECT STATEMENT                     |         |   1  |  132  |   4   (0)  | 00:00:01 |
|  1 |  TABLE ACCESS BY INDEX ROWID BATCHED | TEST    |   1  |  132  |  4 (0)     | 00:00:01 |
|* 2 |   INDEX SKIP SCAN                    | I_TEST_3|   1  |       |  3 (0)     | 00:00:01 |
--------------------------------------------------------------------------
```

即假设创建了 test（status,object_name）组合索引，语句中只有 object_name='USER$' 约束条件，但是 Oracle 依然以 Index Skip Scan 方式使用了该组合索引。原理上就是根据 status 的不同记录值 VALID 和 INVALID，Oracle 将该组合索引分解成 VALID 和 INVALID 两个子索引树，这两个子索引树都包括 object_name 的索引项目，如下图所示。

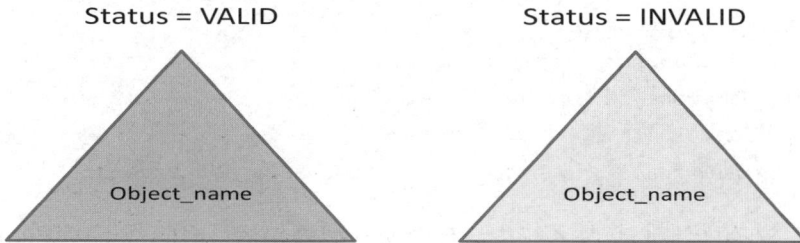

然后，即便该语句没有 status 约束条件，但 Oracle 仍然可以在 VALID 和 INVALID 两个子索引树上根据 object_name='USER$' 值进行检索，确保了查询性能。

Oracle 推出 Index Skip Scan 技术的目的就是在索引已经过多、DML 负担较重的情况下，尽量少建更多的索引，充分利用现有索引的作用，提高相关语句的性能。

Index Skip Scan 技术通常在第一个字段不同值即 NDV 不多，也就是分解的子索引树不多的情况下性能尚可。但是，当第一个字段的值很多，也就是组合索引被分解的子索引树很多的情况下就导致了灾难，性能几乎与 INDEX FAST FULL SCAN 即索引快速全扫描，甚至与全表扫描性能一样差。

2）某银行核心系统的真实案例

以下是某银行核心系统的一条语句。

```
select a.zhyngyjg,
       a.huobdaih,
… …
   nvl(sum(a.jizhngje), 0.00) fashenge
  from kfab_zngzcp a
 where a.farendma = '9999'
   and a.jiaoyirq = '20230130'
   and a.zhyngyjg = '0019901'
   and a.mokuaiii <> 'CD'
   and a.jizhngje <> 0
   and exists (select 1
         from kfap_kjkemu b
        where a.farendma = b.farendma
          and b.kemuleib not in ('3')
          and b.kemuhaoo = a.kemuhaoo)
   and not exists (select 1
```

```
            from kfap_kjxtjc c
         where a.farendma = c.farendma
           and c.canshumc = 'WEIFSJYM'
           and a.jiaoyima = c.canshuzh)
  group by a.zhyngyjg,
           a.huobdaih,
           a.kemuhaoo,
           a.zhanghxh,
           a.ywshijfs,
           a.mokuaiii
  order by a.mokuaiii, a.huobdaih, a.kemuhaoo, a.zhanghxh;
```

据了解，在银行核心交易系统中，单个交易型语句运行时间都不应该超过 5 秒，但该语句单次执行时间达 10 秒以上，应该不符合银行的业务考核标准。该语句执行计划如下。

```
--------------------------------------------------------
| Id | Operation                     | Name             |
--------------------------------------------------------
|  0 | SELECT STATEMENT              |                  |
|  1 |  SORT GROUP BY                |                  |
|* 2 |   HASH JOIN RIGHT SEMI        |                  |
|* 3 |    TABLE ACCESS FULL          | KFAP_KJKEMU      |
|* 4 |    HASH JOIN RIGHT ANTI       |                  |
|  5 |     TABLE ACCESS BY INDEX ROWID| KFAP_KJXTJC     |
|* 6 |      INDEX RANGE SCAN         | KFAP_KJXTJC_IDX1 |
|* 7 |     TABLE ACCESS BY INDEX ROWID| KFAB_ZNGZCP     |
|* 8 |      INDEX SKIP SCAN          | KFAB_ZNGZCP_IDX8 |
--------------------------------------------------------
```

即该语句对 KFAB_ZNGZCP_IDX8 索引进行了 INDEX SKIP SCAN 操作，该索引为 KFAB_ZNGZCP（RUZHTAOH,FARENDMA），而该语句中并没有 RUZHTAOH 字段条件，只有 farendma 条件，也没有 jiaoyirq、zhyngyjg 等字段索引，于是就对 KFAB_ZNGZCP_IDX8 索引进行了 INDEX SKIP SCAN 操作。实际上就是按 RUZHTAOH 字段的不同值即 NDV 值，将 KFAB_ZNGZCP_IDX8 索引分解成了大量子索引，再基于 farendma = '9999' 条件进行检索，而该行的 farendma（法人代码）就只有 9999 一个值，因此，貌似该语句在按索引访问 KFAB_ZNGZCP 表，实则是全表扫描。

那么应如何优化？仔细分析该语句，其实语句中的 jiaoyirq= '20230130'、zhyngyjg = '0019901' 约束字段都具有良好的选择性，于是我们创建了 kfab_zngzcp（jiaoyirq,zhyngyjg）组合索引，优化效果是该语句按新建组合索引访问 kfab_zngzcp 表，语句速度从 10.07 秒降为 0.11 秒，内存消耗从 211.07MB 降为 16.23MB，I/O 从 151.43MB 降为 0.19MB。

原来的 KFAB_ZNGZCP（RUZHTAOH,FARENDMA）索引则与本语句无关了，也许在某个使用了 RUZHTAOH 条件的语句中将使用到该索引，但那个 FARENDMA 字段纯属画蛇添足，应该从该索引中去掉。

这就是 Oracle 的 INDEX SKIP SCAN 操作错误使用的典型案例。个人看法和建议：Oracle 推出 INDEX SKIP SCAN 操作本来是一片好心，但是却被某些开发人员错误地使用并导致了严重问题。其实也怪 Oracle 自己，如果优化器发现第一个字段的不同值即 NDV 值很大，即分解的子索引树很多，Oracle 就应该停止 INDEX SKIP SCAN 操作，直接采用 INDEX FAST FULL SCAN 甚至 TABLE ACCESS FULL 操作，把问题暴露得更明显一点儿，开发人员和 DBA 就能迅速诊断出问题并加以改正。

3）如何识别出系统中的 INDEX SKIP SCAN 操作

我是在该银行核心系统的 AWR 报告 Top-SQL 中发现的上述语句，只是冰山一角而已。该系统还有多少 INDEX SKIP SCAN 操作？以下就是查询执行计划包含 INDEX SKIP SCAN 操作的所有语句的命令。

```
SELECT u.username, a.SQL_ID, a.OPTIONS, a.operation, a.object_name,
b.SQL_FULLTEXT
  FROM gV$SQL_PLAN a, gV$sqlarea b, dba_users u
 WHERE a.sql_id = b.sql_id
   and b.PARSING_USER_ID = u.user_id
   and u.username not in
('SYS','DBSNMP','DVSYS','LBACSYS','GSMADMIN_INTERNAL','ORACLE_OCM')
   and OPTIONS LIKE '%SKIP%SCAN%'
   and operation = 'INDEX';
```

各位读者在自己的系统上运行该语句，结果可能会触目惊心，那就是原来我们的系统有一大堆的 INDEX SKIP SCAN 操作语句，也就是可能存在一大堆性能问题。如果能组织一次专项的 INDEX SKIP SCAN 整治运动，仔细分析其合理性并发现存在的问题，然后加以解决，那么我们的系统性能和运行质量又会是一次显著的提升。

类似的整治运动还有执行计划包含 FULL TABLE SCAN、INDEX FULL SCAN、INDEX FAST FULL SCAN、CARTESIAN 等的专项行动。

5. 说说等待事件

很多同行对性能问题的分析思路是从数据库最高等待事件开始的，然后去追溯导致这些等待事件的原因，可能是系统层面问题，例如数据库初始化参数设置不合理，甚至是 Oracle 产品 Bug 导致，但更多情况下还是应用语句所导致。本文也将从等待事件层面来描述与索引相关的问题。

1）已经很少见 db file scattered read 等待事件了

10 多年前的 9i、10g 年代，一旦某个系统性能不佳，我只要一看见大量 db file scattered read 等待事件，就知道这个系统一定缺乏索引或索引设计不合理。因为该等待事件通常是由全表扫描（FLL TABLE ACCESS）、全索引扫描（INDEX FULL SCAN）和快速全索引扫描（INDEX FAST FULL SCAN）等操作所导致的。

而 10 多年后的今天，我已经发现大部分系统的 db file scattered read 等待事件并不多见了，除去 DB Time 等空闲等待事件，最高的等待事件通常是 db file sequential read 等待事件，而该等待事件通常与索引访问相关。我认为一方面的确是广大开发人员性能优化意识增强了，大部分开发人员都会创建索引，大部分应用也都按索引进行访问，出现该等待事件是合理现象。但是，另一方面，db file sequential read 等待事件多，也说明在索引方面还有进一步的优化空间。以如下语句为例：

```
select round(sum(K0QMJE), 2) as Res
  from FZBFS022 YEB
 where FISCYEAR = :1
   and FISCPER3 = :2
   and YINDID = :3
   and (YDWBH like '50006100600050140005%'
    OR YDWBH like '5000610050140005%')
   and (YMDSEL = :4)
   and F_JE = :"SYS_B_3"
```

该语句运行时间长达 103 秒，为某系统最消耗时间语句，也非常消耗内存和 I/O 资源。执行计划为按（FISCYEAR,FISCPER3,FISCVARNT,YMDSEL,BCS_PRCTR…）等 12 个字段组成的唯一索引访问 FZBFS022 表，都按唯一索引访问了，还存在性能问题？仔细分析，原来该组合索引并没有包括本语句中 YDWBH 字段（单位编号）约束条件，而 YDWBH 字段的选择性明显高于 FISCYEAR（年）和 FISCPER3（月）字段。另外，由于该表已经按 FISCYEAR 和 FISCPER3 字段进行（List,List）复合分区，而且语句中已经包含 FISCYEAR 和 FISCPER3 字段约束条件，所以优化建议是，创建 FZBFS022（YDWBH）的 Local non-prefixed 分区索引。这样，Oracle 先基于语句中的 FISCYEAR 和 FISCPER3 约束条件进行分区裁剪，然后在这个新建的 Local non-prefixed 分区索引的某个裁剪之后的子分区上进行访问，性能得到显著提升。

因此，该语句貌似已经按索引甚至是唯一索引访问，但索引的效果并不好，同样导致了 db file sequential read 等待事件，而新的基于 YDWBH 字段索引就将大大提高选择性，显著降低 db file sequential read 等待事件。

另外，上述 Index Skip Scan 操作，以及索引碎片太多、组合索引包含过多选择性不高的字段等问题，都会导致 db file sequential read 等待事件增加。

总之，不能因为 db file sequential read 等待事件多，就以为语句都按索引访问，应用软件质量很高，没有优化空间了。还是应在索引设计方面精雕细琢，例如以前缀性、选择性等原理和指标为依据进行组合索引的整改，在运维过程中精心呵护，例如定期对碎片较高和体量较大的索引进行重建。只有这样，我们的 IT 系统才能真正做到长治久安。

2）我看 direct path 类等待事件

目前国内大部分 Oracle 系统都是 11g 以上版本的系统，除了 db file sequential read 等待事件，排名前列的等待事件的经常有 direct path 类等待事件，例如 direct path read、direct path read temp、direct path write、direct path write temp 等待事件。11g 之后提供的 Direct Path Read 技术是指将数据直接读取到 PGA 内存而不经过 SGA 的 Buffer Cache 的技术，Direct Path Write 技术则是将数据直接从 PGA 内存而不是 SGA 的 Buffer Cache 写入数据文件或临时文件的技术。导致 direct path 类等待事件的操作很多，例如大批量数据访问的全表扫描、排序、HASH JOIN、并行处理等。下图是 db file sequential read、db file scattered read 和 direct path read 等待事件的示意图。

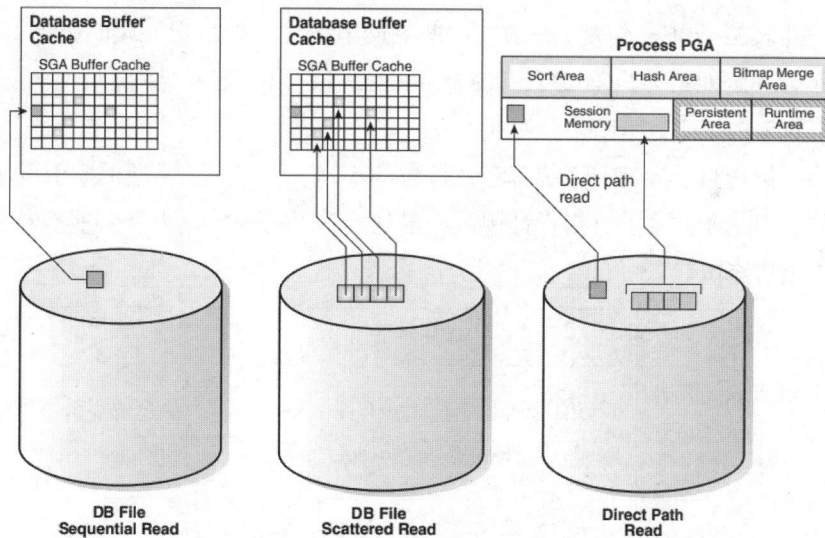

由于 PGA 内存不是共享的，因此由于数据没有读取到 SGA 中进行共享，direct path 技术很容易导致 I/O 的增加。于是，我在 MOS 和网上看到了很多关于如何诊断和解决 direct path 类等待事件的文章，例如扩大隐含参数 _small_table_threshold，因为超过该参数大小的表 Oracle 才会采用 direct path read 技术，扩大该参数将降低 direct path read 技术的使用频度，并将更多数据读入到 Buffer Cache 中，从而提高数据的共享性并有效降低 I/O 量。甚至有客户还进行如下设置，即直接关闭了整个 direct path read 技术的使用。

```
ALTER SYSTEM SET EVENTS '10949 TRACE NAME CONTEXT FOREVER';
```

可是，假设是全表扫描引发的 direct path read 等待事件，现在关闭或降低 direct path read 技术的使用，这些数据都将读入 Buffer Cashe。岂不是又大幅度增加了 db file scattered read 等待事件了？真是按下葫芦浮起瓢了。

其实大部分情况下，问题根源不在于 direct path read 技术，而在于应用中可能有大量不合理的全表扫描或全索引扫描。Oracle 推出 direct path read 技术本意是好的，即合理的全表扫描操作和大数据量访问操作，特别是 OLAP 和批处理应用，通常都是一次性的，并不需要都读取到 SGA 中进行共享，从而节约宝贵的 SGA 资源。可是，针对大量质量不佳的应用软件，尤其是并发量很高的 OLTP 交易性语句，由于没有合理的索引策略，导致 direct path read 技术被错误地使用，I/O 量急剧增加，direct path 类等待事件成了风口浪尖，Oracle 的好心又被滥用了。

总之，还是踏踏实实把应用软件设计、索引设计等基础工作做好吧，这样能避免很多不应该的甚至节外生枝事情的发生。

6. 爬格子和真金白银

我在一边爬格子撰写本文，一边与一些老同事调侃，如果把我爬的格子都变成 IT 一线具体工作，一定能给客户 IT 系统带来极大的提升，也一定能组织若干专项整治行动，即能孵化出真金白银来，哈哈。

我认为，国内目前大部分系统都存在该建的不建、不该建的乱建的索引乱象，如何将本文描述的索引基本技术、索引设计规范、最佳实践经验等转化为索引整治专项行动，且看我如下的画饼充饥。

项目阶段	实施内容	实施细节	收益分析
问题分析	对 AWR 报告中 Top-SQL 语句进行分析	对 Elapsed Time、CPU Time、Gets、Reads 等指标最高的语句进行分析	优先解决资源消耗最高的语句问题，尽快收到效益
	通过视图查询执行计划中含可疑操作的语句	对执行计划中含 FULL TABLE SCAN、INDEX FULL SCAN、INDEX FAST FULL SCAN、INDEX SKIP SCAN、CARTESIAN 等操作的语句进行分析	对更多可疑操作语句进行分析，收到更大效益
	通过等待事件进行分析	对导致 db file sequential read、db file scattered read、direct path 类等待事件的语句进行分析	对导致相关等待事件的语句进行分析，收到更大效益

续表

项目阶段	实施内容	实施细节	收益分析
索引优化	单字段索引梳理和优化	基于选择性原则，创建性能更佳的单字段索引	显著提升相关语句性能
		基于前缀性和选择性原则，创建合理的复合索引	显著提升相关语句性能
	组合索引的梳理和优化	基于前缀性和选择性原则，创建性能更佳的复合索引	显著提升相关语句性能
		基于前缀性和选择性原则，删除多余组合索引，简化现有复合索引	降低索引空间，提升 DML 操作性能
索引监控	开展索引监控和多余索引删除操作	通过索引 Monitoring 功能，监控索引使用情况	降低索引空间，提升 DML 操作性能
		删除业务的确不需要的索引	
索引维护	开展索引碎片分析	定期索引碎片分析	提升索引访问效率，降低索引空间，提升 DML 操作性能
		定期开展索引重建工作	
稳定性测试	运用 SPA 技术开展优化前后的稳定性测试	运用 SPA 技术，开展索引优化前后的对比分析和稳定性测试	确保索引优化整体性能提升和稳定性

上述表格仅仅是根据本文主题而草拟的索引专题优化工作内容，其实优化工作何止一个索引专题。让我用如下的话语来结束本文：

路漫漫其修远兮，吾将上下而求索。

革命尚未成功，同志仍须努力。

2023年9月1日于北京

那些不受待见的宝贝之一：全局分区索引

在 Oracle 多年从业经历中，我发现 Oracle 有些技术为很多人所知却鲜有运用，我们姑且把这些技术叫作 Oracle 不受待见的"宝贝"，全局分区索引（Global Partitioned Index）就是这样一个典型的不受广大客户和同行们待见的技术。我想原因是多方面的，有原理没有深入理解透彻的、有过于强调这些技术缺点的、有不愿意为规避这些技术的缺陷而付出后期维护成本的⋯⋯

殊不知，任何一种现存技术都有其优缺点和适应场景，只有充分扬长避短，才能将其优势发挥得淋漓尽致，风险控制到最低。而全局分区索引恰恰就是提升联机交易系统性能的最佳技术之一，其风险其实是可控的。本文就将对这一类索引的技术原理、适用场景、实施案例、风险规避等展开专题讨论，希望对广大客户和同行有所帮助。

1. 还是从案例开始

话说 2020 年底的某天下午，我和负责山东地区的销售同事一起拜访山东某制造业客户。这次拜访既有准备，也是即兴之作。有准备是因为 9 月份与这个客户进行过电话会议，对其现状和需求有了基本了解；即兴之作是因为，那天是与客户临时协商好下午 2：00 去赶场，而我上午已经购买了 3：40 的高铁票。

下午准时到现场之后，我先再次确认了客户现状和需求，然后就大力推荐两大解决方案：全局分区索引和实时内存数据库（TimesTen）技术。原来作为现代精密仪器的生产流水线系统，其 IT 系统性能要求远高于我们常见的银行、电信等行业客户，传统客户的性能指标大约在秒级就可以了，而制造业流水线系统的性能指标则严苛多了，达到了毫秒级甚至微秒级的实时级别，否则就会导致流水线出现次品，甚至无法正常生产。在 Oracle 的众多技术中，能达到微秒级性能指标的产品主要是实时内存数据库（TimesTen），但是 TimesTen 毕竟给客户带来新产品采购、架构改造等大投入和大动作，客户非常希望在现有基于磁盘技术的 Oracle 数据库产品和技术基础上充分挖潜。于是我再次确认，客户现在只是实施了表分区和少量本地分区索引（Local Partitioned Index）之后，然后我就用了半个多小时时间强力甚至是强势推荐全局分区索引，果然客户被我深入浅出的原理讲解及声情并茂的案例分享打动了，后面的 TimesTen 方案暂时成了备选方案。

到了 3 点整，我开始以火箭般速度飞奔高铁站，没想到在一个十字路口还被一辆车追尾了，再次考验 Oracle 老兵的紧急故障处理能力，我临时跑到马路对面另打了一辆出租车，终于在铃声响起之际飞奔到高铁上。不仅因为没有误车而感到惬意，更为下午快速且基本谈成一个客户而感到欣慰。原来经过前段时间的沟通，我们已经知道客户主管领导以前是某联通公司的 DBA，自认为非常了解 Oracle 相关技术，对我和其他同事的前面几轮交流都不以为然，而当天下午与其说是技术交流，不如说是博弈，结果是我们赢了。销售同事最近告知我最新结果：客户终于被说动，基本认可我们推荐的解决方案，愿意采购 Oracle 原厂服务了。

2. 优点缺点都突出的 Oracle 全局分区索引（Global Partitioned Index）

本罗老师怎么这么牛气，半个多小时就快速谈成一个也很牛的客户？其实还是一方面源于自己对 Oracle 相关技术原理、优缺点的深入了解，另一方面也是基本了解了客户的现状和需求，有的放矢，直击目标。正所谓知己知彼，方能百战不殆。

Oracle 分区技术其实非常复杂，包括分区表和分区索引两大技术专题，其中分区表技术达到近 20 种，分区索引也分为本地分区索引（Local Partitioned Index）和全局分区索引（Global Partitioned Index）两大类共四种。本文只对全局分区索引展开详细叙述，但其技术原理其实并不是非常深奥，以下就开始本文的"干货"了。

1）技术原理

所谓本地（Local）分区索引，是指索引的分区方法与对应表的分区方法一样。而全局（Global）分区索引，则是指索引的分区方法与对应表的分区方法是不一样的。例如，假设表是按时间年度分区的，而地区字段的索引是按行政区划进行分区的，该全局范围分区索引（Global Range Partitioned Index）创建语句如下。

```
CREATE index idx_txn_current_3 on TXN_CURRENT(area)
global partition by range(area)
(partition p1 values less than ('0572'), --- 表示杭州
partition p2 values less than ('0573'), --- 表示绍兴
partition p3 values less than ('0574'), --- 表示温州
 …
partition p13 values less than (MAXVALUE));
```

该索引的示意图如下。

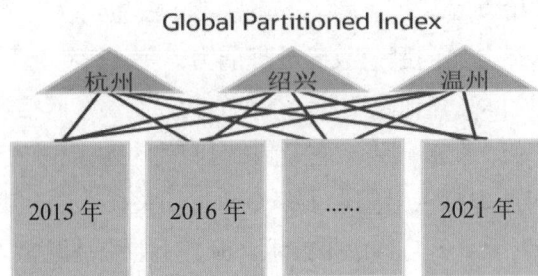

全局分区索引与分区表数据是多对多关系，即每个年度都有浙江各地区数据，浙江各地区数据都可能分布在各年度。Oracle 提供了两种全局分区索引，10g 之前只有全局范围分区索引（Global Range Partitioned Index），而 10g 之后又提供了全局哈希分区索引（Global Hash Partitioned Index），即按索引字段的 HASH 值进行分区。例如，如下语句将创建一个 4 个分区的全局哈希分区索引。

```
CREATE index idx_txn_current_3 on TXN_CURRENT(area) global partition
by HASH(area) partitions 4;
```

2）最大优点：提升性能

全局分区索引的最大优点就是提升性能，尤其是联机交易事务访问性能。因为在 OLTP 系统中，大部分交易事务都是按某个账号、某个客户号、某个手机号码、某个保单号等字段的索引进行访问，索引设计的好坏和索引性能就直接影响了这类交易事务的访问性能；而全局分区索引与表的分区，甚至与表是否分区都无关，也在原理上性能高于本地分区索引。如下图所示，假设表并没有分区，但是索引可以设计成全局分区索引。

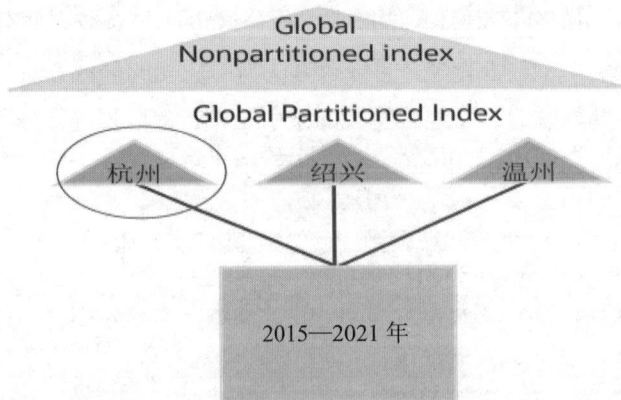

相比普通索引（也就是 Global Non-partitioned Index），由于全局分区索引将索引分成很多小索引树，所以当查询条件含该索引字段时（例如只查询杭州的相关数据）Oracle 会非常聪明地只访问上图杭州的小索引树，相比没有分区的一棵大索引树，不仅索引高度（Blevel）更低，索引叶节点链路更短，索引访问性能显著提升。而且在大量 DML 操作

之后，分区索引的碎片率、分裂情况也低于一棵大索引树。

为什么全局分区索引性能甚至高于本地分区索引呢？因为本地分区索引（Local）与表分区是一样的，分区数量也是相同的，而全局分区索引（Global）不依赖于表分区，所以全局分区索引可能比本地分区索引分得更细。例如，上述例子中，表分区可能只有2015年、2016年……2021年等6个分区，本地分区索引也只有6个分区。而全局分区是按浙江省的地市进行分区，分区数量可能达到十余个。这样，全局分区索引比本地分区索引分得更细，每个索引分区所包含的记录数更少，索引树高度更低，因此访问性能更高。

尤其是在 Local non-prefixed 索引情况下，如果没有分区字段条件，将导致访问所有的索引分区，而全局分区索引则只需访问一个分区索引，性能提升更为明显。后面的某政府行业案例验证了这种情况。

据了解，业内多年来一直有这种观点：本地分区索引性能高于全局分区索引。现在希望各位读者从原理上能理解这其实是个误区，而且更应该认识到：如果极端追求性能，不考虑索引的可维护性和业务连续性，最有效的技术之一就是全局分区索引，甚至表分不分区都无所谓，而且全局哈希分区索引也非常易于实施。

在上述山东某制造业客户中，我就是强力推荐客户使用全局分区索引，你不是想优化到毫秒级甚至微秒级吗？那你就把现在的普通索引用 HASH 算法打散成16份、32份，甚至64份、128份试试吧，这也是现有基于磁盘技术的 Oracle 数据库性能优化的极限技术。如果还达不到需求，我还有真正达到微秒级的 TimesTen 垫底呢。

3）最大缺点：全局分区索引的维护和可用性问题

既然全局分区索引对提升性能这么好，为什么业内普遍不使用？一定是全局分区索引有什么软肋。是的。这个软肋就是当表分区发生分区删除（Drop）、合并（Merge）、分离（Split）等维护操作之后，本地分区索引将自动进行维护，保持本地分区索引的可用性，而全局分区索引将会失效，需要在这些分区维护操作完成之后或同时进行索引的重建，而在此期间，全局分区索引将不可用，或者不能承担正常的业务压力，这就是影响应用连续性和系统高可用性的问题。于是，在一些重要的 7×24 系统中，我们就鲜见全局分区索引，甚至禁用全局分区索引成了某些行业的开发规范。本文后面我将继续讨论该问题。

另外在提高性能方面，全局分区索引也有某些局限，那就是如果查询条件跨多个索引分区，则效率可能会下降，尤其全局哈希分区索引不支持范围查询（Between...and...、>、<、<> 等）操作。

4）全局分区索引的适用场景

既然全局分区索引存在上述典型的优缺点，那么如何扬长避短就是全局分区索引的适用场景了。当该表不存在分区维护操作，如分区删除操作，但需要通过指定字段特别是非分区字段进行高效访问，而且访问频度很高时，这就是全局分区索引的典型应用场景。例如，假设银行的账户表按账号进行哈希分区，而账户信息是永久保存的，不可能按分区进行删除、合并、分离等大批量数据处理，即不存在全局索引失效问题，但需要按金融机构、地区等字段进行高效查询，尤其是"等于"操作，因此这些字段就可建成全局分区索引。

3. Oracle 全局分区索引（Global Partitioned Index）案例分享

1）某政府行业的分区优化

2018 年夏天，我在对某政府行业已经运行了 10 余年的核心系统进行调研时，发现该系统的分区方案存在两个典型问题：一个问题是只考虑了提升联机交易性能，没有考虑通过分区技术进行历史数据清理；导致最大的表已经达到了数百亿记录，但无法进行清理；另一个问题是分区索引设计得不多，而且全部是本地分区索引，即联机交易性能也有很大的提升空间。

本文只对第二个问题展开叙述，解决方案其实非常简单，就是大量采用全局 HASH 分区索引，包括将主要的普通索引和 Local non-Prefixed 分区索引改造成全局 HASH 分区索引，以下就是全局 16 份 HASH 分区索引和 Local non-Prefixed 分区索引的测试对比数据。

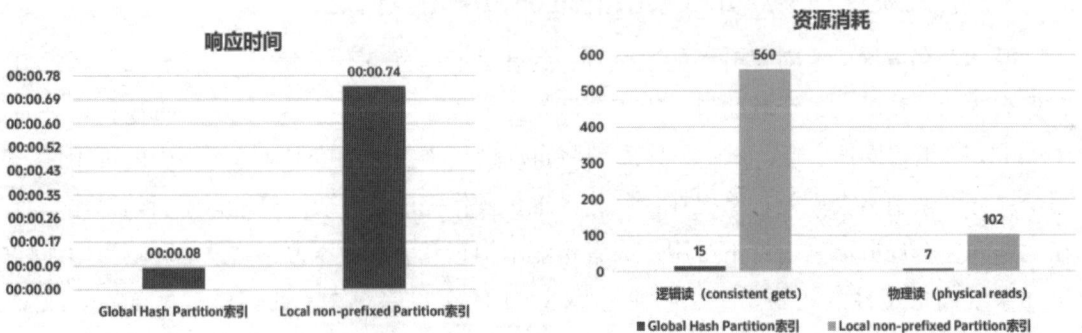

可见，无论是响应速度还是资源消耗，全局 HASH 分区索引相比 Local non-Prefixed 分区索引都有数量级的提升，例如 Local non-Prefixed 分区索引响应速度是 0.74 秒，已经非常快了，但全局 HASH 分区索引响应速度优化到了 0.08 秒，几乎提高了 10 倍。原因就是由于语句中未包含分区字段条件，导致 Local non-Prefixed 分区索引访问了所有索引分区，而新的全局 HASH 分区索引只访问了一个索引分区。这就是我在上述山东客户那儿的底气所在，也许山东客户现在的主要业务也是通过 Local non-Prefixed 访问并且没有包含分区字段条件，那至少还有 10 倍的提升空间，更何况还有 TimesTen 真正微秒级的解决方案垫底呢。

2）某保险公司的分区优化

2019 年底，我在对某保险公司已投产一年多的新核心系统进行调研时，发现一大问题就是 10TB 的数据库基本没有实施分区，最大的未分区表已经达到了数百 GB。面对这么浩大的数据库实施分区方案，是一个需要综合考虑提升联机交易性能、历史数据归档、降低 RAC 访问冲突、应用改造成本、投产后维护成本、高可用性等多方面目标在内的系统工程。

但是，当我与客户主管沟通如何根据需求全面设计分区方案时，他的回答倒是简单干脆："罗老师，你就只帮我们考虑提升联机交易性能就可以了。"我想，这就是我们国内客户的不成熟，作为甲方自己都提不出很全面的需求，必然带来实施结果的局限性。我当时就回应客户："如果只想提升联机交易性能，太容易实施了。"因为经过调研我发现，该系统的设计和开发非常有特点，就是主要大表都有一个 ACTUALID 字段并通过该字段进行访问，而该字段实际上是一个没有业务逻辑的流水号。于是将 ACTUALID 字段的普通索引改造成全局哈希分区索引，优化效果一定是立竿见影，而且又不修改数据库表结构和应用程序，实施起来非常简单。

果不其然，尽管受了 2020 年上半年疫情的影响，但在经过充分的方案讨论和测试验证之后，Oracle 服务部门和客户各团队共同努力，将最主要的普通索引非常顺利地改造成全局哈希分区索引，并取得了超出预期的效果。以下是我们实施同事对 Top-SQL 语句的优化对比结果。

	0vx7h1hmxm086	c91j48wwk9vhg	f9ptn0prkatpv	chpdfqs03sb5y	1hxy82x5gk29w	5r2zzqjyczyx0	90ax1h7gw0vr3	58y47n15s49sr
■现在执行时间	0.000103	0.00059	0.000098	0.000098	0.000062	0.000099	0.000053	0.000059
■原来执行时间	1.065543	0.678734	1.216509	1.045248	0.738022	1.239881	0.004348	0.760528

不过经我的同事介绍，上述优化效果不完全是全局分区索引的作用，还有统计数据更新和 12c 优化器自适应功能带来的执行计划更优异、新建索引的无碎片化等因素，这也恰恰说明，优化是一个系统工程，Oracle 有更多、更全面的优化技术可以运用。

为什么在山东客户现场我能这么自信？因为我们现在只根据初步了解的情况推荐了全局分区索引，并没有进行实地考察，说不定山东客户系统在更多方面存在优化空间，甚至也能达到上面表格展示的从秒级优化到了毫秒级甚至接近微秒级的优化效果。

但是革命尚未成功，同志仍须努力。因为在疫情期间我们与该保险公司客户充分研讨了几个月的分区方案，全局分区索引优化只是我们第一阶段的主要工作，甚至表依然没有分区；而第二阶段的全面分区方案实施，包括表的分区和索引更多分区技术，以及除了进一步提升联机交易性能，还有提升历史数据清理性能、提升 RAC 处理能力等多重目标的更多工作还没有开展。下图就是我们规划的分区优化两阶段实施示意图。

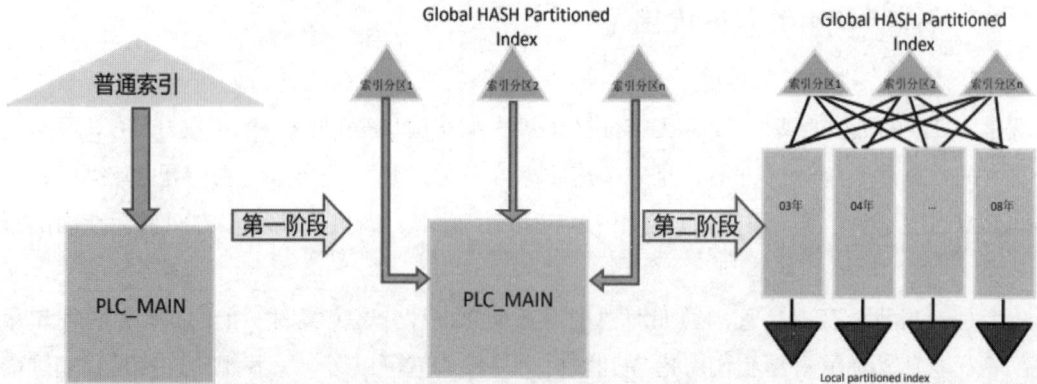

4. 这么好的技术为什么不受待见？

1）分区索引实施现状分析

在多年横跨多个行业的 Oracle 服务工作中，我总结分区索引实施现状基本如下。

（1）尽管大量实施了表分区，例如几百张表都实施了分区，但索引实施分区非常少，例如只有几个分区索引。在这种情况下，其实分区实施效果非常有限，因为大量联机交易事务是通过索引访问数据的，而索引还是普通索引，因此表无论分区与否，性能都是一样的。

（2）尽管实施了分区索引，但基本都是本地分区索引，很少见客户实施了全局分区索引。

本文主要对第（2）种情况展开深入研讨。为什么业内普遍不实施全局分区索引，甚至如上所述，禁用全局分区索引成了某些行业客户的开发规范？我想最主要原因就是全局分区索引的维护和可用性问题。

2）如何对全局分区索引进行维护？

如前所述，当表分区发生表分区删除、合并、分离等维护操作之后，全局分区索引将失效，索引状态变为 UNUSABLE。为此，Oracle 提供了三种方式进行全局分区索引的重建并恢复为可用（USABLE）状态，以下以分区删除操作为例，介绍具体细节。

（1）表分区删除之后，按全局分区索引的分区直接重建全局分区索引。例如：

```
ALTER TABLE sales DROP PARTITION dec98;
ALTER INDEX sales_area_ix REBUILD PARTITION jan99_ix;
ALTER INDEX sales_area_ix REBUILD PARTITION feb99_ix;
ALTER INDEX sales_area_ix REBUILD PARTITION mar99_ix;
```

```
...
ALTER INDEX sales_area_ix REBUILD PARTITION dec99_ix;
```

在这种方式下，表分区删除之后，全局分区索引将长时间处于不可用状态，一直到全局分区索引全部重建完成之后，才恢复为正常的可用状态（USABLE）。

（2）先用 DELETE 语句删除相关分区的数据，然后再删除表分区。例如：

```
DELETE FROM sales partition (dec98);
ALTER TABLE sales DROP PARTITION dec98;
```

在这种方式下，全局分区索引一直处于可用状态，但代价是 DELETE 操作不仅效率低，而且导致后台产生大量日志信息。我曾见过广东某银行客户就是采取了这种方式删除分区并进行历史数据管理。

（3）在删除表分区的同时，通过 UPDATE INDEXES 短语，同步维护全局分区索引。例如：

```
ALTER TABLE sales DROP PARTITION dec98 UPDATE INDEXES;
```

在这种方式下，Oracle 基于新的异步全局索引维护技术，确保全局分区索引一直处于可用状态，但表分区删除和索引重建操作的确需要消耗更长时间和更多资源。

尽管如此，我认为第（3）种方式依然是最佳技术，因为全局分区索引一直保持可用状态，而且资源消耗没有第（2）种方式多。但还是需要综合考虑不同业务场景、硬件环境、压力测试结果等方面情况，加以综合考量。

3）普通索引也存在不可用问题

我想业内普遍没有采用全局分区索引一个重要原因是当表分区进行维护操作时，全局分区索引将失效，因此很多索引依然是普通索引。殊不知，普通索引也属于全局索引，也就是全局未分区索引（Global Nonpartitioned Index）。当表分区进行维护操作时，这些普通索引同样会变成不可用（UNUSABLE）状态，除非设计成本地分区索引。那与其这样，为什么不追求性能的极致，把一些重要的普通索引改造成全局分区索引呢？然后整体考虑全局索引的可维护性和可用性问题。

4）某政府行业主管领导的抉择

在上述某政府行业的分区优化项目中，当主管领导得知测试结果表明，全局 HASH 分区索引相比 Local non-Prefixed 分区索引性能几乎提高了 10 倍，令他非常动心。但是当知道全局分区索引需要定期重建，不仅要增加运维工作量，而且影响应用可用性和连续性时，又令他担忧。但是他综合考虑了如下多方面因素。

（1）该行业核心业务系统并不完全是 7×24 的，每个季度甚至每个月都有几小时的后台维护时间窗口。

（2）测试结果表明：对将近 6 亿条记录的表进行全局索引重建花费了 14 分钟。

（3）测试环境的硬件条件远不如未来生产系统。

（4）几乎所有访问都是等于操作，不存在查询一个全局分区索引中多个分区索引树的情况。

于是在全面评估之后，他认为全局分区索引的优点可以在该行业得到充分发挥，从而全面提升核心业务系统的运行性能，而该行业的业务特点能容忍全局分区索引的不足，即可忍受全局分区索引维护时间、应用连续性和应用负载能力的短时间下降。最后他果敢地抉择：协调开发、运维两大部门共同开展全局分区索引方案和维护方案的设计和实施，以及投产后的运行维护工作。

感慨一下：其实客户中不乏这样既懂技术，又充满大局观和睿智精神，同时富有责任心、敢作为、敢担当的领导，能与这样的客户开展深度合作，是我们技术人员的幸事，只要大家都有心，我们服务工作将有更广阔深入的发展空间。

5. 全局哈希分区索引的另外一个大作用

除了大幅度提升联机交易事务访问性能之外，全区哈希分区索引还有一个大作用：降低热点索引访问冲突。以下以某大型国有银行不久前发生的一个重大故障为例，介绍其中的技术原委。

1）故障现象

去年 9 月 30 日，由于国庆前的对公业务陡增，某大型国有银行的网银系统出现被挂死的严重故障，导致业务停顿，引起全行上上下下高度重视。

2）故障原因

故障发生的第一时间，Oracle 原厂服务部门实施同事就快速诊断出该故障的两大原因。

（1）enq: TX - index contention 等待事件最高，表明存在大量热点索引竞争问题。

（2）大量 GC 类等待事件，并且 RAC 私网流量高峰时达到 400MB 以上，表明 RAC 节点间数据访问冲突非常明显。

上述第（1）个问题的解决其实非常经典，Oracle MOS 有专门文章：Troubleshooting 'enq: TX - index contention' Waits （Doc ID 873243.1），其中将热点索引改造为全局哈希分区索引就是一个重要举措。

3）故障解决

针对该系统的严重故障，我的实施同事第一时间就将最主要的热点索引改造成全局哈希分区索引，确保了系统的平稳运行。但 RAC 节点间数据访问冲突的第（2）个问题依然存在，因为解决这个问题需要在应用部署、数据库分区等方面进行数据访问分流等更全面的工作。不是一朝一夕能解决的。

4）技术原理

为什么全局哈希分区索引能解决热点索引访问冲突问题？原理图如下所示。

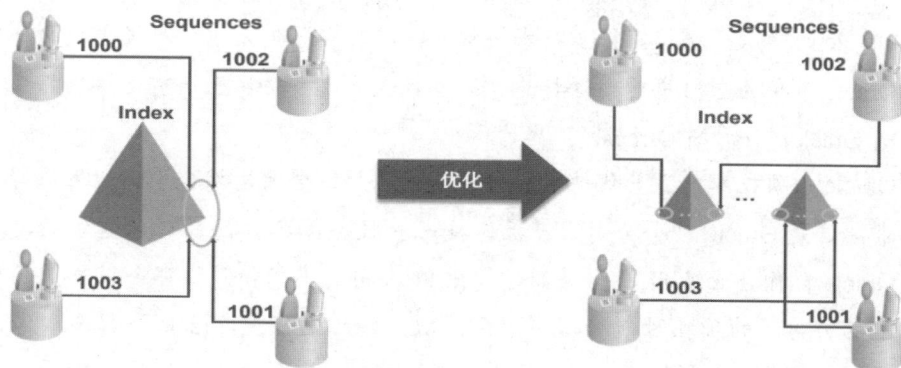

上图左边部分是普通索引，当业务高峰出现，例如大量并发 Insert 操作出现时，导致与 Sequence 相关的主键等索引顺序单调增长，于是都集中在索引的右下角进行写操作，从而导致索引热块和 I/O 竞争。而上图右边部分是将普通索引改造成全局哈希分区索引，由于索引被 HASH 算法打散了，即不排序了，这样当业务高峰出现时，索引写操作就被均衡地分散到多个索引小树的多个叶节点，所以索引热块和 I/O 竞争问题就不存在了。

5）感慨一下

我们服务部门的确技术精湛、经验丰富，无数次危难之处显身手，挽客户狂澜于不倒。但是很多问题是可以提前防范的，我想 enq: TX - index contention 等待事件即索引竞争问题平时就应该有所暴露了，不至于 9 月 30 日才突然爆发，我们的日常巡检工作就应该包括对这类问题的检查和预警。甚至我们的服务工作更应该前移到客户的设计开发部门，直接参与客户新系统设计开发工作，针对未来由于业务高峰可能出现的热点索引，提前设计成全局哈希分区索引，乃至丰富到客户的设计开发规范之中。何至于每每在生产系统爆发严重故障后，才与客户共同受煎熬、同患难，而且乙方永远要承受甲方更多的责难。

6. 该总结和感悟了

一个并不太复杂的 Oracle 索引技术被我深入浅出、洋洋洒洒地写了这么多，感觉其实还没有写透，包括 12c 之后与全局索引相关的新技术、新特性，例如异步全局索引维护（asynchronous global index maintenance）、部分分区索引功能等，但限于篇幅该打住了。其中异步全局索引维护功能非常棒，能确保在分区 DROP 和分区 TRUNCATE 操作之后，全局索引依然有效。该特性我将在《对一张最佳实践经验表格的感悟（下）》一文中详细介绍。

各位读者一定知道罗老师该总结和感悟了，其实大家一定有了这样的共鸣。

- Oracle 的确底蕴深厚，很多技术看似简单，其实深奥无比。难怪乎我的一位离开 Oracle 多年的老同事曾经这样感叹："我认为这个世界上只有两种数据库，一种叫 Oracle，一种叫 Others。"
- Oracle 每项技术都有其优缺点和适应场景，如何全面、综合平衡地运用好各项技术，这是 Oracle 整个公司、产品、技术和服务等各方面的哲学思维高度，也是 Oracle 自称企业级 IT 公司并高于其他 IT 公司的思想精髓。那个拿了 TPC-C 第一名的公司，的确在性能领域追求到了极致，但是能像 Oracle 一样全面考虑高性能、高可用性、安全性、可管理性等综合目标吗？
- 一个全局分区索引这样看似并不深奥的技术，在业内实施得并不理想和普遍，可见，整个 IT 业界从业人员都需要更加深刻、成熟、沉淀、踏实……
- 精雕细琢的工匠精神和务实、低调的作风，是一个国家、社会、行业、公司、部门，乃至个人都应该永远具备的素养和精神。

……

2021年2月17日于湖南衡阳

那些广泛使用的技术之一：本地分区索引

在 Oracle 多年从业经历中我发现，Oracle 既有很多不受广大客户和同行们待见的技术，例如全局分区索引（Global Partitioned Index），还有更多为人们广泛使用的技术，例如本地分区索引（Local Partitioned Index）。但以我的观察和了解，就以本地分区索引为例，很多同行对这些耳熟能详的技术并没有完全掌握其技术原理，对这些技术的优缺点、适应场景也不是非常了解。这种懵懵懂懂的做法，同样给 IT 系统带来极大的风险，甚至比不用某些技术、没有发挥某些技术的优点，带来的风险和危害更大。

本文就将对本地分区索引这个很多同行再熟悉不过的技术展开深入探讨，甚至我自己也在近日受益于一位老同事，对本地分区索引有了新的认知。真可谓：温故而知新，艺无止境。

1. 临阵磨枪，不快也光

话说 2003 年底的一个周五下午，我被公司安排去南方某移动公司现场工作一周，主要任务就是为客户最重要的业支系统开展物理设计特别是分区方案的优化。尽管我早在 1995 年第一次走出国门去美国硅谷培训时，顺访了 Oracle 总部并第一次耳闻了分区技术，也尽管我在 1999 年就在某互联网公司第一次在实际生产系统实施了分区，但是，Oracle 分区技术在 2003 年就已经非常丰富了，而我截至那个周五下午，还有很多分区技术没有完全掌握。一名即将出征的战士，对自己手中的十八般兵器还不是非常熟悉，如何作战？

于是，那个下午我赶紧临阵磨枪，临到下班了我还是对几个分区索引原理、适应场景没有完全吃透。正好一位老同事从我身边走过，我赶紧请教："Oracle 本地分区索引和全局分区索引，到底哪个好？"他略一思忖，答道："好像是本地分区索引吧。"然后他就匆匆而去享受周末快乐时光去了。今天回想当年我们的问和答，其实是我问的业余，他回答得也不专业。试想两种同时存在的技术，如果 A 比 B 好，那么 B 为什么不淘汰？一定是 A 和 B 各有优缺点，各有适用场景。

那个周日下午，惴惴不安的我飞到了客户所在城市，晚饭后就把自己关在酒店房间开始苦苦研读我的分区技术，主要就是研究最难懂的本地非前缀分区索引（Local non-

Prefixed Partitioned Index）。当晚不仅阅读了分区技术的联机文档，还有四篇 MOS 上的文章，尤其是在自己机器上反复测试相关样例，大约两个小时后终于豁然开朗了。那天不仅令我睡了个安稳觉，更令我信心十足地开展了一周的工作，尤其为我日后更多的工作打下了坚实的基础。

感谢 Oracle 服务工作这种高压力、高负荷，人无压力轻飘飘。如果没有这种被客户动辄尊称为原厂专家的压力和负荷，我可能一辈子都停留在知其然不知其所以然的浑浑噩噩之中。

2. 干货开场了

Oracle 的本地分区索引（Local Partitioned Index）技术非常久远，在 1996 年推出的 Oracle 8.0 版分区技术诞生时就推出了该技术，本地分区索引总体分为本地前缀分区索引（Local Prefixed Partitioned Index）和本地非前缀分区索引（Local non-Prefixed Partitioned Index）两类，以下分别讲述之。

1）本地前缀分区索引（Local Prefixed Partitioned Index）

尽管本地前缀分区索引不深奥，我们还是以例子来讲解：假设分区表为一个交易流水表（TXN_CURRENT），并且以交易日期字段（TXN_DATE）按年度进行了范围分区。如果欲创建 TXN_DATE 字段上的索引，命令如下。

```
CREATE index idx_txn_current_1 on TXN_CURRENT(TXN_DATE) LOCAL;
```

该索引叫作本地前缀索引（Local Prefixed Index），示意图如下。

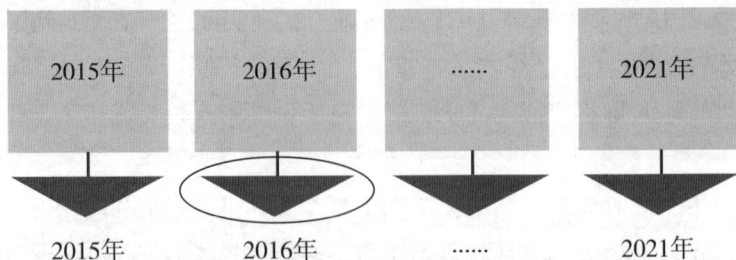

所谓本地（Local）分区索引是指索引的分区方法与对应表的分区方法一样。在本例中，TXN_DATE 字段的本地分区索引与 TXN_CURRENT 表分区算法一样，即都以 TXN_DATE 字段值按年分区，即 2015—2021 年每个年度的表和索引都有一个一一对应的分区。这样，如果现在有如下查询需求：

```
Select * from TXN_CURRENT where txn_date = to_date('2016.05.01', 'yyyy.
mm.dd');
```

Oracle 就只到 2016 年所在的索引分区去查询，这叫分区裁剪功能。因此索引高度肯定低于非分区情况下的那棵普通大索引树，也就是性能更高了。

所谓本地前缀分区索引是指分区字段就是索引字段或者是组合索引的前缀字段。例如，如果在（txn_date,area）字段上建立如下组合索引，该索引即本地前缀分区索引。

```
CREATE index idx_txn_current_1 on TXN_CURRENT(TXN_DATE, AREA) LOCAL;
```

除了性能提高之外，本地分区索引还有一个好处：当进行分区删除（DROP）、合并（MERGE）、拆分（SPLIT）等维护操作之后，Oracle 自动对所对应的索引分区进行相同的操作，整个本地分区索引依然有效，不需要进行本地索引的重建（Rebuild）操作，这样将会大大保障表的可用性。

因此总体而言，本地前缀分区索引在性能和保障业务连续性方面都表现不错。但是且慢，近日受益于一位老同事的经验，原来本地前缀分区索引也有性能陷阱，本文下面再专题表述。

2）本地非前缀分区索引（Local non-Prefixed Partitioned Index）

接下来就该讲解当年令我临阵磨枪了最长时间，也是业内很多同行可能迄今也没有完全理解的本地非前缀分区索引。我们继续基于上述例子进行讲解，假设需要为 area 字段建立分区索引，我们可以这样建吗？

```
CREATE index idx_txn_current_2 on TXN_CURRENT(AREA) LOCAL;
```

回答是可以。此时，这个索引叫作本地非前缀分区索引（Local non-Prefixed Partitioned Index）。本地非前缀分区索引是指分区字段不是索引字段或者不是组合索引的前缀字段。那这个索引是什么样子呢？如下图所示。

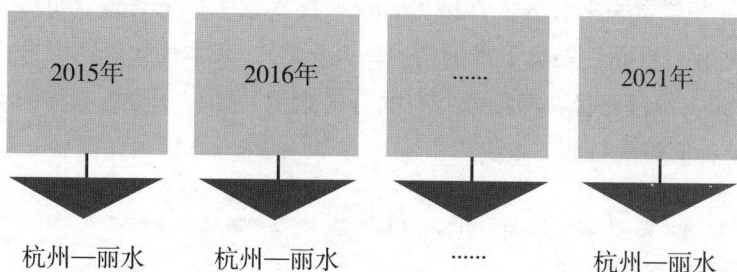

下面我们来帮助大家理解这个分区索引的确切含义。首先，我们回忆一下本地分区索引的定义：所谓本地分区索引是指索引的分区方法与对应表的分区方法一样。那么在本例中，该分区索引也将同样以 TXN_CURRENT 表的分区字段（TXN_DATE）按年份进行分区，即 2015 年的 area 字段索引项在 2015 年分区，2016 年的 area 字段索引项在 2016 年分区……依次类推。即该索引的 2015 年分区索引包含 2015 年浙江省从杭州到丽水的所有地区值，2016 年分区包含 2016 年浙江省从杭州到丽水的所有地区值……依次类推。如果还没有理解，我们不妨以如下具体记录值来描述。

记录序号	TXN_DATE	AREA	……
1	2015.01.01	杭州	……
2	2015.01.01	宁波	……
3	2015.01.01	丽水	……
4	2016.01.01	杭州	……
5	2016.01.01	宁波	……
6	2016.01.01	丽水	……
……	……	……	……

于是上述记录中，第一条记录的杭州数据属于 2015 年，所以进入了 2015 年的分区索引树。第二条记录的宁波数据属于 2015 年，所以也进入了 2015 年的分区索引树。第三条记录的丽水数据属于 2015 年，所以也进入了 2015 年的分区索引树。这样，2015 年分区索引树就包含了 2015 年浙江全省从杭州到丽水的所有地区索引数据。后面的第四~第六条记录都属于 2016 年，则进入了 2016 年的分区索引树，2016 年分区索引树就包含了 2016 年浙江全省从杭州到丽水的所有地区索引数据，依此类推。

现在，我们假设再进行如下查询。

```
Select * from TXN_CURRENT where area = '杭州';
```

此时 Oracle 就不能只查询 area 字段上的一个分区索引了，而是所有分区索引都要查询，因为每个分区索引上也就是每年都可能包含"杭州"的交易数据。在这种情况下，可能还不如 area 字段索引不分区，直接在 area 一棵大索引树上查询就可以了。因此，也就会出现分区之后，反而性能会下降的情况，甚至在 9i 版本优化器还会选择索引全扫描（Index Full Scan）执行路径，即扫描所有的分区索引，类似于全表扫描，直接把一个系统弄死掉。但是，假设进行如下查询。

```
Select * from TXN_CURRENT where txn_date = to_date('2016.05.01', 'yyyy.
mm.dd') and area = '杭州';
```

此时，Oracle 又会变得聪明了，即通过索引裁减功能，只查询 2016 年的分区索引，而且是 Index Range Scan 方式进行访问，效率极高。

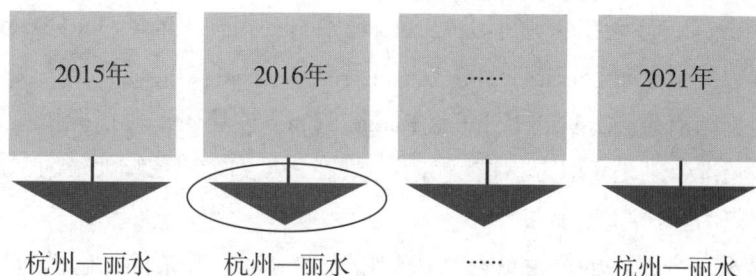

| 2015年 | 2016年 | …… | 2021年 |

杭州—丽水　　杭州—丽水　　……　　杭州—丽水

大家可能要问：既然本地非前缀分区索引性能可能还不如不分区，那 Oracle 为什么还要提供这种技术？原来是为了达到提高性能之外的第二个目的：提高索引的可用性！我们假设要通过分区删除（DROP）技术进行 2015 年数据的清理，如果 area 字段索引建立成普通索引，或者是全局分区索引，都会面临一个问题：在分区删除（DROP）操作之后，普通索引和全局分区索引都会失效（UNUSABLE），必须重建。而本地非前缀分区索引的好处在于，在分区删除（DROP）操作之后，该本地非前缀分区索引整体依然有效，即 2016—2021 年数据依然可通过本地非前缀分区索引进行访问。尽管本地非前缀分区索引性能可能有问题，但有索引用总比没索引用强。

3. 本地非前缀分区索引的最佳实践经验

由于刚介绍完本地非前缀分区索引的技术特征，而且业内本地非前缀分区索引实施得非常普遍，我们不妨先讨论本地非前缀分区索引的最佳实践经验。

1）业内分区索引实施现状分析

在多年横跨多个行业的 Oracle 服务工作中，我总结分区索引实施现状基本如下。

（1）尽管大量实施了表分区，例如，几百张表都实施了分区，但索引实施分区非常少，例如只有几个分区索引。在这种情况下，其实分区实施效果非常有限，因为大量联机交易事务是通过索引访问数据的，而索引还是普通索引，因此表无论分区与否，性能都是一样的。

（2）尽管实施了分区索引，但基本都是本地分区索引，很少见客户实施了全局分区索引。而在本地分区索引中，由于通过分区字段进行访问的方式少于通过非分区字段进行访问的方式，从而导致了大量本地非前缀分区索引的存在。我们经常发现一个系统只有少数几个本地前缀分区索引，却创建了几百甚至上千个本地非前缀分区索引。因此，这些本地非前缀分区索引设计和运行的好坏，直接影响了一个 IT 系统的整体运行质量。

2）经验之一：SQL 语句中尽量增加分区字段条件

如上原理介绍，如果 SQL 语句没有分区字段条件，本地非前缀分区索引将不得不访问所有的索引分区，甚至在 9i 版本上还会出现索引全扫描（Index Full Scan），即扫描所有的分区索引，类似于全表扫描，直接把一个系统弄死掉。10g 之后，我发现优化器改进了，但仍然是对所有索引分区进行 Index Range Scan，性能还是大打折扣。无论如何，我当年都被这些情况特别是索引全扫描搞怕了，现在一见到客户系统大量的本地非前缀分区索引，我就有点为客户心惊肉跳。

在这种情况下，最好的方法就是在语句中增加分区字段条件，这样通过分区裁剪功能，再假设本地非前缀分区索引的字段选择性特别高，例如是账号、保单号、手机号等字段，那么查询效率将会非常高。

3）经验之二：改造成全局索引或全局分区索引

如果业务逻辑不允许在 SQL 语句中增加分区字段条件，而必须通过本地非前缀分区索引字段进行访问，那么为了追求性能的进一步提升，而且可以忍受索引的维护工作及业务连续性的下降，建议将本地非前缀分区索引改造成全局索引或全局分区索引，包括全局范围分区索引和全局哈希分区索引。请参考前文"Oracle 那些不受待见的宝贝之一：全局分区索引"深入了解全局分区索引。

4. 本地前缀分区索引的最佳实践经验

1）经验之一：无须创建本地前缀分区索引

任何索引的创建都是为应用逻辑和数据访问方式服务的，如果应用是按分区逻辑进行大批量数据访问，例如，假设数据按月分区，应用是按月、按季度、按年访问数据，此时就没有必要建立本地前缀分区索引。因为 Oracle 将通过分区裁剪功能，即可避免全表扫描，自动对相关分区进行扫描。这种情况通常是针对数据仓库、报表系统、统计分析类应用。

我在很多客户的此类系统中看见了这种策略的实施，但是也有一刀切的，我就见识过某数据仓库系统一个索引都没有。难道这个系统全部是按月、按季度、按年访问数据？如果出现了按日访问数据，应该还是按索引访问效率更高，否则 Oracle 将扫描至少一个月的数据。

技术的运用一定要有的放矢。

2）老革命，新问题

在介绍下一条最佳实践经验之前，不妨先讲述一个刚刚发生的故事：就在前几日撰写"Oracle 那些不受待见的宝贝之一：全局分区索引"之后，我在征求广大同行反馈意见的时候，一位老同事不仅对全局分区索引提出了自己的真知灼见，而且对本地分区索引也提出了自己的经验之谈。更难能可贵的是，他指出我曾经出版的《感悟 Oracle 核心技术》一书中的一个案例存在问题，并展开了自己观点的阐述。

下面不妨从这个案例开始，这是该书 4.4 节的某银行综合报表系统的优化案例。限于篇幅，本文仅描述大致情况，详细情况请见多年前出版的该书。当时我发现客户一条重要 SQL 语句存在全表扫描，问题包括分区字段类型、语句编写、分区设计、索引设计等多方面问题。当年我在客户的测试环境按自己的优化建议展开了测试，优化效果非常棒。

	优 化 前	优 化 后
响应速度	00:04:08.24	00:00:00.97
内存消耗 /MB	4,781	11.56
I/O 消耗 /MB	3,406	7.56

即不仅响应速度从 4 分钟多钟下降为不到 1 秒，内存、I/O 等资源消耗也是呈几何级数下降。记得当年我在现场不无开心，客户和开发商也是目瞪口呆。但是就这么出色的一个案例，多年之后的今天，我的老同事还是挑出了毛病，真是令我钦佩。

原来这个表是按 RPT_END_DATE 日期字段按月分区，语句条件如下。

```
… …
  7   where RPT_END_DATE between to_date('2012.12','YYYY.MM') and to_
date('2013.01','YYYY.MM')
  8     and (a.ORG_CD like '3599%')
  9     and ((1 > 2 OR a.ORG_CD like '3599%') AND
 10       (SUBSTR(a.NPL_FORM_DATE, 1, 4) < '2012'))
… …
```

我当时创建了（RPT_END_DATE, ORG_CD）的本地前缀分区索引，达到了上述令我自己和各方满意的结果。但是我的老同事太牛了，他在如下的执行计划细节中发现了问题。

```
  4 - access("RPT_END_DATE">=TO_DATE(' 2012-12-01 00:00:00', 'syyyy-
mm-dd hh24:mi:ss') AND "A"."ORG_CD" LIKE '3599%' AND
          "RPT_END_DATE"<=TO_DATE(' 2013-01-01 00:00:00', 'syyyy-
mm-dd hh24:mi:ss'))
      filter("A"."ORG_CD" LIKE '3599%' AND "A"."ORG_CD" LIKE '3599%')
```

原来他发现虽然优化后的语句的确使用到了我新创建的（RPT_END_DATE, ORG_CD）本地前缀分区组合索引，但是实际上在索引访问中只用到了 RPT_END_DATE 条件，而该条件是 2012 年 12 月一个月的大量数据，效率并不高，而最有过滤性的 ORG_CD 字段仅仅作为 filter 过滤条件使用，并没有在（RPT_END_DATE, ORG_CD）组合索引中使用到。简单而言，就是 Oracle 先通过索引查出了 1 个月的数据，然后再在 1 个月数据中过滤出满足 ORG_CD 条件的记录，性能显然有提升空间。他的建议是将该索引改造为 ORG_CD 单字段的本地非前缀分区索引，这样，Oracle 先按语句中的分区字段 RPT_END_DATE 进行分区裁剪，然后再按 ORG_CD 单字段在裁剪后的分区进行选择性非常强的查询。可惜时过境迁，我已经无法按他的新建议开展测试了，但我预计各方面指标至少还要提高一个数量级。这个世界上真是高手云集啊。

3）经验之二：本地前缀分区索引的陷阱

在我这么多年的实施经验中，我一直以为本地前缀分区索引无论性能还是索引的可用性方面，都不会有什么大问题。因此我在多年前的上述案例中首选了本地前缀分区索引，还有一个因素就是当年的本地非前缀分区索引动辄出现 Index Full Scan，令我噤若寒蝉，甚至语句中有分区字段条件，都不敢随便设计本地非前缀分区索引。

这次我的老同事传授的经验之谈就是，当分区字段条件不是等于条件，而是上例一样的范围条件时，Oracle 就会出现上述的选择性最强的 ORG_CD 条件没有作为索引使用的问题。

前天，我根据他描述的情况在自己机器上进行了模拟测试，出现了另外一种预算不到的不良结果，居然出现了 index skip scan 执行计划，执行效果更差。

总之，这就是本地前缀分区索引设计的最佳实践经验之一：当分区字段和其他字段同时出现在条件中，而且分区字段选择性并不强，尤其是范围查询时，不应该设计成本地前缀分区索引，而是直接将其他选择性强的字段设计成本地非前缀分区索引。在实际执行过程中，Oracle 先依据分区字段进行分区裁剪，再在被裁剪后的索引分区进行过滤性非常强的高效率索引访问。

再次感谢老同事的宝贵经验！

5. 如何开展具体的优化工作

各位读者看到这儿，应该基本理解了 Oracle 本地前缀和非前缀两种索引的原理、特点和风险了，也可能让很多同行有点毛骨悚然，原来我的系统中也有大量本地非前缀索引啊，会不会也存在语句中没有分区字段导致访问所有索引分区的问题？会不会也掉入本地前缀分区索引的陷阱：即分区条件很宽泛，而且是范围条件？

如何依据这些技术的特征开展具体的优化工作，本文最后提出如下建议。

1）对系统中存在的大量本地非前缀分区索引，在两方面展开工作。

（1）扫描使用到本地非前缀分区索引的相关 SQL 语句，检查是否已经或可以包含分区字段条件。

（2）如果这些 SQL 语句业务逻辑上无法包含分区字段条件，而且可以忍受索引的维护工作及业务连续性的下降，建议将本地非前缀分区索引改造成全局索引或全局分区索引。

2）针对系统中存在的本地前缀分区索引，主要的优化工作如下。

扫描使用到本地前缀分区索引的 SQL 语句，如果分区条件很宽泛，而且是范围条件，仔细分析执行计划是否将选择性强的字段已经用于索引访问，如果没有使用到，建议改造成本地非前缀索引。

6. 感悟和小节

1）感悟 1：原理、全面综合的重要性

对技术的合理运用首先还是要深入理解技术原理，然后才能根据优缺点、适用场景、最佳实践经验，结合不同的 IT 系统需求，合理规划、有的放矢，方能达到理想的效果。业内同行若加深对 Oracle 分区索引原理的深入理解，并合理规划和优化，一定能将 IT 系统整体性能、高可用性、可管理性等提升到一个新台阶。

2）感悟 2：Oracle 优化器的精巧和诡异

在多年实施分区技术和更多技术的过程中，的确体会到 Oracle 优化器的精巧和诡异，就像本地前缀分区索引在等于操作和范围操作会产生不同的执行计划和不同的运行效果一样，甚至可能颠覆一些传统的经验和认知，这恰恰说明 Oracle 产品的灵活性、智能化。因此，其实很难有一成不变、放之四海而皆准的所谓开发规范和指南，我们都应将自己的应用与 Oracle 相关技术有机融合，并通过 Oracle 优化器以及各种工具去验证和评估效果。总之，我们应该充分去测试、去感受和揣摩 Oracle 优化器的精巧和诡异，在业内和官方经验基础上，形成更有特色的、更适合自身场景的开发经验和规范。

3）感悟 3：Oracle 的不断创新能力

Oracle 的确是一个创新能力非常强的伟大公司，在数据库领域，不仅体现在多租户、内存数据库选项等架构性方面大气磅礴的新技术，而且在优化器等内部技术的细微方面也是不断优化和演变的。可能因为新技术、新特性太多，很多细微新技术甚至没有出现在 New Features 等官方文档中。例如，本文描述的 9i 版本针对本地非前缀分区索引可能出现的 Index Full Scan 问题，在 10g 之后就已经优化为 Index Range Scan 了，而 Oracle 官方文档很难找到这种细微技术改进的描述，一切都需要我们作为客户自己去细细品味。

总之，就像我经常这么诚实地回答客户的问题一样。

问："罗老师，×× 技术应该怎么用？"

答："我也不知道，我也不是 Oracle 研发人员，不知道优化器所有内部实现机制，麻烦你自己去测试、感受吧。"

一句话：测试、测试再测试！体会、体会再体会！

2021年2月20日于湖南衡阳

那些巷子深处的宝贝之一：Bitmap Join Index

某年某月的某一天，我和某销售同事一起去拜访某联通公司，我在现场秀了一把，把客户一个数据仓库系统的分析语句从几天几夜的运行时间优化到 1 个小时之内，最后甚至到秒级，令客户大为开心，更对 Oracle 技术的高深莫测佩服得五体投地。那天下午我就是在客户的众目睽睽之下，以现场直播的方式运用到了 Oracle 一个鲜为人知的高级技术：Bitmap Join Index。

Oracle 的确博大精深，有太多好东西不为人知了，谁说酒香不怕巷子深？就是因为 Oracle 吆喝得太少了，才导致很多 Oracle 宝贝变成了金屋藏娇。今天就想深入浅出地展现 Bitmap Join Index 这么一个高级宝贝，并在多维度、多层次展开。

1. 初识 Bitmap Join Index

话说 2003 年 4 月的某一天，正值"非典"期间，我和产品销售及售前同事一同来到了南方某市国税局进行技术交流，主要目的就是推广当年炙手可热的 Oracle 9i 产品。巧合的是，当年该市国税局信息中心主任正好是我的大学同学，令我的同事们兴奋不已，我们都共同期待这次技术交流能达到立竿见影的效果。

那次的交流以产品售前同事的演讲为主，他在台上滔滔不绝了一上午，把当年 Oracle 9i 主打的 RAC 等最新技术声情并茂地呈现给了客户。其间他花了足有 10 分钟讲解一个叫作 Bitmap Join Index 的新特性，我当时不仅是第一次耳闻这个技术，更令我汗颜的是，当他又是 PPT，又是在展板上写写画画时，我愣是一句也没听懂他那高深莫测的讲解。让我更为紧张的是，生怕我的大学同学直接问我："罗敏，你们服务部门有没有这个技术的实施案例？"

晚上回到酒店，非常沮丧、知耻后勇的我赶紧找出相关资料仔细研究起来。大约花费了半个小时，特别是结合例子反复阅读了 3 遍，并在自己机器上测试之后，我终于搞懂了！待仔细回忆白天那位售前同事的厥词时，才猛然反应过来，他自己根本没搞懂，难怪他乱讲了半天，我一句都没听懂。如果我能听懂，那我和他就都不是人而是神了。

世上就有这样的"能人"，自己都不知所云，但那个做派俨然像个大专家。白天我的大学同学等一众客户也一定被他弄得云山雾罩，客户们的感觉一定就是：反正你们 Oracle

的产品和人都太高深、太厉害了，哈哈！

2. 10 分钟之内让你搞懂 Bitmap Join Index

下面我希望在 10 分钟之内，深入浅出地让你理解 Bitmap Join Index，一定不是装的，哈哈。

欲快速、深入了解某个深奥的技术原理，还是从例子说起。每当我面对客户讲解 Bitmap Join Index 这个高级玩意儿时，我都会以生动的语气吸引大家的眼球："想知道'双十一'之后，如何统计各地的买家排名吗？"也就是全国按城市统计销售额排名。

其实淘宝的数据库已经不是 Oracle 数据库了，但我想这个系统一定有如下类似的数据库表结构模型。

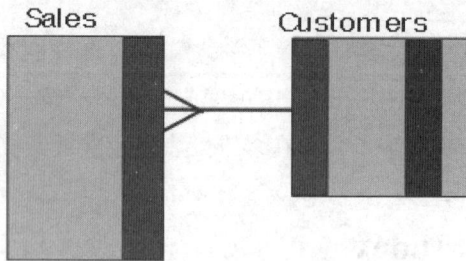

即至少有客户资料表（Customers）和销售流水表（Sales），二者形成 1 对多的主、外键关系。即一个客户可能有多条销售记录，一条销售记录只对应一个客户。如果要统计上海在"双十一"的销售总金额，类似的语句应该如下：

```
SELECT  SUM(s.amount_sold)
FROM    sales s, customers c
WHERE   s.cust_id = c.cust_id
AND     c.cust_city = '上海';
```

试想一下，淘宝的全球客户（Customers 表）可能有几十亿之众，销售流水表（Sales 表）更是可能多达几百亿之浩瀚，尽管有城市等于上海的过滤条件，但这两张表的关联操作将消耗多少时间和资源？这也是本文开篇的某联通数据仓库系统类似的超大型表连续操作几天几夜才跑出来的根本原因。

据了解，淘宝系统现在已经运行在分布式数据库架构基础之上，估计淘宝是根据分库逻辑，在各个库上完成统计运算并在应用层进行汇总。如果淘宝系统继续运行在 Oracle 之上，Oracle 有什么更好的技术来快速完成买家排名统计吗？有！这就是 Bitmap Join Index。以下就是针对上述统计分析语句而创建 Bitmap Join Index 索引的语法：

```
CREATE BITMAP INDEX cust_sales_bji
```

```
ON      sales(c.cust_city)
FROM    sales s, customers c
WHERE   c.cust_id = s.cust_id;
```

众所周知，Oracle 的索引通常都是针对单表的某个字段或某些字段创建的索引，而 Oracle 中唯有 Bitmap Join Index 是针对两个表的关联运算结果创建的索引。上述语句通过 Sales 表和 Customers 表的连接操作，在 Sales 表上面创建了基于 Customer 表 cust_city 字段的 Bitmap 索引，该索引如下图所示。

```
key              bitmap
<北京   1000100100010010100...>
<上海   0101010000100100000...>
<广州   0010000011000001001...>
   ...              ...
```

假设 Customer 表的 cust_city 字段有北京、上海、广州等值，则每个城市都创建了一个对应的位图（bitmap），而位图中的每个 bit 位表示 Sales 表的销售记录所对应客户所在的城市信息。例如上图中，假设 Sales 表中第 1 条销售记录所对应的客户位于北京，则在北京位图第 1 个 bit 位标识为 1；假设第 2 条销售记录所对应客户位于上海，则在上海位图第 2 个 bit 位标识为 1；假设第 3 条销售记录所对应客户位于广州，则在广州位图第 3 个 bit 位上标识为 1；依次类推。

这样，当出现上述统计分析语句时，Oracle 只要访问该 Bitmap Join Index 的'上海'位图，就知道 Sales 表哪些销售记录是卖给位于上海的客户了，再通过访问 Sales 表的销售金额字段（amount_sold），就可完成相应的汇总运算。现在根本没有再访问 Customer 表，访问 Sales 表也是通过 Bitmap Join Index 进行访问，所以执行效率大幅度提升。

我们再深入研究一下语句的执行计划，以便让技术同行能够更深入理解。以下是使用常规技术的执行计划。

Description	Object ...	Object name	Cost	Cardi...	Bytes
SELECT STATEMENT. GOAL = ALL ROWS			1648	1	25
SORT AGGREGATE				1	25
HASH JOIN			1648	11652	291300
TABLE ACCESS FULL	SH	CUSTOMERS	406	90	1350
TABLE ACCESS FULL	SH	SALE	1238	9188...	9188430

可见，执行计划是常规的两个超大型表的全表扫描和 HASH_JOIN 连接操作。

以下是采用 Bitmap Join Index 的执行计划。

Description	Object ...	Object name	Cost	Cardi...	Bytes
SELECT STATEMENT. GOAL = ALL ROWS			229	1	10
SORT AGGREGATE				1	10
TABLE ACCESS BY INDEX ROWID	SH	SALE	229	1257	12570
BITMAP CONVERSION TO ROWIDS					
BITMAP INDEX SINGLE VALUE	SH	CUST SALES BJI			

可见，Oracle 现在通过 Bitmap Join Index 即 CUST_SALES_BJI 访问 Sales 表，并且根本没有再访问 Customers 表，执行效率提升可想而知。例如，上述测试例子中，原来语句的执行计划成本为 1648，而新执行计划成本仅为 229。

理解了吗？没理解，那就像我当年一样，再看两遍。哈哈。

3. 优化的精髓之一：能少做的尽量少做

看完上述内容，技术同行们一定会产生疑虑："罗老师，我们理解 Bitmap Join Index 执行效率的确高，但创建 Bitmap Join Index 同样消耗时间和资源，效果不是一样吗？"

好问题！我们不妨先回顾一下优化的精髓：其实优化就是在两方面展开工作，一方面是能不做的尽量不要做，或者能少做的尽量少做；另一方面就是面对必不可少的工作，尽量用更多资源并行地做。而上述通过 Bitmap Join Index 进行优化的案例，就是体现能少做的尽量少做的优化原则。

我们不妨回到开篇的联通优化案例，原来客户的应用是一个报表系统，该报表系统并非一条 SQL 语句完成，而是几十条相似的 SQL 语句在进行几十次的超大型表连接操作，如下图所示。

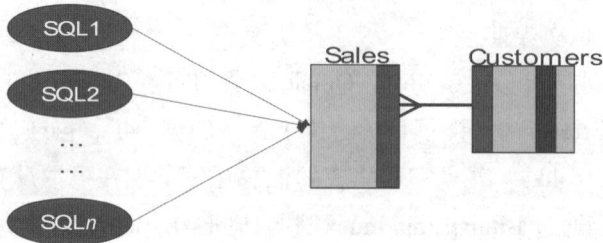

而通过 Bitmap Join Index 进行优化，虽然创建 Bitmap Join Index（步骤 1）需要消耗一定时间，但之后的几十条 SQL 语句都是通过 Bitmap Join Index 只访问 Sales 表并瞬间完成了（步骤 2 和步骤 3），如下图所示。

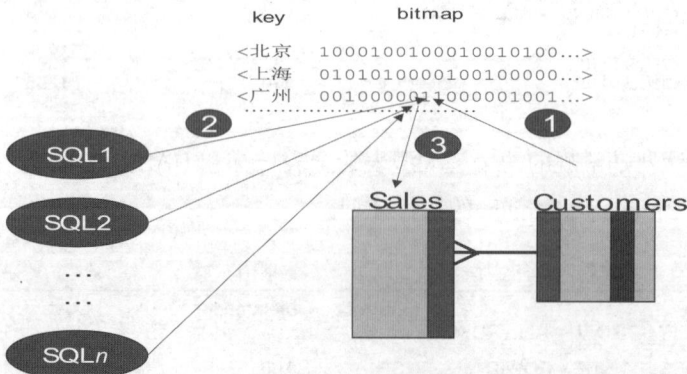

再次回到联通案例，那天下午我创建 Bitmap Join Index 花了一小时左右（步骤 1），然后再运行原有报表程序，几十次表连接操作实际上都是通过 Bitmap Join Index 只访问 Sales 表（步骤 2、步骤 3），几乎瞬间就完成了，而原来的报表程序需要运行几十遍的两个超大型表的连接，运行了几天几夜。

在实际生产系统中的通常实施策略是：Bitmap Join 索引在夜间跑批或 ETL 过程中进行维护，也就是先进行两个表的预连接，在白天频繁进行这两个表关联访问和运算时，就避免了两个超大型表非常消耗资源的连接操作了。这就是能少做就尽量少做的优化原则。

我们再回到买家的排名操作，如果仅仅是一条简单的按地域排名统计 SQL 语句，的确 Bitmap Join Index 的作用不大。但实际上在统计分析系统中，尤其在数据仓库的星型模型中，各种复杂逻辑运算、多维度逻辑运算，例如按地域、渠道、时间等多维度的组合逻辑分析，也就是即席查询（Ad-hoc）太多了，如果设计了 Bitmap Join Index，就可避免各种复杂逻辑中重复出现的表连接操作，甚至还可通过位图索引的与或操作，将 SQL 语句中的复杂与或逻辑直接在位图上完成了。

4. 更综合平衡考虑问题

先发散一下思维：为满足客户需求，业内现在普遍在开展 SQL 语句审核和自动化质量评估方面的研发工作。今天暂时不展开对这方面工作的详细评述，仅说在这个工作中最核心的内容，我认为就是制定 SQL 语句审核标准和规则，这是整个评估工作的里，其他什么架构、打分标准、界面展现等都是表。如果这里都出了问题，表的东西就意义不大了。

非常遗憾，我在现有的 SQL 语句审核标准和规则里就看到了这么一条：如果设计 Bitmap 索引，就是程序质量不好。我想也包括了今天隆重推荐的 Bitmap Join Index。

其实这是一个更大的话题，不仅是 Oracle 技术，任何技术都应该有它的适应场景和优缺点，如果一个技术只有缺点，这个技术就应该淘汰了。回到我们今天研讨的 Bitmap Join Index，如同普通的 Bitmap 索引一样，应该是适合数据仓库和统计分析类系统，而不适合联机交易系统，因为在面对 OLTP 系统的高并发量 DML 操作时，位图索引会导致大量记录被锁住，影响正常的 DML 操作。

因此，给 SQL 语句审核工具研发同行们一个建议：一定要区分不同类型 IT 系统，制定不同的技术使用策略或 SQL 审核标准。严禁使用 Bitmap 索引，那应该是针对 OLTP 系统的，如果针对 OLAP 系统制定这样的标准，不仅是简单粗暴，而且是滥杀无辜了。

任何事物都应该综合平衡，Bitmap 索引的问题不仅是大量 DML 操作会导致锁的出现，而且 Bitmap 索引创建和维护成本高，以及如何保证索引可用性和确保应用连续性等问题，在实施过程中都需要精雕细琢并加以解决，例如与分区技术结合，特别是分区交换

（exchange）、Local Index 的综合使用（Bitmap 索引支持 Local 分区索引），甚至可以先加载到中间表，再进行 exchange 操作，再 rebuild 新分区的 Bitmap Join Index 等。限于篇幅，就不展开更深入的讨论了，也有待同行在未来的实际工作中设计出更理想的流程。

艺无止境。

5. 多维度、多层次抒怀

不再讲解技术了，现在开始多维度、多层次抒怀，也就是思维发散了。

1）这么好的技术为什么没有得到广泛、深入的运用？

首先，Bitmap Index 和 Bitmap Join Index 都不是新技术，Bitmap Join Index 在 20 年前的 9i 版本中就已经推出了，Bitmap Index 应该更为久远。老罗我已经从业 30 多年，驰骋国内各行各业无数客户 IT 系统，难道还是我孤陋寡闻，我好像没有见过一个客户设计过 Bitmap Join Index。而这种索引在各行各业的统计分析系统中的应用场景太多了。

运营商行业："按时间、地域统计话费、话务量……"

银行业："按时间、地域统计存款、贷款……"

保险业："按时间、地域统计保单金额、出保次数……"

零售业、电子商务业："按时间、地域统计销售金额、订单总额……"

……

为什么大家都这么实诚，都在忍受无数次的超大型表连接操作的资源消耗和漫长的时间等待？我想最主要原因还是怪 Oracle 自身吆喝得太少了，包括我们自己的技术人员很多也不了解这些高级技术，或者没有完全掌握这些技术的使用场景、最佳实践经验，甚至还出现了上述 SQL 审核标准中简单粗暴的规则。

凡事先自省，从我做起，从现在做起。

2）勿以善小而不为

某年我在支持华东区客户时，销售老大看了我几次给客户提供的优化服务方案时感慨到："老罗啊，你看你的优化方案每次都是索引优化、SQL 语句优化、分区优化这三板斧。"他的言下之意，这些东西都是雕虫小技，客户是不可能掏钱购买服务的。

我想结合本文的话题，阐述几个观点：第一，在 IT 系统中的确存在多条 20/80 规则，包括数据库设计和应用开发对系统性能的优化贡献达到 80% 以上，在众多优化技术中，索引、SQL 语句等 20% 优化技术其实能解决 80% 问题。第二，Oracle 很多技术看似简单，其实都很高深莫测。本文长篇大论的 Bitmap Join Index 其实还只是 Oracle 众多索引技术中的冰山一角，甚至 Bitmap Join Index 如何维护、如何确保维护期间的索引可用性并保障应用连续性等更多话题，并未展开。第三，作为服务部门应该有这样的全方位策略，不是只有升级、迁移、整合这些大动作客户才会购买，只要有效解决客户紧迫问题，客户都会愿意出钱的。

索引，某种意义上的确是"雕虫小技"。第一，不需要客户进行扩容，也不需要客户进行分库、分表等伤筋动骨的动作。第二，不需要修改表结构和任何应用，只需分析好现有应用语句，合理设计索引即可，甚至分区等更高级技术对应用都是透明的。但是，勿以善小而不为，何况 Oracle 的索引、分区等技术并不小，而是高深莫测的，而且是投入产出比最高的优化技术。

再套用现在时尚的一句话：我们的服务工作也应该做到精准施策。

3）大背景话题

"罗老师，我们现在的架构都是分布式，分库、分表了，没有这么大的表进行连接操作了。"是的，现在的 IT 行业分布式架构是一个大趋势，甚至成了先进技术的代表。但是，只有真正从事过分布式系统设计、开发和运维工作的同行才深知分布式架构难隐的痛，世上没有一种架构是最先进的，只有最适合的架构才是最好的。我认为分布式架构更适合于联机交易系统，针对经常要进行全局数据访问的统计分析类系统，分布式架构并不适合。

回到买家排名统计案例，的确淘宝的系统可能已经按地域等逻辑进行分库了，单库的表规模都大大缩小了。但统计分析应用也基本只能按分库逻辑进行运算，如果出现更复杂的超越了分库逻辑的分析需求，具体而言就是出现了跨库操作怎么办？例如系统是按城市分库的，但需要统计整个华东地区的销售数据，也许只能通过应用层进行进一步的汇总运算了。

如果大家今天了解了针对这么超大型表的连接操作，Oracle 有 Bitmap Join Index 这么好的技术在一个库里就几乎瞬间完成，那我们有必要大动干戈，把一个库大卸八块吗？

突然联想到 10 多年前 Oracle 刚推出 RAC 时，一位惠普同行感慨到："哦，我理解你们 Oracle 的产品理念和文化了，一匹马能做的事情，为什么要让一堆鸡来干呢？"

是的，Oracle 的确继续在坚持这个理念，在 21 世纪有一个新的词来描述 Oracle 数据库发展方向：Converged Database（聚合数据库），这个词的内涵和外延都是非常丰富的。Oracle 不仅没有走向国内业界推崇的分布式架构，而是继续执拗地走在自己的集中、融合甚至聚合的道路上。因为 Oracle 非常自信：我无须简单粗暴地去分库、分表，我的 Bitmap Join Index、分区等大量技术就完全可以在一个大库中完成海量数据处理。

2021年2月10日 于湖南衡阳

分区索引设计指南

连续撰写了"Oracle 那些不受待见的宝贝之一：全局分区索引"和"Oracle 那些广泛使用的技术之一：本地分区索引"两篇 Oracle 分区索引方面的文章，我想各位一方面对 Oracle 分区索引的丰富内涵有了更深切的感受，另一方面一定希望看到一篇对这两类分区索引进行全面梳理和综合对比，提出不同适用场景建议，甚至是分区索引设计指南的文章。

是的，Oracle 官方其实早就有了如下深邃的设计指南流程图或称设计宝典。

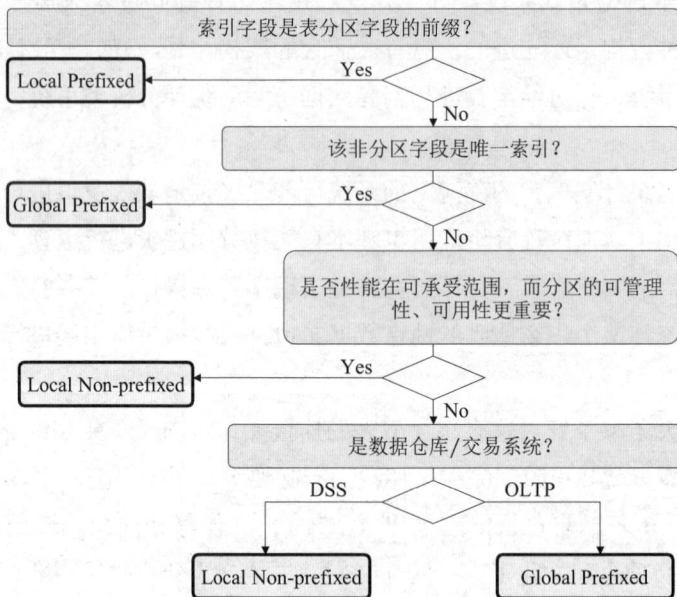

索引字段是表分区字段的前缀？
Local Prefixed ← Yes
No
该非分区字段是唯一索引？
Global Prefixed ← Yes
No
是否性能在可承受范围，而分区的可管理性、可用性更重要？
Local Non-prefixed ← Yes
No
是数据仓库/交易系统？
DSS | OLTP
Local Non-prefixed | Global Prefixed

本文就将以上图这个宝典为中心，一方面提供个人阅读此宝典图的体验，另一方面尝试在这个宝典中从更大格局、更深层次地去理解 Oracle 产品、技术和文化的博大精深。

1. "这图是你设计的吗？"

首先表示抱歉，各位读者看到的这个图已经不是 Oracle 的官方原版图了，因为已经被我翻译成中文了。为编写此文，我在自己笔记本电脑中找到了一篇 2002 年的关于 Oracle 9i 分区技术的英文 PPT，应该就是这个宝贝最早的出处。可惜年代久远，这个 95

版的 PPT 现在用 PowerPoint 2016 版打不开了，我也只好将就用这个有点变异的中文版本图了，但愿我当年的翻译还是基本忠实于原文的。

可能就是因为是中文的缘故，2016 年在某银行项目上，一位资历比较深的同事问我："老罗，这个图是你设计的吗？"我当时莞尔一笑："我哪有那本事啊，这是 Oracle 官方关于分区索引设计的流程图，我只是翻译了一下。"

当时我想他可能是在质疑这个图的权威性，但我更诧异并默默地想到：这么重要的一个设计流程图，你在 Oracle 这么多年了都没见过？可能说明你很少参与客户的分区方案设计，也说明我们服务部门的确太过于关注运维服务了，甚少参与客户 IT 系统总体架构设计和数据库结构设计。对个人而言，这也是一种知识结构的不平衡和不全面。

如果作为普通客户而言，我觉得没有看到这个流程图还情有可原，因为我发现这个图并没有出现在 Oracle 有关分区技术的公开文档之中，而只出现在内部 PPT 或 MOS 某篇文档中。我想，这也是业内广大客户没有从全局高度深入理解 Oracle 分区索引设计准则，乃至国内 IT 系统 Oracle 分区索引设计方面问题频频的重要原因。

2. 先从哲学高度理解这个图

我们不妨先从宏观乃至哲学高度去理解这个设计宝典图。其实，我自己的哲学知识还停留在中学、大学最多到研究生时期哲学课本上那点朴素的知识，但今天斗胆就以这点浅薄的所谓哲学理念来理解这个图了。

1）全局性、综合平衡感

我想，我们首先应从这个图中读到了 Oracle 分区索引设计的全局性和综合平衡感。哪有什么本地分区索引一定优于全局分区索引一说？一定是本地分区索引和全局分区索引各有优缺点，各有适应场景。国内 IT 系统普遍存在的甚少设计全局分区索引的现状，甚至某些行业制定严禁设计全局分区索引的所谓设计开发规范，从哲学高度而言就是不合理的。

2）目标的全面性

如果我们问国内客户："分区设计的主要目的是什么？"我估计 90% 都是回答："为了提高性能啊！"但是从图中我们发现，Oracle 官方在指导广大客户在设计分区索引时，不仅建议要考虑性能，还要考虑分区索引的可管理性、可用性，而且还指导我们如何对性能、可管理性、可用性等多方面目标进行综合考量和取舍。国内普遍存在的一味追求性能的设计原则，一定会带来结果的偏差。

3）IT 系统分类的重要性

众所周知，IT 系统总体分为联机交易系统（OLTP）和联机分析系统（OLAP）两类，两类系统不仅在业务和应用特征方面迥异，在技术运用策略方面也是千差万别，甚至完全相反的。从上图中，我们再次感受到了在分区索引设计方面，这两类系统的实施策略是完全不同的。如何结合不同的 IT 系统特点，有的放矢地开展分区索引设计，不仅是我们业内广大客户应该精雕细琢的具体工作，也是指导我们从哲学高度去提升我们的思维方式并归纳成最佳实践经验和实施方法论。

3. 正解分区索引设计宝典图

已经做了够多的铺垫了，各位读者尤其是技术同行肯定急不可待欲知详情了。需要说明的是，虽然 Oracle 官方提供了这个设计宝典，但并没有展开详细的解读。正所谓"一千个读者眼中就会有一千个哈姆雷特"，我想，Oracle 官方本意也是只提供一个总体思路和框架，我们每个客户再根据实际系统的具体情况去进行定夺、取舍和因地制宜。下面我就以自己的知识和多年的实施经验来解读我心中的哈姆雷特了。

1）第一步：索引字段是分区字段的前缀？

我们先从最简单的情况开始，这句话也包含了索引字段就是分区字段的情况。假设分区是按交易时间做的分区，而应用又要按该交易时间字段进行更精细化的查询，此时宝典建议将该交易时间字段建成 Local 分区索引即 Local Prefixed 分区索引。虽然 Local 分区索引性能方面可能不如全局分区索引，但 Local 分区索引毕竟不会像全局分区索引一样，在分区维护操作时出现索引不可用的状态。因此，Local Prefixed 分区索引无论性能还是高可用性，总体而言还是最佳的。

什么叫索引字段是分区字段的前缀？首先，我们理解分区是可以按多个字段进行组合分区的，例如按（交易时间，地区）两个字段进行组合一维范围分区，请注意不是按（交易时间，地区）两个字段进行复合二维分区，如（Range,Range）、（Range,List）、（List,Range）、（List,List）等二维分区。其次，在这种多个字段的组合一维分区情况下，如果我们需要对第一个字段建立索引，Oracle 建议建成 Local 分区索引即 Local Prefixed 分区索引，例如上例中的（交易时间）字段索引。同样地，这个 Local Prefixed 分区索引无论性能还是高可用性，总体而言还是最佳的。

其实现实系统中更多情况是这样的：分区字段是组合索引字段的前缀。例如表按（交易时间）进行了范围分区，但查询条件是（交易时间，账号），通常而言（交易时间，账号）也可以建成 Local Prefixed 分区索引。但是需要考虑如下更多情况。

（1）如果交易时间条件基本与分区逻辑一样，例如按月分区同时按月查询，此时不用考虑建分区索引了，直接通过分区裁剪功能即可。

（2）如果交易时间条件查询条件非常宽泛，而后面的条件过滤性更强，例如是账号、保单号等，特别是还可能按时间字段进行范围查询，如"那些广泛使用的技术之一：本地分区索引"一文所描述的情况，此时直接对（账号）、（保单号）等字段建立 Local non-Prefixed 分区索引，无须将时间字段包含在组合索引字段中，时间字段仅作为分区裁剪之用，这样的设计和执行计划才是最优的。

上述第（2）种情况并没有包含在 Oracle 官方的分区设计流程图中，这些都是我们广大客户特别是我的一位老同事的宝贵经验。

2）第（2）步：该非分区字段是唯一索引？

如果索引字段不是分区字段的前缀，索引字段也不是分区字段，甚至分区字段也不是组合索引字段的前缀，那么该索引就只能建成 Global 分区索引或者 Local non-prefixed 分区索引了。在上述宝典中的第（2）步就是要判断该字段的索引是否是唯一索引或者主键索引。如果是，则只能建成 Global 分区索引，否则将会报错。

```
ORA-14039: partitioning columns must form a subset of key columns of a
UNIQUE index
Cause: User attempted to create a UNIQUE partitioned index whose
partitioning columns do not form a subset of its key columns which is
illegal

Action: If the user, indeed, desired to create an index whose
partitioning columns do not form a subset of its key columns, it must
be created as non-UNIQUE; otherwise, correct the list of key and/or
partitioning columns to ensure that the index' partitioning columns
form a subset of its key columns
```

上述英文解释比较晦涩，通俗理解就是既然是唯一或主键索引，那么只有全局索引才能更好地确保这种唯一性，本地分区索引是很难实现或管理索引的唯一性的。

在现实的众多 IT 系统中我发现，在分区表上欲创建非分区字段的唯一索引和主键索引，广大客户都是创建成普通索引，也就是全局非分区索引。而根据 Oracle 官方的本宝典图，最佳实践经验应该是创建全局分区索引。因为从性能方面而言，全局分区索引肯定比全局非分区索引即普通索引效率高，大量 DML 之后的碎片化程度也低。再者从可用性角度而言，全局分区索引和普通索引都会面临分区维护操作之后的不可用问题。既然如此，为何不将这些唯一索引或主键索引改造成全局分区索引呢？

3）第三步：是否性能在可承受范围，而分区的可管理性、可用性更重要？

我个人理解这一步的判断是整个宝典中最难理解的，我当年翻译的时候想更通俗地直译成：分区索引是否不能不可用？或者更直白的：分区索引必须保持可用性。但是最后还是忠于原文的更全面性，于是翻译成了：是否性能在可承受范围，而分区的可管理性、可用性更重要？

如果直白而言：分区索引必须保持可用性，那么应该设计成 Local non-prefixed 分区索引。因为在各种分区维护操作（Drop、Truncate、Merge、Split 等）中，Local 索引包括 Local non-prefixed 分区索引都能保证分区索引的可用性。但是，Local non-prefixed 分区索引的确有一定的性能风险，特别是在语句中不含分区字段谓词条件，从而有效进行分区裁剪操作的情况下，不仅会访问到所有的 Local non-prefixed 分区索引，最坏情况甚至可能导致所有分区索引的全扫描（Index Full Scan）。

4）第四步：是数据仓库还是联机交易系统？

如果第三步判断性能仍然很重要，那么第四步还要判断是数据仓库还是联机交易系统，然后做出不同的抉择。即若是数据仓库（DSS）系统，则选择为 Local non-prefixed 分区索引，若是联机交易系统（OLTP），则选择为 Global 分区索引。理由何在？ Oracle 官方并没有做出详细的解读。以下是老罗我自己的深入体会。

我们都知道数据仓库系统具有与时间相关的、面向主题的、集成的、相对稳定的四大特征，而数据仓库中最大的事实表或交易明细表一般都包含时间字段，对这些数据的访问也通常带有时间要素，甚至这些表的分区通常也是按时间分区的。因此，如果在数据仓库系统中将相关索引建成 Local non-prefixed 分区索引，由于语句中通常也会包含该时间分区字段谓词条件，于是 Oracle 会很好地先通过分区裁剪再访问这些 Local non-prefixed 分区索引，确保性能非常好。在数据仓库系统的 ETL 过程中，可能经常要通过分区维护操作（Drop、Truncate、Merge、Split）进行大批量的数据处理，而 Local non-prefixed 分区索引恰好能保证索引不失效，确保了整个系统的分区索引可用性。综合起来，就有了若是数据仓库系统，则选择为 Local non-prefixed 分区索引的建议。

为什么针对联机交易系统（OLTP）则建议选择为 Global 分区索引呢？我想，首先联机交易系统（OLTP）的确对前台应用的性能要求非常高，而 Global 分区索引理论上比 Local 分区索引效率更高。因此，如果要追求性能的极致，Oracle 则建议建成 Global 分区索引。如何规避 Global 分区索引的风险？也就是 Global 分区索引在分区维护操作期间的不可用性？我想客户可根据自身情况做出抉择，例如有的联机交易系统并非绝对的 7×24 系统，定期或不定期还是有一定的维护时间窗口的。或者利用 19c 新的 Global 分区索引异步维护功能，将 Global 分区索引维护工作延迟到夜间低业务高峰时段完成。于是也就有了若是联机交易系统（OLTP），则选择为 Global 分区索引的总体建议。

5）Global Range Partitioned Index 或 Global Hash Partitioned Index ？

如前所述，Oracle 官方流程图是在 9i 版本时推出的，而当年的 9i 版本 Global 分区索引只有一种 Global Range Partitioned Index 技术，因此该流程图没有包括 10g 之后的 Global Hash Partitioned Index 技术。在确定采用 Global 分区索引的情况下，具体采用哪个 Global 分区索引？我们不妨进行一番特点对比分析。总体而言，Global Hash Partitioned Index 更易于实施，由于索引数据被均匀打散，所以总体性能也更好，但不适合范围查询。而 Global Range Partitioned Index 则恰好相反，由于可能存在索引数据分布不均匀，不仅难以实施，而且难以确保总体性能最佳，但适合范围查询。根据这两类索引的特点，我对官方流程图进行了如下的丰富。

- 如果查询条件主要是等于操作，而且追求总体性能最好，也追求易实施性和可管理性，则建议创建成 Global Hash Partitioned Index。
- 如果查询条件主要是范围操作，而且能承受总体性能不是最好，也能承受实施性和可管理性难度的增加，则建议创建成 Global Range Partitioned Index。

4. 还是太难了

尽管一图抵千言，我还用了上面数千字对这个设计宝典进行了解读，但我感觉技术同行可能觉得 Oracle 分区索引技术还是太复杂，甚至太弯弯绕了，也令我想起这样的场景。

我多次给客户进行分区技术培训和讲座，当我讲解完各种表分区技术，特别是四种分区索引技术之后，客户已经被我灌输了太大的信息量，甚至有点云山雾罩了，我自己也有点精疲力竭。于是，我通常会建议小憩 10 分钟，然后将大屏幕停留在这个宝典图上，并有点不怀好意地说："我准备好好休息一下，你们脑子可不要完全休息，一会儿我请你们哪位同学根据我们前面讲解的分区索引技术原理，以及自己的实施体验，来解读一下这个宝典图。"休息过后，通常极少有同学主动举手来进行解读，最后还是我自己进行上述的讲解。

其实，在短短的几小时培训过程中，欲全面深入理解 Oracle 产品、技术和文化的深奥，即便是一个分区索引专题都并非易事。甚至如本文上述的，这个官方宝典也没有包括实际实施中的方方面面。事实上，一方面设计规范和宝典是必需的，否则没有规矩不成方圆。另一方面，没有任何一种技术规范或设计宝典是放之四海而皆准的，我们都应根据具体场景去灵活地运用这些规范。

IT 技术就是一门实践科学，要不断去理解、去运用、去测试、去品悟、去归纳，这才是 IT 行业的精髓所在。

5. 对服务工作的启示

最后回到本部门的本职服务工作。几年前，我就听到一位年轻销售同事的感慨："Oracle 原厂服务其实真好做呀，满把都是机会。"就在刚过去的 FY21 财年的 Q3 季度，听说我们部门又是逆势而上，业绩非常不错。但我想我们的目前服务合同基本还是以各种运维服务包以及升级、迁移等少数解决方案服务为主，并没有包括更多深层次、更广范围的服务解决方案，也就是说，我们原厂服务部门还有大量的拓展空间。

以升级、迁移为例，Oracle 数据库成熟版本未来将是 8 年一个周期，也意味着 8 年才会给我们带来升级、迁移的服务机会。更何况客户很多业务系统的升级改造并不会以 Oracle 版本生命周期为导向，而是以业务本身的周期为准。例如我所了解的全国个人征信一代系统就在 2004 年投产，并在 Oracle 9i 平台运行，一直运行到 2020 年初二代征信系统投产，才直接升级到 Oracle 19c 平台。而针对我们服务的各行各业客户，本文及其他几篇文章叙述的分区方面问题几乎信手拈来，也意味着我们的服务机会真的满地都是。如果我们依据本文的分区索引设计宝典图，对各行各业客户的现有分区方案和运行状况进行一番梳理，一定会给我们带来大量的服务机会，也一定能帮助客户全面提升 IT 系统性能和高可用性等运行质量。

还是这句话：勿以善小而不为，何况分区技术并不小，给客户带来的回报更是巨大的。

2021年3月3日于北京

某省移动公司新核心系统的逻辑设计评估

2014 年夏天，某省移动公司启动新一代 CRM 核心系统的建设，并决定部署在当年 Oracle 刚出炉不久的 12.1 版本。在客户的有效组织下，在 Oracle 原厂商、开发商和其他厂商的通力合作之下，经过历时一年的共同努力，该系统在 2015 年成功上线，成为当年在全国移动行业第一个将核心系统部署在 12c 平台的省公司，在移动行业内部引来同行的瞩目，也令 Oracle 原厂商产品和服务部门欢欣鼓舞。

作为项目的最初亲历者之一，我非常清楚客户为什么会选型 12c，当年我们第一次拜访客户领导时，得知客户的初衷原来如此："我们不是经济发达省，我们也不想在移动行业出什么彩、做弄潮儿和尝鲜者，但是我们省经费有限，我们想一次性从 10g 跳跃升级到 12c，免得过不了几年又要从 11g 升到 12c 或更高版本。但是，为了稳妥起见，我们将不启用 12c 任何新技术。"的确，后来我的同事在实施过程中忠实贯彻了客户稳妥至上的原则，不仅没有主动启用 12c 任何新技术，而且关闭了几乎所有的 12c 隐含新特性，即基本上让该系统运行在原有 10g 环境之下，可见该省新核心系统其实有点行 12c 之名却无 12c 之实的味道。另外，我的同事在客户配合下，在补丁分析、参数设置、最佳实践经验等方面做足了功课，最终确保了该系统的顺利上线和平稳运行。

可是，除了 12c 这个外在光环，该项目其实还有更多的靓丽之处和深刻内涵，那就是我们原厂服务部门与开发商在设计开发阶段展开了深度合作，为该核心系统的高品质建设和高质量运行，乃至为后来实施更宏大的 Extended RAC 架构打下了良好的基础。本文就将围绕当年的设计开发服务工作，尤其是逻辑模型评估工作展开往事回顾。

1. 机会和挑战

2014 年夏天某日，当我们拜访该省移动公司业务支撑部门老总时，他对我们提出了这样的需求："我们省公司以往都是开发商的软件做成什么样子，我们就用成什么样子，这次开展新一代 CRM 核心系统的建设，你们 Oracle 服务部门能不能帮我们在设计上把把关，对开发商正在进行的数据库逻辑设计模型和物理设计方案进行评估？"

遵循 ITIL 的理念，在设计、开发、测试、上线、运维等 IT 系统全生命周期开展 Oracle 服务工作，一直是 Oracle 公司在全球深化和推广服务的一项重要举措。但这么多年来，作为 Oracle 公司现场服务团队，我们其实更多还是在 IT 系统的运维阶段提供服务，鲜有在数据库设计、架构设计等前期阶段为客户提供专题服务的案例，提出上述类似需求的最终客户也不多见。在 Oracle 内部，对如何开展数据库逻辑设计工作也是意见不一。下面是当年面对客户的上述需求，一位一线工程师的典型观点和有代表性的看法：

1）行业知识的缺乏

他认为，逻辑设计需要熟悉业务并具备大型电信业务核心系统数据库的设计经验，必须有多年的行业知识积累，而且设计者对关系数据库设计理论和运用也非常熟悉，有些开发商甚至会请专业的咨询公司做设计。而原厂服务部门缺乏这方面的知识和经验积累，很难做出亮点。

2）原厂的优势

他认为，从物理设计开始，到后面的优化、测试、上线这些阶段，才是和具体的数据库产品结合，充分利用 Oracle 数据库产品，及新版本特性（例如分区、索引、压缩，以及 12c CDB、12c ILM，等等）的工作，这些工作才是我们熟悉的和擅长的。

2. 逻辑模型评估 ≠ 逻辑模型设计

针对上述难得的机遇，尽管挑战重重，Oracle 内部也并非信心满满。但我还是坚持己见，一定要抓住这次机会，不仅充分满足客户需求，在设计开发方面做出成效，提高客户新一代核心系统的设计质量，而且在原厂服务方面也有一个新的突破。

首先，我和实施同事探讨，虽然我们没有开发商设计和开发人员熟悉移动业务，但作为原厂技术人员，我们可以借鉴 Oracle 公司在数据库设计方面的理论、方法和最佳实践经验，在数据库逻辑设计规范化、普遍性原则等方面发挥我们的作用，更可以发挥我们跨行业为全国广大客户提供服务的经验，即逻辑模型评估并不等同于逻辑模型设计本身。通俗而言，我们不是真正的厨师，但我们可以做优秀的烹饪评估师和美食家。其次，我认为我的同事过高评价了应用开发商的投入和能力，就个人经验而言，其实开发商的很多设计开发人员还是缺乏数据库逻辑设计理论和最佳实践经验。再次，开发商也并不是都请专业设计公司做咨询。即便是专业的设计公司参与其中，这些咨询公司的优势也是在于业务和应用，而往往缺乏对 Oracle 相关产品和技术的深入了解，更不会将业务和应用与 Oracle 相关产品和技术进行有机结合，即充分落地。然后，逻辑模型评估过程本身就是一个与开发商紧密合作，互相学习、互相沟通的过程，通过逻辑模型评估工作，我们原厂服务团队一定能很好地学习和了解业务和应用，进而提出更有针对性的有价值建议。反之，开发商也能从原厂服务团队身上学到很多原厂的设计理念和最佳实践经验，以及 Oracle 的产品和技术等众多知识。最后，逻辑设计和物理设计是一个有机的整体，模型设计方面很多工作同时涉及两方面内容，例如分区方案设计，既是与业务和应用紧密相关的逻辑模型设计工作，也是运用 Oracle 各种分区技术的落地性很强的物理设计工作，原厂服务团队完全可以将物理设计等方面优势与逻辑模型设计和评估工作有机地结合起来。

总之，Oracle 公司原厂技术人员在数据库设计、架构设计和应用开发领域还是大有可为的。

3. 逻辑模型评估范围

于是，尽管我们内部想法并非完全一致，但面对客户需求和挑战，我们还是齐心协力与客户和开发商达成了如下的逻辑模型评估初步范围。

1）数据库规范化设计评估

数据库规范化又称数据库或资料库正规化、标准化，是数据库设计中的一系列原理和技术，以减少数据库中数据冗余，增进数据的一致性、确保数据库高性能等为综合目标。关系模型的发明者埃德加·科德最早提出这一概念，并于 20 世纪 70 年代初定义了第一范式、第二范式和第三范式的概念，还与 Raymond F. Boyce 于 1974 年共同定义了 BC 范式。以下就是 Oracle 公司对三个范式的经典定义。

第一范式（1NF）：所有属性必须是单值的，或者说是原子化（primitive）的，不可分割的。第二范式（2NF）：所有属性必须依赖于该实体的唯一标识属性，即每个实体应该有唯一标识属性即主键。第三范式（3NF）：没有一个非唯一标识属性依赖于另一个非唯一标识属性，也就是说实体中不存在传递的依赖关系。

上述定义略显学术化，本人多年前出版的《感悟 Oracle 核心技术》开篇之章就以更通俗的语言，尤其是结合各种案例对三个范式给出了更深入的解读，包括对违反三个范式的典型案例以及非规范化设计案例和最佳实践经验等，本文不再赘述。

总之，基于数据库规范化设计理论对该省核心业务系统现有逻辑模型设计进行评估，是我们开展逻辑模型评估的首要工作。

2）字段类型的评估

建议在字段类型设计方面遵循如下一些原则和最佳实践经验：第一，尽量用合适的类型来表示相关字段。例如，数字类型表示数字、字符类型表示字符、日期类型表示日期。避免字符类型表示数字、字符或数字类型表示日期等情况的出现。第二，避免逻辑上相同的字段在不同表中用不同类型表示。例如，手机号码在不同表中都采用数字类型，这样能避免出现隐含的类型转换，导致索引无法使用，从而降低系统性能。第三，若字符长度不固定，可使用 varchar2 类型。若字符长度固定，则可以考虑使用 char 类型。第四，尽量不要使用 varchar，而是使用 varchar2。第五，若有日期计算、日期范围查询等需求，一定要用日期类型表示日期字段。

3）表的关联关系特别是外键的评估

Oracle 官方建议若无特殊需求，尽量通过外键来表示各表的关联关系，好处如下：首先，通过外键可有效保障数据的一致性，确保数据质量；其次，通过外键，可以使用 Oracle 更多的先进技术，例如 Reference 分区技术。

4）是否采用 Constraint 的评估

通常，对数据逻辑合法性和有效性的保障都在应用层面实施。例如，开机时间值只能是 1990 年至 2022 年。但这种实施策略不能保证用户绕过应用层，直接在数据库层面对数据进行非法操作。为此建议除应用层之外，在数据库层面也通过 Constraint 进行数据合法性和有效性的校验。

5）Sequence 实施的评估

Oracle 提供的 Sequence 对象，一方面有效解决了字段的唯一性问题，另一方面通过 Cache 值的设置，可有效降低数据访问冲突和数据热点。因此，当业务逻辑需要字段唯一性时，建议尽量采用 Sequence 对象。而采用普通表实现字段唯一性，最大的弊端是导致数据访问冲突和数据热点。

6）索引的评估

我们将对主要表的现有索引设计进行初步评估，更多的评估需要等待开发商提供表的访问特征分析，甚至具体 SQL 语句之后才能进行。

7）分区技术实施的评估

IT 系统对海量数据处理的高性能、扩展性、数据可管理性、数据生命周期管理、数据备份恢复、高可用性等综合需求越来越高。为充分满足这些需求，Oracle 最典型的技术方案之一就是分区技术方案。

在该省现有 IT 系统中，最典型的技术特点是"一维分区＋分表"的结合，这种策略特别是分表策略导致了应用复杂性，加大了系统维护工作量，也降低了系统灵活性和可扩展性。为此我们建议，在新一代核心系统设计中，将这种策略调整为纯粹的分区策略，特别是基于 11g/12c 的各种组合分区开展分区方案设计，目的就是降低应用复杂性和维护工作量，提高系统灵活性和可扩展性。

8）大对象的实施评估

Oracle 现有的大对象技术存在若干不足，为此，Oracle 公司在 11g 版本中推出了针对 LOB 字段处理的新技术：SecureFiles。该技术在性能、可管理性、易用性等方面具有明显优势。为此建议，新一代核心系统的大对象都采用 SecureFiles 技术。

9）业务数据清理的评估

该省核心业务系统各模块均有业务数据清理的需求，而 Oracle 12c 在历史数据管理方面提供了大量新技术，例如 ADO、In-Database Archive 等。为此，原厂服务团队将在充分分析应用需求基础上，基于传统技术与 12c 新技术，提出业务数据清理和历史数据管理的实施方案建议。

一个好的影视作品首先取决于剧本，其次在于演员、美工、服装、灯光等各部门的通力合作和全身心付出。既然有了上述逻辑模型评估工作的初步框架，再加上客户、开发商的积极配合，以及我们一线同事们非常职业化的细致入微的工作，我们很快就会进入角色，在数据库设计、开发等前期建设阶段一展原厂服务团队的才华和风采了！

4. 实操中的故事

1）客户和开发商的高度重视

在初步确定了上述逻辑模型评估工作范围和方案，并与客户和开发商充分沟通之后，我们来到了开发商在北京的总部研发部门，而客户 DBA 也飞抵北京现场进行组织协调，可见客户领导和技术人员的高度重视，其实说白了就是担心开发商团队不配合，哈哈。在现场工作的第一天上午却令我感慨连连：没想到为了这次评估工作，开发商如此重视并高度配合，他们调集了产品管理、订单受理、订单处理、服务请求、客户管理、市场营销、财务管理等多个业务领域的设计团队，以每天一个专题的形式与我们展开交流和协同工作。

我们服务团队的一个共同认知就是开发商很难配合，而以我的经验，那是因为我们没有在正确的时间与正确的人开展合作。首先，我们通常都是在生产系统的运维阶段提供服务，此时对应用提出优化和整改建议的确令开发商感觉难度很大，甚至有些建议会让数据库架构、数据库设计和应用开发推倒重来。其次，我们在运维阶段接触的开发商人员其实不是真正的应用软件的最初设计者和开发者，而是开发商在现场的应用运维人员，因此针对我们提出的整改意见，他们也只能承诺向公司后台反馈，由于我们与开发商的始作俑者缺乏直接、全面和深入的沟通，因此最终大部分建议和优化方案都难以实施落地。更因为生产系统稳定压倒一切，我们关于架构设计、数据库设计、应用开发的大部分建议最后几乎都成了水中月、镜中花了。

而我们这次则是前移到设计开发阶段，并直接与该核心系统的操刀者零距离接触，也就是我们在正确的时间与正确的人协同工作了，与大多数人的感知恰恰相反，我们深刻感受到设计开发人员的大度和兼收并蓄。那段时间，开发商的各项目组将其数据库设计文档和盘托出，毫无保留地展现在我们面前，令我们对新一代 CRM 核心系统迅速建立起总体印象。而且在设计开发阶段，虽然不是白纸一张，但的确是天高任鸟飞，一切对系统有利的建议都有可能展开实施。于是，业务、应用和技术的融合大戏马上开场了。

2）令人失落的逻辑设计

第一天上午，在短暂的感慨和感动之后，没想到马上就是失落心情萦绕在我们心头。因为当我看到第一个主题的翔实设计文档之后，很快就是杂乱无章的第一印象，即除了震撼于大量业务术语之外，整个数据库表、字段设计都缺乏规范性。于是，我忍不住问设计者："你在设计的时候有没有基于什么设计原则和规范？"进一步我问他："你能准确地描述数据库规范化设计的三个范式的含义吗？"令人失望的是，他竟然无言以对。

常言道：没有规矩，不成方圆。如果一个数据库模型设计者没有明确的规范化设计原则，那么其结果一定是不成方圆的，也就只是简单复制业务需求为数据库表，而缺乏梳理、提炼、抽象化、综合的过程。于是这种所谓的设计必然会导致大量冗余和重复数据、数据一致性差、数据扩展性差等一系列问题。

3）令我眼前一亮

连续三天当开发商数个团队给我们原厂服务团队介绍其数据库设计时，我都是反客为主，先问设计者是否有设计原则和规范，甚至直接考问设计者能否背诵三范式定义，结果都是令人失望的。果不其然，再看相关的设计文档，也都是同样地不成方圆。

直到第四天上午，进来一位开发商的小妹妹，我依然是有点机械、也有点心灰意冷地重复上述问题，没想到仿佛黑暗中一束光芒出现了：小妹妹不仅明确地回答基于数据库规范化设计的三个范式展开设计，而且对三范式的定义倒背如流！我立马血脉偾张，马上低头看她的设计文档。我的乖乖，这就是我期望看到的数据库设计文档：不仅逻辑清晰、规范工整，而且充分实践了数据库设计三范式理论，最终满足了这个专题的数据一致性和完整性、数据冗余度低、易扩展性和伸缩性等综合需求，并为保障该专题的高性能奠定了基础。

得到了原厂服务团队的赞许，小妹妹喜不自禁，但是我马上又泼了一盆冷水："为什么你的同事没有你这样的设计理念和设计能力，导致其他专题设计质量很差？你为什么不在你们公司内部进行技术传递和分享？"小妹妹被我质疑得无言以对。可见，尽管高手在民间，但国内 IT 企业与国外先进 IT 水平相差最大之处不是个体能力，而的确是企业整体文化和管理水平。

5. 评估结果分享

很遗憾，我只参加了这个项目前期的总体规划和第一周的具体工作，后来因为其他工作安排和家事而没有参与后续更具体的工作。因此下面内容一方面借鉴实施同事当年的评估报告，另一方面也是时空穿越，对当年开发商的逻辑模型提出个人最新的见解。对该系统而言，虽然这些新见解早就时过境迁，也成为马后炮了，但我觉得依然具有一定的现实借鉴意义。

1）服务请求管理模型的总体描述

本文仅分享该系统的服务请求管理模型的评估结果，所谓服务请求管理平台产品主要用于面向客户提供各类服务，包括服务状态变更、信息查询、积分兑换等，不包含用户生命周期的开始和终止、不涉及群组成员关系、用户的订购关系及产品服务属性等的变更。以下就是该专题的详细功能域。

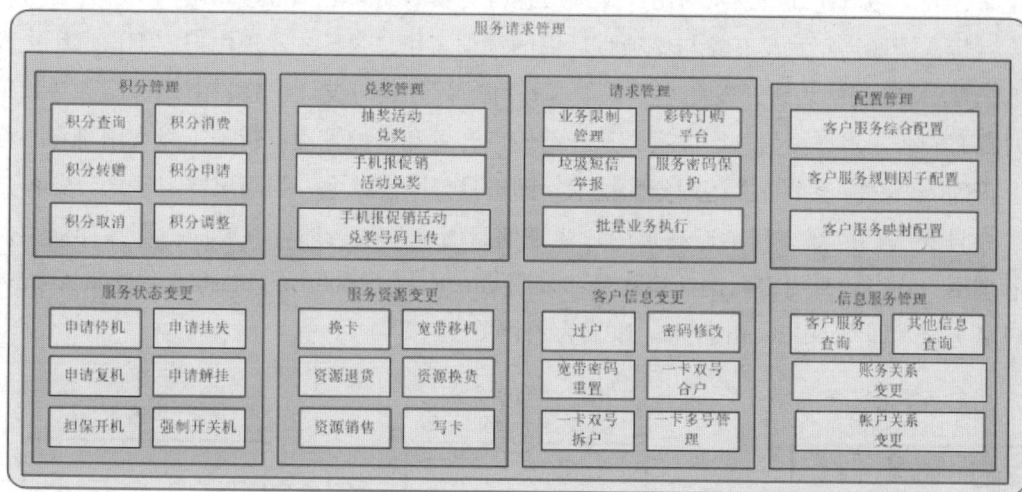

可见仅此一个专题的业务功能就非常丰富，当年我们也只是针对若干功能模块所涉及的逻辑模型展开了评估。本文只描述其中"服务状态变更及用户信息管理"一个模块的评估工作。

2）服务状态变更及用户信息管理的模型设计评估和建议

当年开发商已经绘制了详细的 E-R 图，但本文为简化叙述，只描述其中三张表的 E-R 图如下。

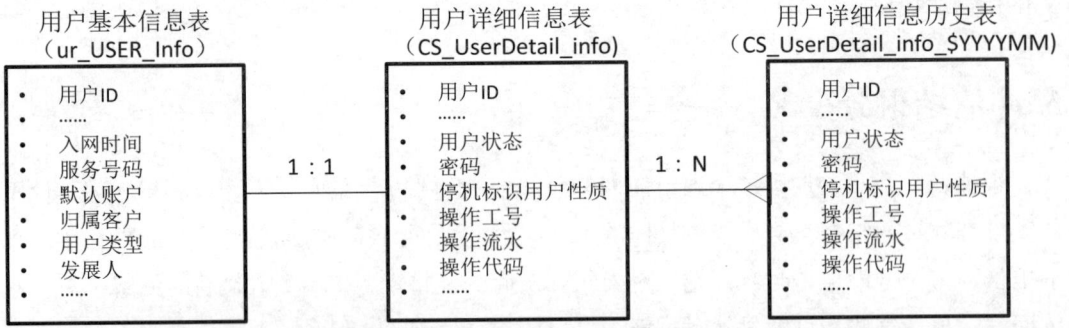

即用户信息分为用户基本信息表（ur_USER_Info）、用户详细信息表（CS_UserDetail_info）和用户详细信息历史表（CS_UserDetail_info_$YYYYMM）。其中用户基本信息表包括入网时间、服务号码、默认账户、归属客户、用户类型、发展人等固定不可变信息，而用户后续可变信息，包括用户状态、密码、停机标识、用户性质等信息存储在用户详细信息表中，用户详细信息历史表则保存了用户详细信息的历史变化记录。

据了解，用户详细信息表只保留最新时间的用户状态信息，因此用户基本信息表与用户详细信息表形成 1∶1 关系。而由于用户详细信息历史表保存了用户详细信息的历史变化记录，因此用户详细信息表与用户详细信息历史表形成了 1∶N 的关系。

且慢，遗憾当年我没有参与该项目后面的详细工作，今日才发现用户详细信息历史表的 $YYYYMM 后缀表明开发商当年采取了按月进行分表的设计策略，因此可能会导致每个月都有一张用户详细信息历史表，这样给应用开发和维护管理都带来了极大困难和工作量。正确的做法应该是直接运用分区技术，即按月分区设计为一张用户详细信息历史表。

今日头脑再风暴：其实连这张用户详细信息历史分区表都可以取消！那么如何存储和管理用户详细信息历史数据？答案是：采用 Oracle 11g 就推出的 Flashback Data Archive（FDA）技术即 Total-Recall 技术。以下为示意图。

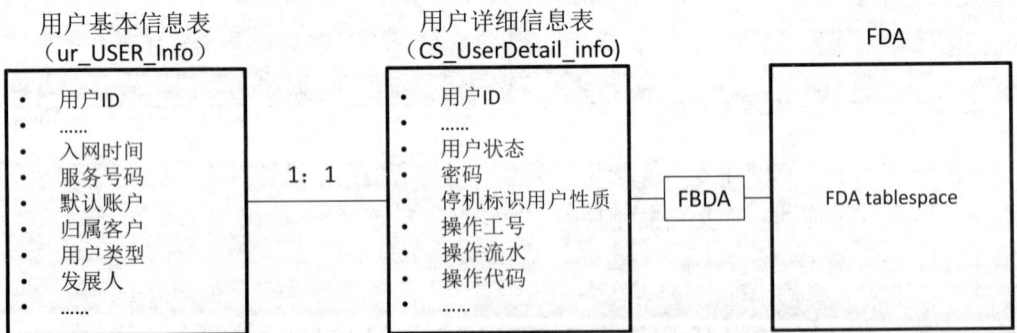

即取消用户详细信息历史表（CS_UserDetail_info_$YYYYMM）表的设计，而是创建一个 FDA 区，并为用户详细信息表（CS_UserDetail_info）启动 FDA 功能，然后通过新的 FBDA 后台进程自动将 CS_UserDetail_info 变化之前的记录写入 FDA 相应的区域中。以下

为详细的命令范例。

```
/*+ 创建保存期限为 5 年，容量为 10g 的 FDA */
CREATE FLASHBACK ARCHIVE fla1
  TABLESPACE tbs1 QUOTA 10G RETENTION 5 YEAR;

/*+ 为 CS_UserDetail_info 启动 FDA 功能 */
ALTER TABLE CS_UserDetail_info FLASHBACK ARCHIVE fla1;

/*+ 查询 CS_UserDetail_info 表的历史记录 */
SELECT product_number, product_name, count
  FROM inventory    AS OF TIMESTAMP TO_TIMESTAMP
  ('2017-01-01 00:00:00', 'YYYY-MM-DD HH24:MI:SS');
```

而且 FDA 技术还具有内部压缩、内部分区和数据自动清理等功能。可见，FDA 技术的运用，将大大简化历史数据管理和应用开发工作量。遗憾得很，我当年没有参与后期具体工作。否则，开发商最终只需设计用户基本信息表和用户详细信息表两张表而已，就可以实现对用户信息当前和历史数据的全方位管理。

总之，但凡看到客户的历史数据管理需求，我们都应将 FDA 即 Total-Recall 作为优先考虑的技术方案。这样不仅简化了设计、开发和运维管理，而且深度挖掘了 Oracle 数据库已具有的功能，也丰富了原厂服务团队的服务内容。

3）第一范式的评估

本文继续缩小范围，只对该模块的用户详细信息表的设计展开详细评估结果分享。首先就是第一范式评估分析，我的同事发现 ID_NO（用户 ID）字段其构成如下。

用户 ID= 地市编码 + 时间 + 流水号

从严格意义上讲，这种组合多个语义元素构成的字段不满足第一范式要求，如果应用 SQL 中的 WHERE 条件有类似 "substr（id_no）= :v1" 的写法（通过函数从这个组合字段提取单独的语义元素），或者类似 like '%XXX%' 的写法，都可能导致相关字段的索引无法启用，从而导致严重的性能问题，因此建议把这个组合字段拆分为 3 个独立的字段。虽然我们通过与设计人员沟通，应用 SQL 中不会出现类似情况，例如不存在按字段中的时间属性进行查询的情况，但是我们还是建议对 SQL 语句进行深入分析，并尽量确保字段的原子化。

4）第二范式的评估

原设计文档并没有提出上述三张表的主键设计，因此严格而言是不符合第二范式的。那么三张表的主键应该如何设计呢？今日我只能望文生义了，针对用户基本信息表（ur_

USER_Info）的主键显然应该是 ID_NO（用户 ID）字段。而如果用户详细信息表（CS_
UserDetail_info）真的只保留用户的最新变动数据，则这两张表通过 ID_NO（用户 ID）
字段进行关联，并形成 1∶1 关系，因此用户详细信息表的主键也是 ID_NO（用户 ID）字
段。否则，如果用户详细信息表（CS_UserDetail_info）不是保留用户的最新变动数据，
即可能存储了同一用户的多个变更数据，即这两张表是 1∶N 的关系，则用户详细信息表
主键应该是具有唯一性的操作流水号字段。

原设计文档没有展开用户详细信息历史表（CS_UserDetail_info_$YYYYMM）的详细
表结构描述，今日分析由于用户详细信息表与用户详细信息历史表形成了 1∶N 的关系，
因此用户详细信息历史表的主键应该是 ID_NO（用户 ID）字段 + 变更时间的复合字段，
或者是专门设计的流水号字段。当然如果采取 FDA 技术，该表的设计都不存在了。

5）第三范式的评估

当年我同事主要分析了用户详细信息表（CS_UserDetail_info）的第三范式实施情
况，他认为该表现有设计中存在 ID_NO -> VIP_CARD_NO -> VIP_CREATE_TYPE 的传
递依赖关系，不满足第三范式的要求，并建议把 VIP_CARD_NO（VIP 卡号）和 VIP_
CREATE_TYPE（VIP 生成方式）分拆为一张单独的表。

但是我今日的分析结果不太一样，因为 ID_NO 应该是该表的主表，而 ID_NO 与
VIP_CARD_NO 也应该是 1∶1 关系，即一个用户应该只有一个 VIP 卡号，这样虽然上述
三个字段的确存在传递依赖关系，但不会出现重复和冗余数据，而第三范式的主要目的就
是消除重复和冗余数据，确保数据一致性，因此可以不进行表的拆分，即避免过于严格的
第三范式设计，也是避免过多表连接所导致的性能衰减。

6）字段类型的评估

当年我同事详细分析了用户详细信息表（CS_UserDetail_info）的字段类型设计情
况，并发现了若干问题并提出相关优化建议，例如一些表示状态信息且长度固定的字段，
可以从 varchar2（2）调整为 char（2）。尤其是我同事发现了若干字段与关联表的相关字
段类型不一样，例如在 CS_UserDetail_info 是 number 类型，而在关联表则是 varchar2 类
型。这就是性能问题陷阱，即 Oracle 可能做隐含的函数转换，从而导致相关索引无法使
用。虽然开发商口头确认在 SQL 应用编写中会主动编写函数转换，但相应的索引也是函
数索引吗？

总之，这种设计方法的确给未来的运行性能埋下了隐患，因此还是应该强调相同字段
在不同表应该采取相同数据类型和长度的规范性。

7）是否采用 Check 约束的评估

我同事首先发现该系统几乎没有设计 Check 约束，这就是该系统存在的数据质量问

题和安全漏洞。为此他建议，至少将一些取值固定又没有对应代码表的字段设计 Check 约束。例如，QUERY_CDRFLAG 取值可能只有‘Y’和‘N’的可能性，因此应该建立如下的 Check 约束。

```
… …
QUERY_CDRFLAG CHAR(1) CONSTRAINT c_query_cdrflag  CHECK (QUERY_CDRFLAG
IN ('Y','N')) ENABLE;
… …
```

8）表的关联关系的评估

我同事还专门分析了用户基本信息表（ur_USER_Info）、用户详细信息表（CS_UserDetail_info）和用户详细信息历史表（CS_UserDetail_info_$YYYYMM）的关联操作都是通过字段 ID_NO 进行 JOIN 操作，但是没有创建相关的外键约束，因此他建议添加，这样将有效提高数据一致性和数据质量。

9）分区技术实施的评估

该表目前按 ID_NO 字段前两位进行 RANGE 分区，即按该省的地市编码进行分区，我同事没有提出进一步优化建议。关于该表和该系统的分区评估和建议，我将另文叙述。

10）索引实施的评估

我同事对该表的索引设计进行了四方面的详细评估分析。第一个建议是针对 ID_NO 字段的索引设计，该索引是访问频度最高的字段，又是分区字段，因此建议创建为 LOCAL 索引。第二个建议是针对不包括 ID_NO 字段的索引，他建议如果数据量不是很大，创建为普通的 Global 索引，否则创建为 Global Partitioned 索引。此类索引通常性能很好，但缺点是基表进行分区操作之后索引会失效，不过该表不存在通过分区进行大量数据加载和数据清理的情况，因此 Global 索引也不存在失效的问题。第三个建议是针对一些区分度很低、即 Distinct 值很少并且值分布很均匀的字段，可取消相应的索引。如果某些值的基数很低，且应用 SQL 的查询也主要是查这些基数很低的值，则保留此类索引。另外，他还建议该表在频繁 DML 操作之后，将导致此类索引大量的分裂操作，即索引碎片率很高，因此未来在运维阶段应及时关注此类索引，并定期重建。第四个建议则是分析该表可能存在一些单调增长的字段，此类索引在数据大量加载的业务高峰时可能由于索引竞争而导致严重的性能问题，因此他建议此类索引可建成 Global Partitioned 索引或 reverse key 索引，降低索引热点问题的发生。

（1）其他方面评估

该表没有设计大对象、Sequence，也不存在大批量数据加载和清理的需求，因此我们没有展开这些方面的评估。

在此特别感慨：本文前面表述的对逻辑设计评估表示担心的话语正是出自于这位实施同事，但在实际工作中，由衷佩服他展现的细致、专注的专业能力和职业精神。

本文只描述了该核心系统逻辑模型设计评估工作的冰山一角。据了解，开发商在后来的详细实施中采纳了我们的大部分建议，也有少数建议没有采纳。总体而言，我们的评估工作还是为日后该系统的高效运行、确保数据一致性和数据质量、降低数据冗余等起到了重要作用。若干年后我才知道，当年我们参与该系统的设计开发工作最大的贡献是开发商听取了我们的建议：将原来的一维分区＋分表策略改成二维分区策略，并为日后的联机交易处理、大批量数据后台处理、数据质量管理，乃至高效实施 Extended RAC 等方面打下了良好的技术基础。可见前期设计工作的重要性。

欲知后事，且听下回分解。

2022年7月10日于北京

某省移动公司新核心系统的分区方案设计

2017 年某日，我在 A 省移动公司现场对其 Extended RAC 架构的运行情况进行调研分析，我很惊喜地发现：不仅 Extended RAC 的私网流量很少，GC 类等待事件很低，而且 4 个节点的负载很均衡。总之，Extended RAC 架构运行得非常好！

我正充满好奇、琢磨个中原因并欲取经时，一旁的一位同事突然发声："罗老师，我们在 A 省的 Extended RAC 部署方案完全照搬了 B 省的方案，而 B 省的 RAC 部署方案就是基于你们当年设计的分区方案而进行的，即按全省各地市进行了应用分流和部署，所以实施效果非常好。非常感谢你们当年的工作。"听罢同事赞美的话语，我更想一探 A 省的究竟，甚至更想回顾我们当年在 B 省与开发商共同设计的分区方案和 RAC 应用部署方案了。

本文将分享 A 省这个成功案例，但要从 B 省更遥远的故事说起。

1. 沿袭了多年的"分表 + 分区"策略

1）7 年前的服务文档依然适用

2014 年夏天，当我们为 B 省新一代核心系统建设推广服务期间，我也登录客户现有系统考察其运行状况。看罢之后，我与客户 DBA 调侃道：我 7 年前服务报告中的优化建议依然适用，哈哈。

原来早在 2006—2007 年间，我就曾多次在该省移动公司提供过现场服务，涵盖其核心 CRM、计费、开关机、报表统计、结算、客服、网管监控、经营分析、数据挖掘与数据集市等近 10 套系统。当年印象深刻的一件事情是在分析 SQL 语句性能时，时不时就冒出一个类似 cdr_call_20061222 这样带有时间后缀的表，原来该省的 Oracle 系统大量采用了"分表 + 分区"的策略，例如，cdr_call 表先按时间天为单位进行分表，然后每张表又以 ID_no 字段，按地区进行范围分区。

还有更复杂的"分表 + 分区"策略，例如，DCUSTPAYOWEDET 表先按年月 + contract_no 的后两位进行分表，每个月设计成 100 张个表。然后每张表又以 ID_no 字段，按地区（A，B，… N）进行范围分区。即 DCUSTPAYOWEDET 进行了 3 维分区：

应用级 2 维，分区级 1 维。示意图如下。

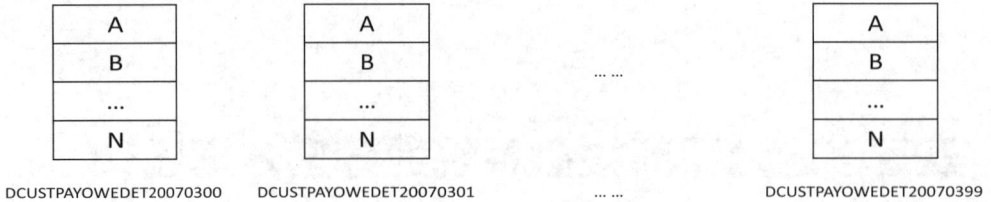

A		A				A
B		B				B
…		…		……		…
N		N				N

DCUSTPAYOWEDET20070300　　DCUSTPAYOWEDET20070301　　…… 　　DCUSTPAYOWEDET20070399

可见，DCUSTPAYOWEDET 表仅一个月就需要 100 张表，日积月累，该系统将有多少张表？当年该省数据库一大特点就是不仅表多，而且分区表也多，例如，2007 年 2 月统计的所有 Range 分区表就将近 2 万张了。如果采用 Oracle 的时间 + 地区的复合分区呢？数千张的 DCUSTPAYOWEDET 表就将简化成一张表，下图为示意图。

A	A-200703	A-200704	… …	A-200712
B	B-200703	B-200704	… …	B-200712
… …	… …	… …	… …	… …
N	N-200703	N-200704	… …	N-200712
	200703	200704	… …	200712

因此，在 2007 年我就向客户和开发商提出了将现有的"分表 + 分区"策略简化成 Oracle 的二维复合分区策略的优化建议。可是 7 年多过去了，"分表 + 分区"策略依然如故。于是就有了"7 年前服务报告中的优化建议依然适用"的无奈调侃。

2）分表的更多弊端

2007 年，在 B 省移动公司我就梳理出"分表 + 分区"策略尤其是分表策略的各种问题，日后面对更多的实施分表的系统，我进一步总结出如下的分表弊端。

首先，分表策略导致应用开发复杂化。不仅每个语句都要采取拼接方式，例如，根据客户输入的年月等信息拼出需要访问的相关表，而且如果跨表查询统计，需要编写大量 SQL 语句，并进行 UNION 操作，导致应用开发工作量太大。例如，以下就是在另一个移动公司的 CRM 系统我所见过的分表之后的跨表操作语句。

```
select sum(tmpcount)
  from (select count(:"SYS_B_00") as tmpcount
          from ORD_CUST_F_201701
        where REGION_ID = :regionId
          and COUNTY_CODE = :countyId
      union all
        select count(:"SYS_B_00") as tmpcount
```

```
          from ORD_CUST_F_201702
      where and REGION_ID = :regionId
        and COUNTY_CODE = :countyId
   union all
      select count(:"SYS_B_00") as tmpcount
      from ORD_CUST_F_201703
    where and REGION_ID = :regionId
      and COUNTY_CODE = :countyId
 … …
      select count(:"SYS_B_05") as tmpcount
      from ORD_CUST_F_201712
    where and REGION_ID = :regionId
      and COUNTY_CODE = :countyId
```

如果将分表策略改造成分区策略呢？那么上述语句将简化成如下的语句：

```
select sum(:"SYS_B_00") as tmpcount
        from ORD_CUST_F
      where and REGION_ID = :regionId
        and COUNTY_CODE = :countyId
        and XXX_DATE between        to_date('201701', :"SYS_B_03")
and      to_date('201712', :"SYS_B_04")
```

其次，由于通过 UNION 技术实现跨表操作，将无法实现各子查询的并行处理，降低了系统整体性能和吞吐量。

第三，分表策略导致设计的表和索引太多，导致数据库字典太大，影响整个系统运行效率。

第四，分表策略导致运维工作量大。假设业务需要增加一个字段，将不得不在所有分表上面都增加这个字段。

第五，分表策略无法保证数据的完整性和安全性。例如 2017 年 1 月的表可以包含 2017 年 2 月的数据。

第六，分表策略导致表名动态变化，使得 Oracle 11g 之后自动优化工具（Automatic Tuning）和 SQL Profile 等高级功能难以实施，极大地影响了 SQL 语句优化效果。

3）为什么石沉大海？

2007 年，我在现场力陈"分表 + 分区"策略的上述种种弊端，并建议改造成 Oracle 分区特别是二维复合分区方案，客户和开发商都频频称是。可是 7 年之后的 2014 年我发现依然如故，为什么这么好的建议会石沉大海？我想原因有两个：第一，还是生产系统稳定压倒一切，尽管问题多多，但毕竟还能平稳运行，尤其是数据库设计和应用开发都已经按这种策略实施了，即木已成舟。第二，我还是没有在正确的时间与正确的人进行沟通，即未能在设计开发阶段与真正的设计开发人员一起协同工作，运维现场的开发商人员其实只是应用软件的维护人员，他们只能将我们的优化建议转达到后台的设计开发团队，后台反馈如何就不得而知了。于是，我们的服务建议经常成为水中月、镜中花也就成了一种常态。

2. 新核心的分区策略

1）新核心依然在实施"分表 + 分区"策略

2014年，我们终于在 B 省新一代核心系统建设现场，在设计开发阶段与真正的设计开发人员面对面坐在一起了，也就是我终于在正确的时间与正确的人一起工作了，令我有了一种终识庐山真面目的兴奋感。可是，当我了解到新核心的设计方案中依然采用"分表 + 分区"策略时，不禁又失望了，但同时，这件事也激起我一定要说服开发商放弃这种策略的强烈欲望。

例如，新核心的若干用户资料表依然先按 $X 分为 10 张表，再按用户 ID 字段的前两位即地市代码进行范围分区。而历史表均按年月分表，再进行范围分区。例如，用户详细信息表（cs_userdetail_info）的历史表包括：cs_userdetail_info_201401、cs_userdetail_info_201402、cs_userdetail_info_201403、cs_userdetail_info_201404、……

2）深层次原因何在

在新一代核心系统建设中，我们也终于明白开发商采取"分表 + 分区"策略的真实原因：首先，他们并不一味拒绝 Oracle 分区技术。否则，他们将全面抛弃 Oracle 分区技术，而全部采用分表策略。其次也是最根本的，原来是设计人员不太了解 Oracle 分区技术。更具体地，原来他们只知道 Oracle 有范围分区，对 HASH 分区尤其是 Oracle 组合分区等则是知之甚少。

3）摈弃分表、全面采取分区策略

于是，我们提出了摈弃分表、全面采取分区的实施策略。具体如下。

首先，针对用户类表，建议直接对用户 ID 进行 16 份 HASH 分区，这样的好处是分区方法更简单，而且数据分布更均匀。特别针对原来采取分表策略的后缀为 $X 的表，建议取消分表，但 HASH 份数设置为 64，确保这些大表的访问性能。

其次，建议对流水类表均采取 Range-HASH 或 Interval-Hash 进行组合分区，例如 cs_scoreuse_rd 积分消费记录表的第一维按时间字段的月或年分区，第二维按用户 ID 字段进行 16 份 HASH 分区。

4）索引分区策略

首先，针对用户类表，由于这类表主要按用户 id 进行访问，因此建议将用户 id 建立成 Local Prefixed 索引，如果是其他字段索引，则建成 Global Hash Partition 索引。这样性能能得到保障。而且用户类表基本都是永久保留信息，不存在按分区进行大规模数据清理的可能性，因此 Global Hash Partition 索引也不存在失效的可能性。

其次，针对以 Range-HASH 或 Interval-Hash 进行组合分区的交易流水表，若查询条件包含第一维分区时间字段，则建议将此类查询条件建立成 Local Prefixed 索引。这样，不仅性能能够得到保障，这类分区索引的高可用性也得到保障。若查询条件不包含第一维分区时间字段，则建议将此类查询条件建立成 Global Hash Partition 索引。例如，若只按用户 ID 进行查询，则将用户 ID 建立成 16 份的 Global Hash Partition 索引。此类索引性能将得到保障，缺陷是当进行按分区操作（drop 等）进行历史数据清理时，此类索引将失效。但只要历史数据清理频度不高，应该是可以接受的方案。建议不要将此类索引设计为 local non-prefix 索引，这类索引在没有分区字段作为条件的情况下，将导致性能低下。

3. A 省的新核心的分区策略

1）终于不见分表了

如前文所述，我并没有全程参与 B 省新核心系统的建设过程，后来也没有去 B 省生产系统现场调研和确认当年我们在设计开发阶段的众多建议，开发商到底采纳和落地了多少？当 2017 年我在 A 省现场得知其新核心系统实际上就是 B 省的相同版本时，我第一时间就是了解困扰了客户和开发商自己 10 多年的"分表＋分区"策略是否还在实施？令我开心的是：终于见不到以时间和序号作为后缀的表名了，即开发商终于放弃了多年的"分表＋分区"策略，而是全面实施了分区策略，包括大量复合分区技术的运用。以下是2017 年夏天 A 省的分区实施总体情况。

```
PARTITION  SUBPARTIT   COUNT(*)
---------  ---------  ----------
RANGE      NONE              352
RANGE      HASH               22
RANGE      RANGE              81
```

可见，相比老系统的数万张分区表以及可能也达数万张的分表，新系统不仅没有任何分表，而且分区表只有 400 多张，整个系统的数据库设计和应用开发更加简洁、更加灵活、管理成本更低了。

2）A 省的具体分区方案

那么 A 省的具体分区方案如何呢？原来开发商并没有完全采纳我们当初提出的建议，特别是针对用户类表没有直接采用 HASH 分区，而是继续采用了基于 ID_NO 字段前两位即地区信息的范围分区。而针对比较大的用户类表，则是采取了先按 ID_NO 进行一级范围分区，然后又按 ID_NO 字段进行二级 HASH 分区的策略。而针对流水类表，则采取了先按 ID_NO（地区）字段进行一级分区，再按 UPDATE_TIME 时间字段进行二级分区的（Range-Range）策略。

为什么所有分区表都与 ID_NO（地区）字段相关？我明白了，原来就是为了实现 Extended RAC 环境下按地区进行应用部署和分流，如下图所示。

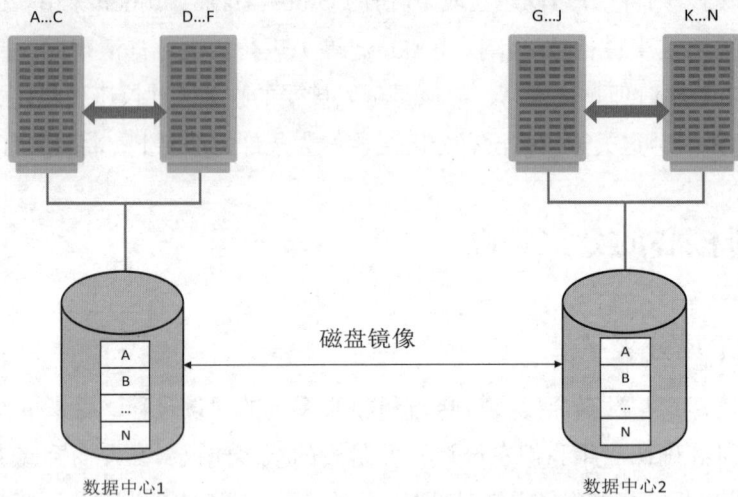

数据中心1　　　　　　　　　　　　　　　　　　数据中心2

如上图所示，在 A 省的两个数据中心和 4 节点组成的 Extended RAC 中，应用按地市进行部署，即 A、B、C 地市部署在节点 1，D、E、F 地市部署在节点 2，G、H、I、J 地市部署在节点 3，K、L、M、N 地市部署在节点 4。由于用户类和流水类的主要业务表均按 ID_NO（地区）字段进行分区，因此，每个地市只访问分区表中自己地市的分区数据，不仅在本地 RAC 之间，而且在整个 Extended RAC 之间都不存在过多的数据访问冲突，并且私网流量不高、GC 类等待事件很少，再加上移动公司得天独厚的高带宽、低延迟的网络先天优势，因此 Extended RAC 整体运行状况良好。

3）瑕不掩瑜

尽管从 A 省的实施情况分析，新核心系统的分区方案运行情况良好，但瑕不掩瑜，我那次还是提出了若干优化建议。

首先，针对流水类表目前的（ID_NO, UPDATE_TIME）二维分区，我建议调整顺序，即按 UPDATE_TIME 时间字段进行一级分区，而将 ID_NO（地区）字段进行二级分区。好处在于，未来在运行过程中，每个月增加分区、删除分区时，在一级分区通过一条 add partition、drop partition 命令即可完成。而现在需要在每个 ID_NO（地区）的子分区进行多次 add subpartition、drop subpartition 操作，命令将更复杂。同时，按 ID_NO（地区）字段进行二级分区，依然可以确保 RAC 不同节点依然访问不同的地区数据，即依然确保 Extended RAC 运行的高性能。

其次，该系统还有大量超过 2GB 以上的大表、大索引没有实施分区，对这些数据的访问不仅本身性能低下，而且由于没有按地市进行数据分离，很可能导致 RAC 节点间私网流量、数据访问冲突和 GC 类等待事件增加的问题。

第三，该系统的分区索引全部是 Local 分区索引，即 Local Prefixed 和 Local Non-Prefixed 索引。如前所述，若相关 SQL 语句没有分区字段作为条件字段，很可能会导致对 Local Non-Prefixed 索引的 Index Full Scan 操作，即性能不佳。因此，建议深入分析应用，并考虑在日常交易性能和历史数据清理之间的平衡性，研究将 Local Non-Prefixed 索引改造为 Global Partition 索引的可能性。

4. 总结和感慨

1）英雄不问出处

各位看官可能会发现，在我最初提出的分区方案中，过于强调了 HASH 分区对性能的总体提升，并没有突出分区技术对 RAC 环境下应用分流和部署的作用，而最终落地的分区方案均包含了按 ID_NO 字段的地市信息进行分区的逻辑，并且按地市进行应用分流，最终确保了 Extended RAC 运行的高性能。

新核心分区方案是开发商自己独立完成的，还是与我们原厂实施同事共同完成的？我不得而知。但英雄不问出处，尽管有些瑕疵，但总体而言，最终落地的分区方案运行效果非常好，值得项目组人员总结，更值得同行们借鉴。

2）开源和节流

在多年的优化工作经验中，我总结出这样一条规律：任何优化工作都是在开源和节流两方面展开工作，而且节流比开源的投入更少，收效更明显。

以本案例的 Extended RAC 实施为例，按地市进行分区并按地市进行应用部署和分流，就是典型的节流工作，而部署高带宽、低延迟的 DWDM 光纤网络，以及设置 TCP、UDP 等网络参数则是开源方面的工作。显然，A、B 两省的 Extended RAC 实施效果好，最主要的原因还是分区方案和应用部署方案的作用大得多，而设置 MTU 等网络参数、关闭 DRM 等特性的作用是非常有限的。

3）服务前移

就在近期，我参与了原厂服务部门某区域实施团队的技术交流，第一个分享案例就是在某银行设计开发部门展开的服务。尽管该案例有很多靓丽的成功经验，例如，在开发测试环境实施多租户和 OEM 给客户带来的巨大回报，但是实施同事也道出了服务实施中一些问题和不足，那就是大部分服务工作其实是在测试阶段才展开的，此时客户的数据库设计、应用软件开发基本成型，依然面临大量优化建议难以落地的困境。

于是，我在交流中提出了服务进一步前移的理念，如同本文讲述的移动新核心系统建设案例一般，我们是真正前移到数据库逻辑设计和物理设计阶段了。如果我们不前移到这个阶段，我想开发商沿袭了 10 多年的"分表 + 分区"策略依然很难改变，而我认为，我们原厂服务团队在该项目设计开发服务的最大贡献就是帮助开发商最终纠正了这个问题频频的结构性设计错误，并且开发商在我们建议的分区方案基础上，提出了更全面考量的落地方案。这就是业务、应用和技术的有机融合，这也是客户、开发商、原厂商多赢的局面。

前移越早越好，一切皆有可能。

4）主动服务和专题服务

就在不久前的那次内部交流中，实施同事们针对我提出的服务前移建议，自信满满完全可以前移到设计开发阶段展开服务。但是，我想在本文继续表达的建议是，我们不仅应该在时间上前移，而且在服务模式和服务理念方面也应进行转变，那就是从被动解决具体问题到主动参与若干技术专题实施的转变。否则，即便前移到最初阶段了，但依然是被动解决各种具体问题为主，那么开发商可能依然沿袭 10 多年的"分表 + 分区"策略，我们对整个系统的贡献和服务价值依然是大打折扣的。

总之，服务前移不仅是时间上的前移，而且蕴含着架构设计、逻辑模型设计、物理设计、分区设计等更多专项技术储备，以及更积极有为的服务模式转变等更深层次的丰富内涵。

2022年7月13日于北京

某政府行业核心系统的分区方案优化（上）

某政府行业是 Oracle 公司多年的老客户，产品不仅包括 Oracle 数据库、中间件等，而且是 GoldenGate 在国内的第一个客户，早于 GoldenGate 公司 2009 年被 Oracle 收购的年代，该客户就运用 GoldenGate 实施了其南北两大数据中心的数据同步，因此，客户曾骄傲地说是他们把 GoldenGate 引入中国的。同时，该客户也是 Oracle 原厂服务部门的老客户。但是，一直到 2018 年我才有缘走进该政府行业，并在其核心业务系统优化方面有所建树，同时，为当年正在开展的新一代核心业务系统建设打下了非常好的基础，也是为原厂服务部门在该政府行业拓展了新的服务领域。

本文就将追述那个炎热夏天与客户一起度过的红红火火的日子。

1. 闲聊出来的服务机会

先说当年 3 月，在销售等同事的邀请下，我第一次接触该政府行业客户。那年先是南下广州，然后又回到北京拜访北京数据中心运维处处长。作为售前技术顾问，先从现状和需求调研开始，然后就广为撒网，各种服务机会都尽可能向客户推销：核心业务系统升级、数据库云计算 DBaaS、RAC 优化、ADG 实施、内存数据库实施、数据库安全性，甚至针对其一套双十一压力陡增的线上交易系统推广 Oracle 并不成熟的 Sharding 架构技术。可是，或者是因为某些技术并不适合客户场景，或者某些需求并不强劲，或者因为有些技术客户已经自己实施了，再或者因为 Oracle 技术并不成熟，总而言之收效甚微。这种没有深入了解客户需求和真正痛点，胡子眉毛一把抓甚至剃头挑子一头热的服务推广策略，的确是费力不讨好。

6 月的某天，我和销售又来到处长办公室，看似不经意间地闲聊，未承想到一个常规小问题聊出了客户的痛点和我们服务深入推广的机会。

问："现在核心业务系统最大的表多大了？"

答："100 多亿条记录吧。"

问："这么大的表，有定期数据归档和清理的计划吗？"

年轻的处长有点羞涩地答道："刚上线时，删除过一些数据，现在删不动了。"

问："为什么？"

答："因为分区没有做好。"

原来如此。这也是我 20 年前最早实施分区技术时所犯下的错误：当年我在一家互联网公司担任 DBA 工作，为提升邮件访问速度，按邮件地址进行了范围分区，的确比当年的新浪、搜狐等主要网站邮件系统快多了。但是，一年多之后，考虑要将过期邮件迁移到历史库时才发现，最初的分区设计根本没有考虑这方面的需求，于是只能通过最原始的导入导出和 Delete 操作去完成历史数据迁移和清理。记得当年我不得不编写了一个存储过程，在每天晚上的有限时间窗口运行该存储过程，最后花费了两个月时间，在当年的硬件条件下才迁移和清理了大约 2 亿封邮件，然后我就带着遗憾和经验教训投奔了 Oracle 中国公司。

没承想 20 年之后，这么重要的一个政府核心业务系统也犯了我当年一样的错误：即只考虑进，没有考虑出。我继续与处长调侃："每天守着这个 100 多亿的表，而且与日增长，啥感觉？"处长无奈一笑："天天坐在火山口的感觉。"哈哈。

对已经 100 多亿的表实施分区优化的确有一定难度和风险，而客户正在开展新核心业务的建设，并预计在国庆前分批投产。于是，为新核心业务系统提供新的分区方案优化服务，迅速成为我们双方的共识。

2. 现状和问题分析

1）从逻辑设计开始

欲实施新分区方案，还需要深入了解现有核心系统现状，尤其是存在的问题，为此，我们先从现有数据库的逻辑设计开始，感谢处长的大力支持，他第一时间就吩咐 DBA 将最核心几张表的结构和关联关系告诉了我们。

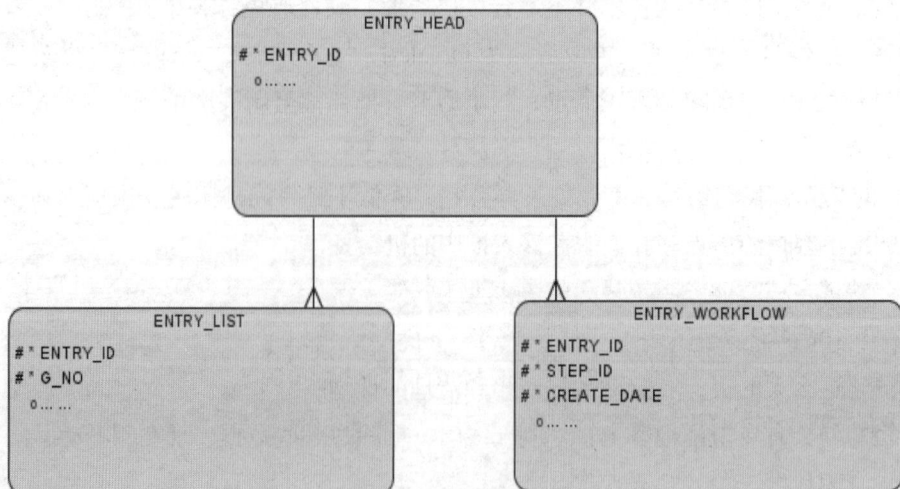

其实该系统的大表和主要业务表大约有几十张，但为了突出工作重点，现在也是为了控制本文篇幅，我们只讨论最核心的这三张表。即上图中的 ENTRY_HEAD 表为最核心的主表，主键为 ENTRY_ID 字段，并且与其他业务表基本通过 ENTRY_ID 字段，形成 1:N 的主从关系和级联关系。而 ENTRY_LIST 表主键为（ENTRY_ID, G_NO），逻辑上 ENTRY_HEAD 表的 ENTRY_ID 字段与 ENTRY_LIST 表的 ENTRY_ID 存在主外键关系。ENTRY_WORKFLOW 表主键为（ENTRY_ID, STEP_ID, CREATE_DATE），逻辑上 ENTRY_HEAD 表的 ENTRY_ID 字段与 ENTRY_WORKFLOW 表的 ENTRY_ID 存在主外键关系。

还有几十张表或直接与 ENTRY_HEAD 表关联，或者与 ENTRY_LIST、ENTRY_WORKFLOW 等子表关联并形成 1：N 的主外键关系，也就是级联关系。其中随着业务的发展，ENTRY_HEAD 表已经达到 10 亿级记录，ENTRY_LIST 表达到了几十亿级记录，而 ENTRY_WORKFLOW 表就是那个全系统最大的表，达到了 100 亿级记录。

2）分区设计现状及问题

为提升海量数据处理能力，客户已经部分实施了分区技术。具体情况是：只对最大的 ENTRY_WORKFLOW 表按照（CREATE_DATE, ENTRY_ID）进行了（Range, Hash）组合分区。示意图如下。

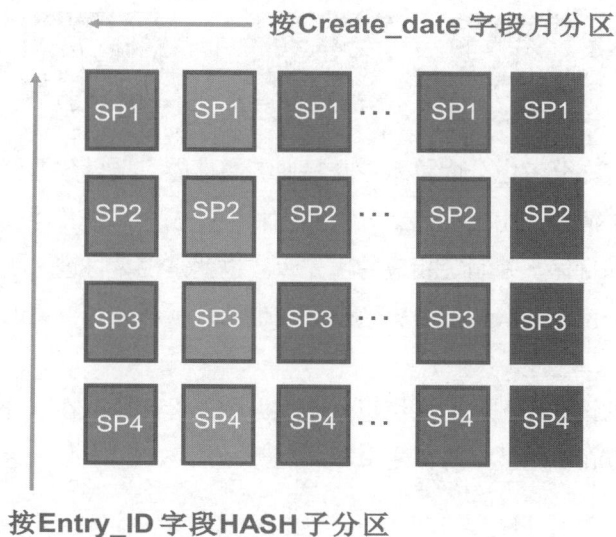

即先基于 CREATE_DATE 字段按月进行分区，再按 ENTRY_ID 字段进行 HASH 均匀打散分区。而在分区索引设计方面，也只对 ENTRY_WORKFLOW 表的相关索引设计了 Local 索引，其中，（ENTRY_ID, STEP_ID, CREATE_DATE）索引为 Local non-prefixed partition 索引，（CREATE_DATE, STEP_I）索引为 Local prefixed partition 索引。

应该说，这种分区策略的确对联机交易业务性能提升非常显著，因为前台业务基本都是根据（CREATE_DATE, ENTRY_ID）这两个主要字段进行数据访问的，尤其是CREATE_DATE字段是必须选择的条件字段。因此，相关语句都会基于CREATE_DATE字段进行分区裁剪并通过Local索引进行访问，效率很高。

但是，该系统现有的分区方案存在的问题也非常突出。首先，只对ENTRY_WORKFLOW表进行了分区，而对其他大表没有实施分区技术，没有充分发挥分区技术的作用。其次，也是最重要的痛点，即现有分区方案没有考虑通过分区技术实施历史数据管理。因为我们很快就了解到，历史数据管理的业务判断条件不是基于CREATE_DATE字段，而是基于CLOSE_DATE字段，而现有分区逻辑没有包含CLOSE_DATE字段，因此无法按分区进行历史数据清理。

3. 还是视野和高度更重要

该客户之所以存在上述问题，其根本原因还是当年设计分区时的视野和高度不够，也就是只考虑当前联机交易性能的重要性，而忽略了若干年后数据高速增长所带来的历史数据清理的必要性。于是，我们与客户商量，新的分区方案将更全面考虑分区技术在其核心业务系统中的更多应用场景，如下图所示。

即新分区方案将充分考虑分区技术在交易业务高性能，批量数据处理中分区技术的运用，尤其是历史数据清理，应用改造、分区实施和维护成本，以及通过分区技术提升高可用性等多方面需求和目标，并制定相应的优先级。也就是说，将进一步提升联机交易业务高性能仍然排在第一位，其次，把历史数据清理也纳入了新分区方案的重要目标，再往后才是其他目标。

在新分区方案的设计中，我们始终以这个多方位的设计原则在展开工作，也是基于这个目标优先级与各方在协调甚至博弈之中。

4. 看似完美的新分区方案设计

1）数据库规范化设计评估

基于上述分析，欲通过分区技术实现历史数据清理，那么一定要考虑按CLOSE_DATE字段进行分区，于是我们首先就是了解那几十张核心业务表有没有CLOSE_DATE

字段？可是，我们发现除了 ENTRY_HEAD 表有 CLOSE_DATE 字段之外，其他关联表都没有这个字段。再仔细分析这些表的关联关系，其实这种情况是符合数据库规范化设计理论的。因为如果其他表增加了 CLOSE_DATE 字段，反而违反了数据库规范化设计的第二范式（2NF）。

何谓数据库规范化设计第二范式（2NF）？那就是每张表都应该有主键，其他非主键字段应该唯一依赖于主键字段。例如，ENTRY_HEAD 表的主键为 ENTRY_ID，而 CLOSE_DATE 字段唯一依赖于 ENTRY_ID，即一个 ENTRY_ID 只有一个 CLOSE_DATE 值，符合第二范式的规范要求。而 ENTRY_LIST 表的主键为（ENTRY_ID, G_NO），如果该表增加 CLOSE_DATE 字段，而 CLOSE_DATE 并不唯一依赖于该表的主键（ENTRY_ID, G_NO），因此不符合第二范式的规范。那么，这种情况会导致什么问题呢？答案是会导致数据冗余和数据不一致性。例如，假设 ENTRY_LIST 表的样本数据如下。

```
ENTRY_ID   G_NO   … …   CLOSE_DATE
-------    ----   … …   -----------
10011001   01     … …   2018-06-05
10011001   02     … …   2018-06-05
10011001   03     … …   2018-06-05
10011001   04     … …   2018-06-05
10011002   01     … …   2018-06-06
10011002   02     … …   2018-06-06
10011002   03     … …   2018-06-06
… …
```

每条（ENTRY_ID, G_NO）不同的字段值都可能有相同的冗余的 CLOSE_DATE 值，例如，上述 2018-06-05、2018-06-06 分别出现了 4 次和 3 次重复和冗余。如果应用程序维护不到位，很可能导致数据不一致性，例如，本来 ENTRY_ID 为 10011001 的 4 条记录的 CLOSE_DATE 都应该为 2018-06-05，但是若第二条记录的 CLOSE_DATE 被输入或修改成 2018-06-10 值，这就导致了数据不一致性。

总之，现在除了 ENTRY_HEAD 表包含 CLOSE_DATE 字段，其他表不包含 CLOSE_DATE，其实是符合数据库规范化设计理论的，那么如何实现对其他表按 CLOSE_DATE 字段进行历史数据清理呢？

2）11g 的 Reference 分区技术

如果既想保持现在的数据库规范化设计，即不想在除 ENTRY_HEAD 表之外的其他表中增加 CLOSE_DATE 字段，又能使其他表按 CLOSE_DATE 字段进行历史数据清理，那就需要采用基于主外键的 Oracle 11g 推出的 Reference 分区技术。下图为该分区技术示意图。

Reference partitioning

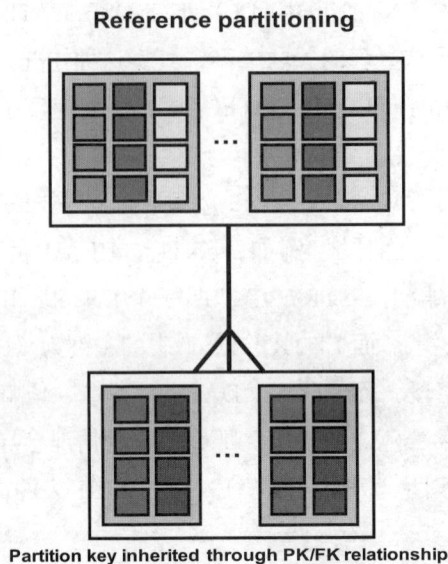

Partition key inherited through PK/FK relationship

首先，假设 ENTRY_HEAD 表如下创建，并基于 CLOSE_DATE 字段按月进行范围分区。

```
CREATE TABLE ENTRY_HEAD
  ( ENTRY_ID     NUMBER(12) ,
CREATE_DATE   DATE,
CLOSE_DATE    DATE,
… …
CONSTRAINT    ENTRY_HEAD_PK PRIMARY KEY(ENTRY_ID)
  )
 PARTITION BY RANGE(CLOSE_DATE)
 (PARTITION P1 VALUES LESS THAN (TO_DATE('2018-02-01','YYYY-MM-DD')),
  PARTITION P2 VALUES LESS THAN (TO_DATE('2018-03-01','YYYY-MM-DD')),
  PARTITION P3 VALUES LESS THAN (TO_DATE('2018-04-01','YYYY-MM-DD')),
  PARTITION P4 VALUES LESS THAN (TO_DATE('2018-05-01','YYYY-MM-DD')));
```

其次，ENTRY_LIST 表如下创建，并实施 Reference 分区。

```
CREATE TABLE ENTRY_LIST
 (ENTRY_ID     NUMBER(12),
  G_NO         NUMBER(3),
… …
  CONSTRAINT    ENTRY_LIST_PK PRIMARY KEY(ENTRY_ID,G_NO),
  CONSTRAINT    ENTRY_LIST_FK FOREIGN KEY(ENTRY_ID) REFERENCES ENTRY_
  HEAD(ENTRY_ID)
) PARTITION BY REFERENCE(ENTRY_LIST_FK);
```

我们发现，ENTRY_LIST 表并没有 CLOSE_DATE 字段，但是 ENTRY_LIST 表却通过与 ENTRY_HEAD 表基于 ENTRY_ID 字段的主外键关系，可以与其父表 ENTRY_HEAD 表采取相同的分区方法。以下就是通过相关模拟数据描述的两个表的分区对应关系。

ENTRY_HEAD
（2018年1月分区）

ENTRY_ID	...	CLOSE_DATE
10011001	...	20180101
10011002	...	20180105
10011003	...	20180108

ENTRY_HEAD
（2018年2月分区）

ENTRY_ID	...	CLOSE_DATE
10011004	...	20180201
10011005	...	20180206
10011006	...	20180208

ENTRY_LIST
（2018年1月分区）

ENTRY_ID	G_NO	...
10011001	001	...
10011001	002	...
10011002	001	...
10011002	002	...
10011002	003	...
10011003	001	...
...	...	...

ENTRY_LIST
（2018年2月分区）

ENTRY_ID	G_NO	...
10011004	001	...
10011005	001	...
10011005	002	...
10011006	001	...
10011006	002	...
...	...	...

即假设 ENTRY_HEAD 表基于 CLOSE_DATE 字段按月分为 2018 年 1 月、2018 年 2 月等分区，而 ENTRY_LIST 表虽然没有 CLOSE_DATE 字段，但是基于 ENTRY_ID 的主外键，子表 ENTRY_LIST 也将采取与父表 ENTRY_HEAD 相同的分区逻辑，并且 ENTRY_LIST 表相关记录也位于与 ENTRY_HEAD 表相同记录所在的分区。例如，ENTRY_LIST 表的 10011001、10011002、10011003 所有记录都位于 2018 年 1 月分区，而 ENTRY_LIST 表的 10011004、10011005、10011006 所有记录都位于 2018 年 2 月分区。

Reference 分区不仅通过主外键关系将父表和子表的分区设计为一个整体，而且也简化了子表的分区管理，例如父表增加一个分区，子表自动增加一个分区。父表删除一个分区，子表也自动删除一个分区。

该系统如果能采取 Reference 分区技术，那么将一举多得：第一，不用修改任何表结构和应用程序，只需针对几十张核心业务表依据关联关系建立主外键，然后只对 ENTRY_HEAD 表基于 CLOSE_DATE 字段按月进行分区即可，而对其他表则基于主外键实施 Reference 分区。第二，由于核心业务表建立了主外键关系，这样整个系统的数据完整性、一致性更好。

5. 夭折的完美方案

就在那天上午与客户开发、运维两个团队组织的新分区方案研讨会上，当我推出上述基于主外键的 Reference 分区方案并期待得到客户认可时，处长沉思良久，一方面肯定了我方案的合理性和先进性，另一方面又客观地指出："罗老师，你可能忘了我们一个重要场景，就是基于 GoldenGate 在进行南北两个中心核心业务系统的数据实时同步。如果广泛采用了主外键，那么根据 GoldenGate 实施要求，这几十张表应该属于一个复制组（Replication Group），应该是一起进行数据实时同步。这么大体量的几十张表同时进行数据复制，这么远的距离，网络也不能确保稳定，我们没有把握确保南北两个中心的数据一致性。现在在业务高峰时还经常出现延迟呢。"

处长一席话，令我们各方又陷入沉思。最终还是处长拍板："不采用主外键和 Reference 分区了，修改表结构，在每个需要进行分区的表上增加 CLOSE_DATE 字段，并请设计开发部门修改相应的应用程序，维护这些表新增的 CLOSE_DATE 字段，并确保数据的一致性和完整性。"

听罢处长的抉择，没想到第一个反对的是开发团队的负责人："开了一上午会，没想到你们运维团队啥也不改，全是我们开发团队的工作。"我后来得知运维处长原来是开发处处长，发牢骚的哥们儿可能以前是他的部下。哈哈。

再者，我们共同确定的分区目标优先级中，应用改造、分区实施和维护成本本来就排在第 4 位，我们还是应优先考虑联机交易性能和历史数据清理性能。对不起了，辛苦你们了，开发团队的兄弟姐妹们，哈哈！事实上，设计和开发改造工作量仅仅 2~3 天就完成了，比我预想的工作量和时间要少得多。

6. 诸多感慨

在展开更多方案设计细节、测试和上线情况之前，我不妨在本文先对现有工作内容进行一番总结和感慨。

1）感慨 1：IT 永远是一门遗憾科学

首先，处长拍板决定修改表结构和应用程序，即所有欲分区的大表全部增加 CLOSE_DATE 字段并通过应用程序去维护该字段，不仅增加了应用开发团队工作量，而且也违反本来已经符合数据库规范化原则的现有设计，导致了数据冗余和数据不一致的风险。但是，这种策略又基本保持了现有的 GoldenGate 实施不变，大大降低了可能导致的南北两中心数据不一致性的风险。

但我感觉处长可能过虑了，因为原理上 GoldenGate 数据同步主要取决于日志量，虽然现在几十张表作为一个复制组同时进行复制，但日志总量并没有变化，与几十张表分为多个复制组进行复制，本质上应该是一样的，而且 GoldenGate 12c 之后可以采用集成模式和并行同步等技术提高性能。可惜我不是 GoldenGate 专家，也无法说服客户。况且处长通过统一部署，已经让开发团队修改表结构和应用了，我们的总体设计目标还是基本达到了。已经殊途同归了，何必苛求每个过程、每个方面都完美呢？

IT 永远是一门需要不断综合平衡（Balance）和权衡利弊（Trade-off）的遗憾科学。

2）感慨 2：数据库逻辑设计的重要性

在本案例中，我们从客户的核心业务系统数据库逻辑设计开始，尤其是对其规范化设计进行了评估，并且希望在保持现有规范化设计基础上，运用 Reference 分区技术达到多方面目标。遗憾的是，客户最终考虑 GoldenGate 等因素，放弃了主外键设计和 Reference 分区技术运用。但是通过逻辑设计分析评估，我们还是基本厘清了该核心系统的主要业务数据关联关系，不仅有利于后面详细的分区方案设计，而且从应用开发层面也基本理解了该系统的数据访问方式甚至整个业务流程，为我们后续的应用优化也打下了基础。

实事求是而言，数据库逻辑设计应该是我们业内广大同行，尤其是 DBA 们以及服务人员需要补课的基础知识，例如，很多同行可能都无法精准地叙述什么是数据库规范化设计的三个范式（1NF、2NF、3NF），那如何去开展数据库规范化设计，并评估、指导设计开发团队的工作呢？甚至一些同行都无法清晰地区分数据库逻辑设计和物理设计的概念和工作范围，以至于在某项目中的逻辑设计文档写成了表空间设计、ASM 设计、表的物理属性设计等属于物理设计的内容，而该项目的物理设计文档却成了 RAC 安装方案。这种张冠李戴的情况赫然出现在某数据库专业服务团队的文档提交物中，委实令人遗憾。

3）感慨 3：IT 系统 = 软件 + 数据

记得当年上大学时，算法分析课程的副标题写的是：软件 = 算法 + 数据。我今天不妨再拓展和演绎一下，即：IT 系统 = 软件 + 数据。若对照这个公式，应该说我们广大数据库从业人员都普遍存在重软件轻数据的情况，例如，无论是开发人员还是 DBA 们和服务人员，可能我们或者很重视 SQL 应用开发和优化，或者围绕数据库管理软件展开研究，例如，某些特性和架构的运用、补丁分析等。但是我们各方面人员，尤其是 DBA 和专业服务人员对数据本身的研究，特别是对数据库逻辑结构的分析并不充分和透彻，甚至对客户数据无感。其实无论是应用软件还是系统软件都是作用于数据的，如果我们缺乏对数据本身的研究，那么我们的应用软件和系统软件又如何有的放矢，并做到精准和高效率呢？

我们都是数据库从业人员，我们应该既是数据库应用软件或系统软件方面专家，也应该是数据模型设计和分析专家。否则，我们只能被称为数据库软件工程师，而不是真正的数据库从业人员乃至专家了。我们更不应该只沉淀于 CPU、I/O、存储等底层技术，那应该是系统工程师们主要的工作职责和范围。

回到本案例，正是因为我们深入到客户现有数据库逻辑设计，乃至分析其几十张核心业务表的关联关系了，我们后面的分区方案和相关的大批量数据处理应用才更有了依据和针对性。

本案例的更多细节和精彩，且听下回分解。

2021年9月5日于北京

某政府行业核心系统的分区方案优化（下）

经过前期的调研分析以及与客户开发、运维等团队的充分交流，特别是处长的亲自拍板，我们与客户达成了一致的优化工作总体方向和目标。于是，我们与客户共同开展了新分区方案的详细设计、测试验证和上线工作。本文将对这些工作进行叙述和总结，也对其间发生的一些值得回味的细节进行分享。

1. 集思广益的分区表设计

以下是我们确定的分区表总体设计思路。

- 所有欲分区的大表均增加 CLOSE_DATE 字段。
- 除 ENTRY_WORKFLOW 表之外，所有分区表均基于 CLOSE_DATE 字段，按自然年季度进行范围分区。
- 最大的 ENTRY_WORKFLOW 表按（CREATE_DATE,CLOSE_DATE）进行（RANGE，RANGE）自然年季度的复合分区。

之所以每个分区表都包含了 CLOSE_DATE 字段的分区逻辑，就是考虑可以按 CLOSE_DATE 字段通过分区的 exchange 等操作进行历史数据迁移和清理了。其中 ENTRY_WORKFLOW 表按（CREATE_DATE ,CLOSE_DATE）进行二维分区，则有一点曲折和小故事。

其实，最初我们与客户协商的是按（CLOSE_DATE,CREATE_DATE）进行二维分区，这样在历史数据迁移和清理时，直接对一级分区进行 exchange 等操作非常便捷也非常容易理解。但是，在周一上午的最终方案讨论会上，我的同事却提出了将两个字段倒过来的方案，即按（CREATE_DATE ,CLOSE_DATE）顺序进行二维分区。经他的解释，以及与客户的充分讨论，我们都认可了他的方案。理由何在？还是应回到新分区方案的总体原则，如下图所示。

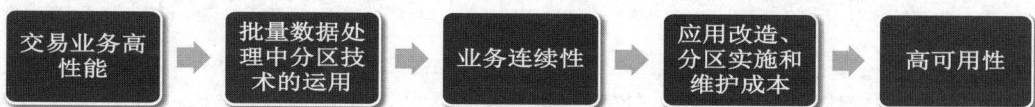

交易业务高性能 ➡ 批量数据处理中分区技术的运用 ➡ 业务连续性 ➡ 应用改造、分区实施和维护成本 ➡ 高可用性

即我们还是以提升联机交易性能为第一目标，其次才是历史数据清理、业务连续性、

分区实施和维护成本等目标。而据前期调研，我们发现 CREATE_DATE 字段几乎是应用语句的必选条件，若 CREATE_DATE 字段是一维分区字段，则应用语句可以在一维分区就进行一次性裁剪。否则，若 CREATE_DATE 字段是二维子分区字段，则将访问所有的 CLOSE_DATE 的一维分区，然后在 CREATE_DATE 的二维子分区进行多次裁剪，效率显然不如前者。但是，若按（CREATE_DATE ,CLOSE_DATE）进行二维分区，的确会导致按 CLOSE_DATE 进行的历史数据清理操作略微复杂，即需要在二级分区通过多条分区命令进行历史数据清理操作。可是，上述我们的设计原则优先级就是将分区维护操作成本排在了第 4 位，也就是宁可 DBA 的后台历史数据迁移操作复杂点，也要优先保障联机交易性能和历史数据清理性能。

感谢我同事的深思熟虑和职业精神，他自言：那个周末他陪儿子在上培训课，自己坐在教室后面在电脑上反复研究了两种不同组合分区方案的优缺点，然后那个周一上午合盘向客户提出他更青睐的方案。也感谢客户的兼收并蓄和考虑问题的全局综合平衡能力和缜密性。这也是我们与客户共同集思广益的成果。

以下就是最终三张最核心表的分区表设计结果。

序号	表　名	分区方法	分区细节	数据规模估算
（1）	ENTRY_HEAD	Range	按 close_date 字段，以季度为单位进行 range 分区	每年大约 6000 万～ 8000 万
（2）	ENTRY_LIST	Range	新增加一个 close_date 字段，并按 close_date 字段，以季度为单位进行 range 分区	为 ENTRY_HEAD 表的数倍
（3）	ENTRY_WORKFLOW	Range – Range	新增加一个 close_date 字段，按 (create_date, close_date) 字段进行 (range,range) 复合分区。其中第一维以季度为单位，第二维以年为单位	为 ENTRY_HEAD 表的 10 倍以上，为新核心系统最大的表

2. 分区索引设计的考量

以下是我们在新分区方案中确定的分区索引总体设计思路。

- 主键字段若包含分区字段，则建成 Local partition 索引，否则建成 Global 分区索引。
- 其他索引若包括分区字段，例如 CLOSE_DATE 或（CREATE_DATE ,CLOSE_DATE），则建成 Local prefixed 索引。否则建成 Local non-prefixed 索引。

日常交易应用性能主要通过各种索引设计来保证，若只追求性能，Global 分区索引表现是最好的。而语句中若包含分区字段逻辑条件，Local prefixed 索引和 local non-prefixed

索引性能通常也不错，而且 Local 索引还不会存在索引失效的问题。而 Global 分区索引则在大部分分区操作之后将会失效，需要重建，导致业务连续性下降。因此，新分区方案的分区设计同样面临性能和业务连续性之间的矛盾。上述分区索引设计只是一个总体思路，后来我们在具体设计中也展开了相关的对比测试和抉择。

以下就是基于上述分区索引设计原则，最终对三张最核心表的分区索引设计结果。

序号	表　名	索　引　名	索引字段	索引类型	分区方法
（1）	ENTRY_HEAD	PK_ENTRY_HEAD	ENTRY_ID	主键	Global HASH，基于 ENTRY_ID 字段，16 份
（2）		IX_ENTRYHEAD_TRADECO	TRADE_CO	普通	Local non-prefixed
（3）		IX_ENTRYHEAD_CONTRNO	CONTR_NO	普通	Local non-prefixed
（4）		IX_ENTRYHEAD_IEPORT	I_E_PORT	普通	Local non-prefixed
（5）		IX_ENTRYHEAD_RELATIVEID	RELATIVE_ID	普通	Local non-prefixed
（6）		IX_ENTRYHEAD_MANUALNO	MANUAL_NO	普通	Local non-prefixed
（7）		IX_ENTRYHEAD_DDATE	D_DATE	普通	Local non-prefixed
（8）	ENTRY_LIST	PK_TMP1_ENTRY_LIST	ENTRY_ID, G_NO	主键	Global HASH，基于 ENTRY_ID 字段，16 份
（9）	ENTRY_WORKFLOW	PK_ENTRY_WORKFLOW	ENTRY_ID,STEP_ID, CREATE_DATE	主键	Global HASH，基于 ENTRY_ID 字段，16 份
（10）		IX_ENTRY_WORKFLOW	CREATE_DATE, STEP_I	普通	Local prefixed

3. 测试案例和测试结果分享

经多方充分调研分析和讨论而确定的新分区方案的有效性如何？尤其与现有分区方案的对比结果如何？一定要经过缜密的测试工作进行验证。以下就是我们结合该系统应用特点、数据管理需求，以及客户关注话题而展开的主要测试案例，并将测试结果分析如下。

1）按 Entry_ID 进行联机交易查询测试和对比分析

本文仅叙述此类测试案例中的一个测试场景，即按 ENTRY_ID 对 ENTRY_HEAD 表和 ENTRY_WORKFLOW 表进行关联查询。测试结果如下。

测试分类	响应时间	逻辑读（consistent gets）	物理读（physical reads）
现有方案	00:00:00.27	40	37
新分区方案	00:00:00.06	15	10

可见，新分区方案相比现有方案，在响应时间、逻辑读、物理读各项指标方面均有下降。原因就是现有方案两个表的主键索引都没有分区，而现在新方案两个表的主键索引都进行了 Global Hash 分区，这样新方案中语句只访问两个表的某个分区，因此优化效果明显。新方案能进一步提升联机交易应用性能，也实现了我们新分区方案的首选目标，更令客户开心不已。

2）Global Hash Partition 索引重建测试

Global Hash Partition 索引进一步提升了联机交易应用性能，但是在对分区表进行历史数据管理（exchange、drop 等操作）之后，将导致分区表的 Global Hash Partition 索引失效，需要重新创建。为此，我们对最大的 ENTRY_WORKFLOW 表的一年测试数据共计 5 亿多条记录展开测试，结果是重新创建该表主键 Global Hash 分区索引的时间为 00:14:08.23。是否在可接受范围内？我们稍后评述。

3）Global 分区索引和 Local non-prefixed 分区索引对比测试

由于 Global 分区索引存在需要索引重建的问题，因此处长指示还是进行一次 Global 分区索引和 Local non-prefixed 分区索引对比测试。处长的设想是，如果 Local non-prefixed 分区索引性能也不错，而且 Local non-prefixed 分区索引不存在索引重建问题，那么 Local non-prefixed 分区索引也是一种可选方案。

于是，我们将 ENTRY_HEAD 和 ENTRY_WORKFLOW 表的主键索引都重新设计成 Local non-prefixed 分区索引，以下是两个不同索引的测试数据。

测试分类	响应时间	逻辑读（consistent gets）	物理读（physical reads）
Global Hash Partition 索引	00:00:00.06	15	10
Local non-prefixed Partition 索引	00:00:00.74	560	102

可见，Global Hash Partition 索引方案在响应时间、逻辑读、物理读各项指标方面均优势明显，而且 Local non-prefixed 分区索引性能还不如原来没有分区的普通索引。测试结果令处长很是惊讶：没想到 Global Hash Partition 索引比 Local non-prefixed 分区索引快了一个数量级。于是，处长一番沉思之后决定：宁可 Global 分区索引需要重建，影响业务连续性，还是采用 Global 分区索引吧。因为该系统其实每个季度都有停机时间窗口，可以完成 Global 分区索引重建，而且未来生产环境的硬件性能远高于现在的测试环境。

感慨一下：处长的抉择最终还是上述新分区方案总体原则的体现，即还是强调通过 Global 分区索引提升联机交易性能，重建索引而导致的业务连续性下降，只是总体原则的第三个目标。再感慨一下：很多客户不愿意采纳 Global 分区索引的主要原因就是需要重建索引，其实并不是没有业务停机时间窗口，而是运维团队不愿意承担更多的维护工作。

4）历史数据管理测试

新分区方案相比现有分区方案最大的改进就是，增加了通过分区技术实施历史数据迁移。为此，我们在测试环境通过分区 exchange 操作，对 ENTRY_WORKFLOW 表的 1.5 亿条记录进行了迁移测试，测试结果如下。

测试案例	时　间
数据迁出	00:00:06.35
数据迁回	00:05:25.98

我们将测试环境下 ENTRY_WORKFLOW 表 CLOSE_DATE 时间为 2017 年以及 CREATE_DATE 为第三季度的 1.5 亿条数据迁移出去，仅需要 00:00:06.35。若将 CREATE_DATE 为其他三个季度的数据迁移出去，预计也是 6 秒左右，即将 CLOSE_DATE 为 2017 年数据全部迁移出去，预计时间为 24 秒左右，能充分满足历史数据管理需求。

将 CLOSE_DATE 时间为 2017 年，而 CREATE_DATE 为第三季度的 1.5 亿条数据迁移回来需要 00:05:25.98，即将 CLOSE_DATE 为 2017 年数据全部迁移回来，预计时间为 20 分钟左右，也基本能够满足历史数据管理回退需求。

5）按 CREATE_DATE 进行范围查询

应客户需求，我们也进行了按 CREATE_DATE 字段对 ENTRY_WORKFLOW 表进行范围查询的测试，以下就是测试结果。

响应时间	逻辑读（consistent gets）	物理读（physical reads）
00:00:35.98	46518	46518

可见，查询 2017-8-14 至 2017-8-21 的一周时间，启动了分区裁剪功能，并通过相关索引进行访问，即只对一个 CREATE 一维分区进行访问，但需要访问所有二维子分区，访问数据量比较大，因此访问时间较长、资源消耗也较大。该类语句还可通过并行处理进一步提升性能。据客户介绍，在实际生产系统中，这种查询频度不高。

4. 上线情况

从 6 月份开始调研分析，到 7、8 月份进行新分区方案的设计、测试等工作，9 月份就在该政府行业的新核心系统实施了这个新出炉的分区方案。新核心上线后不久，我又赴现场了解具体运行情况，令我惊讶的是：在 AWR 报告的 Top-SQL 语句中，居然见不到访问 ENTRY_HEAD、ENTRY_LIST、ENTRY_WORKFLOW 等最核心也是最大的几张业务表的 SQL 语句，Top-SQL 中全部是访问中不溜秋大小表的 SQL 语句。客户笑言：现在新核心刚上线，业务还没上来呢，罗老师你太着急了。

但是我想还是新分区方案的显著成效，尽管业务量不大，但 ENTRY_HEAD、ENTRY_LIST、ENTRY_WORKFLOW 等核心表的数据量一定还是大于那些中不溜秋大小的表。由于核心大表和索引都分区了，这些分区表的访问都被分而治之了，因此比那些没有分区的表性能更好，Top-SQL 语句中也就没有这些分区表的踪影了。

5. 总结和感悟

一个多年运行在 11g 传统平台的该政府行业核心业务系统，通过传统的分区优化方案，在短短的两个多月内，实际上有效工作时间充其量就是一个月，不仅实现了原有系统不具备的历史数据快速迁移功能，而且将最重要的联机交易性能又进一步提升了，应该是一个成效显著的短平快项目，甚至为客户新一代核心业务系统的全面建设打下了坚实的基础。项目经验还是值得总结一番。

1）客户领导主导和参与的重要性

在从业的 30 余年中，我发现客户系统问题太多了，但真正能优化改造的案例又太少了。我想最大的问题不是优化工作的技术难度、工作量和实施风险有多大，而是管理和协调方面的问题更多，尤其是开发商配合问题。其实更直接的问题是没有得到客户主管领导的高度重视和强力推进。

回到本案例，我们首先应该感谢那位年轻有为的客户处长。我是当年才结识并与他共事了那几个月，不仅很快感受到他扎实的 IT 专业技术能力，而且还了解到他有设计开发、运维管理等全方位的知识结构、实战能力和管理经验。更重要的是，他是一位敢作为、会作为、勇于担当的好领导，他不仅熟谙业务，而且全程参与整个项目实施，特别是在一些重大技术方向方面都是他在做最终抉择。一个细节：我们整个项目计划都是他亲自制定，精准到每个的阶段工作目标和每个人的工作职责。

不客气而言，我们见过太多客户领导，或者不熟悉技术，或者不敢作为，或者不善作为，太多好的服务方案都难以推进和落地。这次我们能遇到这样的好处长，真是我们专业服务团队的荣幸。

2）不足和遗憾

世上没有完美无缺的事情，尽管该项目总体上达到了预期目标，但也留下了些许遗憾。

首先，就是考虑 OGG 实施风险而牺牲了数据库规范化设计，导致数据库存在冗余和不一致性的风险，而且令应用软件做出了相应的改造，也没有实施更先进的 Reference 分区技术，使得未来的数据库分区管理操作复杂化。

其次，在上线后我才回首发现，我们整个分区方案都没有考虑如何通过分区技术降低RAC 结点间数据访问冲突和节点间网络流量，只是在最初的调研中了解到核心系统已经按应用进行了逻辑分类，分别部署在 RAC 两个节点之中，负载也基本均衡。但是实际情况如何？我们并没有在生产系统进行确认，特别是新核心系统业务量增加之后，更应该去整体评估 RAC 环境的运行状况，并提出相应的优化方案，包括分区的进一步优化方案。

3）服务方面的总结

作为原厂服务部门老客户，我们为该客户提供了多年的专业化服务，涵盖故障诊断、数据库巡检等多个专题，但是这次我们深入到客户核心业务系统的最核心业务表展开分区方案优化和应用优化，则是第一次。这不仅体现了我们服务工作的主动性，而且也是将客户业务和 Oracle 相关技术紧密融合的成功实践。

多年来，我们服务部门或者在运维阶段展开紧急救援和常规巡检服务，或者推动客户进行升级 / 迁移等大动作。但是，这些服务或者缺乏主动性和预防性，或者只专注于数据库系统层面配置而没有深入客户业务和应用，或者过于强势推动升级等，并不能令客户非常满意，更没有直击客户真正的需求和痛点。

本项目没有进行任何升级、数据库架构改造等大动作，11.2.0.4 其实已经很成熟稳定了，在整个实施过程中，我们没有遭遇任何 Bug，甚至没有采用任何新技术，我们只是针对客户最核心系统的最核心业务展开优化，真正钻到客户肚子里去了，然后以非常小的投入取得了非常大的收益，新分区方案的成功实施令客户有了长治久安的舒坦感，最终也达到了我们双方共赢的结果。

关于采用新技术也说个花絮：某天与某位实施同事聊天，他说："罗老师，我们也很想去学习新技术，但真的太忙了，真没时间去研究新技术。"我当时的回答是："你的理解有误，我不是每次都在推动新技术服务方案，而是强调新老技术都应该与客户业务紧密融合。"我想本案例就是传统技术深度挖潜，并在客户现有系统发挥重要作用的典型案例。

本案例最后以当年年底的公司年会上我和那位同事的对话作为结束，在那个灯火辉煌、杯觥交错的盛宴上，我们一起举杯欢言那个夏天火热的日子，他感慨道："罗老师，这次在 ×× 的优化工作比平时的巡检和故障诊断有成就感多了，这次我们真是钻到客户核心业务里面去了，希望我们以后继续合作，未来能做更多这样富有成就感的事情。"

明天会更好！

2021年9月13日于北京

某银行的季度结息应用优化（上）

最近连续写了多篇关于十多年前的忆往昔文章，讲述的是当年 IT 系统建设和运维情况。各位同行可能会想，十多年前的往事是不是已经时过境迁了，IT 技术日新月异，当今的 IT 系统是不是大踏步前进了？

可是，最近我再次身临一线，参与某银行的季度结息技术支持，第一时间就分析出了该银行核心业务系统的季度结息应用的运行状况，尤其是存在的典型问题，更是感慨与十多年前相比，国内 IT 系统设计、开发和运维水平并没有显著提升呀。于是，我第二天就写出了《×× 银行核心业务系统优化建议方案》，并与客户运维、开发部门，包括开发商团队进行了深入沟通。目前，客户计划先针对我的方案开展一次 POC 验证测试，在确认方案可行性之后，再组织全面的优化。

因此，我将以目前流行的网络直播方式讲述这个正在进行时的案例，本文只是上集，希望近期随着优化工作的推进，完成中集和下集。

1. 熬夜之苦

临近建党 100 周年，客户和原厂服务团队都在重点保障这个重大日子的到来。由于服务资源紧张，已经久疏战阵的我也被派往某银行，参与其季度结息的现场值守。其实与原厂常规的现场值守服务不同，我是计划利用这个宝贵的机会，在现场分析该银行核心业务系统的季度结息应用的运行情况，旨在发现相关问题并提出优化方案，推动进一步优化服务的。

那天晚上 7：30 我就和一位年轻同事准时来到了客户 ECC 机房，正好赶上季度结息应用开始运行了，我在与银行运维人员简短沟通，初步了解核心业务系统环境和应用总体情况之后，在晚上 8：00 就抓取了第一份 AWR 报告，于是马上与客户一起展开了季度结息应用的分析。到晚上 9：30，仅凭一份 AWR 报告，我就初步分析出了该系统季度结息应用存在的如下几类主要问题。

- 问题 1：最大的账户类表没有分区，可以通过分区方案的实施，有效提升结息应用速度。
- 问题 2：结息应用只跑在 RAC 一个节点上，可以结合分区方案的实施，将部分结息应用分摊到节点二去，充分利用 RAC 集群环境的硬件和软件资源，进一步提升结息应用速度。

- 问题 3：针对结息应用这种典型的大批量数据处理，开发商依然采取逐条记录处理模式，通俗而言就是蚂蚁搬家，整体吞吐量不高，应该采取 Oracle 典型的大批量数据处理技术，例如并行处理技术，再进一步大幅度提升整体吞吐量和运行速度。通俗而言就是模块化、积木化地完成大批量数据处理。

由于白天舟车劳顿，晚上又高强度连续工作了两个小时，我这老家伙到了晚上 9：30 就有点撑不住了，便决定撤离，留下我同事在现场继续值守，他还在抓取更多数据准备编写巡检报告。

第二天早上 9：00 我再次来到客户现场时，向前天晚上值班的客户 DBA 一打听，才知道当晚的结息业务一直运行到凌晨 4 点多才结束，整整运行了 8 个多小时！客户 DBA 和我的同事都熬了几乎一个通宵，尤其是客户 DBA 仅仅是眯了一下，又开始了一周新的工作。

唉，这就是 IT 行业从业者的常态，熬个通宵，对我们原厂服务人员、客户、开发商等多方人士而言，都是家常便饭了。该行的季度结息应用有优化空间吗？有！我一上班就直接向客户运维主管领导汇报：我认为季度结息时间可缩短至少一半时间，也就是在晚上 12 点之前就结束，希望以后大家都不要这样辛苦熬夜了！

2. 问题何在？

客户领导听了我的豪言：一则惊喜不已，二则也是将信将疑，甚至第一时间就说："你能否把你的话写入合同？"我的回答是："只要你按照我们的优化建议全面组织实施，这个不熬夜的指标很容易实现。"我的信心何来？还是缘于我已经对问题有了基本的了解。且听下面更深入的分析。

1）从 Top-SQL 语句分析问题

以下就是当晚一份 AWR 报告显示的最消耗资源 SQL 语句（即 Top-SQL 语句）列表。

Elapsed Time （s）	Executions	Elapsed Time per Exec （s）	%Total	%CPU	%IO	SQL Id	SQL Module	SQL Text
15,280.86	317	48.20	23.07	11.64	66.19	7286swbwqr21s	IN0800	select B.KEY_1 , B.TOD_CDEP_TO...

续表

Elapsed Time (s)	Executions	Elapsed Time per Exec (s)	%Total	%CPU	%IO	SQL Id	SQL Module	SQL Text
13,881.74	317	43.79	20.96	11.95	68.79	cfb0yx262fws8	IN0800	select A.KEY_1 , A.INVVST , A....
7,192.99	31,430,892	0.00	10.86	31.70	0.23	bgzw4w9wb6fh6	RR0000	update INVM set INVVST=:b1, NO...
4,087.91	20,291,985	0.00	6.17	31.55	0.21	256vz84jsh7n2	RR0000	update INVE set TOD_CDEP_TOT_A...
3,408.08	20,266,730	0.00	5.15	29.07	18.53	1qmdqkupy20am	DEP	insert into DCRH （SOC_NO, MEMB_...
2,165.04	11,158,261	0.00	3.27	17.22	55.33	0qnts0fz0f9ff	IN0800	select SOC_NO , CUST_ACCT_NO ,...
1,897.66	22,309,100	0.00	2.87	21.87	40.62	0sxft2cjyxk78	DP1	select max（RECNO） into :b1:i1 ...
1,278.27	11,156,249	0.00	1.93	33.06	5.24	49zq0bms8cfrb	DEP	insert into IADVGG （CODE, DELI,...
1,219.75	46,763,721	0.00	1.84	37.54	0.00	9sab738r2phy4	RM1	select /*+ INDEX_ASC （BASM BASM...
1,135.96	20,395,162	0.00	1.72	25.65	29.35	8q7a6t5gg4nmg	DEP	select /*+ INDEX_ASC （DCRH DCRH...
1,125.64	22,298,065	0.00	1.70	28.62	20.76	fkf14tfappyqt	DEP	select /*+ INDEX_ASC （TAXE TAXE...
755.90	10,978,037	0.00	1.14	23.19	38.50	8a4p2792ujjca	DP1	select /*+ INDEX_ASC （IADVGG IA...
723.51	10,896,988	0.00	1.09	36.91	0.02	4cfb53duxhzyw	DEP	update TAXE set ACCT_TYPE=:b1,...

首先，据客户介绍，IN0800 就是当晚存款季度结息模块。可见，最消耗资源的前两条语句就是这个模块的，占了总时长的 23.07%+20.96%=44.03%，即几乎占了一半时间。其中第一条语句如下。

```
select B.KEY_1,
       B.TOD_CDEP_TOT_AMT,
       ... ...
```

```
        B.LAST_MAINT_STAT
  from INVE B
 where B.KEY_1 between :b1 and :b2
  order by B.KEY_1
```

该语句目前的执行计划是按 KEY_1 字段的索引进行访问，并且 INVE 没有进行分区，索引也没有进行分区。据应用开发人员介绍，INVE 是存储账户扩展信息的表，结息处理是按账户字段即 KEY_1 字段进行分段，在应用层面进行并行调度。

下面的图可以帮助大家理解。

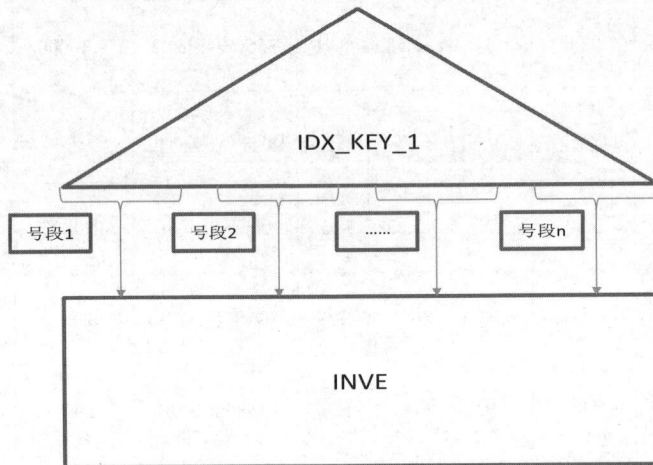

即结息应用是按 KEY_1 字段分段进行并行处理，每个号段都是通过 IDX_KEY_1 索引进行访问。因此，为完成所有账号的季度结息处理，实际上最终访问了 IDX_KEY_1 整个索引以及 INVE 整个表。既然要访问 INVE 整个表，为什么还要访问 IDX_KEY_1 整个索引，从而导致了额外的索引访问开销？从原理上只须访问 INVE 整表，无须访问 IDX_KEY_1 整个索引，这就是问题和巨大的优化空间。

但是，应用软件现在是按账号分段进行并行处理的，有没有保持现在业务逻辑不变，又无须索引的技术？有，那就是将 INVE 表按照现在的账号分段逻辑进行范围分区，示意图如下。

这样，原有的按账号分段访问 INVE 表的逻辑和语句不用进行任何改造，Oracle 会自动识别出需要访问的分区，从而利用分区裁剪功能直接对该分区（即该号段）进行全分区数据扫描即可，避免了索引访问的额外开销。

这也再次说明，大批量数据访问通常直接进行全表尤其是全分区扫描效率更高，并不需要通过索引访问，索引是适合大海捞针式的联机交易语句的。这就是国内很多 IT 系统在进行日终跑批、结息、月底出账等大批量业务处理时，存在的主要问题之一：通过逐条记录进行访问，虽然这些语句都是通过索引进行访问，但总体效率并不高。

2）RAC 的一个节点闲置

如下是结息当晚，RAC 两个节点的负载情况。

I#	Instance	Host	Startup	Begin Snap Time	End Snap Time	Release	Elapsed Time (min)	DB time (min)	Up Time (hrs)	Avg Active Sessions	Platform
1	p012bany1	pcbsdb01	29-11 月 -20 03:04	20-6 月 -21 19:30	20-6 月 -21 20:00	11.2.0.4.0	29.45	402.56	4,888.93	13.67	AIX-Based Systems （64-bit）
2	p012bany2	pcbsdb02	24-11 月 -18 06:28	20-6 月 -21 19:30	20-6 月 -21 20:00	11.2.0.4.0	29.45	1.18	22,549.52	0.04	AIX-Based Systems （64-bit）

可见，实例 1 的 DB time 达到 402.56 分钟，而实例 2 的 DB time 只有 1.18 分钟。即季度结息操作全部是在实例 1 完成，并没有充分发挥节点 2 的硬件资源。据分析，白天的联机交易处理的业务也是全部运行在节点 1 的实例 1 中，节点 2 的实例 2 也是处于空闲状态。

如下是该系统 RAC 运行的架构示意图，即无论白天晚上，该系统所有业务都运行在 RAC 实例 1 上，RAC 实例 2 平时基本空闲，仅作为一旦节点 1 发生故障时的高可用性备用节点之用。

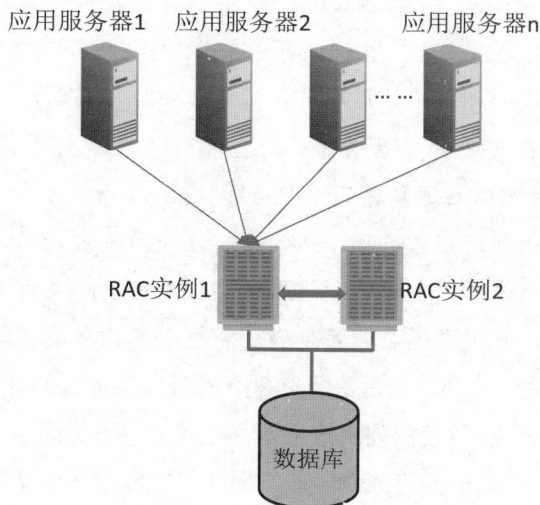

　　如果能发挥 RAC 两个节点处理能力，又有效控制两个实例之间的协调工作量和数据访问冲突，避免"1 + 1 < 1"情况的出现，岂不是又一个提升性能的巨大空间？

3）再看看更多的 Top-SQL 语句

　　在上述 Top-SQL 语句中，除了前两条语句的单次执行时间达到了 40 多秒，后续的语句的单次执行时间都几乎为 0.00 秒，但是执行次数非常多，总执行时间也不少。这就是国内很多系统的批处理计算模式，即在应用层面实施了并行处理，以下就是这种模式的示意图和存在的问题。

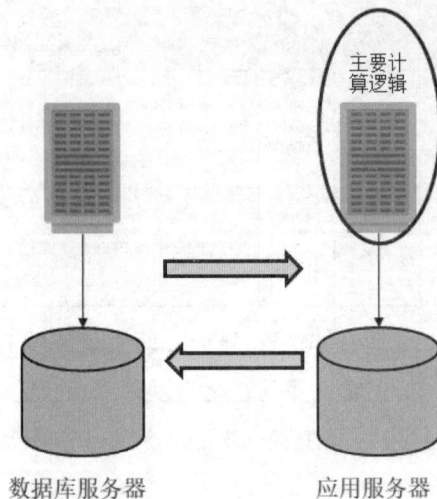

主要计算逻辑

数据库服务器　　　　　　应用服务器

● 主要计算逻辑都在应用软件和应用服务器中完成，导致应用开发和维护工作量大。

● 没有充分发挥数据库服务器的硬件资源作用和 Oracle 数据库系统软件的处理能力。

● 每个并行进程是通过索引方式，逐条访问账号数据并进行处理。其实是访问了所有账号数据，还不如一次性通过 Oracle 并行处理技术直接访问账号全表，或按分区进行访问，无须通过索引进行访问，这样处理效率会更高。

● 该计算模式将数据大量从数据库服务器迁移到应用层面，在应用中完成复杂计算逻辑之后，又将大量计算结果写回数据库，这样不仅能够带来应用服务器开销高，而且会导致网络往返传输高，即网络 Round-trip 高。

● 这种模式通常还存在这种情况：即数据库服务器压力并不大，而应用服务器负载很高。也给人们这样一个错觉：问题主要在应用端，应用应该进行优化。其实这是整个架构和计算模式不合理导致的，即整个架构负载不均衡，应用服务器承担了过多的不必要的负载，而没有充分发挥数据库服务器的作用。

　　总之，季度结息的当晚我就梳理出该系统存在的上述三类问题，而且心中已经有了解决方案的腹稿，再加上以往的实施案例经验，因此只要客户积极组织相关团队开展上述三个领域的优化工作，一定可以大幅度提升该系统的季度结息性能。

3. 解决之道

1）总体实施策略

虽然已经梳理出了上述三类问题，但解决之道一定不能像传统的故障诊断服务一样，头痛医头、脚痛医脚，而是应该针对三类问题，开展专题化的解决方案服务。于是，基于客户核心系统现状和管理流程，我提出了如下的优化总体实施策略。

- 分为分区优化、RAC 实施优化、大批量数据处理优化三个专题。
- 第一阶段开展分区优化、RAC 实施优化两个专题，这两个专题基本对应用软件透明，易于实施，并且能取得显著效果。
- 第二阶段开展大批量数据处理优化专题。这个专题将大规模调整应用开发架构和逻辑，将更显著提升优化效果。

第一阶段分区和 RAC 优化的最大特点是基本不用修改应用软件，这也是客户的一个强烈诉求，也就是既希望达到显著的优化效果，又不想伤筋动骨地改造。而根据经验，只要分区优化和 RAC 优化成功实施，不熬夜的目标基本就实现了。后面的第二阶段则是锦上添花，但需要进行大规模应用改造，对开发商而言，则是开发指导思想、开发技术运用上升到一个新的层级。近期我们将以第一阶段工作为主。

2）分区专题优化内容

为什么要开展分区专题优化，而不是只针对最影响季度结息应用的 INVM、INVE 账户类表实施分区？因为从现状分析，该系统分区实施得很不全面、深入。例如，总共只有 7 张表实施了分区，分区索引一个都没有。而该系统目前超过 2GB 以上而且没有实施分区的大表、大索引，已经达到 148 个。

因此，不仅要扩大分区实施范围，而且要全面分析这些大表、大索引的白天联机交易、日终跑批、季度结息、年终决算等多种应用的访问情况，并在表、索引等多方面开展分区技术的实施以及运用，以下就是分区专题优化的主要内容。

- 核心业务系统对分区技术的需求调研和分析。
- 分区原则的设计。
- 表分区方案设计和实施。
- 索引分区方案设计和实施。
- 分区表空间方案设计和实施。
- 为应用开发对分区技术运用提供指导和服务。
- 备份恢复、数据生命周期管理中分区技术的运用。
- 生产系统分区方案实施、评估和技术支持。

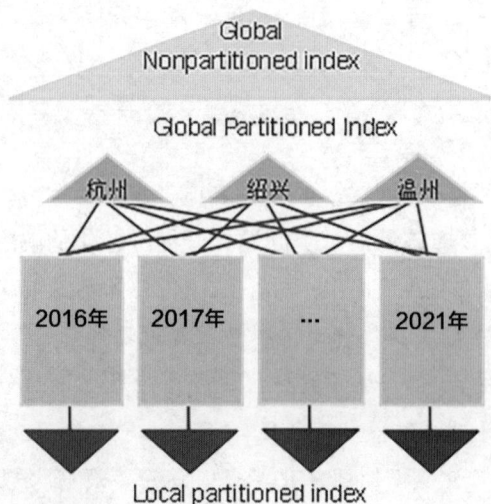

受篇幅所限，本文不再展开上述任务的详细描述。

3）RAC 专题优化内容

RAC 实施最优化，一方面应该是充分发挥 RAC 多节点处理能力，提升 RAC 环境的整体吞吐量和并发处理能力，另一方面又要降低由于 RAC 多节点数据访问冲突带来的数据协调和同步操作，避免"1 + 1 < 1"情况的出现。

根据上述原则，我们建议在本项目中暂时只针对季度结息和日终跑批展开 RAC 优化，具体策略为：季度结息和日终跑批时，相关应用软件按 KEY_1 账号字段的分区逻辑，按照负载均衡原则，将一部分 KEY_1 账号字段对应的应用进程直连到节点 1，将另一部分 KEY_1 账号字段对应的应用进程直连到节点 2。以下为示意图。

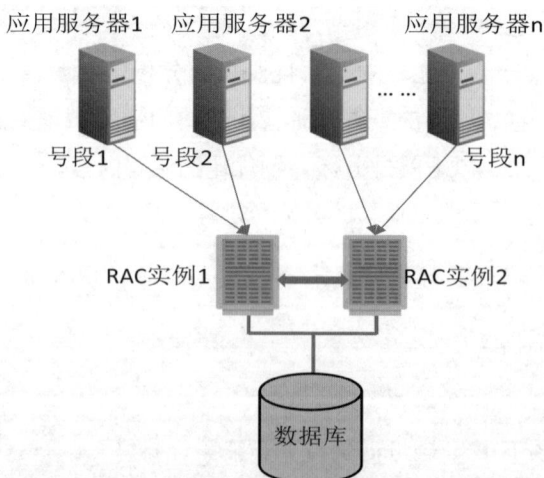

这样，两个节点可并行进行季度结息和日终跑批处理，同时由于 INVM 和 IVME 等主要的业务表已经按 KEY_1 账号字段进行了范围分区，两个节点的季度结息应用虽然访

问同一张表,但实际上访问的是同一张表的不同物理分区,因此,不会出现大量的数据访问冲突和 GC 类等待事件,整个 RAC 环境的处理能力将大幅度提升,季度结息和日终跑批速度将会进一步显著提升。

4)大批量数据处理专题优化内容

第二阶段的大批量数据处理专题优化主要针对季度结息、日终跑等批处理应用展开,下图是大批量数据处理专题优化示意图,具体而言将进行如下方面的大规模改造。

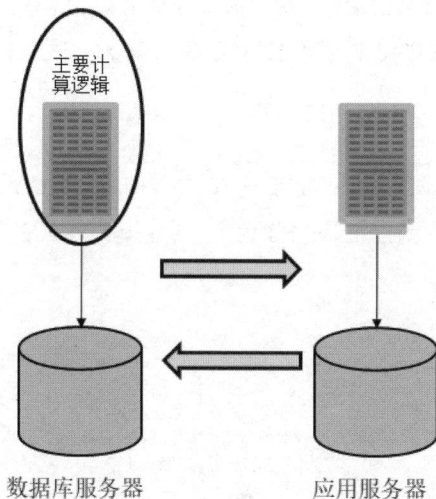

数据库服务器　　　　应用服务器

- 即主要计算逻辑从应用服务器层迁移到数据库服务器层,特别是放弃应用层并行处理机制,直接采用 Oracle 并行处理技术,包括普通表并行处理技术、分区表并行处理技术、RAC 节点间并行处理技术、11g 自动并行处理技术、11g 并行处理自动排队机制、RAC 节点间并行处理本地内存优先技术等各层级、各专题的并行处理的综合运用。
- 将复杂计算逻辑直接以 PL/SQL 编程实现,即直接在数据库服务器内部完成复杂计算逻辑的处理。

经过这两方面的改造,预计将会达到如下效果。

- 大大简化应用层的并行处理开发和运维工作量。
- 更充分发挥 Oracle 全面的并行处理技术能力,从而能够更有效地发挥硬件和 Oracle 的强大处理能力。
- Oracle 的并行处理技术能更灵活适应未来业务发展和硬件资源的扩容,例如自动增加并行度即并行进程。
- 通过 PL/SQL,在数据库内部完成复杂计算逻辑,一方面降低了网络往返传输开销,另一方面充分利用了 Oracle 数据库自身的强大处理能力,包括并行处理技术、丰富的内置计算函数等。

这个专题的优化的确对应用软件是伤筋动骨，却是上升到一个新台阶了。不过饭要一口一口吃，我们近期先把第一阶段工作完成，并取得显著效果，再探讨第二阶段的深化工作。

4. 自我测试

上述鸿篇大论一定要落地的。为消除客户的将信将疑，我们强烈要求客户准备测试环境，对上述方案进行 POC 验证测试。在等待客户测试环境和测试数据准备期间，我已经迫不及待，在自己的笔记本电脑开展了分区方案的验证测试。以下就是自我测试结果。

1）测试数据准备

我是基于 dba_objects 视图，创建了一个 INVM 表和分区表 INVM_P，并且翻倍到 37,268,480 条记录。以下是创建 INVM_P 表、创建基于 KEY_1 字段的 Local 分区索引的语句。

```
create table invm_p
partition by range (key_1)
(partition p1 values less than(10000),
partition p2 values less than(20000),
partition p3 values less than(30000),
partition p4 values less than(40000),
partition p5 values less than(50000),
partition p6 values less than(60000),
partition p7 values less than(70000),
partition p8 values less than(80000),
partition p9 values less than(90000),
partition p10 values less than(maxvalue))
as select * from invm;

create index idx_invm_p_1 on invm_p(key_1) local;
```

2）大批量数据访问测试过程和结果

以下是对现有 INVM 普通表的查询操作。

```
SQL> select * from invm where KEY_1 between 10000 and 20000;
已选择 5096448 行。
已用时间: 00: 00: 35.79
执行计划
----------------------------------------------------------------
```

```
| Id  | Operation                       | Name     | Rows  | Bytes | Cost (%CPU)| Time  |
------------------------------------------------------------------------------------------
|  0  | SELECT STATEMENT                |          | 3652K |  153M |3662K  (1)| 00:02:24|
|  1  |   TABLE ACCESS BY INDEX ROWID BATCHED|INVM|3652K|153M|3662K (1)|
00:02:24 |
|* 2  |    INDEX RANGE SCAN             | IDX_INVM_1 | 3652K |  |8128  (1)| 00:00:01 |
------------------------------------------------------------------------------------------
```

统计信息

```
    5446410  consistent gets
      29286  physical reads
… …
    5096448  rows processed
```

以下是对新的 **INVM_P** 分区表的查询操作。

```
SQL> select * from invm_p where KEY_1 between 10000 and 20000;
已选择 5096448 行。
已用时间:   00: 00: 21.94
执行计划
----------------------------------------------------------------------------------------
| Id |Operation| Name | Rows  | Bytes | Cost (%CPU)|Time|Pstart| Pstop |
----------------------------------------------------------------------------------------
|  0 | SELECT STATEMENT |      | 3653K |  153M| 16758 (2)|00:00:01| | |
|  1 | PARTITION RANGE ITERATOR|   | 3653K| 153M| 16758(2)| 00:00:01
|  2 | 3 |
|* 2 |   TABLE ACCESS FULL  | INVM_P| 3653K| 153M| 16758 (2)| 0:00:01
|  2 | 3 |
----------------------------------------------------------------------------------------


统计信息
------------------------------------------------------------
    399425  consistent gets
     61185  physical reads
… …
    5096448  rows processed
```

即语句速度从 35 秒多下降到 21 秒多，提升了近 40%，逻辑读从 5446410 优化到
399425，即从 5446410×8k=42550M 优化到 399425×8K=3120M，下降非常显著。但是
物理读从 29286 增加到 61185，即从 29286×8K=228M 增加到 61185×8K=478M。这是
11g 之后的 direct path read 技术的结果，即全表扫描导致了更多的 I/O，但逻辑读大幅度下
降，综合起来性能更好。

我们再看执行计划的变化，原来的执行计划是走 KEY_1 字段的普通索引，尽管我已经创建了基于 KEY_1 字段的 Local 分区索引，但是针对 INVM_P 分区表，Oracle 优化器却非常智能地没有选择通过分区索引进行大批量数据访问，而是直接通过分区裁剪技术，对第二号分区进行了分区数据的全扫描。因此，看似全表扫描，实际是分区扫描，性能高于传统的索引访问方式。

3）联机交易访问测试过程和结果

除了上述按 KEY_1 字段的 between … and … 进行大批量数据访问，我也模拟了按 KEY_1 字段进行等于操作，模拟白天日间交易的测试。以下是对现有 INVM 普通表的查询操作。

```
SQL> select * from invm where KEY_1 = 8;
已选择 512 行。
已用时间: 00: 00: 00.04
执行计划
-----------------------------------------------------------------
| Id | Operation        | Name       | Rows | Bytes | Cost (%CPU)| Time |
-----------------------------------------------------------------
|  0 | SELECT STATEMENT |            |  512 | 22528 |  517 (0)| 00:00:01 |
|  1 | TABLE ACCESS BY INDEX ROWID BATCHED| INVM | 512 | 22528 |  517 (0)|
00:00:01 |
|* 2 |    INDEX RANGE SCAN        | IDX_INVM_1 | 512 || 4 (0) |00:00:01|
-----------------------------------------------------------------
统计信息
-----------------------------------------------------------
    592  consistent gets
    516  physical reads
    … …
    512  rows processed
```

以下是对新的 INVM_P 分区表的查询操作。

```
SQL> select * from invm_p where KEY_1 = 8;
已选择 512 行。
已用时间: 00: 00: 00.03
执行计划
-----------------------------------------------------------------|
Id | Operation    | Name | Rows | Bytes | Cost (%CPU)| Time|Pstart|Pstop|
-----------------------------------------------------------------|
0 | SELECT STATEMENT |      |  511 | 13797 |  494 (0)| 00:00:01 |     |     |
| 1 |    PARTITION HASH SINGLE  |      |  511 | 13797 |  494 (0)| 00:00:01
```

```
| 15 | 15 |
| 2 |   TABLE ACCESS BY GLOBAL INDEX ROWID BATCHED| INVM_P | 511 | 13797 |
494 (0)| 00:00:01 | 1 | 1 |
|* 3|INDEX RANGE SCAN | IDX_INVM_P_1 |70| | 4 (0)| 00:00:01 | 15 | 15 |
-----------------------------------------------------------------------
统计信息
-----------------------------------------------------------------------
     569   consistent gets
     516   physical reads
    ... ...
     512   rows processed

SQL>
```

即语句性能从 0.04 秒提升到 0.03 秒，逻辑读从 592 优化到 569，物理读为 516 保持不变，与预期的提升空间有限相符。我想，一方面是由于我的测试数据是翻倍出来的，KEY_1 字段存在大量重复记录，而生产系统的 KEY_1 字段是主键，过滤性更强，性能提升应该更明显。另一方面，我的测试数据是一次性生成，无论表尤其是索引都几乎没有碎片，而生产环境在大量联机交易 DML 操作之后，碎片更严重，而表尤其是索引分区之后，由于碎片被打散，因此降低了碎片的严重情况，从而将提升系统性能。这些情况有待测试和未来投产之后进一步验证。

5. 客户箴言

当今时代，人们都有一个共识：客户太精明了，甚至觉得客户对我们乙方都太不友好了。就在这次与客户不太多的交往中，我对客户的精明也是体会深刻，除了一上来就是："你能否把你的话写入合同？"的挑战性话语，还有更多的真言。但是，我觉得与其说是真言，不如说是箴言，客户的高标准要求也是对我们服务工作提升质量的鞭策和动力。本文不妨再摘录几句客户箴言，也是与我的同事们共勉。

1）"这个项目你们不是从头参与吗？为什么当年不实施分区？"

是的，这个客户曾经在几年前实施了新一代核心业务系统，我们作为原厂提供了自称全生命周期服务。但是，全生命周期服务的确应该包括数据库整体架构和应用开发设计，而不是人到了设计开发阶段，但事情仍然只是安装、打补丁之类自身产品方面的工作，数据库分区就是典型的架构设计工作。

事到如今，我能当着客户的面埋怨以往同事工作的不足，从而导致季度结息现在需要 8 个小时吗？略微思忖，我只能如此搪塞客户："可能投产后业务增长很快，数据量急剧增长了吧，投产前很难预测数据增长，提前做分区设计的。"

幸亏客户还没有那么精明，或者给我留了些面子，没有再深究了。因为最大的账户类表 INVM、IVNE 表现在已经达到了 200 多 GB，而账户类数据不是交易流水类数据，应该在投产后是相对稳定或平稳增长的，也就是说在投产时，账户类表应该也至少有 100GB 了，当年为什么不分区呢?

2）"你们原厂服务不能只是做些与业务无关的巡检工作。"

其实还有更多真实的箴言："你们原厂不能只是做些故障救援，如果我们的系统不发生故障，就感受不到你们原厂服务的价值了。"

是的，就在季度结息当晚，我的年轻同事其实在现场非常辛苦，不仅通宵熬夜收集了近 10 套系统的环境配置和运行数据，而且其他同事又连续几天完成了近 10 套系统的巡检报告。可是，这些巡检报告只是对数据库环境和配置的检查，并没有深入到客户业务系统，更没有指出客户季度结息应用存在的上述三类问题。如果我们少做些 Ctrl+C、Ctrl+V 这样的体力活儿，而是沉下来与各方一起分析系统存在的真实问题，并与各方齐心协力解决这些问题，大幅度降低季度结息时间，行方、开发商和我们自己又何苦经常这么苦哈哈地熬通宵呢? 我们的服务工作也将更富有成就感。

"Work Hard and Work Smartly"，再次以我 20 年前刚入职 Oracle 时，一位老同事的箴言来与大家共勉。

3）"你同事提过与你不一样的分区算法。"

"你同事提过与你不一样的分区算法。"这是客户领导告诉我的情况，于是我很快了解到我的同事曾经提过将 INVM、INVE 表按 KEY_1 字段进行 HASH 分区的建议，但是我也很快了解他主要是针对白天联机交易时段，为消除这些表的热点访问问题而提出的优化建议。的确，HASH 分区能将数据均匀分布到各分区，能很好地消除热点数据访问问题，而且白天交易语句都是等于操作，HASH 分区也适合这种等于操作。但是，季度结息则是 Between… and …范围操作，HASH 分区就无法使用了。因此，新的按 KEY_1 字段的分段业务逻辑进行范围分区更适合季度结息、日终跑批以及日间交易等更多业务场景，尽管范围分区没有 HASH 算法这么均匀分布数据。

我想这也是给我年轻同事的提示：很多问题的解决不要当成单一的故障诊断而就事论事，需要更全方位、更多层次地分析问题，尤其是多了解各种应用场景，我们的解决方案才能更全面、更准确，也能锻炼我们自身更加综合平衡考虑问题的能力。

6. 一个花絮

本文最后讲述一个小花絮：就在我那天上午走到客户运维主管的办公桌前时，我发现他正在研读一本国产数据库的技术资料。看见我走过来，他有点尴尬地把资料反扣在办公桌上，我淡然一笑："×科，我已经看见了，没关系的，难道你们准备把核心系统迁移到国产数据库去？"

他坦言："这是信创大环境和行业主管部门的要求，只是了解一下，最多在外围系统尝试一下，这么重要的核心系统短期内不会有这么大动作的。"

是啊，现在这么强大的 Oracle 数据库处理季度结息还需要 8 个小时，未来若采用开源或国产数据库，单库处理能力有限，可能会采取更加复杂的分库、分表等分布式架构，将给客户设计、开发、运维带来更艰巨的挑战。未来如何？只能看天意了。

与其被动看天意，我们原厂为什么不主动而为呢？除了常规运维和升级服务，其实我们可以为客户提供更大范围、更深层次的服务。在此也不妨简单说说升级话题，一方面，Oracle 未来产品发展将是 5 年左右推出一个长期稳定版本，也就是对一个生产系统而言，升级不会每年都有机会的。另一方面，的确是国家大气候使然，去 O 不太可能，那就限 O 吧。我感觉很多行业、很多客户目前都是采取保持 Oracle 现状不变的策略。即既不升级，也不会再采用 Oracle 新技术了，并采取静观其变，甚至自然淘汰的态势，即新系统都计划部署在开源和国产平台。

如果客户不再升级 Oracle，难道除了提供常规性运维保障服务，我们就无法推广服务了？如果我们能像正在进行的本案例一样，通过分区、RAC、Oracle 大批量数据处理等现有技术的深化运用，显著提升客户的业务性能，那么客户的业务和 Oracle 技术将会结合得更加紧密，未来去 O 的难度将更大、可能性更低。这对客户、Oracle，甚至广大第三方团队其实都是多赢的局面。

未来究竟如何？真是天知道。但是我们若脚踏实地地做好自己当下的事情，未来一定是可期的。Oracle 等国外 IT 技术不仅可能继续在国内 IT 系统中发挥重要作用，而且可能给我们带来更多的大家已经喜闻乐见的升级机会。

2021年6月25日于长沙

某银行的季度结息应用优化（下）

约半个月前，针对某银行的季度结息性能问题，我不仅写出了优化方案，而且还开始网络直播整个项目的进展。上集只是深入分析了季度结息问题和相应的解决方案，以及在自己笔记本电脑进行的测试结果，本文将继续介绍项目的最新进展，即在客户测试环境的真实数据基础上，对最主要的分区优化方案展开的测试工作结果进行分析和分享。

本次测试结果可用两句话总结：结果如预期，但过程并非一帆风顺。本次测试工作目前还在进行时，还有很多方面可以深化，更有很多非技术因素将左右该项目的未来进展。

1. 结果如预期

首先感谢客户运维团队的大力支持，在我们原厂技术人员不在现场的情况下，行方DBA 根据我们的测试方案准备好了测试环境和测试数据，待我在完成另外一家银行的建党百年现场保障任务之后，7 月 2 日来到现场与行方 DBA 紧密配合，顺利开展了分区优化方案的 SQL 语句级 POC 测试。

1）先睹为快测试结果

那天我们设计了 4 类共 14 个测试案例。本文只介绍其中第二类的连续查询 4 个号段测试案例，我们不妨先看测试结果，以让大家先睹为快。

案　　例	时　　间	提　升　比
案例 5：普通表按索引查询	00:24:45	N/A
案例 6：分区表按索引查询	00:10:27	2.36
案例 7：分区表按分区扫描查询	00:07:13	3.42
案例 8：分区表按分区扫描 + parallel 查询	00:06:26	3.84

其中案例 5 就是目前季度结息应用的普通表按普通索引查询的访问方式，而案例 6、7、8 则是采取了分区技术之后不断优化的结果，可见最佳效果从现有的 00:24:45 优化到案例 8 的 00:06:26，提高比达到 3.84 倍，案例 6 和案例 7 也分别提升了 2.36 和 3.42 倍。有了这个测试结果，我在季度结息之后第二天对行方领导拍胸脯承诺的不用熬夜，基本就

可以兑现甚至超出了客户预期，也就是最佳情况是从 8 小时下降到了 2 小时多一点。

2）再看测试过程

技术同行们不妨再仔细看看上述四个案例的详细脚本，以下是案例 5 的脚本、执行计划和示意图。

```
-- 案例 5
select  *
  from FNSONLP.INVE B
 where B.KEY_1 between '0038101010001218758' and '0038101010002437516'
order by B.KEY_1;

select  *
  from FNSONLP.INVE B
 where B.KEY_1 between '0038101010002437516' and '0038101020000085638'
order by B.KEY_1;

select  *
  from FNSONLP.INVE B
 where B.KEY_1 between '0038101020000085638' and '0038101020001304396'
order by B.KEY_1;

select  *
  from FNSONLP.INVE B
 where B.KEY_1 between '0038101020001304396' and '0038101020002523154'
order by B.KEY_1;


-----------------------------------------------------------------------
| Id  | Operation               | Name  | Rows  | Bytes | Cost (%CPU)| Time |
-----------------------------------------------------------------------
|   0 | SELECT STATEMENT        |       | 1049K | 1134M | 674K (1)| 02:14:49 |
|   1 |  TABLE ACCESS BY INDEX ROWID| INVE | 1049K| 1134M|  674K (1)|
02:14:49 |
|*  2 |   INDEX RANGE SCAN      | INVEPK | 1049K|       | 6487 (1)| 00:01:18 |
-----------------------------------------------------------------------
-- 后续三条语句执行计划一样，略。
```

现有季度结息应用通过 KEY_1 字段的主键普通索引 INVEPK 查询 4 个号段的账户数据。以下是执行计划示意图。即为查询 4 个号段的账户数据，上述语句连续 4 次访问了 INVEPK 主键索引。

以下是案例 6 的脚本、执行计划和示意图。

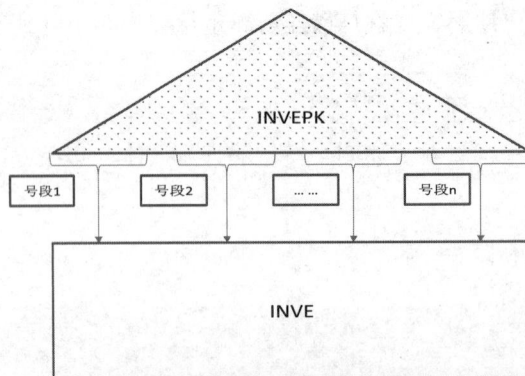

```
-- 案例 6
select  *
  from FNSONLP.INVE_P B
 where B.KEY_1 between '0038101010001218758' and '0038101010002437516'
order by B.KEY_1;

-- 后续三条语句同案例 5，略

------------------------------------------------------------------------------
| Id | Operation | Name |Rows|Bytes|Cost (%CPU)| Time | Pstart |Pstop|
------------------------------------------------------------------------------
| 0 | SELECT STATEMENT | | 2 | 2268 | 4 (0)| 00:00:01 |     |     |
| 1 | PARTITION RANGE ITERATOR | | 2 | 2268 | 4 (0)|00:00:01| 2 | 3 |
| 2 | TABLE ACCESS BY LOCAL INDEX ROWID|INVE_P| 2 | 2268| 4 (0)|00:00:01|
2 | 3 |
|* 3| INDEX RANGE SCAN | INVE_P_PK | 1 | | 3 0)| 00:00:01 | 2 | 3 |
------------------------------------------------------------------------------
-- 后续三条语句执行计划几乎一样，略
```

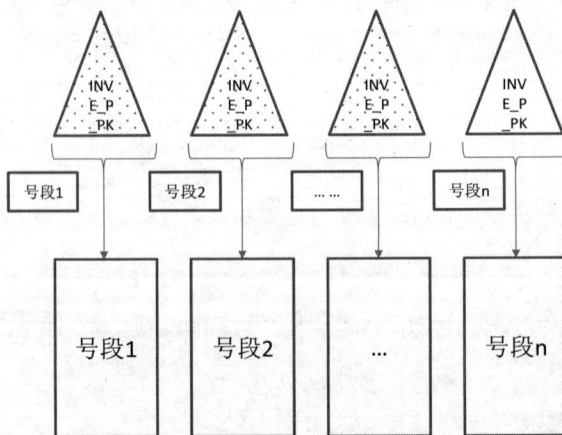

分区表通过 KEY_1 字段的本地主键分区索引 INVE_P_PK 连续查询 4 个号段的账户数据，并且通过分区裁剪技术分别只查询了第 2、3、4、5 号分区索引。以下是执行计划示意图。即为查询 4 个号段的账户数据，上述语句分 4 次访问了 INVE_P_PK 主键索引，但是该索引是 Local 分区索引，Oracle 每次只是分别查询了一个小分区索引。因此，相比案例 5 的 4 次访问一个普通大索引，案例 6 的 4 次每次访问 4 个小分区索引，性能显然提升。

以下是案例 7 的脚本、执行计划和示意图。

```
-- 案例 7
select /*+ F-ULL(B) */ *
  from FNSONLP.INVE_P B
 where B.KEY_1 between '0038101010001218758' and '0038101010002437516'
order by B.KEY_1;

-- 后续三条语句同案例 5，略


-------------------------------------------------------------------------
| Id | Operation           | Name | Rows | Bytes | Cost (%CPU)|Time|Pstart|Pstop|
-------------------------------------------------------------------------
|  0 | SELECT STATEMENT    |      |  2 | 2268 | 133K (1)| 00:26:45 |     |     |
|  1 | PARTITION RANGE ITERATOR|  |  2 | 2268 | 133K (1)| 00:26:45 | 2 | 3 |
|  2 |   SORT ORDER BY     |      |  2 | 2268 | 133K (1)| 00:26:45 |     |     |
|* 3 |    TABLE ACCESS FULL|INVE_P|2|2268|133K (1)|00:26:45| 2 |  3  |
-------------------------------------------------------------------------
-- 后续三条语句执行计划几乎一样，略
```

通过在语句中增加 Hint:/*+ FULL（B）*/，强制优化器基于分区裁剪技术分别只对第 2、3、4、5 号分区数据进行全分区扫描。以下是执行计划示意图。即为查询 4 个号段的账户数据，上述语句分 4 次连分区索引都不用，直接扫描 4 个分区数据即可。因此，案例 7 的效率不仅高于案例 6，更高于案例 5。

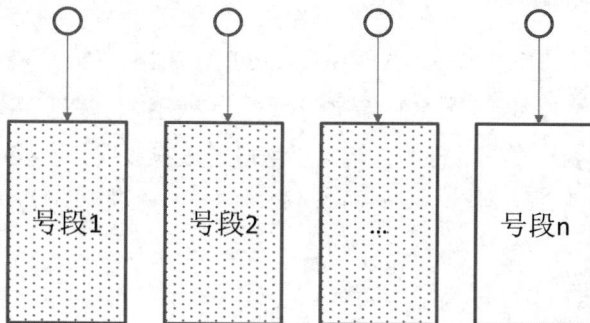

以下是案例 8 的脚本、执行计划和示意图。

```
-- 案例 8
select /*+ FULL(B) parallel(B,16) */ *
  from FNSONLP.INVE_P B
 where B.KEY_1 between '00381010010001218758' and '00381010010002437516'
order by B.KEY_1;

-- 后续三条语句同案例 5，略
-------------------------------------------------------------------------
-----------------------
| Id | Operation| Name | Rows | Bytes |TempSpc|Cost (%CPU)|Time|
Pstart| Pstop | TQ |IN-OUT| PQ Distrib |
-------------------------------------------------------------------------
-----------------------
|  0 | SELECT STATEMENT |      | 1324K| 1431M | | 31184 (1)|00:06:15|    |
|    |    |    |    |
|  1 | PX COORDINATOR   |      |      |      |    |    |    |
|    |    |    |    |    |
|  2 |  PX SEND QC (ORDER) |:TQ10001| 1324K| 1431M|    | 31184 (1)|
00:06:15 |    |    | Q1,01 | P->S | QC (ORDER)|
|  3 |   SORT ORDER BY  |      | 1324K|1431M|2068M| 31184 (1)|
00:06:15 |    |    | Q1,01 | PCWP |         |
|  4 |    PX RECEIVE    |      | 1324K| 1431M|    | 9296  (1)|
00:01:52 |    |    | Q1,01 | PCWP |
|  5 |    PX SEND RANGE | :TQ10000 | 1324K| 1431M|    | 9296  (1)|
00:01:52 |    |    | Q1,00 | P->P | RANGE   |
|  6 |     PX BLOCK ITERATOR |    | 1324K| 1431M |    |         |
9296  (1)| 00:01:52 |  2 |    3 | Q1,00 | PCWC  |    |         |
|* 7 |    TABLE ACCESS FULL| INVE_P | 1324K| 1431M|    | 9296  (1)|
00:01:52 |    2 |    3 | Q1,00 | PCWP |         |
-------------------------------------------------------------------------
-----------------------
-- 后续三条语句执行计划几乎一样，略
```

通过在语句中增加 Hint:/*+ FULL（B） parallel（B,16） */，强制优化器基于分区裁剪技术分别只对第 2、3、4、5 号分区数据进行全分区扫描，并且启动了 Oracle 并行处理技术。以下是执行计划示意图。即为查询 4 个号段的账户数据，上述语句分 4 次直接扫描 4 个分区数据，不使用分区索引，而且每个分区通过 16 个进程进行并行访问。因此，案例 8 的效率最高。

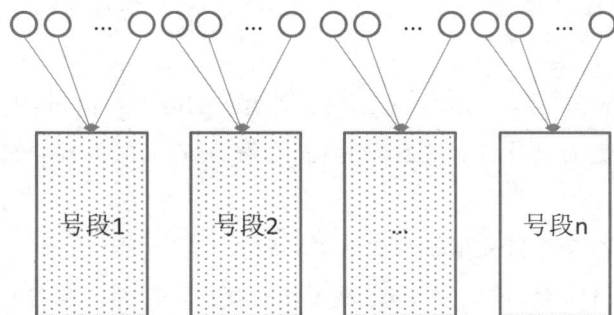

3）再看资源消耗对比分析

以下是四种测试场景的资源消耗指标对比数据。

案　　例	逻　辑　读	物　理　I/O
案例 5：普通表按索引查询	3,561,339	1,347,303
案例 6：分区表按索引查询	3,535,063	916,692
案例 7：分区表按分区扫描查询	1,832,916	2,007,602
案例 8：分区表按分区扫描 +parallel 查询	1,840,690	1,986,309

可见，案例 5 和案例 6 的逻辑读高于案例 7 和案例 8，而案例 7 和案例 8 的物理读高于案例 5 和案例 6。这是因为案例 5 和案例 6 都是通过索引方式访问数据，这样索引数据将存储在内存中，因此逻辑读较高。而案例 7 和案例 8 则是通过分区扫描访问数据，这部分数据没有进入内存，而是通过 11g 的 Direct Path Read 技术直接进行读取，因此物理读更高。

但是综合分析，尽管案例 7 和案例 8 的物理读高于案例 5 和案例 6，但逻辑读大大低于案例 5 和案例 6，总体时间也是案例 7 和案例 8 更少，尤其是案例 8 采用了分区扫描和并行处理技术，时间最短。

2. 过程并非一帆风顺

虽然那天的 POC 测试结果令人满意，但是过程并非一帆风顺。具体而言，就是案例 6 并非如我和客户所愿，直接采用分区扫描执行路径，而是需要通过增加 Hint:/*+ FULL（B）*/，才能实现。即案例 6 如不增加 Hint，执行路径是分区索引访问，优化效果只有案例 6 的 2.36 倍，而不是案例 7 的 3.42 乃至案例 8 的 3.84 倍。这也意味着不能满足对应用完全透明，应用无须修改的前提条件。

为此，我们提出了如下后续深化测试方向。

- 扩大 KEY_1 的范围到更多分区，例如一次性查询 8 个、16 个等更多分区，预

计 Oracle 可能选择按分区扫描的执行计划，而不是现在的按分区索引访问执行
计划。

- 尝试 SQL Profile 等技术的运用。即在不增加 Hint：/*+ Full(B) */ 的情况下，强制
  Oracle 优化器自动选择按分区扫描的执行计划，而不是现在的按分区索引访问执
  行计划。

- 尝试 11g 的自动并行处理技术的运用。即在不增加 Hint：/*+ parallel(B,16) */ 的情
  况下，基于 11g 的自动并行处理技术，对按分区扫描的执行计划自动实现并行处
  理，包括并行度（DOP）的设置。

上述三个策略的目的都只有一个：在应用语句不增加 Hint 的情况下，实现优化效果
的最大化。这些工作仍然需要客户、Oracle 以及开发商精诚合作，继续深化相关测试和实
施工作。

3. 名副其实的 POC 测试

本文上述内容虽然又是语句、又是执行计划、又是测试指标，还有图示，有点花哨，
但是技术同行发现，该案例的语句其实非常简单。不仅对该行的季度结息应用而言，是一
个名副其实的 POC 概念性验证测试，而且对广大同行而言，都可以起到 POC 的概念示范
作用。原来就是下面这个单表语句的如此简单的查询操作。

```
select  *
  from FNSONLP.INVE B
 where B.KEY_1 between '00381010010001218758' and '00381010010002437516'
order by B.KEY_1;
```

Oracle 可以有四种不同的执行过程即不同的技术运用过程，从而产生四种截然不同的
执行效果，甚至可以在几乎不修改该语句的情况下，从 24 分钟优化到 6 分多钟，提升比
达到 3.84 倍。

首先，该案例测试的业务层面意义是：原来需要 8 个多小时熬一通宵的季度结息业
务，其实很轻松就可以优化到 2 个多小时，1.7 亿元账户的季度结息就完成了，行方运维
人员、开发商和原厂等各路人马未来都无须再熬夜值守了。

其次，也是给我们广大数据库从业人员的提示，原来这么简单的语句在 Oracle 里面
有这么多技术内涵，而且还包括 SQL Profile、自动并行处理等更深层次技术专题的运用。
我想，相比开源和国产数据库而言，Oracle 可运用的技术手段丰富得多，给我们用户的选
择空间和提升空间也大得多，反之也给我们犯错误留下了太多空间。

第三，从技术方面进行总结，针对季度结息这样典型的后台大批量数据处理，在技术
运用方面与日间的联机交易 OLTP 应用真不一样，OLTP 应用应该是更多体现索引这种大

海捞针式技术的运用，而季度结息等大批量数据处理业务的确是模块化、积木化技术运用的广泛空间，包括本文提到的分区表、分区索引、并行处理技术，还有 RAC 多节点应用部署和并行处理、分区交换、大量统计运算函数等更多典型大批量数据处理技术的运用。

第四，Oracle 的确博大精深，底蕴深厚。目前，广大开源和国产数据库厂商都在对标 Oracle 数据库研发自己的数据库产品，我想大家不应只学其形，更应悟其神。更何况，其实国内各行各业还在大量采用 Oracle 技术，如何真正发挥这些国外先进 IT 技术的作用，全面提升各行各业 IT 系统的品质，更是摆在我们广大从业人员面前既紧迫又长远的课题。

最后，本文也想给包括我们原厂在内的广大服务同行说几句，本案例的语句的确简单至极，甚至可能被很多同行藐视，人们可能更愿意去潜心研究 xTTS 升级方案的复杂性，也更青睐展望 Oracle 架构发展、深究 Bug 的根源，乃至狩猎新的人工智能、机器学习、IoT、区块链等前沿技术。殊不知，其实就是这么简单至极的单表 SQL 语句有这么大的优化空间。而我们的同行们却年复一年、季复一季、月复一月、日复一日守着这些在身边天天运行的最原始的 SQL 语句无感，甚至不知道其实可以提升性能好几倍，实在应该感到汗颜。

还是一句老话："勿以善小而不为。"这种"小"其实不仅包含了很多深层次技术专题，蕴含了很多深奥的技术，而且并不一定比升级等重大项目和宕机等重大故障的紧急救援，给客户带来的回报要小。毕竟对客户而言，升级是几年才一次，宕机更是超低概率事件。而季度结息、日终跑批则是天天都可能在发生的业务，如果我们能把这些日常业务成数倍地提升性能，客户满意度的提升可想而知。

4. 迟来的后记

本文标题原来是《某银行的季度结息应用优化（中）》，即原来我是希望该客户能采纳我们的优化建议，在生产系统实施之后，再根据实施效果写个《某银行的季度结息应用优化（下）》的。可是，由于客户和我们服务团队内部两方面原因，共同导致该优化计划虎头蛇尾甚至中途停止。于是，我只得将《某银行的季度结息应用优化（中）》改成了《某银行的季度结息应用优化（下）》，也来了个中途停止。

但是，我还是想写个迟来的后记，真实感受一下客户和我们内部两方面原因。首先，尽管我们的 POC 测试结果已经非常令人满意了，但客户为什么不愿意实施该优化项目？客户给出的直接答复是：优化工作对应用不透明，需要应用开发团队配合。对此，我的解释是实施分区并不需要修改任何业务逻辑，甚至 SQL 语句都没有任何更改。唯一可能要改的是语句中增加 Hint，而即便连 Hint 都不愿意增加，即优化效果达不到最好的案例 8 的 3.84 倍，也至少是案例 6 的 2.36 倍，依然是可以从 8 小时降为 3 个多小时，即不用熬夜了。客户进一步的无奈解释是：他是运维主管，数据库分区实施这种变更超出了他的职责范围，应该是该行负责应用开发的部门去组织实施。

其次，我们内部实施团队为什么也不愿意实施呢？明面的理由是客户运维主管不支持，而且也附和客户关于分区实施对应用不透明的不正确观点。实则我认为还是部分实施人员能力和经验欠缺所导致，即只擅长故障诊断等被动救援服务工作，并不擅长这种需要将客户业务和 Oracle 技术融合起来的主动式、专题式服务工作。

该案例令我很诧异的是，针对一个如此简单的单表查询语句，需要将该表优化成同样简单的范围分区操作，我们某些技术人员居然真的缺乏能力和信心去实施，也不愿意去学习和尝试。只能说某些技术人员的思维模式、工作方法太固化了，甚至应验了一句大实话：技术远没有人复杂和难搞。

2021年7月13日初撰
2022年11月21日更新于北京

关于 ERP 系统的分区方案

Oracle 公司不仅产品、技术先进和优秀，而且文档、知识库和最佳实践经验等也非常丰富、专业和权威，我想这是业内广大同行的共识。可是我最近在阅读一篇 Oracle 官方文档时却感觉不太解渴，甚至有点失落感。这篇文档名称和文档号为 Using Database Partitioning with Oracle E-Business Suite（Doc ID 554539.1）。

各位看官可能有点疑惑：老罗你不是搞数据库的吗？怎么研究起如何在 Oracle 应用产品 EBS 中实施分区了？说来话长：去年我在北京为某央企客户提供售前服务时，客户提出的服务需求也涵盖了其 EBS 系统，并提出了欲在 EBS 中实施分区方案的具体需求，客户更迫切希望我们原厂服务部门能提供相关的官方实施文档、实施案例和经验分享。于是，我赶紧向一位资深 EBS 同事请教，他很快给我推荐了这篇文档。我一看标题，如获至宝，这简直是一篇 Oracle 官方关于 EBS 实施分区方案的宝典啊！

于是，在与客户的再次现场交流中，我把这篇文档标题展现给了客户，意在彰显我们原厂服务的价值和优势，但我又有点担心，生怕客户照着这篇文档自己操练，没我们什么事了，岂不是教会徒弟饿死师父了，哈哈。可是客户看了一眼我一晃而过的这篇文档标题之后不以为然，并声称他们已经看过这篇文档，没有太多实质性内容。由于时间精力关系，加上我自己又不是专职做 EBS 的，因此事后我也没详细阅读此官方文档。最近利用休假的时间，我花了一上午时间通读了该文档，感慨连连，因此也决意将这些感慨付诸文字了。

1. 高屋建瓴的文档

建议有心者在阅读本拙文之时，能同时打开 Doc ID 554539.1 进行对比阅读，与我一起解读该文档的内容和特点。

首先，我认为与大多数 MOS 文章是解决某一个具体问题不一样，该文档是一篇高屋建瓴的指导性文档。该文档分为 9 节，前 6 节都是在畅谈分区原理、分区原则、分区收益和分区最佳实施经验，以及 EBS 现有分区情况和 EBS 分区总体策略等内容，一直到第 7、8 节才通过举例的形式，分别介绍了 EBS 中相关表的分区方案建议，以及 AP.AP_INVOICES_ALL 表的详细分区实施过程。很遗憾，我并没有看到关于 EBS 实施分区方案的整体介绍，难怪客户认为这篇文档更多是指导性建议，并没有太多落地性强的实质性内容，因此也能理解客户的不以为然了。

其次，虽然该文档前 6 节是大话连篇，但我觉得还是很有价值和内涵的。例如，该文档将有关分区技术的 Oracle 联机文档相关章节全部罗列出来，给我们全面理解和掌握分区技术提供了百科全书式的指南。试想，业内大部分同行甚至包括专业服务人员，有多少人在实施分区方案时会全面深刻地去研读这些联机文档相关章节？可能大部分人都是百度几篇文章，找几个分区实施脚本就开练了。另外，我理解该文档作者罗列这么多资料目录的一个心态就是非常谦虚，潜台词就是，你们不要把我这篇文章当成宝典，更不能替代更专业、更专题、更深层次的 Oracle 联机文档，请大家好好去研读 Oracle 联机文档相关内容，再结合自己的实际需求展开针对性的分区方案设计和实施。

最后，作者站在 EBS 总体高度叙述了 EBS 分区实施情况和官方策略。首先，EBS 全面支持分区技术，并且某些模块已经预先实施了分区技术，称之为 Seeded Partitioning 即种子分区方案，而且客户不能修改现有种子分区方案的实施，因为 EBS 有些模块对分区技术并不透明，例如某些 SQL 语句直接指定了分区名，若修改种子分区算法，可能导致这些 SQL 语句出问题。其次，EBS 也支持客户自己实施分区技术，称为 Custom Partitioning 即客户化分区方案。但是该文档明确提出了客户化分区实施的若干限制，例如，客户化分区方案应该对 EBS 现有标准模块透明并确保标准功能正常；不能因为实施客户化分区而要求 Oracle 研发团队修改现有表结构；客户最终负责客户化分区之后的性能保障，等等。说白了，这就是 Oracle 关于客户自己实施分区的免责条款。更直白一点，若客户化分区实施出了问题，别找我，你们自己负责。哈哈。

总之，EBS 的标准产品中只有少数表实施了所谓的种子分区，而大部分表都没有实施分区，还是超出我这非 EBS 人士的想象。但是，换个角度而言，这种策略也是合情合理的，即 EBS 虽然主要业务也是聚焦在少数大表上，但每个用户的业务诉求和使用场景不同，相关表的数据量、访问方式也有差异，因此，Oracle 没有为 EBS 标准产品设计和实施完备的分区方案，而是留给客户自己或本地服务团队去实施，不仅更加体现精准施策、科学合理的求真务实原则，而且也给我们本地团队留下了自由发挥的广阔空间。

2. 具体示例的解读

我想各位看官的心理和我也一样，一定非常想看到该文档如何开展 EBS 分区方案设计的干货，哪怕只是一个示例也行。的确，该文档的第 7 节终于给我们展现了一个实际的分区案例，而且据作者介绍，这也是曾经在很多客户案例中实施过的真实分区方案。限于篇幅，下面我只罗列了少数表的分区实施情况，更详细的清单，请见该文档的原文。

Table name(s)	Partition Method	Partition Key	Possible Partition Benefits	Discussion
AP_INVOICES_ALL, AP_INVOICE_LINES_ALL, AP_INVOICE_DISTRIBUTIONS_ALL Possibly AP_LIABILITY_BALANCE, AP_PAYMENT_SCHEDULES_ALL, AP_INVOICE_PAYMENTS_ALL	HASH	INVOICE_ID	Distribution of Workload Pruning and Joining	Used in significant number of filters and joins. Very high number of distinct keys and even distribution.
AP_INVOICES_ALL, AP_INVOICE_LINES_ALL, AP_INVOICE_DISTRIBUTIONS_ALL Possibly AP_LIABILITY_BALANCE, AP_PAYMENT_SCHEDULES_ALL, AP_INVOICE_PAYMENTS_ALL	RANGE	INVOICE_ID	Pruning and Joining DB Manageability Lifecycle	Because new / most recent invoices will be in the same partition, this method cannot be used for Distribution of Workload.
AP_AE_LINES_ALL, AP_AE_HEADERS_ALL	HASH	AE_HEADER_ID	Distribution of Workload Pruning and Joining	Used in significant number of filters and joins. Very high number of distinct keys and even distribution.
AP_AE_LINES_ALL, AP_AE_HEADERS_ALL, AP_LIABILITY_BALANCE（if AE_HEADER_ID is only null on a few rows）	RANGE	AE_HEADER_ID	Pruning and Joining DB Manageability Lifecycle	Because new / most recent AE_HEADER_IDs will be in the same partition, this method cannot be used for Distribution of Workload.
……	……	……	……	……

我对这个分区示例的相关解读和评估如下。

1）分区表的解读和评估

该示例的所有表分区只采取了 HASH 和 RANGE 两种分区算法，而且分区字段都是单字段，即全部是纯粹的一维分区。例如，AP_INVOICES_ALL 表建议或者基于 INVOICE_ID 进行 HASH 分区，或者基于 INVOICE_ID 进行 RANGE 分区。在 HASH 分区的情况下，更多的是追求记录的平均分布，从而带来总体性能提升，当然应该是针对 INVOICE_ID 索引也建成 Local 索引即 HASH 索引的情况。但在 HASH 分区情况下，是无法完成历史数据管理的。

而基于 INVOICE_ID 进行 RANGE 分区，是否能满足历史数据管理需求？那就需要深入分析 INVOICE_ID 的具体取值规律，如果 INVOICE_ID 字段含有时间要素，并且基于这个时间要素进行历史数据管理，那么应该可以通过分区的 drop、truncate、exchange 等操作实现历史数据管理。否则，也无法通过分区技术实现历史数据管理，而只能通过传统的 delete 等操作进行，效率将极为低下。

再者，无论 HASH 还是 RANGE 分区，只要查询条件包含 INVOICE_ID 字段，那么都可以通过分区裁剪功能提升性能，而且若关联表也采取同样的分区算法，那么这些表通过 INVOICE_ID 字段进行 JOIN 操作时，将充分发挥分区 Full wise-join 技术特点，提升 JOIN 操作的性能。

另外，在 RANGE 分区情况下，新增记录很可能都落在最新的分区，这样将导致该分区成为热点，不如 HASH 分区情况下记录被均衡分布到更多分区而消除热点的存在，即如果只追求联机交易性能，不考虑历史数据管理，HASH 分区是更好的方案选择。

总之，我认为这个示例还是更多追求了联机交易性能，对分区在历史数据管理方面的作用不太突出，甚至根本没有考虑分区在降低 RAC 数据访问冲突、备份恢复、数据安全性等方面的作用，后面我再叙述在这些领域中分区将起到的作用。

2）分区索引的解读和评估

该文档的第 8 节详细介绍了 AP_INVOICES_ALL 表分区设计和索引分区设计过程。在该案例中，该表主要通过 EBS 的采购等模块批量导入数据，而不是手工录入，因此设计过程非常专注于提高批量导入性能，因此，为降低大批量数据导入和多进程并行加载的数据竞争和数据热点，该表采取了基于 INVOICE_ID 字段的 8 份 HASH 分区。下面我将重点讨论该表的索引分区设计方案，梳理该文档对该表的索引分区策略，具体如下。

首先，如果索引包括 INVOICE_ID 字段，并且为组合索引前缀，则创建成 Local prefixed 分区索引。其次，如果索引字段在批量数据加载过程中没有批量填写数据，即这些索引不会形成热点数据，则创建成普通非分区索引。否则，也创建成 Local non-prefixed Hash 索引。我理解主要目的就是通过 Hash 索引去降低大批量数据加载中这些索引的竞争和热点。第三，如果有大量的范围查询操作，则 HASH 索引将无法使用，因此将这类索引建成普通非分区索引。第四，如果设计成 Local non-prefixed Hash 索引将导致性能低下，例如，如果查询条件不带 INVOICE_ID 字段，Oracle 将访问所有索引分区，性能肯定不佳，则还是将这类索引建成普通非分区索引。

　　总之，该文档是基于提高批量加载 AP_INVOICES_ALL 表数据的性能而展开的表分区和索引分区设计，更主要是考虑降低数据和索引访问热点，同时也兼顾了范围查询、谓词条件不带 INVOICE_ID 字段等访问方式的性能问题。

　　个人观点，AP_INVOICES_ALL 表的分区策略还是考虑的面比较窄，难道 AP_INVOICES_ALL 表的数据永久存在数据库，没有大批量清理的历史数据管理需求？如果有这种需求，这种 HASH 表分区和索引分区策略就不能满足需求了。再者，该文档将一些索引设计成普通非分区索引，为什么不创建成 Global Range Partition 分区索引呢？这样性能将更高。甚至如果没有范围查询方式，都可以考虑建成 Global Hash Partition 分区索引，不仅总体性能更好，而且更易于实施和管理。

　　我看到该文档在介绍完 AP_INVOICES_ALL 表的分区策略之后，作者依然是非常谦卑地强调，本方案不是灵丹妙药，只适合文档中提到的某些应用场景和数据分布情况，每个客户都应该基于自己的应用场景、数据分布、访问方式、数据管理需求等设计更适合自己的分区方案。

　　我想大部分用户和我一样，看到这个方案和这段话一定感觉不是很解渴，但一定也能深刻认知到这个理念：这个世界太精彩，没有一种技术和方案是完美的，更不是包治百病的。

3. 更大格局考虑 EBS 中分区方案的实施

　　实话实说，我觉得该文档考虑 EBS 分区实施还是格局不够大。该文档在分区实现目标方面主要以提高性能为目标，也在一定程度上兼顾考虑了历史数据管理，但并没有考虑分区技术在 RAC 环境下合理部署应用，从而降低 RAC 数据访问冲突的作用。难道目前 EBS 系统在 RAC 环境下运行时的私网流量都很低，GC 类等待事件都很少？该文档也没有考虑如何将分区设计和表空间设计融合起来，更好地在分区和表空间层面进行备份恢复、高可用性等方案的实施，例如，按年度进行分区设计和表空间设计，这样就可以年度为单位实施备份恢复、数据迁移等方案，也可将故障只限定在某个年度的表空间。

　　在分区技术运用方面，本文档示例中只考虑了 RANGE、HASH 的一维分区，分区索引也只考虑 Local Prefixed 和 Local non-Prefixed 分区索引。因此，结合上述更多目标的考量，应该有更多、更高级的分区技术可以运用到。例如，将 AP_INVOICES_ALL 表按（时间字段，INVOICES_ID）字段进行 Range - Hash 复合分区，时间字段主要实现历史数据管理功能，而基于 INVOICES_ID 字段的 Hash 子分区则降低数据访问热点。甚至考虑按（时间字段，某业务字段）字段进行 Range - List 复合分区，时间字段依然实现历史数据管理功能，而某业务字段的子分区则是为了实现按该字段进行业务访问分流，达到降低

RAC 数据访问冲突的目的。但是这种方案下，由于数据没有按 INVOICES_ID 字段均匀 HASH 分区，很难确保没有数据热点，但索引还是可以创建成 Global HASH 分区索引，从而避免索引热点的。

　　的确没有一种分区方案能同时满足所有分区目标，因此需要我们设计者的格局更大、视野更开阔并综合平衡、有所取舍，一个最佳实践就是在分区设计伊始就与业务、开发、运维管理等多方协调之后，先确定一个分区目标优先级，并依据这个原则展开具体的设计工作。以下是我在某项目上确定的分区目标优先级，仅供参考。

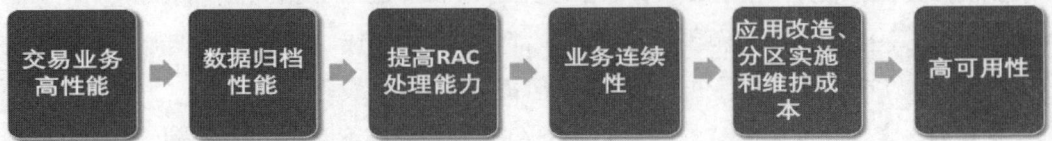

交易业务高性能 ➡ 数据归档性能 ➡ 提高RAC处理能力 ➡ 业务连续性 ➡ 应用改造、分区实施和维护成本 ➡ 高可用性

　　总之，能在更大格局考虑问题是想到，而运用更多技术去实现则是做到。其实在当今时代最主要的还是要想到，做到并不是太难的事情。

4. 满满干货的过程

1）干货脚本

　　常言道：结果重于过程。尽管该文档没有给广大 EBS 从业人员一个全面、完整的 EBS 分区方案结果，而是一个示例或者开放式的结果，令大家觉得干货不够，也存在值得商榷和完善之处。但是，我认为该文档在实施分区方案的过程方面却是干货满满，尤其是技术人员最喜欢看到的那些干货脚本。

　　具体而言，该文档第 8 节在介绍 AP.AP_INVOICES_ALL 表的分区实施过程时，展开了该表的功能分析、该表使用模块分析、该表访问方式分析、该表现有索引设计分析等全面、深入的设计过程。例如，在功能分析方面，主要介绍该表分别从其他 EBS 模块或外部数据源进行大批量数据加载，或者手工逐条录入等操作方式。在该表使用模块分析方面，不仅介绍了通过 eTRM 工具去分析哪些模块和数据对象访问了 AP.AP_INVOICES_ALL 表，而且通过如下语句，去迭代查询访问该表的更多数据对象。

```
SELECT *
FROM dba_dependencies
WHERE referenced_owner = 'AP' and referenced_name ='<object_name>';
```

　　对该表访问方式分析方面，一方面建议通过相关的 AWR 报告展开，另一方面，直接通过如下脚本而展开深入分析。

```
SELECT * FROM
   (SELECT st.sql_id,
           SUM(ss.executions_delta) total_execs
    FROM dba_hist_sqlstat ss,
         dba_hist_sqltext st,
         v$database d
   WHERE st.dbid = ss.dbid
   AND ss.dbid = d.dbid
   AND st.sql_id = ss.sql_id
   AND
     (st.sql_text LIKE '%AP_INVOICE%'
     OR
     st.sql_text LIKE '%ADS_DOCUMENT_NUMBERS_V%'
     OR
     ....
     OR
     st.sql_text LIKE '%ADS_INVOICE_DETAILS%'
     OR
     ....
     OR
     st.sql_text LIKE '%PO_SCC_DASHBOARD_V%'
     OR
     ....
     )
   AND st.command_type != 47 -- exclude anonymous blocks
   GROUP BY st.sql_id)
ORDER BY total_execs DESC;
```

在现有索引使用分析方面，则通过如下脚本进行分析。

```
SELECT n.owner,
       n.object_name,
       SUM(r.logical_reads),
       SUM(r.physical_reads),
       SUM(r.physical_writes),
       SUM(r.physical_read_req),
       SUM(r.physical_write_req)
FROM dba_hist_seg_stat_obj n,
     (SELECT ss.dataobj#,
             ss.obj#,
             ss.dbid,
             SUM(ss.logical_reads_delta) logical_reads,
             SUM(ss.physical_reads_delta) physical_reads,
             SUM(ss.physical_writes_delta) physical_writes,
```

```
                  SUM(ss.physical_read_requests_delta) physical_read_req,
                  SUM(ss.physical_write_requests_delta) physical_write_req
       FROM dba_hist_seg_stat ss,
              v$database d
       WHERE ss.dbid = d.dbid
       GROUP BY ss.dataobj#, ss.obj#, ss.dbid) r
WHERE n.dataobj# = r.dataobj#
AND n.obj# = r.obj#
AND n.dbid = r.dbid
AND n.object_name like '%AP_INVOICES%'
AND n.object_type like '%INDEX%' -- include INDEX and INDEX PARTITIONS
GROUP BY n.owner, n.object_name
ORDER BY n.owner, n.object_name;
```

还有更多的脚本就不在本文中展开了。

2）毕竟结果重于过程

虽然该文档的分区实施过程干货满满，但毕竟结果重于过程。该文档并没有给出格局、视野更大，实质性、落地性更好的 EBS 分区方案，甚至没有给出一个完备的示例，应该是该文档的缺憾。再者，我感觉业内很多同行都非常注重脚本、视图等实施细节，对真正的设计和实施结果也缺乏更大格局和更广视野，甚至缺乏一种勇气和担当。经常给人一种过程非常专业、充满技术含量，甚至很酷、很炫，但结果却有点轻描淡写的感觉。本官方文档似乎就有点这种高高举起、轻轻放下的风格，哈哈。也好比作战中，手中的先进、精良武器非常重要，但取决作战胜负的最重要因素还是人的因素，即人的战斗意志、人的战略和战术等。

回到本文主题，也许我并不需要上述这么多精良、炫酷的脚本，我直接查几个简单视图、看几份 AWR 报告，就大概知道哪些大表可能需要分区，并大致了解了访问这些大表的语句和执行计划，更重要的是，我会主动与客户和 EBS 功能顾问去访谈、沟通，也许我连简单的脚本都不用跑，他们就会告诉我哪些表是大表，哪些应用模块是如何访问这些大表的，然后我们可以一起协同工作，共同提出初步的分区表和分区索引方案，再经过测试验证以及进一步的完善，一个基本完备，满足 EBS 系统海量数据处理的高性能、数据可管理性、可实施性等综合目标的 EBS 分区方案就可落地实施了。

总之，还是结果重于过程。

5. 出大单的策略

1）产品的优势

人人都想出大单。我想，作为原厂服务部门的最大优势和出大单的可能性之一就是依靠 Oracle 产品的先天优势，而 EBS 作为 Oracle 的企业级应用软件产品，不仅业务功能全面、丰富、专业、产品化强，而且涵盖 Oracle 应用软件、中间件、数据库等多个层级。国内应用软件和产品能达到 EBS 专业水准的一定不多，而在服务和实施领域，原厂服务部门拥有这三个领域的专业服务团队，相比国内服务公司而言，应该具有得天独厚的优势。尽管在国内当下的大环境下，Oracle EBS 的市场占有率已经风光不再，但毕竟 EBS 还有大量现有客户，而且在数字化转型、云计算等新的需求推动下，Oracle EBS 依然具有强大的产品优势和旺盛的生命力，因此原厂服务部门若大力推广 EBS 领域服务，将是业绩增长的重要举措。

2）服务的优势

在我自己的原厂 20 多年服务实施经历中，但凡 EBS、中间件、数据库等几个团队联合实施的项目都是大单，这也是原厂服务团队的优势之一，第三方本土服务公司或强在数据库或强在中间件或强在 EBS，而三个业务领域都拥有实施专家的公司几乎没有。回到本文的 EBS 分区主题，本人自诩为数据库方面专家，甚至敢对本文提到的 Oracle 官方文档在分区专业领域提出诸多质疑，但我并不是 EBS 业务专家，既不了解 AP.AP_INVOICES_ALL 表结构，也不了解 EBS 诸多模块对该表的访问特征，甚至不了解 INVOICE_ID 字段值的具体构成。例如，是纯粹的单调增长的序列值，还是"年度＋序列"这样含有时间要素的值，但我在分区技术领域肯定比 EBS 功能顾问甚至 EBS 技术顾问更牛，因此，如果此时我能和 EBS 功能顾问及 EBS 技术顾问一起展开工作，我们取长补短、相得益彰，分区方案就一定非常完美了。一个更具体的观点：以后但凡遇到 EBS 项目机会，如果只想到是 EBS 实施顾问大显身手机会到了的销售一定是小销售，如果也能想到是中间件、数据库团队施展才华时候到了的销售才是大销售，哈哈。

再以作战为例，一个连级、团级甚至师级单位的作战规模都仅仅是一次战斗或小战役而已，而能组织一个军级、兵团级的战役才是真正的大战役，战果才会真正辉煌。

2022 年 11 月 16 日于北京

有感于一条神一样的新 SQL 语句

自关系数据库诞生之日就推出的最核心技术 SQL 语言已经发展了 40 多年，应该说已经日臻成熟，也很难有新的发展空间了。但是，当 Oracle 12c 推出之后，一条神一样的新 SQL 语句还是令我震撼不已。本文就将向各位同行介绍这条新 SQL 语句，并探讨这条语句的广泛应用场景。同时也对国内 IT 行业目前一些常规开发方式提出优化建议，进而对当前大环境下的 IT 技术发展方向提出自己的看法。

1. 从例子说起

就像我多次给客户讲课一样，但凡要介绍一个复杂技术，最好先从例子说起。以下是某股票的股价变化图。

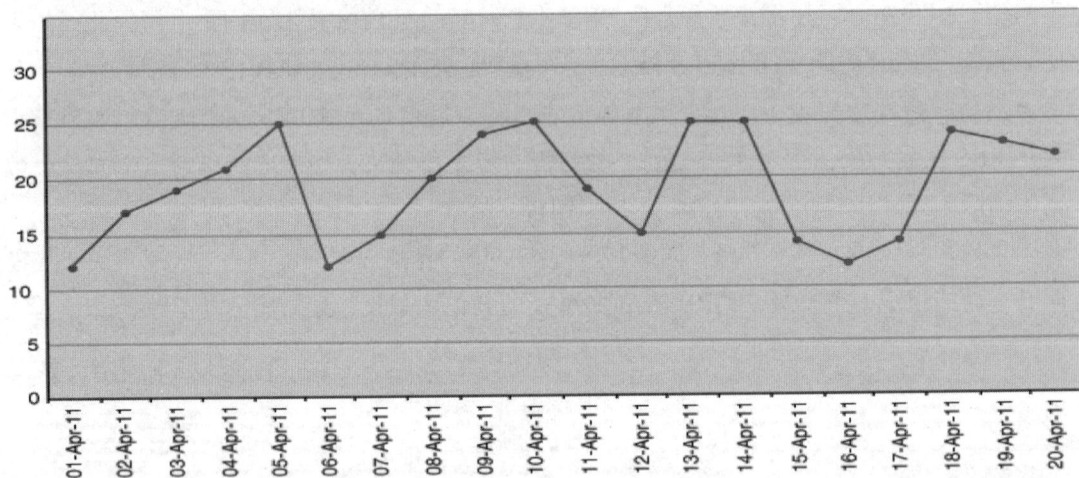

如果欲从上述数据中分析出某股票股价的变动规律，例如波峰和波谷值，也就是统计学上的 V 型分析或 W 型分析，Oracle 12c 提供了如下一条我觉得很神奇的新 SQL 语句。

```
SELECT *
FROM Ticker MATCH_RECOGNIZE (
    PARTITION BY symbol
    ORDER BY tstamp
    MEASURES  STRT.tstamp AS start_tstamp,
```

```
                    LAST(DOWN.tstamp) AS bottom_tstamp,
                    LAST(UP.tstamp) AS end_tstamp
      ONE ROW PER MATCH
      AFTER MATCH SKIP TO LAST UP
      PATTERN (STRT DOWN+ UP+)
      DEFINE
         DOWN AS DOWN.price < PREV(DOWN.price),
         UP AS UP.price > PREV(UP.price)
      ) MR
ORDER BY MR.symbol, MR.start_tstamp;
```

我们不妨通过一组样本数据来理解这条神一样的新 SQL 语句。

```
CREATE TABLE Ticker (SYMBOL VARCHAR2(10), tstamp DATE, price NUMBER);

INSERT INTO Ticker VALUES('ACME', '01-Apr-11', 12);
INSERT INTO Ticker VALUES('ACME', '02-Apr-11', 17);
INSERT INTO Ticker VALUES('ACME', '03-Apr-11', 19);
INSERT INTO Ticker VALUES('ACME', '04-Apr-11', 21);
INSERT INTO Ticker VALUES('ACME', '05-Apr-11', 25);
INSERT INTO Ticker VALUES('ACME', '06-Apr-11', 12);
INSERT INTO Ticker VALUES('ACME', '07-Apr-11', 15);
INSERT INTO Ticker VALUES('ACME', '08-Apr-11', 20);
INSERT INTO Ticker VALUES('ACME', '09-Apr-11', 24);
INSERT INTO Ticker VALUES('ACME', '10-Apr-11', 25);
INSERT INTO Ticker VALUES('ACME', '11-Apr-11', 19);
INSERT INTO Ticker VALUES('ACME', '12-Apr-11', 15);
INSERT INTO Ticker VALUES('ACME', '13-Apr-11', 25);
INSERT INTO Ticker VALUES('ACME', '14-Apr-11', 25);
INSERT INTO Ticker VALUES('ACME', '15-Apr-11', 14);
INSERT INTO Ticker VALUES('ACME', '16-Apr-11', 12);
INSERT INTO Ticker VALUES('ACME', '17-Apr-11', 14);
INSERT INTO Ticker VALUES('ACME', '18-Apr-11', 24);
INSERT INTO Ticker VALUES('ACME', '19-Apr-11', 23);
INSERT INTO Ticker VALUES('ACME', '20-Apr-11', 22);
```

若针对这组样本数据，则上述新 SQL 语句的执行结果如下。

```
SYMBOL     START_TST BOTTOM_TS END_TSTAM
---------- --------- --------- ---------
ACME       05-APR-11 06-APR-11 10-APR-11
ACME       10-APR-11 12-APR-11 13-APR-11
ACME       14-APR-11 16-APR-11 18-APR-11
```

我们再结合如下的股价变化图来理解这条新 SQL 语句的执行结果。

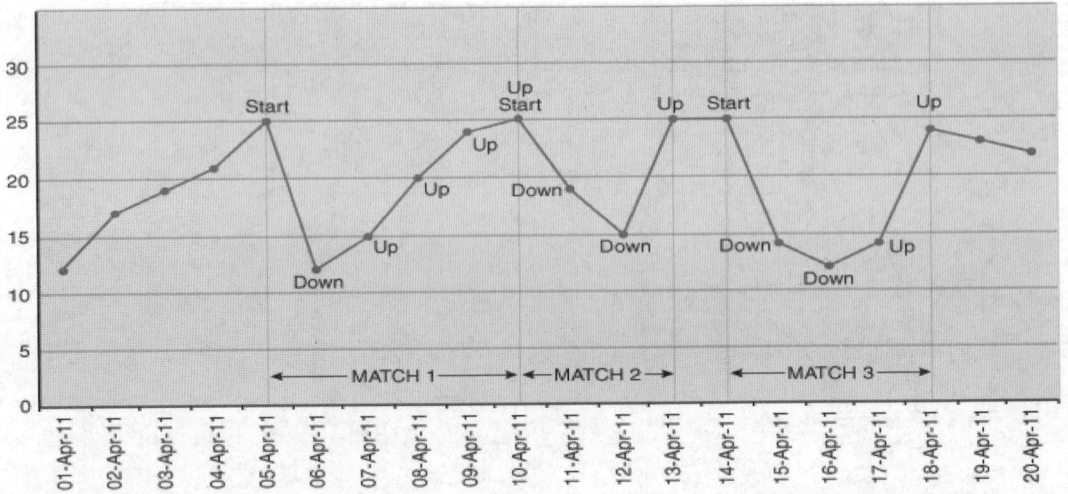

即这条语句共返回了 3 条记录，也就是统计出 3 个 V 型匹配结果。第一条记录为第一个 V 型匹配数据，即从 05-Apr-11 开始，谷底是 06-Apr-11，再到结束的 10-Apr-11。第二条记录为第二个 V 型匹配数据，即从 10-Apr-11 开始，谷底是 12-Apr-11，再到结束的 13-Apr-11。第三条记录为第三个 V 型匹配数据，即从 14-Apr-11 开始，谷底是 16-Apr-11，再到结束的 18-Apr-11。

Oracle 的确牛吧，一条 SQL 语句就计算出所有股票的波峰波谷值了，也就是 V 型分析和匹配结果。

2. 原来叫作模式匹配（Pattern Matching）技术

通过详细阅读 Oracle 19c 联机文档 Data Warehousing Guide 的第 21 章 SQL for Pattern Matching，以及通过 Google 和百度搜索相关资料，才知道这条语句叫作模式匹配（Pattern Matching）技术。这就是维基百科中关于 Pattern Matching 的定义。

```
In computer science, pattern matching is the act of checking a
given sequence of tokens for the presence of the constituents of
some pattern. In contrast to pattern recognition, the match usually has
to be exact: "either it will or will not be a match." The patterns
generally have the form of either sequences or tree structures. Uses
of pattern matching include outputting the locations (if any) of
a pattern within a token sequence, to output some component of the
matched pattern, and to substitute the matching pattern with some other
token sequence (i.e., search and replace).
```

我的通俗理解就是，模式匹配技术是在一组数据中探寻某种预先定义的模式，例如，在上述股价变化数据中，探寻和匹配 V 型模式数据。

Oracle 在 12c 之前没有提供模式匹配功能，通常由应用程序去实现模式匹配算法，因此导致了大量应用开发工作量、性能不佳等问题。而 Oracle 在 12c 之后则在 SQL 语言中内置了模式匹配功能，从而不仅简化了应用开发工作量，而且作为成熟技术和产品，稳定性和性能更好。

下面我们不妨详细介绍这条新语句，尤其是 MATCH_RECOGNIZE 中各短语的含义。

- PARTITION BY 短语将 Ticker 表的数据按股票名称 SYMBOL 字段进行分组。
- ORDER BY 短语在数据分组基础上按 tstamp 时间字段进行排序。
- MEASURES 短语定义三个指标：V 型模式的起始时间（start_tstamp），V 型模式的谷底时间（bottom_tstamp），V 型模式的结束时间（end_tstamp）。其中 bottom_tstamp 和 end_tstamp 分别使用了 LAST() 函数，确保在每个模式中为最后的时间值。
- ONE ROW PER MATCH 短语表示每匹配一个模式，则返回一条记录。例如上述语句共匹配了 3 个 V 型模式，则返回了 3 条记录。
- AFTER MATCH SKIP TO LAST UP 短语表示一旦一个模式匹配之后，再从上一个 UP 模式变量的最后一个值开始新的搜索。其中模式变量将在下面的 MATCH_RECOGNIZE 短语中使用到，并且将在 DEFINE 短语中进行详细定义。
- PATTERN (STRT DOWN+ UP+) 短语表示该模式包括三个模式变量：STRT、DOWN、UP。其中 DOWN 和 UP 变量后面的 + 号表示在模式匹配中至少应该返回一个相应的值。PATTERN 定义也称之为用于描述该模式的正则表达式。
- DEFINE 短语定义了该模式中满足匹配模式变量的条件。在本例中，STRT 变量没有条件，即任何一条记录都可作为 V 型模式的起始时间。DOWN 和 UP 变量都使用了 PREV 函数，即将当前记录值与前一条记录值进行对比。DOWN 变量定义为当前值小于前一个值，也就是 V 型模式的左边向下趋势。UP 变量定义为当前值大于前一个值，也就是 V 型模式的右边向上趋势。

3. 更多的实用场景

在当下大数据时代，从海量业务数据中探寻业务数据规律和模式，是各行各业日益增长的分析需求。Oracle 增强的新的模式匹配（Pattern Matching）技术为满足这种分析需求提供了良好的技术基础。在 Data Warehousing Guide 的第 21 章 SQL for Pattern Matching 中的最后一节，Oracle 分别罗列了在股票股价分析、IT 系统日志分析、网站流量分析和银行交易行为分析等不同行业和领域的案例。

限于篇幅，本人只介绍银行的可疑交易行为分析。假设银行将可疑交易行为定义如下。

- 在 30 天之内进行 3 次或更多次小额交易（小于 $2000）转账。
- 然后在小额交易之后的 10 天内进行大额交易（大于 $10000）转账。

我们先准备好交易基础数据。

```
CREATE TABLE event_log
    ( time           DATE,
      userid         VARCHAR2(30),
      amount         NUMBER(10),
      event          VARCHAR2(10),
      transfer_to    VARCHAR2(10));

INSERT INTO event_log VALUES
    (TO_DATE('01-JAN-2012', 'DD-MON-YYYY'), 'john', 1000000, 'deposit',
NULL);
INSERT INTO event_log VALUES
    (TO_DATE('05-JAN-2012', 'DD-MON-YYYY'), 'john', 1200000, 'deposit',
NULL);
INSERT INTO event_log VALUES
    (TO_DATE('06-JAN-2012', 'DD-MON-YYYY'), 'john', 1000, 'transfer',
'bob');
INSERT INTO event_log VALUES
    (TO_DATE('15-JAN-2012', 'DD-MON-YYYY'), 'john', 1500, 'transfer',
'bob');
INSERT INTO event_log VALUES
    (TO_DATE('20-JAN-2012', 'DD-MON-YYYY'), 'john', 1500, 'transfer',
'allen');
INSERT INTO event_log VALUES
    (TO_DATE('23-JAN-2012', 'DD-MON-YYYY'), 'john', 1000, 'transfer',
'tim');
INSERT INTO event_log VALUES
    (TO_DATE('26-JAN-2012', 'DD-MON-YYYY'), 'john', 1000000, 'transfer',
'tim');
INSERT INTO event_log VALUES
    (TO_DATE('27-JAN-2012', 'DD-MON-YYYY'), 'john', 500000,
'deposit', NULL);
```

如下的模式匹配语句将查询出满足上述可疑交易行为定义的可疑交易。

```
SELECT userid, first_t, last_t, amount
FROM (SELECT * FROM event_log WHERE event = 'transfer')
MATCH_RECOGNIZE
```

```
(PARTITION BY userid ORDER BY time
MEASURES FIRST(x.time) first_t, y.time last_t, y.amount amount
PATTERN ( x{3,} y )
DEFINE x AS (event='transfer' AND amount < 2000),
       y AS (event='transfer' AND amount >= 1000000 AND
            LAST(x.time) - FIRST(x.time) < 30 AND
            y.time - LAST(x.time) < 10));

USERID       FIRST_T      LAST_T       AMOUNT
----------   ---------    ---------    -------
john         06-JAN-12    26-JAN-12    1000000
```

其中：

- event= 'transfer' AND amount < 2000 表示小额交易转账。
- event= 'transfer' AND amount >= 1000000 表示大额交易转账。
- LAST (x.time) - FIRST (x.time) < 30 表示小额交易时间小于 30 天。
- y.time - LAST (x.time) < 10 表示大额交易在最后一次小额交易之后的时间小于 30 天。

再次感叹，Oracle 通过上述一条 SQL 语句，就把这么复杂的银行业可疑交易行为分析信息全部查询出来了。

4. 国内 IT 行业常规实施策略和优化建议

尽管 Oracle 在 2013 年的 12c 发布时就推出了这个新的模式匹配技术，而且可广泛用于各行各业的数据分析应用之中，但我猜想，就像目前尽管 Oracle 已经提供了大量统计分析函数和功能，国内 IT 行业并没有充分采用一样，这次也一定大概率不会采用这个模式匹配新技术，而是在应用程序中去实现数据分析需求。原因我猜想有以下这么几条。

- 还是缺乏对 Oracle 相关技术的全面深入了解。
- 即便了解了这些功能强大技术和功能，依然受大环境影响，采取一种去 O 策略，至少是限 O 策略，即其实去不掉 O，但也不过于依赖 Oracle 相关技术和产品。

作为原厂技术人员，我们先不妨从技术层面探讨 Oracle 内置强大的统计分析功能与应用程序开发统计分析功能的优势。

- 第一，Oracle 内置统计分析功能是已经产品化的功能，已经经过了严格的测试，并已经广泛应用于全球各行各业客户，其稳定性、成熟型显然优于我们普通客户自己开发的统计分析应用，而且像本文的模式匹配语句一样，一条 SQL 语句就能广泛满足客户的模式匹配分析需求，实施工作量远低于应用开发工作量。
- 第二，也许是更大的优势，直接调用 Oracle 内置统计分析功能的性能将大大优于应用层开发模式。如图所示。

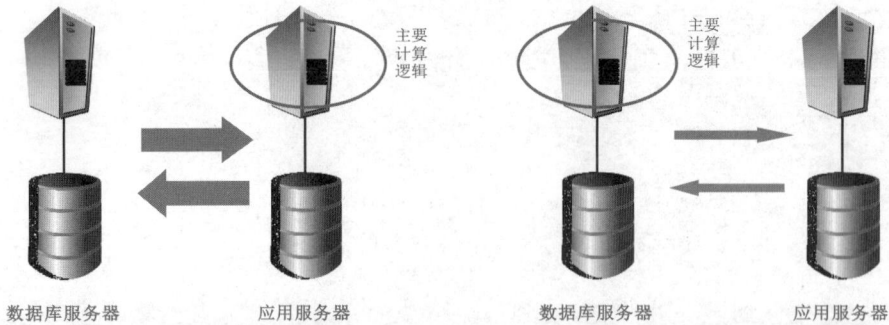

- CURSOR语句，以循环方式逐条记录处理
- 串行操作，吞吐量低
- 网络传输量大

- 大量使用Oracle数据仓库的计算函数
- 大量使用Oracle并行处理技术
- 在数据服务器内部完成复杂计算，网络传输量小

上图左边表示现有的传统开发模式和架构，即大量计算逻辑在应用层完成。在这种模式下，通常采用 CURSOR 语句，以循环方式逐条记录处理，这种串行操作方式，不仅吞吐量低，而且数据需要从数据库服务器传输到应用服务器，并可能将中间结果和最终结果写回数据库服务器，导致网络传输量大，最终导致总体性能差。我想国内很多分析类应用运行效率低，首先就是这种开发模式和架构导致的。

而上图右边表示我们推荐的优化的开发模式和架构，即大量计算逻辑在数据库服务器内部完成。在这种模式下，通常将大量采用 Oracle 内置的各种计算函数，包括本文介绍的模式匹配语句，而且将大量采用 Oracle 并行处理技术，多进程、多线程、成批地并行完成海量数据统计分析。再者，在这种模式和架构下，无须将海量数据包括中间计算结果从数据库服务器传输到应用服务器，而是在数据库内部直接完成海量数据的处理，因此网络传输量非常小。总之，上述各方面因素将导致这种模式和架构的总体性能大大优于传统的应用层开发模式和架构。

5. 更多的感慨

1）"老罗的建议好像太大、太虚，不好落地。"

老罗我经常会遇到这样的窘境，当我针对客户的统计分析、报表系统、数据仓库系统，甚至是核心交易系统的夜间跑批应用，提出应该采取大批量数据处理策略和相关技术时，经常会招致客户甚至同事的质疑："老罗的建议好像太大、太虚，不好落地。"

其实我想还是大家对 Oracle 相关技术了解的不够全面和深入，尤其是国内大部分开发人员对 Oracle 技术的运用只停留于 Select、Delete、Insert、Update 等四条基本语句。殊不知，针对大批量数据处理，Oracle 还有 Merge 语句、Multi-Insert 语句、With 语句、表空间传输、外部表、系统临时表，以及丰富的数据仓库函数，包括本文最新的模式匹配函数，还有更多的多维汇总函数（ROLLUP & CUBE）、抽样函数（Sampling）、排名函数（rank, percentile, ntile, top, bottom）、计算累计和动态值函数（avg, sum, min, max, count, variance, stddev, firstvalue）、按时间进行记录值比较函数（LAG、LEAD）、计算占有率函数（sum, avg, min, max, variance, stddev, count, ratiotoreport）、协方差、线性回归函数（covariance, correlation, linear regression）等。

总之，国内广大客户只是把 Oracle 数据库理解成了一个只需要插、删、改、查四条最基本语句的纯粹数据库产品了，殊不知，其实 Oracle 还具有如此强大的计算和分析功能。Oracle 数据库不仅是存数据的地方，而且是强大的计算和分析引擎！

2）"数据库压力太大，别给数据库增加负载了。"

我在多次提出将大量计算逻辑部署在数据库内部完成时，也经常会遇到同行这样的担忧："数据库压力太大，别给数据库增加负载了。"针对这种担忧，我觉得应该具体分析数据库现有负载的真实情况，其实我认为数据库服务器现有的大部分负载是可以优化的，例如大量全表扫描、大量碎片的存在都导致了大量无谓的负载。如果先做完减法，我们再增加合理的加法，即在数据库服务器减负之后，再将大量计算逻辑从应用层迁移和部署在数据库服务器中，IT 系统的总体性能一定是最优的。

当然这也是一个在 IT 的多层架构中，特别是在每个层级都最优化之后，如何在各个层级之间合理均衡部署负载的大话题，需要数据库、中间件、Web、应用，甚至硬件和操作系统层面共同协调和思考。

3）"我们都准备去 O 了。"

在多次与客户、开发商的技术交流中，尤其是近年来我经常遇到这样的窘境：每当我推荐大家使用某个 Oracle 高级技术时，经常会遇到这样的反馈："我们都准备去 O 了，我们不会过于依赖你们 Oracle 了。"

的确，当今全球化时代也导致了技术的多元化，尤其是各种开源技术包括各种开源和国产数据库也如雨后春笋般发展。以往 Oracle 数据库一家独大，无论核心系统还是外围系统，无论海量数据库系统还是小系统，全部采用 Oracle 这种企业级数据库，也的确是一种资源浪费。但是无论如何，Oracle 数据库依然是这个星球上最先进，也是最富有底蕴的数据库产品，在最核心、最关键、最复杂的 IT 系统中，Oracle 数据库技术优势更为明显，也更能淋漓尽致地发挥 Oracle 数据库强大的功能。盲目地去 O，其实就是远离世界上真正最先进的 IT 技术和理念，甚至不客气而言是一种倒退，乃至成为掩饰落后的一块遮羞布。

无论大环境如何发展，至少 Oracle 数据库依然占据了国内数据库市场的大部分市场，尤其在各行各业最核心、最关键的 IT 系统中，依然扮演着最重要的角色。放下包袱和纠结，尽情发挥 Oracle 产品的强大功能吧，至少作为从事具体技术工作的同行，我们都应纯粹地做好自己的本职工作。只要我们每个人都充分做好自己的本分，对个人、对企业、对社会，乃至整个国家都是大有裨益的。

2021年3月24日于北京

也谈 SQL 开发规范

2009 年春天的某日，我和销售同事一同拜访某银行的华东数据中心，该行软件中心一位副总给我们提出了这样的服务需求："我们行每年都大量招收刚毕业的大学生从事开发工作，他们普遍缺乏开发经验，能把 SQL 语句写出来实现业务功能就不错了，你们原厂能不能提供一个 SQL 开发规范，确保这些年轻开发人员的编程质量，不希望他们懂得太多原理，他们只需要严格照着规范做就可以了。"这是我职业生涯中第一次听到客户这种需求，不免联想到自己那些年的优化实施经历，的确感觉很多开发人员都经常重复犯一些低级错误，我曾一次次像抓虫子一样揪出这些低级错误，感觉就是体力活。我也曾多次感慨 SQL 开发规范的重要性，甚至也曾想若有一个自动化工具能一次性扫描出这些问题该多好。

可是，那天面对客户的需求，我又觉得压力山大，因为设计开发是一片天高任鸟飞、海阔凭鱼跃的广阔天地，如何设计合理的开发规范既有效确保开发质量，同时又不限制广大开发人员的创造力和想象力？在那个年代还鲜有同行从事这方面工作，可供借鉴的资料很少，Oracle 公司内部知识库也是无章可循，于是我决意主要基于自己当年的有限经历和经验梳理出一些基础性开发规范，但感觉还是无法包罗万象。

本文就将针对这个当下依然炙手可热的热门话题与诸位同行进行切磋，并发表自己的一家之言，仅供同行和客户参考借鉴。

1. 对客户现有开发规范的了解

当年该行领导非常开放和大度，先发给我一份该行技术人员已经编写的 SQL 编程规范供我参考，并谦虚地让我提出改进建议，令我对客户在这个领域的现状、理念和需求等有了初步的了解。以下就是我对该文档的粗浅认知。

1）注重应用编程的书写规范

我感知客户的开发规范偏重于应用编程的书写规范，包括 SQL、PL/SQL、C、Java等各种编程中的命名规范、注释编写规范、语句格式化等。这种书写规范对性能提升没有直接帮助，但在应用软件的可读性、可维护性、可管理性等方面起到了非常大的作用。

2）注重相关技术的规范化使用

我认为该规范注重相关技术的规范化使用，例如，PL/SQL 中尽量使用 %TYPE、PL/SQL 中参数编写规范化、用户自定义函数编写规范化、存储过程编写规范化、Package 编写规范化、触发器编写规范化、C 和 Java 等宿主语言编写规范化等。同样地，这些规范化不能直接提升应用性能，但能确保功能的准确实现，也对应用软件编写的规范化、可读性、可维护性、可管理性等起到了非常大的作用。

3）安全性、出错处理等方面编写规范

该规范还在应用程序的安全性、出错处理等方面制定了规范化步骤，例如，在安全性方面规定不在应用程序中进行 DDL 和 DCL 操作，而是由 DBA 在后台进行此类操作；在 SQL 语句中避免在数据对象前添加属主信息等。在出错处理方面则规定了每条 SQL 语句都应检查 SQLCODE 和 SQLERRM；在应用程序中都应编写 Exception 出错处理段等。

4）针对联机交易和批处理应用的不同技术运用规范

该规范还针对联机交易和批处理两类不同应用系统特点，提出了不同的编程规范。针对联机交易应用，该规范提出了通过 rownum 伪列函数限制返回记录数；尽可能避免使用 GROUP BY、ORDER BY、DISTINCT 或 UNION 操作，或者设置一个保存中间层次统计数据的临时表；在显示之前进行 COMMIT，使事务模块化，避免锁的产生；把级联 DELETE 减到最小；降低过于活跃的数据区域带来的负面影响；有效使用 Sequence；通过 WHERE CURRENT OF 游标选项进行删除和修改而不是用独立的 UPDATE 和 DELETE 语句，等等。

针对批处理应用，该规范提出了谨慎使用并行处理技术；慎重使用 LOCK TABLE；在批处理修改程序中周期性地进行 COMMIT；合理设计满足业务逻辑的事务；合理设计批量业务逻辑，确保全部进行批量重跑，或者从某个节点开始批量续跑。

5）提升性能的规范

该规范非常重视应用软件性能的提升，为此制定了很多确保性能的开发规范，包括充分使用绑定变量；充分运用 Oracle 内置的方法和函数，而不要在应用程序中实现这些功能；慎重使用动态 SQL 语句；避免不同类型的变量比较和运算；合理编写 exist、in、not exist、not in 等子查询；尽可能降低表的连接量；索引设计规范；防止索引失效的编写规范；算数运算编写规范；FROM 和 WHERE 中的顺序编写规范；限制被选择的数据；使用 FETCH…BULK COLLECT INTO 语句批量提取规范；返回单行值的 SELECT 和游标编写规范；排序操作编写规范；排序操作中控制 NULL 值顺序的编写规范；UNION 与多列谓词 'OR' 的编写规范，等等。

2. 对客户现有开发规范的认知

众所周知，IT 系统分为功能性和非功能性两个领域的实现目标，所谓功能性目标就是通过应用开发实现业务需求，而非功能性目标则包括高性能、高可用性、可管理性、扩展性、安全性等目标。上述客户现有规范中的书写规范、技术运用规范等应该属于功能性目标范畴，而在非功能性目标方面，客户对安全、管理等方面目标显然没有对性能目标的优先级那么高。

显然，作为纯技术人员，我们原厂服务人员的特长在非功能性目标的实现，尤其性能又是客户最关注的非功能性目标。因此，当年我与客户达成初步共识就是原厂在 SQL 开发规范领域的首要目标就是实现应用软件的高性能，因此本文对客户现有开发规范的深入认知也只局限于性能领域。

当年通过深入研读客户现有开发规范，总体认知是虽然客户非常重视性能目标，制定了很多切实可行、操作性很强的开发规范细则，但是可提升和改进的空间很大。具体建议如下。

1）缺乏技术原理性描述

客户虽然提出了很多提升性能方面的开发规范，但总体感觉是形似多于神似，或者说是知其然不知其所以然。例如，规范中建议尽量创建多字段的组合索引，但并没有深入分析组合索引的内部机制和原理，更没有提出组合索引的前缀性（Prefixing）和可选性（Selectivity）等重要设计规范。其二，对 exist 和 in 的原理也缺乏深入理解，尤其是缺乏执行计划分析，即对何时应该使用 exist、何时应该使用 in 缺乏符合原理性的精准描述。其三，规范中建议表连接数尽可能少，但是并没有深入分析 Oracle 多种表连接技术如 nested loop、sort merge、hash join 的技术原理和适用场景，以及这些表连接技术与其他技术综合适用的开发规范，如 nested loop 应与索引技术结合、sort merge 和 hash join 应与并行处理技术结合，等等。

2）缺乏严谨性和科学依据

现有规范中还有很多细则都缺乏严谨性和科学依据。例如，规范中建议使用 BETWEEN 来代替<=和>=，就是典型例子。其二，限制表的连接数量也缺乏科学依据。其三，FROM 和 WHERE 中的顺序编写规范只适合 Oracle 早已淘汰的基于规则优化器（RBO），并不适合目前主流的基于成本优化器（CBO）。

3）某些规则的极端化

现有规范中某些规则过于极端化和一刀切了，例如规范中不分应用场景，过度强调绑定变量使用规则。正确的规范应该是针对高并发量、小事务的联机交易应用才使用绑定变量，而针对低并发量、大事务尤其是复杂计算语句不应该使用绑定变量而使用常量，这样才能确保 CBO 优化器产生最优的执行计划。

4）缺乏应用开发和系统层面的结合

数据库系统性能不仅主要取决于应用开发质量，而且应用开发优化也离不开系统层面的优化配置，例如，排序操作优化不仅在于应用层面如何通过各种开发技术降低排序工作量，而且也取决于底层 PGA_AGGREGATE_TARGET 等参数的配置，即确保足够的内存完成排序操作。并行处理性能优化也不仅取决于应用层面的并行处理技术的合理使用，底层与并行处理相关的参数配置也非常重要，例如 parallel_max_servers、parallel_servers_target 等参数。

而在客户现有开发规范中，几乎没有底层参数配置的规范，也许在其他规范文件中有相关内容，但没有与应用开发规范融合在一起，这些方面应该都是客户现有规范需要改进之处。

3. 一个真实案例的分享

针对客户现有开发规范中的一条不科学的规则，即尽可能降低表的连接数量规则，我想通过一个真实案例来剖析其不合理性。该条规则在当下某些客户和行业的规范中甚至细化为每条 SQL 语句不能超过 3 个表的访问和连接的更绝对化规则，我当年与某客户进行技术交流时曾笑言：这条规则就是典型的不符合技术原理的伪规则。哈哈。

我们来看一个真实案例：某日，我在某客户现场看到一条涉及 14 张表进行关联操作的复杂 SQL 语句，限于篇幅，本文不展现这条数百行的语句文本。该语句的性能如何？与各位分享的一条重要优化经验是第一时间不去分析这条复杂的 SQL 语句本身，而是先看其执行计划，如下图所示。

Id	Operation	Name	Rows	Bytes	Cost (%CPU)	Time
0	SELECT STATEMENT				14 (100)	
1	FILTER					
2	VIEW		1	3776	14 (8)	00:00:01
3	COUNT					
4	VIEW		1	3763	14 (8)	00:00:01
5	SORT ORDER BY		1	782	14 (8)	00:00:01
6	FILTER					
7	NESTED LOOPS OUTER		1	782	13 (0)	00:00:01
8	NESTED LOOPS OUTER		1	764	12 (0)	00:00:01
9	NESTED LOOPS OUTER		1	746	11 (0)	00:00:01
10	NESTED LOOPS OUTER		1	728	10 (0)	00:00:01
11	NESTED LOOPS OUTER		1	718	9 (0)	00:00:01
12	NESTED LOOPS OUTER		1	695	8 (0)	00:00:01
13	NESTED LOOPS OUTER		1	657	7 (0)	00:00:01
14	NESTED LOOPS OUTERt		1	622	6 (0)	00:00:01
15	NESTED LOOPS OUTER		1	584	5 (0)	00:00:01
16	NESTED LOOPS OUTER		1	530	4 (0)	00:00:01
17	NESTED LOOPS OUTER		1	461	3 (0)	00:00:01

18	NESTED LOOPS OUTER		1	430	2	(0)	00:00:01
19	TABLE ACCESS BY INDEX ROWID	T_CLAIM_REMITTANCERECORD	1	409	1	(0)	00:00:01
20	INDEX RANGE SCAN	IDX_TCR	1		1	(0)	00:00:01
21	TABLE ACCESS BY INDEX ROWID	T_PAY_REMITTYPE	1	21	1	(0)	00:00:01
22	INDEX UNIQUE SCAN	PK_REMITTYPE_FID	1		1	(0)	00:00:01
23	TABLE ACCESS BY INDEX ROWID	T_PAY_FUNDTYPE	1	31	1	(0)	00:00:01
24	INDEX UNIQUE SCAN	PK_FUNDTYPE_FID	1		1	(0)	00:00:01
25	TABLE ACCESS BY INDEX ROWID	T_DEPOSIT_PRINTER	1	69	1	(0)	00:00:01
26	INDEX UNIQUE SCAN	PK_T_DEPOSIT_PRINTER	1		1	(0)	00:00:01
27	TABLE ACCESS BY INDEX ROWID	T_BD_SUPPLIER	1	54	1	(0)	00:00:01
28	INDEX RANGE SCAN	IDX_BD_SUPPLIER_NUM	1		1	(0)	00:00:01
29	TABLE ACCESS BY INDEX ROWID	T_ORG_DEPARTMENT	1	38	1	(0)	00:00:01
30	INDEX RANGE SCAN	IDX_T_ORG_DPT_FINASYSCODE	2		1	(0)	00:00:01
31	TABLE ACCESS BY INDEX ROWID	T_ORG_DEPARTMENT	1	35	1	(0)	00:00:01
32	INDEX RANGE SCAN	IDX_T_ORG_DPT_FINASYSCODE	2		1	(0)	00:00:01
33	TABLE ACCESS BY INDEX ROWID	T_BD_CUSTOMER	1	38	1	(0)	00:00:01
34	INDEX RANGE SCAN	IDX_BD_CUSTOMER_NUM	1		1	(0)	00:00:01
35	TABLE ACCESS BY INDEX ROWID	T_ORG_EMPLOYEE	1	23	1	(0)	00:00:01
36	INDEX UNIQUE SCAN	UK_EMPLOYEE_EMPCODE	1		1	(0)	00:00:01
37	TABLE ACCESS BY INDEX ROWID	T_ORG_DEPARTMENT	1	10	1	(0)	00:00:01
38	INDEX UNIQUE SCAN	SYS_C00797036	1		1	(0)	00:00:01
39	TABLE ACCESS BY INDEX ROWID	T_ORG_EMPLOYEE	1	18	1	(0)	00:00:01
40	INDEX UNIQUE SCAN	UK_EMPLOYEE_EMPCODE	1		1	(0)	00:00:01
41	TABLE ACCESS BY INDEX ROWID	T_ORG_EMPLOYEE	1	18	1	(0)	00:00:01
42	INDEX UNIQUE SCAN	UK_EMPLOYEE_EMPCODE	1		1	(0)	00:00:01
43	TABLE ACCESS BY INDEX ROWID	T_ORG_EMPLOYEE	1	18	1	(0)	00:00:01
44	INDEX UNIQUE SCAN	UK_EMPLOYEE_EMPCODE	1		1	(0)	00:00:01

　　为让大家看到该语句执行计划的总体和整体效果，我特意缩小了字号，各位看官一定感受到了该语句执行计划外在的一种对称美。忽然想起家父当年在教我高中数学时讲过的一句经典话："数学就是充满对称美的一门美学。"我想在大千世界包括计算机科学中也是处处充满这种对称美。试看上述执行计划多么具有对称美感，上面的步骤几乎都是NESTED LOOPS OUTER，下面的步骤几乎都是 TABLE ACCESS BY INDEX ROWID 和INDEX UNIQUE SCAN，整个执行计划宛如一把桃花扇飘然而至，极具美感！

　　常言道：世上美好事物一定是既好看又好吃。该语句的实际性能如何？答案是：非常棒！秒级就完成，而且如上图所示，整个 COST 才 14。虽然同时访问 14 张表，而且几乎都是外连接操作，为什么性能如此好？因为每一步都是合理使用了索引技术和 Nested Loop 连接技术，更具体而言，不仅合理设计了谓词条件的组合索引，而且每个被驱动表的连接字段都合理设计了索引甚至是组合索引，也就是每一步操作都是在性能方面精雕细琢。

　　该语句之所以性能好的更深层次原因，我想，主要还是开发人员非常熟谙 Oracle 优化器原理和 SQL 语句内部执行机制，该语句出自何方圣贤？用友财务软件！为我们老 IT 人的踏实和工匠精神而骄傲和点赞！

　　思绪不妨回到本文主题即 SQL 开发规范，显然这条语句按照当下大部分 SQL 开发规范评判是 100% 的烂语句，甚至被某些 SQL 审核工具直接进行扣分了，岂不是滥杀无辜？于是，我在某次与客户研讨所谓每条 SQL 语句不能超过三个表连接的规则时，我不仅直接展现了上述语句的成功案例，而且直接笑言：所谓不超过三个表连接的规则就是典型的不符合技术原理的伪规则。

那次我还告诉客户一个体验：这 14 张表进行连接的语句还不是极致，我见过数百张表进行连接的语句，那就是，Oracle 的 Siebel 应用软件，不仅数百张表连接的执行计划具有更炫目的对称美感，而且语句效率同样非常棒！我猜想是老外的数据库设计更加规范化和学究化，不仅符合第三范式 3NF，而且可能符合 4NF、5NF、6NF 甚至最高的 7NF。于是表拆解得更细，从而出现了数百张表的高效关联操作。

何谓艺高人胆大？这就是典型案例，国内大部分 IT 同行缩手缩脚，实则还是基本原理没有充分掌握、技术上缺乏自信的缘故。为此，我也总结了一条重要经验：一个事物的好和坏，不在于多和少，而在于其本身的对和错。回到多表连接的规范，如果我们深入了解了 Oracle 两个表连接的原理和相关技术的综合运用规则，别说两个表，像 Siebel 一样的 200 个表连接也没有问题。否则，别说三个表，就两个表的连接也会出性能问题。

4.10 多年前我的第一份开发规范

当年在起草我的第一份开发规范时，有这样的总体感觉：首先，就是客户的现有开发规范缺乏高度和深度，高度方面主要是缺乏优化方法论的指导，而深度方面则是缺乏相关规则的技术原理性描述；其次，我决定在我的规范中尽量提供更多实操性强的规则，但我在前言部分就强调：本规范主要是提供一种设计和开发的思路和方法，而不是 SQL 语言编写的宝典。于是，当年我的开发规范分成了应用设计开发总体规范和应用开发详细规范两个章节。第一个章节强调的是性能优化方法论的重要性，第二个章节则是具体的、落地性很强的应用开发详细规范描述。本文也将摘要介绍当年该规范的这两部分内容。

1）应用设计开发总体规范

在此部分，我依据 Oracle 公司的性能优化方法论，在应用设计开发总体规范方面提出了如下内容：

（1）强调应用设计开发对整体性能优化的重要性。

虽然 IT 系统的高性能是涉及硬件、网络、系统软件（操作系统、HA、数据库）、应用软件各个层面，也覆盖系统设计、开发，产品上线全过程，但是根据 Oracle 公司的经验，在设计和开发阶段所进行的工作，尤其是应用设计开发对系统整体质量特别是性能优化的贡献能占到 80% 以上。应用软件设计和开发的高质量，也将为运用 Oracle 更高级技术奠定良好基础。

（2）三条 20/80 规则。

在该规范中，我第一次总结提炼了如下三条 20/80 规则。

第一条：应用设计对系统性能的影响能占到 80%，而数据库体系结构的设计、数据库系统参数调整、操作系统参数的调整等系统方面因素，只占到 20%。

第二条：80% 的性能问题是由 20% 的应用导致的。如少量大表的全表扫描导致的性能瓶颈。并不是应用一有问题，就一定要对现有数据库结构大卸八块，应用推倒重来。

第三条：80% 的性能问题可以由 20% 的优化技术所解决。如简单的索引策略，执行路径分析等，能解决绝大部分性能问题。

（3）突出应用开发指导思想的重要性。

在该规范中，我强调了如下的应用开发指导思想。

第一，不仅关注 SQL 语句功能，而且要关注性能。即用量化手段，进行 SQL 语句质量控制。

第二，开发队伍能有层次性和专业分工。不仅按照业务模块分工，而且有专门的质量控制，尤其是 SQL 质量控制人员。

第三，加强软件开发的规范管理。

第四，注重知识共享和传递，减少低级错误的重复性。

第五，强调实际测试的重要性。切忌想当然地主观推断，一切以实际应用在尽可能真实数据和环境下的测试数据为准。

（4）SQL 量化分析。

在该规范中，我不仅第一次提出了 SQL 量化的多类指标，例如：时间（Elapsed Time、CPU Time 等）、CPU（SYS、USER、IOWAIT、IDLE 等）、内存（Buffer Gets、Consitant Gets 等）、I/O（IOPS、IOMB、Physical Reads、Physical Writes 等）、语句分析次数（Parses、Hard Parses、Soft Parses）等指标，而且也提了出多种 SQL 量化分析和优化工具，例如：Explain、SQL*Trace、TKPROF、Auto*Trace、AWR、ADDM、ASH、SQL Profile、SQL Access Advisor、SQL Tuning Advisor 等。

所谓工欲善其事必先利其器。

（5）SQL 语句执行计划分析。

在规范中，我还特别强调 SQL 语句执行计划分析的重要性，包括表的访问方式、表的索引类型和策略、表的连接类型和过程、排序过程、汇总过程、并行处理过程等分析过程。我的用意就是改变客户知其然不知其所以然的现状，即不要把 Oracle 当成一个黑箱，深入了解 Oracle 优化器真正的执行过程，从而做到有的放矢地展开优化工作。

这就是知其然也知其所以然。

（6）编程方式建议。

在规范中，我也提出了编程方式建议，即尽量将复杂计算逻辑通过 PL/SQL 的存储过程、Package 等方式在 Oracle 数据库内部完成，充分发挥 Oracle 数据库服务器的处理能力，减少网络传输，同时也提高应用系统的封装性、可移植性。再则，在 Oracle 数据库内部完成各种统计运算，避免在应用层进行复杂的统计运算。不仅减轻应用开发工作量，而且能充分利用 Oracle 数据库引擎的内置工业化产品特性，例如强大的复杂计算能力和并行处理能力。

这条规范与客户当年现有规范基本一致，可见当年客户的编程方式思想还是非常先进的。可是，近年来却出现了弱化国外现有产品包括数据库核心功能，过于强调在应用层自主开发的趋势，实属过于偏激的非明智之举。

（7）联机交易和联机分析系统的技术运用策略。

我在客户现有规范基础上，更强化和丰富了联机交易（OLTP）和联机分析（OLAP）两类不同系统的技术运用策略建议，本书曾多次引用如下表格，不妨再次引用如下。

	比较项目	联机交易系统（OLTP）	联机分析系统（OLAP）
业务特征	操作特点	日常业务操作，尤其是包含大量前台操作	后台操作，例如统计报表、大批量数据加载
	响应速度	优先级最高，要求反应速度非常高	要求速度高、吞吐量大
	吞吐量	小	大
	并发访问量	非常高	不高
	单笔事务的资源消耗	小	大
	SQL 语句类型	主要是插入和修改操作（DML）	主要是大量查询操作或批量 DML 操作
技术运用	索引类型	B* 索引	Bitmap、Bitmap Join 索引
	索引量	适量	多
	访问方式	按索引访问	全表扫描或全分区扫描
	连接方式	Nested_loop	Hash Join
	BIND 变量	使用或强制使用	不使用
	并行技术	使用不多	大量使用
	分区技术	使用，但目标不同	使用，但目标不同
	物化视图使用	少量使用	大量使用

相比客户现有规范，我主要在具体的技术运用方面提出了更多技术在两类不同类型系统的不同运用策略。

总之，编写应用设计开发总体规范的主要目的就是授人以鱼不如授人以渔，即不是让开发人员刻板、教条地照搬所谓的规范和规则，而是让开发公司和开发部门能在总体上树立更全面、更系统的理念和方法论，而开发人员能更多了解技术原理，自己动手，通过更多实际操作去体验数据库内核的深奥，并自我总结和积累更多的开发经验。

2）应用设计开发详细规范

如果当年的开发规范只有上述的应用设计开发总体规范，那么客户一定会说都是大话、没有落地性。于是，当年借鉴 Oracle 相关资料以及自己的优化服务经验总结，我在如下方面展开了应用设计开发详细规范的描述。

（1）索引设计规范。

在索引设计规范方面包括了 B* 树单字段索引设计规则、复合索引设计规则、避免索引被抑制规则、函数索引设计规则、Bitmap 索引设计，以及索引监控分析规则等。与客户现有的开发规范中有关索引设计规则相比，首先深化了相关技术专题，例如，在组合索引中突出了复合索引的前缀性（prefixing）和可选性（Selectivity 或 Cardinality）原理，以及将客户原有规范中谨慎使用函数和'‖'等操作的规范，上升为如何将函数和表达式进行规范化编写，避免索引被抑制的规则。其次，在索引规范范围方面也从普通 B* 索引，拓展到函数索引、Bitmap 索引等。遗憾的是，当年时间仓促，规范第一稿没有包含分区索引设计规范这样的重要技术专题。

（2）绑定变量使用规范。

如前所述，与客户现有规范过度强调绑定变量使用规范不同的是，我的规范中按交易类和分析类两类风格迥异的应用系统，分别给出了不同的绑定变量使用规范。即交易类系统建议广泛使用绑定变量，分析类系统不建议或谨慎使用绑定变量。另外，还提出了 PL/SQL 和 Java 中如何使用绑定变量的具体技术运用建议。

（3）排序操作编写规范。

在排序操作编写规范方面，我在客户现有规范基础上进行了更多的增强：包括避免不必要的排序操作、合理使用 Top-N 语句、合理设置 PGA_AGGREGATE_TARGET 参数、合理设置并行度参数等，即不仅有应用开发层面确保排序操作性能的规范，而且也在系统层面提出了提升排序操作性能的参数设置规范。

（4）多表连接编写规范。

在多表连接编写规范方面，我在规范中主要强调了尽量避免应用程序进行表连接操作、交易系统和数据仓库系统的不同表连接技术、尽量减少子查询使用等技术运用规范。相比客户现有开发规范和业内更多的开发规范，我在多表连接编写方面具有鲜明的观点，这些观点既基于 Oracle 公司官方观点，也是源自自己多年的实施经验总结而来。例如，尽量减少子查询使用规范，就是一方面 Oracle 优化器通常会将子查询自动转换为多表连接操作，因此开发人员在使用 exist 还是 in 操作中煞费苦心都是多余的，另一方面开发人员错误地使用子查询操作，例如将 in 写成了 exist，往往会误导 Oracle 优化器选择错误的执行计划。总之，最好的策略就是直接将子查询操作尽量写成多表连接，相信 CBO 优化器能生成最佳执行计划。若非如此，我们再去另辟蹊径。

（5）临时表设计和开发规范。

针对复杂的计算逻辑，国内很多开发人员会采取分步骤的处理策略。即在 SQL 编程中，通常会设计很多普通表作为临时表或中间表，用于保存中间计算结果，在处理结束之后，再进行临时表或中间表的清理尤其是大量 delete 操作。我认为，这种模式不仅会导致临时表的管理工作量大，而且很可能变成系统的性能瓶颈，例如，当年在国税系统就曾因为高并发量的交易操作中大量使用普通表作为临时表，清理临时表数据的大量 delete 操作成为了系统瓶颈，甚至出现半个小时卖张发票的现象。

如何制定临时表设计和开发规范？答案是，采用 Oracle 提供的系统级临时表。本文就不展开具体的技术细节和优点介绍了。

（6）Sequence 设计和开发规范。

为在数据库中产生唯一键，广大开发人员会普遍采用 Sequence 技术。但 Sequence 设计不合理，很可能成为系统性能瓶颈。为此，我在规范中提出了扩大 Sequence 的 Cache 值、设置 ORDER 或 NOORDER 特性的设计规范。

今日重读当年的规范，发现缺少了应该将基于 Sequence 产生的主键设计为 Global Hash Partitioned Index 的设计规范，即消除索引热点数据、降低索引竞争。遗憾！

（7）并行处理技术运用规范。

客户现有开发规范已经提出了谨慎使用并行处理的规范，我在我的规范中则细化了如何使用并行处理的建议，例如只有在大批量数据处理中，才考虑并行处理，只有在 CPU、内存、I/O 资源足够的情况下才实施并行处理，同时在并行度设置、并行度实施级别、RAC 环境下的并行处理，以及并行技术使用的监控分析给出更多细化的建议。

思维跳跃和感慨一下：尽管该行早就提出了谨慎使用并行处理的规范，我们原厂也提出了更细化的并行处理规范，可是该行最终在生产系统依然是滥用并行处理技术、将资源耗尽的情况乃至故障此起彼伏。可见，规范不是万能的，如何严格实施规范更重要。

（8）批量加载数据应用开发规范。

针对客户的批量加载数据应用，我主要在并行处理技术运用、direct path insert 技术运用、关闭日志产生等方面给出了开发规范。这个领域的开发规范是客户现有开发规范所欠缺的。

（9）物化视图技术运用规范。

客户现有规范中曾经有针对大型统计运算和复杂运算，最好创建中间汇总表的开发规范，在我的规范中，我则将此条规范拓展成合理使用 Oracle 物化视图和查询重写（Query Rewrite）技术的开发规范，这样不仅充分发挥了 Oracle 内置相关技术的作用，而且灵活性更强、开发和管理工作量等显著下降。

（10）分区技术运用规范。

我在分区技术运用规范方面提出了分区原则设计、表分区方法和设计、索引分区方法和设计、分区表空间方案设计、应用开发对分区技术的运用、备份恢复、数据生命周期管理中分区技术的运用等总体规范，但限于时间和篇幅，没有展开详细的规范设计。

（11）优化器和统计数据采集规范。

最后，我在与数据库性能相关的优化器和统计数据采集等系统技术层面也展开了规范化描述，即由于基于成本优化器（CBO）相比基于规则优化器（RBO）的技术优势，强调采用 CBO 的规范。另外，为确保 CBO 的高质量运行，强调了统计数据采集重要性，并提出了如何采集统计数据采集的若干建议和最佳实践经验。

5. 从一个真实语句感受开发规范的作用

1）违反了多条开发规范

我再分享一个真实 SQL 语句的性能问题，并将从开发规范角度去分析其深层次问题所在。以下是我在某银行日终跑批时抓出来的最消耗时间的 SQL 语句。

```
update pub_accountinginfo p
   set p.extfld1 = '20161105_990007_01'
 where p.subjectcode = '211010000001'
   and (p.pltdate || lpad(p.plttime, 6, '0') > '20161103162000')
   and (p.pltdate || lpad(p.plttime, 6, '0') <= '20161104162000')
   and p.extfld1 is null
   and exists
 (select 1
         from pub_accountinginfo s
        where s.subjectcode = '301070000005'
          and s.pltdate || lpad(s.plttime, 6, '0') > '20161103162000'
          and s.pltdate || lpad(s.plttime, 6, '0') <= '20161104162000'
          and s.accountserial = p.accountserial)
```

首先，该语句需要运行长达几十分钟，并且执行计划是对账户信息表 pub_accountinginfo 进行了两次全表扫描，显然存在性能问题。其次，从语句条件分析，应该是处理 2016 年 11 月 3 日 16：20—2016 年 11 月 4 日 16：20 一天 24 小时的数据，全表扫描显然是不合理的。第三，若对照开发规范，则 s.pltdate || lpad（s.plttime, 6, '0'）> '20161103162000' and s.pltdate || lpad（s.plttime, 6, '0'）<= '20161104162000' 的编写方式违反了"不要在条件字段前加函数和将条件字段置入表达式"的规范，导致 pltdate 和 plttime 字段上的索引无法使用。第四，该语句只设计了 pltdate、plttime、subjectcode 等单字段索引，没有合理设计多字段的组合索引，又违反了开发规范中"尽可能设计组合索引"的规范。

2）其实不仅是开发问题，而是数据库设计的更深层次问题

如何优化该语句，将单字段索引改造为组合索引比较容易，但是如何将条件字段中表达式和函数去掉则并非易事，我在现场深入分析才发现该语句表面上是语句编写问题，其实是数据库设计的更深层次问题。因为开发人员将日期和时间分别用 pltdate 和 plttime 两个 varchar2 类型字段进行表示，也说明开发人员并不了解 Oracle 日期类型的技术本质是已经包括了日期和时间信息。因此，该语句的首要优化策略是将 pltdate 字段设计为 Date 类型并取消 plttime 字段，其次，语句优化成如下形式。

```
update pub_accountinginfo p
   set p.extfld1 = '20161105_990007_01'
 where p.subjectcode = '211010000001'
   and p.pltdate  between  to_date('20161103162000', 'YYYYMMDDHH24MI' )
   and ('20161104162000','YYYYMMDDHH24MI')
   and p.extfld1 is null
   and exists
 (select 1
         from pub_accountinginfo s
        where s.subjectcode = '301070000005'
          and p.pltdate  between  to_date('20161103162000', 'YYYYMMDDHH24MI' )
          and ('20161104162000','YYYYMMDDHH24MI')
 and s.accountserial = p.accountserial)
```

最后，再创建（pltdate,subjectcode）组合索引。该语句实际优化效果是执行时间下降为 5 秒多，CPU、内存、I/O 等资源消耗都极度下降，加上其他优化措施，整个日终跑批从数小时降为几十分钟。

回到本文的开发规范主题，在客户的现有开发规范中曾经笼统地提出过合理设计字段类型的建议，而我的规范只重在应用开发却没有在数据库设计方面展开规范设计和描述。可见我当年初次涉足此领域的稚嫩。

6. 回首 10 多年前的开发规范编写工作

1）稚嫩、稚嫩

今日回首 10 多年前的开发规范编写工作，总体感觉就是一个词：稚嫩。稚嫩之一就是那个年代还缺乏 Oracle 官方资料和业内同行的规范总结，仅凭自己当年的优化服务经验而展开，缺乏广度和深度。稚嫩之二就是过于尊重客户的需求，特别是只重在规范本身的描述，而没有展开相关技术术语和技术原理的深度描述，还是会令广大开发者不知我所云，从而导致所谓的规范被开发人员束之高阁。仅以本文上述案例"不要在条件字段前加

函数和将条件字段置入表达式的规范"为例，我就没有深度剖析其原理所在，还是令客户们不知所以。

记得某国税领导曾亲自操刀编程，他对我将 to_char（kprq，'YYYY.MM.DD'）= '2006.07.12' 修改成 kprq = to_date（'2006.07.12'，'YYYY.MM.DD'）的优化建议一直不解，于是我给他展现如下的索引内部结构之后，他终于彻底解惑了。

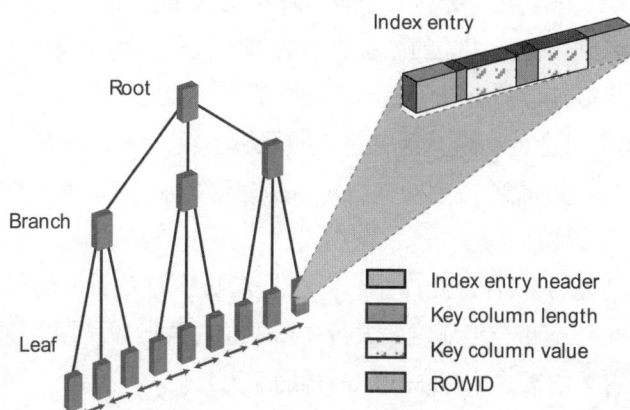

原来 Oracle 常见的 B* 索引是一棵平衡二分树。其中根节点（Root）和枝节点（Branch）只存储索引路径信息，真正存储被索引字段信息即索引项（Index entry）在 B* 树的叶节点（Leaf），而一个索引项是由 Index entry header、Key column length、Key column value 和 ROWID 等信息组成。在索引项中存储的是这个索引字段的原始值（Key column value），而不是其函数运算或表达式计算之后的值，例如，针对 kprq 字段（开票日期）的索引项存储的只是 kprq 值，而不是 to_char（kprq，'YYYY.MM.DD'）函数运算值，因此若语句写成 to_char（kprq，'YYYY.MM.DD'）= '2006.07.12'，Oracle 就无法在索引树上找到其对应记录的物理地址 ROWID 了。甚至我还告诉客户，即便写成 kprq + 1 = to_date（'2006.07.12'，'YYYY.MM.DD'）都同样无法使用索引，因为索引树上存储的是 kprq，而不是 kprq + 1, 应该改成 kprq = to_date（'2006.07.12'，'YYYY.MM.DD'）– 1，才能正常使用 kprq 字段索引。最后，我再告诉客户领导，其实 Oracle 优化器有时候挺笨的，没有大家想象的那么智能，哈哈。

我想，如果开发人员彻底明白了上述索引内部机制和工作原理，那么他不仅不会随便在条件字段前加 to_char 函数，substr 等其他函数他也不会加了。同样地，他不仅不会在条件字段前后加 '‖' 操作，而且也不会将条件字段置入任何加减乘除的表达式了。这就是理解原理的重要性。

2）我第一本书的诞生

由于当年第一次编写 SQL 开发规范时，有点临阵磨枪和急于交差的缘故，不仅广度、深度不够，而且没有展开深入的技术原理介绍，令规范使用者的确有知其然不知其所以然的感觉。于是，我突然冒出了我是不是应该写本书，全面解读和分享性能优化世界中的精彩纷呈和奥妙无比的念头？因此，就在那一年春天草草完成我的第一份 SQL 开发规范之后不久，我就以这个开发规范为蓝本，全面开始了我第一本书的撰写。当年我从案例开始，然后先高屋建瓴地介绍了 Oracle 公司性能优化方法论，再从性能优化工具的使用到索引、绑定变量使用、表连接、分区、数据仓库中的大批量数据处理、统计数据采集和优化器等专题，再深入到与性能相关的系统层面的参数优化、存储技术优化等，也就是从上到下、从开发到运维等全方位展开了。书中还穿插了大量案例和经验总结，甚至发出了众多对 IT 行业乃至当下社会的感悟。经过一年的笔耕不辍，终于在 2010 年 5 月由清华大学出版社正式出版发行，并得到了业内广大同行的广泛好评。这就是我的处女作——《品悟性能优化》。

哈哈，过时的书贩子广告到此为止。但还是真心感谢 Oracle 公司为我们提供的广阔而深厚的平台，更真心感谢当年那位四大行软开副总对我们原厂服务部门提出的最初、最原始的服务需求，客户的需求永远是我们前行的动力！

2022年9月6日于北京

也谈 SQL 审核工具

近年来，SQL 开发规范和 SQL 审核工具成了 IT 服务行业的时尚术语，更在某些场景下被放大为数据库设计开发服务了。以我个人体验和观点，SQL 开发规范和 SQL 审核工具只是整个设计开发服务工作中的一小部分而已，设计开发领域太海阔天空、太博大精深了，岂是一个开发规范和审核工具就能全覆盖的？

本文将对当下热门的 SQL 开发规范尤其是 SQL 审核工具现状进行分析，并提出自己的一家之言，仅供诸位同行参考。

1. 提高开发工作质量的神器：SQL 审核工具

10 多年前，当某银行客户第一次给我提出应用开发规范需求的时候，也提到了是否能研发一个自动化 SQL 审核工具的设想？的确这些年包括原厂本地服务部门和多个第三方公司在内，都在此领域有不少耕耘，其基本思路就是先制定 SQL 开发规范，再细化成操作性强、可进行指标评估的若干规则，然后对开发商的数据库设计、应用软件等进行评估，发现相关问题，最终依据可动态调整的一套加权打分体系进行评估打分，如下图所示。

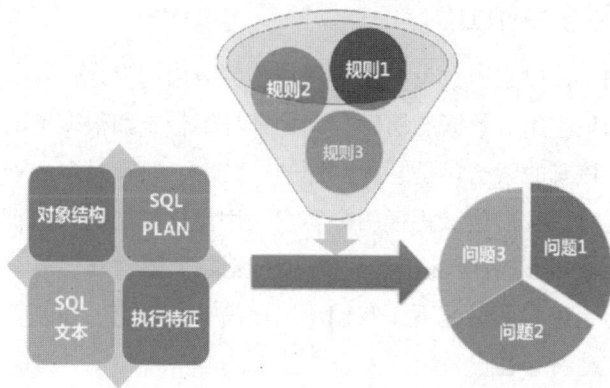

可见，在 SQL 审核工具中，最重要的是审核规则的制定。我在研读相关工具的审核规则时，发现诸多规则的确是一些应用开发人员经常犯的一些非常重要、非常基础的错误，例如，数据库设计中的表缺少主键、字段类型错误、Sequence 的 Cache 值太小、

未分区大表等，SQL 开发中的大量全表扫描、Index Skip Scan、LIKE %、Merge Join CARTESON、谓词条件中错误使用函数等。

的确，应用这些非常重要、非常基础的规则能大面积发现应用软件的大部分基础性问题，为确保应用软件的总体设计开发质量起到非常重要的作用。

2. 规则！规则！规则！

如前所述，SQL 审核工具中即便界面再美观、打分体系再丰富，但最重要的是审核规则的制定，因此如此重要的事情我再连说三遍：规则！规则！规则！哈哈。因为就像体育比赛中制定合理的规则，能确保比赛双方的公平竞争和确保比赛质量、观赏性一样，如果 SQL 审核规则设计得原理正确、可操作性强，那么依据此工具对应用软件展开的评估结果一定也是客观公正的，不仅能精准地发现其存在的问题，而且也会评估出应用软件本来的合理性。否则，如果规则本身存在不合理性，那么评估结果的谬误就一定不少了。

为此，我曾经仔细研读了某 SQL 审核工具的上百条规则，结果是喜忧参半，下面我主要对该工具中一些非合理规则发表如下个人见解。

1）全表和大表扫描就扣分？

全表扫描的确是最影响性能的原因之一，但也不是所有全表扫描就一定存在性能问题。不仅小表的全表扫描就是合理的，而且还应结合语句特点和应用类型进行分析，通常联机交易系统中的语句都应该是按索引访问，而全表扫描是不合理的，而类似于《从一条语句看 SQL 开发规范》一文中报表和数据仓库系统中的分析类语句的全表扫描或全分区扫描却是合理的。因此，审核工具一发现全表扫描语句就扣分，未免过于武断了。

2）索引数量过多就扣分？

我认为，不能简单地以索引数量多少来评估相关应用的设计良莠。首先，还是应从满足业务需求出发，如果应用对数据的访问方式尤其是组合查询很多，的确需要各种索引来确保查询性能，那么该有的索引还是必须创建的。其次，通常过多的索引都是满足大量分析类应用之用的。此时，我们应该积极引导客户采用更先进的内存数据库（IMO）技术，将这些分析数据以内存列形式进行访问，这样就可删除大量的分析类索引了。

总之，在面对索引过多的情况下，我们不应该简单地否定，而是首先分析是否满足业务逻辑需要，其次主动引导客户采用更先进的技术。

3）使用函数索引就扣分？

同样地，还是应结合业务逻辑来评估创建函数索引是否合理。如果某些业务逻辑的确需要进行复杂的函数计算，并且函数计算将用于语句的谓词条件，则创建函数索引就不得不为之，尽管函数索引会带来 DML 操作的成本增加。

4）组合索引数量过多或没有索引

的确，在很多应用系统中，数据库的索引数量非常多，甚至超出了表的字段数量，其中一个原因就是开发者创建了太多的组合索引。如何有效、节约地设计组合索引？其实需要基于组合索引的前缀性和选择性两个重要原则展开设计，例如在创建（A，B，C）组合索引的情况下，只有语句中出现 A 条件，该组合索引才能使用上，这就是前缀性。再者，如果已经创建了（A，B，C）组合索引，那么（A）、（A，B）索引已经被（A，B，C）包含了，（A）、（A，B）就是多余的索引。第三，在 11g 之前，Oracle 建议将选择性强即不同记录值多的字段尽量放在组合索引前面，确保组合索引高效率。虽然 11g 之后的优化器改进了，这条规则不那么重要了，但是选择性原则依然有其他用途，例如假设 C 字段只有一个值，那么 C 字段没有选择性，完全不应该包含在该组合索引之中。另外，在等于和范围操作并存的语句中，应该尽量将等于条件的字段设计在前面，这也是组合索引选择性原则的一种体现。

总之，我们不能简单地依据组合索引数量或没有设计组合索引来评判应用的好坏，依然还是先判断是否符合业务需求，其次根据组合索引的上述原理进行深度分析和评估。

5）使用位图索引就扣分？

位图索引主要能大幅度提升分析类语句性能，但是位图索引在高并发量的 DML 操作中容易导致业务阻塞。因此，审核工具应从业务类型和场景分析位图索引的合理性，即 OLAP 分析类应用适合创建位图索引，OLTP 联机交易系统则不适合创建位图索引，不应该简单地将位图索引全部抹杀。

6）存在全局分区索引就扣分？

全局分区索引也是优点缺点都很鲜明。优点是提升应用的访问性能，缺点是当进行分区维护操作时，全局分区索引就会失效，需要重建，影响业务的连续性。是否创建全局分区索引，还是需要看客户需求的优先级，如果客户最看重访问性能，并且有一定的维护时间窗口，则创建全局分区索引是合理的，否则就不能创建全局分区索引。因此，不能简单地因为存在全局分区索引就给应用扣分。

7）外键没有索引的表就扣分？

我认为，这条规则也过于形式化和一刀切了，因为外键是否需要创建索引是需要根据访问的具体 SQL 语句决定的。例如，假设有员工表 emp 和部门表 dept，其中 emp 表中的 dept_id 字段是访问 dept 表主键 dept_id 字段的外键字段，emp 表的 dept_id 字段即外键字段是否需要建索引呢？请看下面的语句。

```
SELECT e.*, d.*
FROM emp e, dept d
WHERE e.dept_id = d.dept_id
AND e.employee_id = '100'
```

假设创建了 emp（employee_id）索引，那么上述语句将首先通过该索引访问 employee_id='100'的员工信息，然后再通过 emp 表的 dept_id 值去访问 dept 表，而 dept 表已经有主键索引，访问效率将非常高。因此，在该语句的执行计划中，emp 表的 dept_id 字段即外键字段是无须创建索引的。

再看如下语句。

```
SELECT e.*, d.*
FROM emp e, dept d
WHERE e.dept_id = d.dept_id
AND d.dept_id = 'A'
```

该语句将首先通过 dept_id = 'A'的谓词条件访问 dept_id 主键索引，然后再去访问 emp 表的 dept_id 字段，此时若 emp 表的 dept_id 字段没有索引，将导致对 emp 表的全表扫描，因此在这种情况下应该创建 emp（dept_id）索引，即外键字段应该创建索引。

总之，正确的规则应该是：如果外键所在的表为连接操作的被驱动表，应该在外键字段创建索引，否则外键字段创建索引是多余的。

8）表中存在外键约束就扣分？

我认为该规则就更业余了，甚至完全违背了 Oracle 官方建议。Oracle 公司认为外键的作用不仅是确保数据完全性和一致性的重要技术手段，而且也是运用 Reference 分区、Sharding 等高级技术的重要基础。

该规则的制定者没有详细说明此规则的理由，我认为第一还是担心外键会影响性能，第二，外键导致数据删除不方便。我的针对性观点如下：①很多客户担心外键影响性能只是一种主观臆断，真的测过吗？与各位分享经验，我们曾经在一个项目中专门组织过外键性能测试，结果是外键对性能的影响微乎其微，当然前提是像上述的在外键字段合理地创建索引。②所谓删数据不方便应该是指在有主外键的情况下，只有删除子表相关数据之后，才能删除主表对应的数据。这本来就是通过外键确保数据一致性、完整性的本意，为什么要放弃这个重要特性呢？难道是要方便数据造假吗？哈哈。

9）存在视图访问就扣分？

在很多应用开发中，的确存在大量使用甚至过度使用视图的情况，视图为加强应用软件的模块化、层次化和安全性等带来了收益，但是过多使用视图，特别嵌套层次太多的视图运用，的确会导致 Oracle 优化器难以产生性能最优的执行计划，例如，谓词推演很难在嵌套层次太多的视图中进行，导致开发人员难以创建效率更高的组合索引。

但是，在确保性能的前提下，视图本身还是有其重要作用的，不能一见视图就简单地进行扣分。

10）SQL 未使用绑定变量

该规则又是一个一刀切的规则，本文先从原理角度进行剖析，希望大家对绑定变量使用规则知其然也知其所以然，如下图所示，是一个 SQL 的内部执行过程。

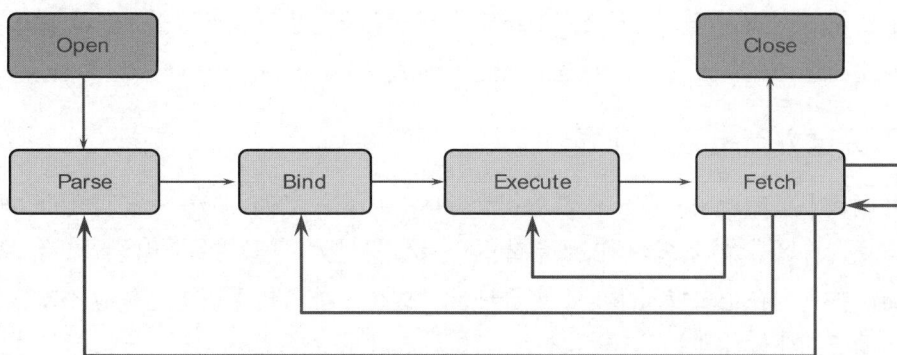

即一条 SQL 语句的执行过程通常将经过 Parse、Bing、Execute 和 Fetch 四个阶段。其中第一个阶段的 Parse 操作将包括在 shared pool 中搜索相关语句、检查语法、检查语义和权限、合并视图定义和子查询、分析和确定执行计划等一系列操作。如果该语句已经执行过，即在 shared pool 中搜索到该语句的执行计划等信息，Oracle 就停止后续的检查语法等操作，这就叫软解析（Soft Parse）。否则，Oracle 将执行 Parse 阶段的所有操作，这就叫硬解析（Hard Parse）。第二个阶段的 Bind 操作包括扫描语句中的 Bind 变量、为 Bind 变量赋值等操作。第三个阶段的 Execute 包括真正执行语句，即实施执行计划、为 DML 语句实施 I/O 操作和排序操作等。第四个阶段的 Fetch 操作只是针对 Select 语句而言，包括为查询语句取数、执行排序操作等。为提高 Select 语句性能，Oracle 建议以数组方式取数。

接下来，我们来叙述绑定变量的使用规则，OLTP 系统具有并发量高、事务小、SQL 语句相对简单的特点，如果 SQL 语句不使用绑定变量而使用常量，将导致大量的硬解析操作，最终大量消耗 shared_pool 和 CPU 资源，令此类系统不堪重负，因此，OLTP 系统应该大量使用绑定变量。但是使用绑定变量也面临数据倾斜，如何确保执行计划灵活调整和最优化的问题，即面临直方图采集、自适应游标（Adaptive Cursor Sharing，ACS）等技术合理使用的挑战。

而 OLAP 系统具有并发量不高、事务大、SQL 语句相对复杂的特点，如果此类 SQL 语句使用了绑定变量，由于 Oracle 是在将 Parse 阶段就生成了执行计划，此时 Oracle 还不知道绑定变量具体的值，尽管有绑定变量窥视（Bind Peeking）等功能，仍然可能导致执行计划不是最优的。因此，OLAP 应用应该是尽量不使用绑定变量而使用常量，让 Oracle 在 Parse 阶段就明明白白地知道 SQL 语句到底要查什么数据，从而确保 CBO 产生最优的执行计划。而 OLAP 中的大型统计分析语句毕竟并发量不高，让 Oracle 踏踏实实地多硬解析几次也不会消耗太多 shared_pool 和 CPU 资源，但是换来的却是最优的执行计划即 Execute 阶段的高效率。

其实，基于 OLTP 和 OLAP 来定位是否使用绑定变量还不准确，更精准的规则应该是：高并发量、小事务、简单语句采用绑定变量。否则，低并发量、大事务、复杂语句不采用绑定变量。例如在很多数据仓库系统中，开发者实际上逐条记录处理的大量重复的小语句，因此在这种编程方式下，还是应该使用绑定变量。

11）分区方面相关规则

在该审核工具的规则集中，有多条关于分区的规则，诸如，分区数量过多、分区表数量过多、复合分区数量过多、单表或单分区记录数量过大、超过指定规模且没有分区的表等，的确这些规则在很多场景下有一定合理性，但也不能一概而论，还是应该以满足业务需求为最重要的评估标准。

在本人曾参与的国家某信息安全系统建设中，开发人员最初严格依照每个分区不超过 1 千万条记录的 Oracle 最佳实践经验，以 10 分钟为单位设计分区，的确会导致分区数量过多，因此我建议按小时分区，大大降低了分区数量。可是，若保存若干年的数据，按小时分区还是导致分区数量非常多。但是如果再提高分区粒度，例如，按天分区就不符合业务逻辑需求了，因为该系统是按小时进行数据加载和数据归档的。因此，满足业务需求应该是所有应用设计开发的首要原则。

再者，担心分区数量过多是什么原因呢？Oracle 的一个表已经可以支持到 1 百万的分区数量了，很少有应用场景的分区数量能达到这个量级。只是如果分区数量过多，的确会带来管理上的问题。分区数量过多会影响性能吗？恰恰相反，只要与应用结合得好，数据划分得更细，性能应该更好。

12）存在存储过程、函数、触发器就扣分？

在该规则体系中，将存在存储过程、函数、触发器作为扣分的规则，理由是："存储过程将影响数据库的异构迁移能力，并存在代码维护性较差等原因。"我觉得这个理由太牵强了。众所周知，存储过程、函数、触发器是 Oracle 和大部分数据库产品的过程化编程语言的重要组成部分，不建议使用存储过程、函数、触发器，难道是不建议客户使用 PL/SQL？也就是说把 PL/SQL 具有的在数据库内部完成复杂计算逻辑带来的高性能、并行处理能力、模块化、可封装性等特性都放弃了？如果为了兼顾某些不具备过程化语言的开源和国产数据库产品，以及便于向这些平台的迁移性和保持通用性，岂不是木桶短板原理？

13）不定义时间戳字段就扣分？

在规则体系中，将表不定义时间戳字段就扣分，理由是："时间戳字段是获取增量数据的最佳方法。"我认为这条规则过于强调通过应用软件来存储数据的时间属性，其实在 Oracle 内部也有很多技术来标识数据的时间属性，例如 12c 以上的 Temporal Validity、Temporal History 技术等。通过数据库内部技术来实现某些业务功能，不仅减轻了应用开发工作量，而且在技术的成熟性、性能等方面更有优势。因此，这条过于强调应用软件开发功能、忽略数据库系统软件已有功能的规则值得商榷。

14）包含有大字段类型的表就扣分？

我觉得这一条规则更是误区，理由是："大对象字段是关系型数据库中应尽量避免的。如有需要，可考虑在外部进行存储。"我认为，首先当下是大数据时代，大数据意味着大量结构化和非结构化数据，其中非结构化数据就是图片、图像、视频等大对象数据，而 Oracle 数据库早就具有了处理海量非结构化数据的能力。其次，该规则的潜台词是担心对大对象处理的性能不佳。我觉得，还是广大开发人员对 Oracle 大字段数据处理得过于简单化了，即基本不对 Oracle 的 LOB 字段的物理属性进行定制化设计而都是默认状态，例如对 ENABLE/DISABLE STORAGE IN ROW、CACHE/NOCACHE/CACHE READS 等物理参数没有展开精细化设计，从而导致 LOB 字段性能低下。本人在 9i 年代就对新华社的多媒体系统展开过 LOB 技术的专项服务工作，该系统大量采用 LOB 字段，在我们原厂的方案设计和实施下，该系统运行得非常好。第三，该规则的"如有需要，可考虑在外部进行存储"也欠妥，不符合 Oracle 对非结构化数据处理的最佳实践经验，即尽量将大对象数据存储在数据库内部，这样便于进行统一的数据管理，包括数据的统一备份恢复、容灾、安全性管理等。

因此，该规则一方面过于强调性能，忽略了数据可管理性，另一方面即便看重性能，实际上也是源于对大对象技术掌握不充分缩手缩脚的表现。

15）更多一刀切的规则

在该审核工具的规则集中，我还发现了更多一刀切的规则，本文限于篇幅不再从原理角度展开，仅仅叙述其不合理性。

"过多的表关联，影响性能"：如《也谈 SQL 开发规范》一文所表述，多表关联性能的好坏不在于关联的表的数量，而在于表关联技术和其他相关技术是否合理使用，以及多表关联顺序的合理选择。

"存在并行访问特征"：这条规则似乎建议客户不要采用并行处理技术，这不是误导客户吗？针对大批量数据处理应用，就应该充分、有效地使用 Oracle 并行处理技术，从而提高整个应用的吞吐量。

"SQL 中出现 union"：union 操作的确会导致去重即排序操作，因此应尽量使用 union all 而不是 union。但是如果业务的确需要去重，该使用 union 还是应该正常使用，然后从其他方面进行排序操作的优化。

"多个过滤条件通过 or 连接"：or 操作的确可能会导致不合理的全表扫描等性能问题，但是该规则应该指出如何优化 or 操作，即应该将语句修改成多个子语句，然后进行结果集的 union 或 union all 操作。

"IN List 元素过多"：此类语句的文本通常非常庞大，导致解析操作很慢。但是该规则应该指出解决方案是将过多的 List 元素存储在一张中间临时表中，然后将语句修改成多表连接或 in、exists 操作。

"存在全连接或外连接"：首先，是否使用全连接或外连接还是取决于业务需求，如果业务的确需要返回不满足连接条件的表的其他记录，那么全连接或外连接是必不可少的，怎么能给此类应用扣分呢？其次，全连接和外连接其实也是采用 Nested loop、Hash Join 等基本的表连接技术，以及需要分别与索引、并行处理等技术综合使用，只要我们掌握了这些基础技术的合理应用就会发现，全连接或外连接并不可怕。

3. 关于 SQL 开发规范和 SQL 审核工具的总体建议

1）SQL 开发规范和 SQL 审核工具不应限制开发人员能力发展

俗话说：没有规矩，不成方圆。设计开发的确需要科学、理性、可操作性强的规范来确保软件的开发质量，但是若规范本身存在不足，则不仅限制了广大软件开发者的创造力，误导了开发人员的技术运用策略，而且审核效果也缺乏公允和客观性，甚至直接导致应用软件的质量低下。

据本人了解，国内最早从事 SQL 开发规范和 SQL 审核工具研发的主要是国内开发商和第三方服务公司的同行。从本文上述评估可见，首先，很多规范制定者并没有充分掌握 Oracle 相关技术原理和最佳实践经验，总体感觉就是缩手缩脚，对 Oracle 很多技术尤其是高级技术采取了规避的策略，例如多表连接、位图索引、并行处理、大对象等技术都不推荐使用，缺乏艺高人胆大的气魄。因此，规则制定者应该尽量少做武断的减法而多做合理的加法。其次，大部分规则都是一刀切模式，没有深入分析各种技术的适应场景。在本文涉及的审核工具规则集中我发现，有一列是 OLTP/OLAP，可是几乎所有规则在 OLTP/OLAP 两类系统中的定义都是一样的，那么设置 OLTP/OLAP 列有什么意义呢？

如果我们的规则写成"在 OLTP 系统中，应该尽量使用绑定变量，否则在 OLAP 系统中，应该尽量不使用绑定变量"这样的形式逻辑三段条件式，那么相比"应该尽量使用绑定变量"的形式逻辑一段断言式，将更加科学合理。可见，综合平衡、辩证法的哲学理念对实际工作的指导意义是何等重要。

2）设计开发服务工作远远不止 SQL 开发规范和 SQL 审核工具

近年来，原厂本地服务部门和广大第三方服务公司都在提倡覆盖设计、开发、测试、上线、运维等 IT 系统全生命周期服务并冠以 Devops 服务。可是，很多同行对设计开发领域服务的理解却局限于提供一个 SQL 开发规范和 SQL 审核工具，仿佛开发规范和审核工具就是放之四海而皆准的灵丹妙药。而我认为，大部分开发规范和审核工具其实都是重在语法，轻在语义，更无法深度分析业务需求和业务逻辑。开发规范的确能规范一些基础性和表层化问题，审核工具也的确能快速扫描出大量低级错误，但毕竟只是形似多于神似。就像《从一条语句看 SQL 开发规范》一文中优化的案例一样，哪家的开发规范和审核工具能指出 SBQX（申报期限）和 SBRQ（申报日期）的业务逻辑差异性，并能给出更合理的分区方案建议？

3）如何拓展设计开发领域服务

如果把设计开发服务局限于开发规范和审核工具，我认为也不利于该领域服务市场的拓展。好比比赛规则是相对固定的，我们不可能为每场比赛制定新的规则一样，客户对开发规范和审核工具的投入也基本是一次性的。而如果我们能直接参与到客户实际系统的设计开发工作中，那么服务空间就大多了。即我们不仅要做规则制定者和裁判员，我们更应该做运动员，直接参与到客户一些重大系统建设中。不仅在实际的项目建设中灵活、有效运用现有规范和审核工具，而且通过实际项目的实践，兼收并蓄、不断完善、不断发展相关规范和审核工具，形成良性循环，实现相互促进的双赢效果。

2022 年 9 月 19 日于北京

应用优化与应用透明性

众所周知，应用软件性能高低对整个 IT 系统性能起到了至关重要的作用，大部分同行也了解应用优化工作通常是不需要修改应用本身，即对应用软件是透明的，例如创建新索引、优化现有索引设计；创建和优化表分区和分区索引；创建物化视图和实现查询重写（Query Rewrite）等技术，都是无须修改现有 SQL 语句，只是在数据库层面实施这些优化工作，就能达到显著的优化效果。

但凡事都充满辩证法，都需要综合平衡考虑问题。本文就将围绕应用优化与应用透明性这个话题，结合若干实际案例在多个层面和多个角度展开叙述，与广大同行共同切磋应用优化与应用透明性的实施经验，并体验二者之间的深刻内涵。

1. 案例 1：害人又害己的 SQL 语句

1）案例回顾

在 2022 年底对某北方客户实施优化项目时，一条 SQL 语句不仅性能极差，而且因为含有 for update 短语，导致其他应用也无法访问相关记录，出现了挂死现象，从而导致了严重的生产故障，真是害人又害己。该语句就是《10 条 SQL 语句优化之分享和联想（下）》一文中的语句 10，以下就是该语句的文本。

```
SELECT  *
FROM    edi.load_list
WHERE   visit_id IN (SELECT visit_id
        FROM    (SELECT *
                FROM    (SELECT visit_id, cntr_no, bill_no, COUNT(*) AS count_no
                        FROM    edi.load_list
                        WHERE   create_date > SYSDATE - 30
                        AND     del_flag = '0'
                        GROUP   BY visit_id, cntr_no, bill_no)
                        WHERE   count_no <> '1'))
AND     cntr_no IN (SELECT cntr_no
        FROM    (SELECT *
                FROM    (SELECT visit_id, cntr_no, bill_no, COUNT(*) AS count_no
```

```
                          FROM     edi.load_list
                          WHERE    create_date > SYSDATE - 30
                          AND      del_flag = '0'
                          GROUP    BY visit_id, cntr_no, bill_no)
                          WHERE    count_no <> '1'))
ORDER   BY create_date, cntr_no
FOR     UPDATE;
```

该语句对多达 4000 多万条记录的 load_list 表进行了三次全表扫描，性能可想而知，本文不再重复该语句执行计划，只是回顾该语句的四条优化建议：第一，创建 load_list（create_date）字段索引。第二，创建 load_list（visit_id, cntr_no）组合索引。第三，对 load_list 表基于 create_date 字段按月进行分区，并且将 create_date 字段索引设计为 Local Profixed Partition 索引。第四，采用 with 短语，即将原有需要两次执行的子查询减少为 1 次。修改后的语句如下。

```
with v1 as (SELECT *
            FROM     (SELECT visit_id, cntr_no, bill_no, COUNT(*) AS count_no
                      FROM    edi.load_list
                      WHERE   create_date > SYSDATE - 30
                      AND     del_flag = '0'
                      GROUP   BY visit_id, cntr_no, bill_no)
            WHERE    count_no = '1')
SELECT  *
FROM    edi.load_list
WHERE   visit_id IN (SELECT visit_id FROM  v1)
AND     cntr_no IN (SELECT cntr_no FROM  v1)
ORDER   BY create_date, cntr_no
FOR     UPDATE;
```

在项目实施中，我们与开发团队共同合作，在测试环境和生产环境分别实施了上述第一、第二和第四条优化措施，即暂时没有实施分区优化策略，但优化效果是性能呈数量级地提升。

2）应用透明性分析

在上述四条优化建议中，第一、第二条的创建新索引和第三条的实施分区表和分区索引都是不需要进行现有 SQL 语句的修改，也就是对应用是完全透明的，而第四条建议的采用 with 短语则是需要修改语句。在实际实施中，无论实施索引、分区，还是修改语句，都对性能有显著提升，可见，优化工作应具体问题具体分析、因地制宜，尽量不修改现有应用，保持业务逻辑不变，同时不给开发团队增加负担，并达到显著的优化效果，固然很好。但是若能修改应用，达到更进一步的优化效果，又何乐而不为呢？

3）"加个条件，性能显著提升了。"

这个案例还有一个小花絮：当时我的同事看到该语句后面还有一段被开发人员注释掉的如下代码。

```
-- and cntr_no='LYGU6047991'
-- and visit_id='SHANT_00N'
```

于是，他尝试取消这段注释，即给该语句增加了两个过滤条件，此时，语句按 load_list（cntr_no, visit_id）组合索引进行访问，性能突飞猛进。然后他与我商量是否可建议开发人员恢复这两个过滤条件？记得当时我说：优化的基本原则之一是尽量不修改现有应用，即保持现有语句的业务逻辑不变，如果增加这两个条件，业务逻辑发生了变化，开发人员可能很难接受这个建议，也需要开发人员进行业务功能的定夺。虽然在该案例中，SQL 语句也进行了修改，即采用了 with 短语，但返回的记录数即业务逻辑并没有发生任何变化。

总之，是否需要通过修改 SQL 语句来进行优化，第一个原则还是确保业务逻辑不变，更准确而言是保证业务逻辑的正确性。

2. 案例 2：应用层如何进行优化

1）我的分析结果

这是来自于我一个最新的实施案例，业务背景是客户的月结处理。如下语句：

```
SELECT DISTINCT GS.BBZD_BH
  FROM RPT_DYZD_EXP GS
 INNER JOIN RPT_VERSION_INFO VER
    ON (GS.BBZD_BH = VER.BBZD_BH AND GS.BBZD_DATE = VER.BBZD_VER)
 WHERE VER.BBZD_DATE = :1
   AND ((GS.DYZD_GSX LIKE :2 AND GS.DYZD_GSX LIKE '%ZBSJ%') OR
        (GS.DYZD_GSX LIKE :3 AND GS.DYZD_GSX LIKE '%CBSJ%'))
```

执行计划为对 RPT_VERSION_INFO 表进行了全表扫描，而且每个单位都要运行一遍该语句，月结期间 1300 多单位共运行了 1300 多遍，对资源和时间的消耗可想而知。

经过深入分析发现，RPT_VERSION_INFO 表有一个组合索引：（BBZD_BH,BBZD_DATE,BBZD_VER）。由于 BBZD_DATE 不是现有索引的第一个字段，而且语句中没有 BBZD_BH 约束条件，所以导致无法使用该索引，即违反了组合索引的前缀性设计原则，从而出现了对 RPT_VERSION_INFO 表的全表扫描。

因此，优化建议是创建 RPT_VERSION_INFO（BBZD_DATE）索引，优化效果显著。

2）开发团队的优化措施

可是当我把上述问题分析和优化建议与开发团队交流时，得知他们已在 SQL 开发层面进行了优化，主要采取了两个措施。

首先，将如下语句片段：

```
… …
AND ((GS.DYZD_GSX LIKE :2 AND GS.DYZD_GSX LIKE '%ZBSJ%') OR
(GS.DYZD_GSX LIKE :3 AND GS.DYZD_GSX LIKE '%CBSJ%'))
… …
```

修改为：

```
… …
AND (GS.DYZD_GSX LIKE :2 AND GS.DYZD_GSX LIKE '%BSJ%')
… …
```

我想开发人员取消 or 操作的目的是担心 or 操作引发了全表扫描问题。

其次，开发人员创建了一个临时表，只保存月结业务需要的当月数据，例如：

```
create table tmp1 as select * from RPT_VERSION_INFO where BBZD_DATE =
20230630';
```

然后将原语句中的 RPT_VERSION_INFO 表换成 tmp1 表。这样将以前对 RPT_VERSION_INFO 表保存的历年数据的 1300 多次全表扫描，改变成只对保存月结业务需要的当月数据的 tmp1 表的 1300 多次全表扫描，性能得到了显著提升。

但我认为，上述两个优化措施还是存在如下不足。

第一个优化措施可能导致业务数据错误，除非 DYZD_GSX 字段只包含 ZBSJ、CBSJ 两类数据。否则，LIKE '%BSJ%' 可能返回 ABSJ、BBSJ 等数据，不符合业务逻辑。

第二个优化建议需要先创建临时表，以及向临时表转储数据，不仅增加了应用开发的工作量，而且转储数据的 CTAS 操作依然是全表扫描，也消耗资源。

因此，我的建议是保持原来语句不变，也无须增加临时表的设计和转储，直接创建 RPT_VERSION_INFO（BBZD_DATE）索引即可。

3）开发人员其实很愿意修改应用

在很多数据库服务人员印象中，应用开发人员通常很难为应用优化而修改应用。但我却经常遇到很愿意修改应用的开发人员，这个案例就是开发人员主动对应用进行了多处修改。但是，我却并不太赞同他们的应用修改工作，原因有三点：第一，增加了开发工作量；第二，取消 or 操作导致业务逻辑改变了；第三，没有从根本上解决全表扫描问题。

我认为，这也是很多开发人员面对应用性能问题的一种常规性做法，即针对 SQL 语句本身大做文章，或增加一些约束条件，或增加临时表、中间表，目的都是降低数据访问量。这种做法不仅可能改变了业务逻辑，降低了客户对数据的访问需求，而且并没有从根本上解决问题，而只是缓解了原有的全表扫描、全索引扫描等问题。究其根源，还是因为开发人员对 SQL 语句执行计划、内部机制、索引、分区等技术原理缺乏深入了解和熟练运用，不得不采取这种只是缓解问题严重性的策略。

3. 案例 3：开发人员一眼就看出了问题

1）我的分析结果

这也是来自于我最新的实施案例，先看如下语句。

```
select round(sum(K0QMJE), 2) as Res
  from FZBFS022 YEB
 where FISCYEAR = :1
   and FISCPER3 = :2
   and YINDID = :3
   and YDWBH like '50006100600050140005%'
    OR YDWBH like '5000610050140005%'
   and (YMDSEL = :4)
   and F_JE = :"SYS_B_3"
```

该语句运行时间长达 103 秒，为最消耗时间语句，而且非常消耗内存和 I/O 资源。执行计划为按（FISCYEAR,FISCPER3,FISCVARNT,YMDSEL,BCS_PRCTR,CO_AREA,YORGID,YINDID,YRECID,YSJLY_ZBK,YSEGMENT,YNBBH）等 12 个字段组成的唯一索引访问 FZBFS022 表，都按唯一索引访问了，还存在性能问题？仔细分析，原来该索引并没有包括本语句中 YDWBH 字段约束条件，而 YDWBH 字段的选择性明显高于 FISCYEAR 和 FISCPER3 字段。

另外，由于该表已经按 FISCYEAR 和 FISCPER3 字段进行复合分区，而且语句中已经包含 FISCYEAR 和 FISCPER3 字段约束条件，因此优化建议是创建 FZBFS022（YDWBH）的 Local non-prefixed 分区索引。

2）"少括号了！"

那天，当我与开发人员共同探讨该语句的优化措施时，开发人员看了第一眼就说："唉呀，单位编号条件少括号了。"原来他指出该语句应进行如下修改。

```
select round(sum(K0QMJE), 2) as Res
```

```
   from FZBFS022 YEB
 where FISCYEAR = :1
   and FISCPER3 = :2
   and YINDID = :3
   and (YDWBH like '50006100600050140005%'
    OR YDWBH like '5000610050140005%')
   and (YMDSEL = :4)
   and F_JE = :"SYS_B_3"
```

我也恍然大悟，的确语句的正确逻辑含义应该是单位编号（YDWBH）like '50006100600050140005%'或者 like '5000610050140005%'，并且同时满足 FISCYEAR、FISCPER3、YINDID、YMDSEL、F_JE 等字段条件，而不是原来的满足 FISCYEAR、FISCPER3、YINDID 条件并且单位编号（YDWBH）like '50006100600050140005%'，或者单位编号（YDWBH）like '5000610050140005%'并且满足 YMDSEL、F_JE 等字段条件。如果用 A、B、C、D1、D2、E、F 等来简化表示语句中各条件的话，那么正确的业务逻辑应该是 ABC（D1 or D2）EF，而不是 ABCD1 or D2EF。

此时新语句的执行计划采用了另外一个已经包含了 YDWBH 字段的普通索引，性能呈数量级提升。如果进一步按照我的建议单独创建 FZBFS022（YDWBH）的 Local non-prefixed 分区索引，性能还能有数倍提升。这也是一条优化经验：相比全表扫描访问的性能，按索引访问提升通常是几何级数的，而分区索引相比普通索引的性能提升通常是算数级的。

3）回到应用优化和应用透明性

如前所述，优化的第一个原则是尽量保持现有 SQL 语句不变，即不修改现有应用。但是，该语句的单位编号字段由于缺少一对括号，导致原有业务逻辑都出现了错误，因此确保业务逻辑正确是最重要的。在此基础上，我们再来展开进一步的优化分析。

4. 案例 4：出现笛卡儿乘积了

1）可怕的笛卡儿乘积

这还是来自于我最新的实施案例，请看如下语句。

```
SELECT CASE
       WHEN BXZFFKDZT.F_FS_BZ = '0' THEN
         '0'
       ELSE
         '1'
```

```
        END F_FS_BZ,
        BXZFFKDZT.F_ZF_XX,
        ... ...
        BXZFFKD.F_JJBZ
   FROM BXZFFKD BXZFFKD, BXZFFKDZT BXZFFKDZT, ZFBZZD, ZFDWZD
  WHERE BXZFFKDZT.F_YW_TIME >= '20230601'
    AND BXZFFKDZT.F_YW_TIME <= '20230628'
    AND BXZFFKD.F_FK_ZHBH = '0713025829200098141'
    AND BXZFFKD.F_ZJDWBH = '20002650266100100001'
    AND BXZFFKD.F_JYBZ = ZFBZZD.F_BZBH
    AND ZFDWZD.F_DWBH = BXZFFKD.F_ZJDWBH
```

该语句存在严重的性能问题，为该系统最消耗内存的语句。我在仔细分析该语句的执行计划时，突然发现，BXZFFKDZT 表与其他三张表没有关联操作，也就是与其他三张表会导致笛卡儿乘积，即产生没有逻辑意义的结果数据。唉呀，太可怕了，业务逻辑都错了！

2）优化过程

在应用开发人员的深入分析之后，根据该语句的业务逻辑，将该语句增加了如下的 BXZFFKDZT 表与 BXZFFKD 表的连接关系。

```
    ... ...
  WHERE BXZFFKDZT.F_YW_TIME >= '20230601'
    AND BXZFFKDZT.F_YW_TIME <= '20230628'
    AND BXZFFKD.F_FK_ZHBH = '0713025829200098141'
    AND BXZFFKD.F_ZJDWBH = '20002650266100100001'
    AND BXZFFKDZT.F_ZFBH = BXZFFKD.F_ZFBH
    AND BXZFFKD.F_JYBZ = ZFBZZD.F_BZBH
    AND ZFDWZD.F_DWBH = BXZFFKD.F_ZJDWBH
```

修改之后，该语句返回的记录确保了业务逻辑的正确性。但性能依然不是很好，执行计划中出现了 INDEX SKIP SCAN 操作，原来是执行计划使用到的组合索引包含三个字段（F_ZFBH, F_FK_ZHBH, F_ZJDWBH），而该语句并没有 F_ZFBH 的约束条件，同时 F_ZFBH 字段的不同值非常多，导致 Oracle 在进行 INDEX SKIP SCAN 操作时，按 F_ZFBH 值分裂了很多小索引树，并对这些小索引树进行访问，类似于全表扫描，因此性能低下。于是，我建议直接创建（F_FK_ZHBH, F_ZJDWBH）索引，避免 INDEX SKIP SCAN 操作。最终优化效果是语句执行时间从 2 分多降为 1 秒，内存开销从 2GB 下降为 608KB。

3）更多细节的感悟

首先，再次重复那句话：确保业务逻辑正确是最重要的。在此基础上，我们再来展开进一步的优化分析。本语句的笛卡儿乘积就是典型的逻辑错误，连查询的数据都是杂乱无章、指鹿为马的，先确保业务逻辑的正确性的确是最重要的。

其次，错误的业务逻辑往往导致性能的低下。老罗不是开发人员，更不是业务人员，我是怎么发现语句的业务逻辑错误呢？原来错误的笛卡儿乘积，不仅是业务逻辑错误问题，而且极度消耗资源，该语句成为了最消耗内存的语句，即我是从资源消耗的角度发现了该语句的逻辑错误。

第三，在本次优化过程中，当开发人员增加了 BXZFFKDZT 表与 BXZFFKD 表的连接关系之后，语句速度降为 2 分多钟，开发人员就基本满足了。但是他却没有深入分析执行计划中还有 INDEX SKIP SCAN 操作，而且语句本身的业务逻辑是查询某单位的某账号在 6 月份的业务数据，2 分多钟的运行时间，显然不能让最终客户满意。于是，我再次深入分析，发现了上述组合索引的设计问题，最终是优化到 1 秒钟。这就是优化工作的精益求精，甚至是执着和执拗。

5. 案例 5：又是括号问题

1）可怕的笛卡儿乘积

依然是来自于我最新的实施案例，请看如下语句。

```
select max(F_DWBH) as F_DWBH,
       … …
       max(F_SH) as F_SH
  from (select ZBHBJG.F_DWBH    as F_DWBH,
               … …
               QX.F_SH           as F_SH
          from ZBHBJG ZBHBJG, BSUSSJ QX
         where (QX.F_QXBH = :1 and ZBHBJG.F_DWBH like QX.F_SJBH || '%' and
               QX.F_SH = '1' and
               ZBHBJG.F_DWBH = QX.F_SJBH and
               (QX.F_ZGBH = :2 or QX.F_ZGBH = :3 or QX.F_ZGBH = :4 or
               QX.F_ZGBH = :5 or QX.F_ZGBH = :6 or QX.F_ZGBH = :7 or
               QX.F_ZGBH = :8 or QX.F_ZGBH = :9 or QX.F_ZGBH = :10 or
               QX.F_ZGBH = :11 or QX.F_ZGBH = :12 or QX.F_ZGBH = :13 or
               QX.F_ZGBH = :14 and F_SH = '1'))
           and F_ISDX = '1'
            OR F_MX = '0') T
 group by F_DWBH
 order by F_DWBH, F_JS
```

该语句单次执行时间长达 5,196.76 秒，也就是 1 小时 26 分钟，太可怕了！以下就是该语句的执行计划。

Id	Operation	Name	Rows	Bytes	Cost（%CPU）	Time
0	SELECT STATEMENT				3637K（100）	
1	SORT ORDER BY		1815	411K	3637K（5）	12:07:29
2	HASH GROUP BY		1815	411K		
3	CONCATENATION					
4	MERGE JOIN CARTESIAN		1332M	287G	3510K（2）	11:42:02
5	TABLE ACCESS FULL	ZBHBJG	302	53756	15（0）	00:00:01
6	BUFFER SORT		4411K	227M	3510K（2）	11:42:02
7	TABLE ACCESS FULL	BSUSSJ	4411K	227M	11623（2）	00:02:20
8	NESTED LOOPS		1	232	115（0）	00:00:02
9	NESTED LOOPS		46	232	115（0）	00:00:02
10	TABLE ACCESS BY INDEX ROWID	BSUSSJ	46	2484	23（0）	00:00:01
11	INDEX RANGE SCAN	BSUSSJ_NEW_NEW2	46		3（0）	00:00:01
12	INDEX RANGE SCAN	ZBHBJG_KEY1	1		1（0）	00:00:01
13	TABLE ACCESS BY INDEX ROWID	ZBHBJG	1	178	2（0）	00:00:01
14	NESTED LOOPS		7	1624	1354（1）	00:00:17
15	NESTED LOOPS		551	1624	1354（1）	00:00:17
16	INLIST ITERATOR					
17	TABLE ACCESS BY INDEX ROWID	BSUSSJ	551	29754	251（0）	00:00:04
18	INDEX RANGE SCAN	BSUSSJ_NEW_NEW2	551		14（0）	00:00:01
19	NDEX RANGE SCAN	ZBHBJG_KEY1	1		1（0）	00:00:01
20	TABLE ACCESS BY INDEX ROWID	ZBHBJG	1	178	2（0）	00:00:01

可见该语句不仅出现了笛卡儿乘积，而且出现了 ZBHBJG 表和 BSUSSJ 表的全表扫描操作。

2）优化过程

因为有了上述案例笛卡儿乘积的实施经验，因此，我就专注研究如何增加 ZBHBJG 表和 BSUSSJ 表的关联关系，可是仔细分析发现，其实这两个表是有连接关系的，即不是常规写法的等于操作，而是如下的 like 操作。

```
… …
where (QX.F_QXBH = :1 and  ZBHBJG.F_DWBH like QX.F_SJBH || '%'  and
… …
```

即笛卡儿乘积并不是两张表缺乏关联操作导致的。于是，我与开发人员继续对该语句抽丝剥茧，甚至像剥洋葱一样逐层进行分析，最终发现问题来自语句外层的如下片段。

```
… …
and F_ISDX = '1'
OR F_MX = '0') T
… …
```

唉呀，原来语句缺乏一对括号，即 F_MX = '0' 单独作为一个条件直接访问了 ZBHBJG 表和 BSUSSJ 表，导致了笛卡儿乘积和全表扫描问题。正确的写法应该是增加如下的一对括号。

```
… …
and (F_ISDX = '1'
OR F_MX = '0')) T
… …
```

即正确的业务逻辑应该是语句中一堆的约束条件与上（F_ISDX = '1' OR F_MX = '0'）进行过滤操作，而不是那一堆约束条件只和 F_ISDX = '1' 进行过滤操作，再或者 F_MX = '0' 单独进行过滤操作。如果用 A 表示那一堆约束条件，B 表示 F_ISDX = '1'，C 表示 F_MX = '0'，则正确的逻辑应该是 A（B or C），而不是 AB or C。

经测试，修改后的语句不仅符合真正的业务逻辑，而且新的执行计划不再有笛卡儿乘积和全表扫描操作，而是按合理的索引进行访问，性能得到显著提升。

3）性能和功能是相辅相成的

本语句问题源于开发人员不小心少写了一对括号，不仅导致业务逻辑错误，而且导致了笛卡儿乘积和全表扫描，极度消耗资源。对业务一窍不通的老罗怎么会发现这个语句的业务逻辑问题？完全是从 Top-SQL 中首先发现了资源消耗的技术问题，然后倒推业务逻辑问题的。可见性能和功能是相辅相成的，甚至是一对孪生兄弟。功能合理，技术运用正确，性能通常也是没有问题的。若功能都错了、紊乱了，实现起来一定是错进错出、杂乱无章，非常不合理，甚至极度消耗资源。此时，错误的功能和劣质的性能就成了一对难兄难弟。

6. 梳理和总结

本文通过 5 个案例，讲述了我对应用优化与应用透明性的关系和内涵的感受，老罗一会儿讲优化中应该尽量不修改应用，一会儿又讲如何修改应用，一定令各位看官很烧脑，哈哈。请允许我来梳理和总结如下。

1）业务逻辑正确是第一位的

首先，无论是修改或不修改业务逻辑，确保业务逻辑正确是第一位的。本文的案例 1、案例 2 就是在不修改应用语句的前提下进行的优化，不仅确保了业务逻辑正确和保持不变，而且大大简化了应用修改的工作量。而案例 3、案例 4、案例 5 都存在业务逻辑问题，因此，修改应用并确保业务逻辑是第一位的，然后我们再展开进一步的优化工作。

2）尽量不修改应用

如本文开篇，应用优化的大部分技术如索引、分区、物化视图和查询重写等技术，都是不需要修改应用，而是在数据库层面开展优化工作就可以达到良好的优化效果的。因此，建议广大开发人员能深入理解这些技术的原理，并在实际开发工作中熟练运用，尽量不要一遇到应用问题，就琢磨如何修改 SQL 语句。

3）该改的还是要改

很多应用问题的确是 SQL 语句编写问题导致的，例如，在日期条件字段前加 to_char 函数，导致索引无法使用，解决此类问题最好的方式就是取消条件字段前的函数。另外，本文第一个案例中同样的子查询出现了两次，优化策略就是修改语句即采用 with 子语句。

如果通过修改应用程序能达到显著的优化效果，为什么不改呢？因此，该改的还是要改。

希望大家看完本文最后一节之后，不再烧脑了，而是豁然开朗，哈哈。

2023 年 8 月 18 日于北京

成也萧何，败也萧何——令人纠结的 Hint 问题

所谓 Hint，就是开发人员在 SQL 语句中编写一段一定格式的注释，目的就是强制 Oracle 优化器按某种方式去产生执行计划并执行 SQL 语句。Hint 不会对 SQL 语句的执行结果产生任何影响，通常只是达到提升 SQL 语句性能的目的。因此，曾几何时，能广泛、深入地使用 Hint 的开发人员的确是高手，因为他们甚至比 Oracle 优化器自己产生的 SQL 语句执行计划还要好，执行效率还要高。可是，成也萧何，败也萧何，10 多年之后，尤其很多系统升级到 Oracle 更新的版本之后，大量 Hint 的使用，尤其是一些老版本的 Hint 反而成了导致性能问题的罪魁祸首！也因此，尽量不要使用 Hint，并尽量通过统计数据采集工作的顺利实施，确保 Oracle 基于成本优化器（CBO）自己产生最优的执行计划，又成了 Oracle 应用开发最新的最佳实践经验。

可见，针对 Hint 技术的运用，数十年来在业内可谓经历了否定之否定的发展过程。本文就将围绕 Hint 技术的运用话题，来一次时空穿越，不仅将系统回顾 Oracle Hint 知识，而且讲述一些 Hint 的负面案例，最后将介绍 Oracle 公司对 Hint 的最新官方观点，以及个人的实施经验。

1. Oracle 真灵活

10 多年前，某银行广泛采用了 Oracle 和 IBM DB2 两种数据库，该银行很多开发人员也游走在两种平台之间，感受了不同的产品特性和风格。某天，我在为该银行提供服务过程中，与几位开发人员闲聊时好奇地问道：

"你们觉得 DB2 怎么样？"

"还是 Oracle 好用，更灵活。" 他们一致回答。

"体现在哪些方面？" 我继续问。

"Oracle 可以通过 Hint 控制 SQL 语句执行计划，而 DB2 没有为开发人员提供这种可控制的空间和手段，DB2 自己想怎么执行就怎么执行。"

哦，原来如此，Oracle 的确非常灵活，可以通过各种 Hint 来控制优化器产生不同的执行计划。例如，你想让 Oracle 走哪个索引，就可以用 Hint: /*+ INDEX（表名 索引名）*/，你想让 Oracle 走全表扫描，就可以用 Hint: /*+ FULL（表名）*/。

的确，当年该银行的这几位开发人员水平非常高，非常熟悉自己的数据分布情况和访问方式，广泛使用了多种 Hint，有效保证了 SQL 语句执行计划的最优化，也确保了系统的响应速度和吞吐量。例如，他们设计了 Hint：/*+ ORDERED USE_NL（B C）INDEX（B IDX_TRANSSTBL_RETURN）*/，其中 ORDERED 表示按 From 顺序进行表连接操作，USE_NL 表示连接方式为 Nested_Loop，INDEX（B IDX_TRANSSTBL_RETURN）表示按 IDX_TRANSSTBL_RETURN 索引访问 B 表。

2. 回顾 Hint

我们不妨从一些 Hint 使用的简单案例开始，并系统地梳理一下 Oracle 的各种 Hint。例如，下列语句就是强制 Oracle 优化器按索引 PRODUCTS_PROD_CAT_IX 去访问 products 表。

```
UPDATE /*+ INDEX(p PRODUCTS_PROD_CAT_IX)*/
products p
SET    p.prod_min_price =
        (SELECT
          (pr.prod_list_price*.95)
FROM products pr
WHERE p.prod_id = pr.prod_id)
WHERE p.prod_category = 'Men'
AND    p.prod_status = 'available, on stock'
```

Oracle 到底有多少种 Hint，主要作用是什么呢？下表是我进行的总体梳理。

序号	大类	Hint	Hint 含义
1.	优化器方式	All_ROWS	指定按最大吞吐量为目标的 CBO 模式
		FIRST_ROWS(n)	制定 Oracle 优化器按最快返回 n 条记录产生执行计划
		RULE	强制 Oracle 采用 RBO 模式
2.	访问路径	FULL	强制 Oracle 对制定表进行全表扫描访问
		CLUSTER	强制 Oracle 对指定表按 cluster scan 方式进行访问
		HASH	强制 Oracle 对指定表按 hash scan 方式进行访问
		ROWID	强制 Oracle 对指定表按 ROWID 方式进行访问
		INDEX	强制 Oracle 对指定表按指定索引进行访问
		INDEX_ASC	强制 Oracle 对指定索引按升序进行访问
		INDEX_DESC	强制 Oracle 对指定索引按降序进行访问

续表

序号	大类	Hint	Hint 含义
2.	访问路径	INDEX_COMBINE	强制 Oracle 对指定表按指定的 Bitmap 索引进行访问
		INDEX_JOIN	强制 Oracle 对指定索引进行合并操作，并访问指定的表
		INDEX_FFS	强制 Oracle 对指定表按指定索引进行 Fast Full Scan 方式访问
		INDEX_SS	强制 Oracle 对指定表按指定索引进行 skip scan 方式访问
		NO_INDEX	强制 Oracle 对指定表不按指定索引进行访问
3.	查询转换	NO_QUERY_TRANSFORMATION	跳过所有查询转换，包括 OR 操作转换、视图合并、子查询和主查询合并、星型转换、物化视图语句重写等
		USE_CONCAT	强制 Oracle 将 OR 操作按 UNION ALL 操作执行
		NO_EXPAND	阻止 Oracle 将 OR 操作按 UNION ALL 操作执行
		REWRITE	按物化视图对语句进行重写
		NO_REWRITE	关闭 REWRITE 功能
		UNNEST	强制 Oracle 将子查询和主查询合并
		NO_UNNEST	关闭 UNNEST 功能
		MERGE	将复杂的视图与调用该视图的语句合并
		NO_MERGE	阻止将复杂的视图与调用该视图的语句合并
		STAR_TRANSFORMATION	强制 Oracle 对星型模型的访问转换为子查询，并按相关 Bitmap 索引进行访问
		FACT	与 STAR_TRANSFORMATION Hint 配合，指定哪个表为事实表
		NO_FACT	与 STAR_TRANSFORMATION Hint 配合，指定哪个表不为事实表
4.	表连接顺序	ORDERED	强制 Oracle 按 From 短语中表的顺序，进行表连接操作
		LEADING	强制 Oracle 在表连接操作时，先访问指定的表
5.	表连接操作	USE_NL	强制 Oracle 对指定表按 Nest_Loop 方式进行表连接操作
		NO_USE_NL	强制 Oracle 对指定表不按 Nest_Loop 方式进行表连接操作
		USE_NL_WITH_INDEX	与 USE_NL 类似，但是必须按指定索引访问驱动表
		USE_MERGE	强制 Oracle 对指定表按 Sort-Merge 方式进行表连接操作
		NO_USE_MERGE	强制 Oracle 对指定表不按 Sort-Merge 方式进行表连接操作

序号	大类	Hint	Hint 含义
5.	表连接操作	USE_HASH	强制 Oracle 对指定表按 HASH 方式进行表连接操作
		NO_USE_HASH	强制 Oracle 对指定表不按 HASH 方式进行表连接操作
		DRIVING_SITE	强制 Oracle 在 SQL 语句发起的另外一个节点上执行
6.	其他类	APPEND	强制 Oracle 按 Direct-path Insert 方式插入数据
		NOAPPEND	强制 Oracle 按传统方式插入数据
		CURSOR_SHARING_EXACT	阻止 Oracle 将 SQL 语句中的常量替换为绑定变量
		CACHE	强制 Oracle 将指定表缓存在 Buffer Cache 中
		PUSH_PRED	强制 Oracle 将主语句中表与视图中相关表进行连接操作
		PUSH_SUBQ	强制 Oracle 先执行非合并的子查询模块
		DYNAMIC_SAMPLING	强制 Oracle 进行动态统计数据采样，采样率参数为 0 到 10，值越大，动态采样数据越多
		MONITOR	强制 Oracle 启动实时 SQL 语句性能监控功能
		NO_MONITOR	关闭实时 SQL 语句性能监控功能
		RESULT_CACHE	强制 Oracle 将当前查询结果集缓存在 RESULT CACHE 中
		NO_RESULT_CACHE	强制 Oracle 不将当前查询结果集缓存在 RESULT CACHE 中

限于篇幅，还有更多类的 Hint 就不再一一罗列了，例如与 Parallel 技术处理相关的 Hint 等。

3. 有关 Hint 使用的负面案例

本文重点并不是要讲解上述纷繁的 Hint 技术使用技巧，恰恰相反，本文将介绍若干 Hint 使用的负面案例。

1）错误使用 /*+ use_nl(a)*/

某省移动 CRM 系统中有如下一条语句最消耗资源。

```
SQL> SELECT /*+ use_nl(a)*/
    a.ROWID,
    a.region,
```

```
    ...
    nvl(b.encpara, ' ')
     FROM tbcs.smtemplate b, tbcs.smnotify_kf a
    WHERE a.region IN
          (533, 535, 534, 537, 530, 538, 536, 546, 632, 531, 633, 543,
634, 635, 999)
      AND a.template_no = b.template_no
      AND (nvl(a.senddate, sysdate - 1) <= sysdate)
      AND (nvl(b.begindate, sysdate - 1) <= sysdate)
      AND (nvl(b.enddate, sysdate - 1) >= sysdate)
      AND (nvl(b.priority, 1) between 1 and 5)
      AND (a.sendtype = 1 OR
          (a.sendtype = 0 AND
          (b.worktime IS NULL OR
          ((to_char(sysdate, 'hh24:mi') between substr(b.worktime, 1, 5) and
          substr(b.worktime, 7, 5)) OR
          (to_char(sysdate, 'hh24:mi') between substr(b.worktime, 13, 5) and
          substr(b.worktime, 19, 5)) OR
          (to_char(sysdate, 'hh24:mi') between substr(b.worktime, 25, 5) and
          substr(b.worktime, 31, 5))))))
      AND ROWNUM <= 128;


23 rows selected
Elapsed: 00:00:38.94


Execution Plan
----------------------------------------------------------
   0      SELECT STATEMENT Optimizer=CHOOSE (Cost=632 Card=1 Bytes=623)
   1    0   COUNT (STOPKEY)
   2    1     NESTED LOOPS (Cost=632 Card=1 Bytes=623)
   3    2       TABLE ACCESS (FULL) OF 'SA_DB_SMTEMPLATE' (Cost=13
Card=1 Bytes=165)
   4    2       PARTITION RANGE (INLIST)
   5    4         TABLE ACCESS (FULL) OF 'SMNOTIFY_KF' (Cost=620 Card=
          1 Bytes=458)


Statistics
----------------------------------------------------------
         4  recursive calls
         0  db block gets
   9171128  consistent gets
      2381  physical reads
         0  redo size
```

```
   2274  bytes sent via SQL*Net to client
    461  bytes received via SQL*Net from client
      1  SQL*Net roundtrips to/from client
      0  sorts (memory)
      0  sorts (disk)
      0  rows processed
```

尽管该语句中存在大量错误使用函数，导致了索引无法使用的问题，但 smtemplate、smnotify_kf 表都非常小，因此全表扫描也算是正确的执行路径。但两个表被语句的 HINT：/*+ use_nl（a）*/ 强制按 nested loop 进行连接，导致内存消耗非常大：9171128。如果去掉上述 HINT，语句执行情况如下。

```
Execution Plan
----------------------------------------------------------
   0      SELECT STATEMENT Optimizer=CHOOSE (Cost=633 Card=1 Bytes=623)
   1    0   COUNT (STOPKEY)
   2    1    HASH JOIN (Cost=633 Card=1 Bytes=623)
   3    2     TABLE ACCESS (FULL) OF 'SA_DB_SMTEMPLATE' (Cost=13 Card=1
             Bytes=165)
   4    2     PARTITION RANGE (INLIST)
   5    4      TABLE ACCESS (FULL) OF 'SMNOTIFY_KF' (Cost=620 Card=
          141 Bytes=64578)


Statistics
----------------------------------------------------------
      4  recursive calls
      0  db block gets
   3385  consistent gets
   1196  physical reads
      0  redo size
   2274  bytes sent via SQL*Net to client
    461  bytes received via SQL*Net from client
      1  SQL*Net roundtrips to/from client
      0  sorts (memory)
      0  sorts (disk)
      0  rows processed
```

可见，Oracle 自动根据两个表的统计数据情况，选择按 HASH_JOIN 方式进行两个表的连接。实际执行效果内存消耗非常小，从 9171128 下降为 3385。

2）错误使用 /*+ use_merge */

某天，我在一旁观摩我的同事为某银行一条 Merge 语句进行优化，可惜我没有实际操作，无法将语句优化过程完整记录下来，现在仅以文字形式进行描述。

该 Merge 语句涉及一大一小两个表的连接，现有执行计划为两个表的全表扫描，显然不合理，于是我的同事在大表的连接字段上建了一个索引，执行计划果然走新建索引了，但 Cost 依然非常高，执行效率不佳。我在一旁仔细分析执行计划，发现两个表走的是 Sort Merge 连接方式，再仔细看语句，原来有一个 /*+ use_merge */ 的 Hint，于是我果断建议把这个 Hint 去掉，结果 Cost 大大下降，实际效果是执行计划变为两个表按 Nested-Loop 进行连接，其中小表为全表扫描并为驱动表，大表按新建索引进行访问，语句执行时间提升到 7 秒，我的同事马上问旁边的开发人员："7 秒能满足需求吗？"开发人员喜出望外："啊，原来这条语句是 20 多分钟呢！"

可见，Oracle 完全可以根据新建索引和统计数据准确判断出最优的执行计划，而开发人员的 /*+ use_merge */ 强制 Oracle 按 Sort Merge 进行表连接，实在是弄巧成拙。

这就是错误使用 Hint 的两个典型负面案例。第一个案例是本来应该走 HASH JOIN 表连接的语句被错误的 Hint 走成了 Nested Loop，第二个案例则是本来应该走 Nested Loop 表连接的语句被错误的 Hint 走成了 Sort Merge。

4. 有关 Hint 的 Oracle 官方观点和最佳实践经验

1）Hint 是优化过程中的最后一招

这意味着 Oracle 公司对自己的 CBO 优化器非常自信，Oracle 认为只要统计数据准确，CBO 绝大部分情况下是没有问题的。若统计数据已经准确，甚至已经采用了 SQL Profile 等新技术，执行计划依然不合理，Oracle 这时候才建议使用 Hint。

我们不妨再回顾一下 Oracle 自动化优化工具的使用：Oracle 自动化优化工具一般会给出四方面的分析建议，而第一条建议就是分析是否有统计数据，以及统计数据是否过期。这就是 Oracle 对性能优化的最新理念，也再次验证上述观点：只要统计数据准确，CBO 绝大部分情况下是没有问题的，而 Hint 只是优化过程中的最后一招。

2）稳定和固化并不代表着最优

很多 Oracle 同仁使用 Hint 的一个重要目的就是为了执行计划的稳定和固化，防止 SQL 语句因执行计划变异而导致性能衰减。可是，这个世界上没有一成不变的事情，这个世界上唯一不变的事情就是变。SQL 语句是访问数据的，而数据库中的数据是在不断动态变化之中，因此 SQL 语句执行计划应该是根据数据变化情况不断演变的，关键是要不断变好，而不是出现性能衰减。而 Oracle 的 Hint 以及更老的 Stored Outline 等技术只追求稳定和固化，都是落后、淘汰、简单、粗暴的技术，并不能适应客户数据的动态变化，因此，Oracle 在 11g、12c、19c 中推出了 SPM、Adaptive Cursor Sharing、Adaptive Query

Optimization 等更多动态、自适应的优化技术。

3）Hint 将导致昂贵的开发和维护成本

大量使用 Hint，将要求开发人员非常熟谙被访问表的数据分布情况，而一旦数据量发生陡变，或者表结构发生变化，或者数据库版本升级，都可能导致 Hint 失去作用，甚至适得其反。为此，开发人员不得不根据这些变化情况去实施调整 Hint 技术的运用，这将导致昂贵的开发和维护成本。

4）在视图上和视图内谨慎使用 Hint

由于对视图的访问取决于调用视图的语句环境，Oracle 很可能因为上下文环境不一样，对视图的访问路径是不同的，因此在视图上和视图内使用 Hint，强制 Oracle 产生某一种执行计划，很可能并不是最优的执行路径。更何况，Oracle 对视图的访问可能是将视图定义与主语句合并，也可能是将主语句的谓词条件推送到视图之中。这些不确定情况，若再加上 Hint 的使用，将会导致更多不可预知的结果。

尽管 Oracle 也推出了 Global Table Hint 技术，即将语句中表的 Hint 推送到被访问的视图之中，但本人认为仍然要谨慎使用这样的技术。

本人更有这样的观点：对视图本身尤其是多层嵌套视图的使用就一定要慎重，因为这都会导致 Oracle 难以确保最优的执行计划。

5）隐含参数 _OPTIMIZER_IGNORE_HINTS 参数的使用

Oracle 在新版本中推出了一个隐含参数 _OPTIMIZER_IGNORE_HINTS，取值为 TRUE/FALSE，默认值是 FALSE，也就是说 Oracle 可以通过将该隐含参数设置为 TRUE，使得 Oracle 优化器忽略 SQL 语句中所有的 Hint。

显然，Oracle 提供此参数的目的就是在不修改应用前提下，即 SQL 语句中可能依然存在大量 Hint，但 Oracle 将忽略所有 Hint，让 Oracle 优化器自己来分析和选择执行路径。Oracle 也是认为，在数据库版本升级之后，原有 Hint 可能不仅起不到好作用，反而会起到反作用了。即 Oracle 认为在新版本下，没有这些 Hint，Oracle 可能会运行得更好。

甚至这些年我也经常发现，即便我没有设置 _OPTIMIZER_IGNORE_HINTS 参数为 TRUE，即便我在语句中采用了指定某个索引的 Hint，但 CBO 也完全忽略我刻意设计的 Hint 的存在，依然产生了更优异的执行计划。这也是 Hint 技术日渐弱化的态势。

6）并非一刀切

Oracle 公司和本文并非一刀切地否定所有 Hint 的使用，Oracle 某些技术的运用还是依赖于 Hint 的，例如 11g 新的 Result Cache 技术的使用等。另外，根据最佳实践经验，通过 Hint 使用某些技术效果更好。例如通过 /*+ parallel */ Hint 比 11g 的自动并行处理技术更为有效、更为稳妥。因此，Hint 技术的运用还应因地制宜。

5. 某银行的 Hint 实施

据了解，为确保性能的稳定性，某银行部分系统大量采用了 Hint 技术，例如固定按某些索引进行访问。这也是该行追求稳妥、谨慎的总体技术策略的具体表现。但是这种策略对应用开发人员提出了很高的要求，例如开发人员不仅要掌握 SQL 语句的内部执行机制，而且要熟悉被访问数据的分布情况和访问特征。再者，的确如上所述，大量使用 Hint 很难灵活适应数据不断动态变化情况，即很难以不变应万变，同时也难以满足硬件扩容和迁移、数据库升级等环境变更需求。

最近该客户就发生了开发人员在 Hint 使用中错误指定索引，或者被指定的索引被删除等问题而导致的性能故障。为此，该客户向服务团队提出了如何使用 Hint 的技术培训需求，我没有深入了解该培训的内容，但是我希望我的同行不仅能讲解各种 Hint 的使用规范和最佳实践经验，而且更能从 Oracle 技术发展方向和更高的技术运用层面，让客户逐渐摒弃 Hint 技术的运用，并通过统计数据采集工作的顺利实施，确保 Oracle 的 CBO 优化器总体运行在良好状态，从而确保系统的总体性能最佳。

这也是服务理念"方圆说"的具体深化，即不要客户说是圆的，我们就捏得更圆点；客户说是方的，我们就捏得更方点，而是敢于大胆对客户的需求和现状说"不"，把圆的逐步改成方的，把方的逐步改成圆的。这样不仅将更好地满足客户利益，而且也将给服务团队带来更大的拓展空间。

本文最后要总结的是：当年大家被迫采用 Hint 的一个重要原因是 Oracle CBO 优化器还存在一定缺陷，即产生的执行计划有时候还不是最优的，而现在，随着 Oracle 新版本的不断推出，CBO 已经越来越智能、越来越先进了，我们 Oracle 广大用户也要与时俱进，不断适应新技术的发展，并采取更合理的技术运用策略。

这就是事物的螺旋式上升发展，这就是事物的综合平衡。

2023年4月7日于北京

初识数据仓库

数据库和数据仓库只有一字之差，却是既有相通性又内涵和外延都迥异的两个不同领域。遥想 2001 年我应聘 Oracle 的时候，职位并不是专职于数据库领域，而是那个年代鲜有人从事的数据仓库工作，而我当年只是略知点皮毛和小试过牛刀，就被老板收入囊中了。

入职后不久家人问我："在 Oracle 从事什么专业工作？"我回答："数据库和数据仓库。"家人继续问道："我知道数据库，数据仓库是什么？是专门做仓库管理的软件吗？"哈哈。

20 多年过去了，不仅业内外人士基本都已知晓"数据仓库"这个词，包括近年来的大数据、商务智能等更多时髦词都已经耳熟能详，而且数据仓库技术本身也历经 20 多年发展，已经日臻成熟，相关应用更是在各行各业遍地开花了。

但是本文还是想讲述当年我初识数据仓库的一些往事，意在温故而知新，并对 IT 行业、原厂服务部门和个人在当今的数据仓库和商务智能、大数据、人工智能等领域的发展做一番畅想。

1. 初尝辄止的甜头

1）初试牛刀

话说 20 多年前的世纪交替之际，我供职于某互联网公司，当年的第一批互联网 .com 热浪最早以眼球经济和烧钱等噱头引来世人瞩目，但是在半年多的风风火火之后，各互联网公司很快进入了如何赢利的理性思考阶段。当年我所在的公司也迅速从最初的定位于城市生活网站的大而全开始收缩并寻找落地商务模式，在收购了一家传统商旅公司之后，该网站成功转型为以订酒店、订机票为商业模式的线上商旅公司，并逐步走向了扭亏为盈之路。

当年我在该网站从事 DBA 工作，主要负责该网站数台数据库的运维管理。网站在转型大半年后，随着商旅业务的高速发展，对现有数据进行统计分析，为公司管理层提供决策依据，也被提上了议事日程。于是，我开始尝试当年还算高精尖的数据仓库技术来展开业务数据分析。由于对 Oracle 数据库技术有一定基础，而且也的确对 Oracle 的产品和技术情有独钟，因此在数据仓库产品和技术选型方面，我还是选择了当时鲜为人知的 Oracle Express 多维分析产品，包括 Express Server 多维模型服务器、Express Analyzer 和 Express Object 分析展现工具等。

再于是，我那段时间先学习了一些数据仓库的基本概念、基本架构知识，并向业务部门初步了解了商旅数据分析基本需求以及现有商旅数据库表结构，然后就直接在 Express Server 服务器中构建了销售业绩和成本两个多维分析模型。当年的技术资料已经不知道被我遗弃在哪个光盘了，现在只依稀记得按时间、销售人员、销售渠道、地区、酒店级别等维度进行销售业绩数据分析，以及按时间、地区、成本类型、酒店级别等进行成本数据分析，如下图所示。

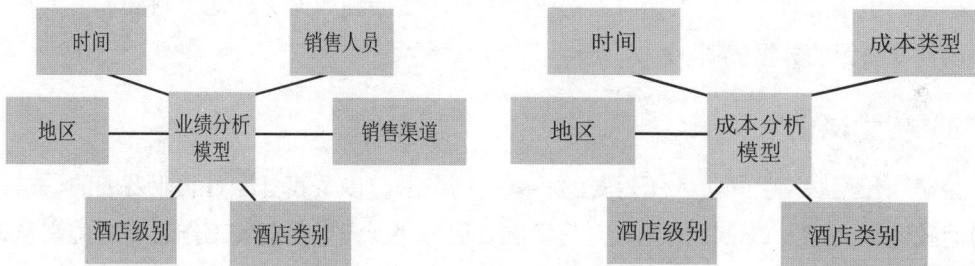

当年该网站的商旅生产数据库为 SQL Server，于是我通过那个年代的一个主流工具 PowerBuilder 将主要商旅数据从 SQL Server 抽取到 Oracle 数据库中（即 ODS 区域），再经过几个小时的汇总计算并灌入了 Express Server 的两个分析模型中，最后再通过 Express Analyzer 工具进行展现，即总体架构和流程图大约如下。

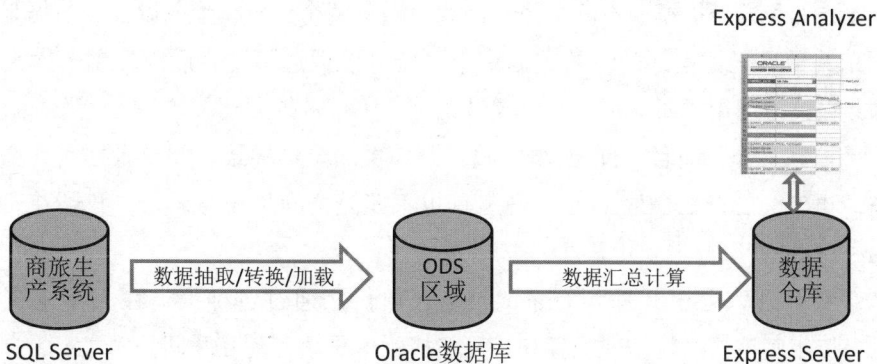

于是该网站半年多来的各种业务数据就以全方位、多维度展现和钻取方式，呈现在我们面前。初试牛刀就小尝胜果了！

2）快赢利了！

刚开始，我还是沉醉于对多维数据丰富多彩的呈现方式的技术享受之中，像玩魔方一样，从时间、地区、酒店等多个维度对销售业绩和成本数据进行向下钻取（Drill Down）、向上汇总（Drill Up），甚至从维度数据钻取到详细数据（Drill through）。不久我就更对业务数据感兴趣了，我惊讶地发现，我们公司快赢利了！在当年还没有一家互联网公司赢利的年代，我发现公司的亏损已经逐月下降，每月只有几十万元亏损，已经接近赢利边缘了。那么，下一步如何实现降本增效？通过成本多维模型的钻取分析，我发现最大的成本是客服中心的电话费用。

于是，那天我带着我的惊奇发现兴高采烈地冲向 CTO 和 CFO 办公室，他们也兴奋不已，并说其实公司从财务报表上已经知道快赢利了，但看到我如此多维度、多层面的翔实分析结果还是令他们惊喜。例如，按时间、地域、渠道、销售人员、酒店类型等不同维度进行的销售业绩和成本指标数据 Top-N 排名等，令公司管理层更全面地了解了业绩发展的更多层面和更多细节，以及为如何推动业绩进一步发展和如何更好地控制成本，为管理层提供了精准决策的数据依据。

3）初尝辄止

由于当年互联网公司进入了短暂的不景气的冬季，以及我自己对职业发展的诉求，那段时间我还是决定去 Oracle 的更大空间发展。记得那天我正在交代工作时，那位来自台湾的 CFO 把我叫到办公室，让我给他生成更多的业绩报表，我先完成了他交代的任务，然后也如实告知了他我将离职的决定，他的失落之情溢于言表。的确，没想到我在数据仓库领域的小试牛刀，就给公司业绩发展起了这么大的作用，这也是我第一次切身体会到数据仓库和商务智能对企业发展的重要性。

但是今日回首，其实当年的初尝辄止无论在业务还是技术层面都是非常稚嫩的，首先，在业务方面我的分析模型不够全面，即我只做了两个分析模型的设计、数据采集和数据分析，充其量只能算是部门级的数据集市系统，还远达不到企业级数据仓库系统的高度。其次，在技术运用上还有很多需要提升之处，不仅数据源比较单一，也没有进行细致的数据质量控制工作，而且 ETL 工作只做了第一次的全量加载，并没有去实施增量数据加载工作，再者，Express Analyzer 展现工具也不能完全满足业务需求，我还在研究如何通过 Express Object 进行定制化开发……

后来，我离开该公司并加入 Oracle 至今，但仍然通过各种渠道在关注老东家的发展，据说当年年底该网站就实现了赢利，可能成为最早赢利的互联网公司之一，迄今在国内也是商旅行业的佼佼者。再后来的 2004 年 11 月，该公司在纳斯达克成功上市了，正在出差中的我则是喜忧参半，喜的是为老东家一个重大目标终于实现了而开心，忧的是突然想起我那已经成为废纸一张的股票期权书，损失了好几十万呢！哈哈。

2. 八仙过海的神仙聚会

1）初次感受 Oracle 提供的大平台

那年入职 Oracle 后不久，还没有马上参与到一个具体的数据仓库大项目中，却得到一个难得的另类工作机会：代表 Oracle 公司参加中国移动经营分析系统建设研讨会。那次研讨会可不是一天半日，而是被集团总部拉到位于小汤山的中国移动培训中心，足足封闭了两个月！并且是云集了集团总部、若干省公司、主要开发商如亚信、联创、思特奇等，以及 Oracle、IBM、NCR、CA 等原厂商的各路精英。

那次研讨会的大背景是中国移动在已经成功建设了经营支撑系统（BOSS）的基础上，准备在全行业开展经营分析系统（BASS，也简称经分系统）即数据仓库系统的建设，研讨会的主要目的就是组织业务和技术各方人士，共同制定经分系统的业务和技术规范，用于指导全行业的经分系统建设。

刚入职 Oracle 就能参与到这么一个高层次、高级别、群英荟萃的研讨会中，真心感谢 Oracle 提供的大平台。那次的研讨会，不仅令我自己对 Oracle 在数据仓库领域的产品、技术有了一次系统的学习机会，而且也对同行业竞争对手的产品和技术有了一定了解和横向对比，更对移动行业的业务特点、分析需求有了初步了解。

那个金秋季节，白天各路神仙一起华山论剑、逍遥自在，实则又基于各自公司利益明争暗斗、暗度陈仓，晚上兄弟姐妹们又一起打羽毛球、游泳、K 歌，然后泡温泉，我暗自窃喜：全是我喜欢的娱乐活动，哈哈。回味那段被同行誉为经分系统黄埔军校的美好日子，下面我将从技术和业务两个方面再展开深度分享。

2）技术规范编写中的趣事轶闻

那次的研讨会被移动集团分为业务和技术两个大组，分别负责编写业务和技术规范。业务组主要以移动客户和各开发商人员为主，技术组则云集了 Oracle、IBM、NCR、CA 等大咖们，其中我可能是原厂商中资历最浅的一个，也不善于做客户关系，于是在确定分工时，被人欺负到可能是 Oracle 最弱的一个领域：数据展现工具规范的编写。众所周知，Oracle 数据库多牛啊，当年刚推出的 Oracle 9i 还将数据仓库相关技术融合其中，即数据库集成了 OLAP Option 技术，可是我却连为 Oracle 数据库和数据仓库引擎挥墨的机会都没捞到。

尽管如此，我还是把 Oracle 在数据展现层的相关产品和技术好好研究了一番，然后照着 Oracle 产品白皮书，把 Oracle 在数据展现层的多个产品和技术，例如，预定义报表、即席查询（Ad-hoc）、多维动态分析报表、数据挖掘和门户入口等都写入了技术规范中。然后我环顾四周，发觉 IBM、NCR、CA 的同行们同样不是省油的灯，也是照着自己公司的产品白皮书把自家的产品和技术都写入了各自负责的数据仓库体系架构、数据存储、数据获取、数据挖掘、元数据管理、运行维护等领域的规范之中。可见，当年我们各原厂参会者就有强烈的标准和规范先行的意识，谁主导了标准，谁就拥有了话语权，谁在未来的产品选型、技术服务中就占领了先机，都是高智商的人，谁也不傻，哈哈。

花絮 1：记得待我完成了作业，移动总又请来专门的展现工具厂商 COGNOS 专家进行评估，那女士也不是省油的灯，一上来就把我写的对 COGNOS 不利的话语咔嚓咔嚓全删了，然后又大段大段加入了 COGNOS 产品的宣传广告词，令我哭笑不得。

花絮 2：记得在最初的硬件选型规范描述中，写入了 CPU 必须是 64 位的规范，后来在讨论时遭到了 NCR 的反对，我们各厂商才恍然大悟：原来 NCR 的 Teradata 服务器是 32 位 CPU。最后大家还是尊重 NCR 的意见，取消了这一条规范。现在回想起来，对 Oracle 也是件幸事，2008 年后，Oracle 推出的 Exadata 不也是 32 位的吗？否则当年我们也给 Oracle 一体机戴上了紧箍咒，哈哈。

花絮 3：在各路大侠经过大约 1 个月的呕心沥血，实则是处心积虑、各自盘算、暗流涌动之后，我们技术组终于推出了第一稿的技术规范，也迎来了集团领导的第一次评审。就在那次评审会上，估计领导的第一感觉就是不伦不类、自说自话，充满商业气息和铜臭味道，然后他一言不发，沉默了快 10 分钟，令我们各路人马如坐针毡。还是初生牛犊的我打破了沉默，也是乘机发泄对我们那个有点强势的来自 NCR 的技术组长的不满："我们组长天不怕、地不怕，就怕领导不说话。"顿时引来包括集团领导在内所有与会者的哄堂大笑，哈哈。

于是，这个云集了各厂家产品宣传广告词的、大杂烩似的所谓技术规范就这么隆重出笼了。未来能否真的成为指导各省经分系统产品采购和建设的标准、规范甚至尚方宝剑，为各原厂商带来期望的商业利益？其实那次我们那批大咖们都枉费心机了，会议后期我们就得知了集团的总体布局：在商务方面鉴于 Oracle 在 BOSS 市场几乎一统天下，于是不能再让 Oracle 独霸 BASS 即经分系统市场，基本原则是让 Oracle、IBM 和 NCR 三分天下。在技术方面，移动客户和我们技术组其实也有共识，即虽然 Oracle 在联机交易技术方面优势明显，但是在 OLAP 和 DW 方面，Oracle、IBM 和 NCR 三家主要公司和其他更多公司则各有千秋，例如 Oracle 强在服务器引擎，而 ETL、数据展现、Data Mining、元数据管理等的确是其他公司更有优势和特点。集团的总体布局也是综合商务和技术多方考量的合理决策，日后我们了解到各省的经分系统实施情况也基本如此。

3）业务规范才是满满的干货

如果说所谓的技术规范实则是充满各原厂商的广告词，还不如直接看白皮书，那么业务规范则是来自一线的移动客户和开发商对移动经营数据进行分析模型设计的真材实料了。那次集团领导除了将我们参会者分为业务、技术两个大组，也将我们业务和技术人员混编成 3 个小组进行研讨，因此给了我迅速学习和了解移动业务的良机。

当我手捧客户和开发商团队完成的心血之作时，我第一感觉就是太专业、太牛了，不仅分析主题涵盖用户发展、业务发展、收益情况、市场竞争、服务质量、营销管理、网络分析、大客户分析、代销商分析、客户分群、客户流失分析、客户信用分析、营销渠道分析、产品推广分析、竞争对手分析等十余个主题，而且每个主题的指标和维度也非常丰满，例如以下就是用户发展主题的两个多维分析模型，以及与生产系统源数据中相关表的关系。

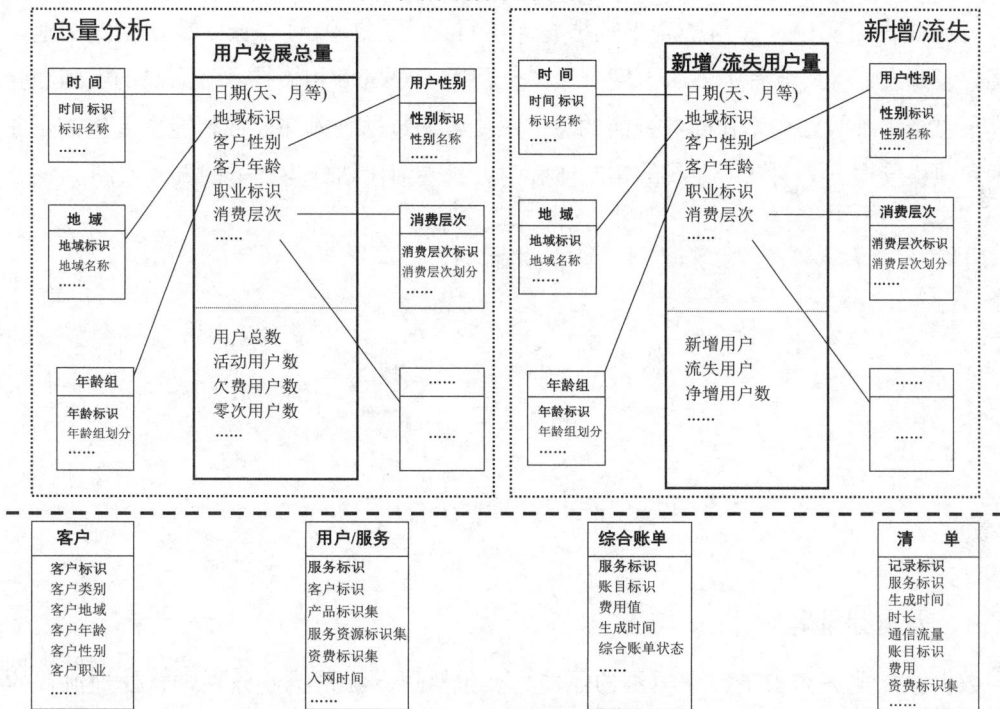

用户发展情况分析

回想我几个月前在那家互联网公司所做的皮毛工作，真有大学生和小学生之差的汗颜。而且我还看到了关于竞争对手的用户数分析，某开发商高手还设计了详细的数学模型，那一堆的 Σ、函数、加权系数、公式等不便在本文展开，否则就侵权了，哈哈。

初登如此大雅之堂、初识这么多高人的我越来越认知这个世界太精彩了，也是术业有专攻，未来如何在这个大千世界既做好自己的技术本分，又如何有机融合到这个五彩斑斓的世界，我依稀有了一点感觉。

4）对未来工作的收益

虽然短暂但内容丰满的两个月很快就结束了，那段时间积累的业务、技术乃至人脉日后在我为移动行业提供的服务工作还是发挥了重要作用。我发现，不仅当年开会的好多人后来都成了移动公司、开发商和原厂商的各级老总，而且我日后在为多个省份的经分系统提供服务时，也时常翻阅当年的文档，令我的技术服务方案更有针对性。

　　某年我在北方某移动公司与某开发商人员还有了这样的故事：我在为经分系统提供物理设计和应用优化服务时发现，他们无论在业务还是在技术层面都很专业，我问他们如何做到的，他们如实回答："我们是基于移动总的经分系统业务规范而设计的分析模型。"但是遗憾的是，人家只字未提当年我们技术组炮制的那个所谓经分系统技术规范，哈哈。

3. 我对数据仓库和商务智能的总体感受

　　日后我真刀实枪地参与了若干数据仓库项目，尤其是借助 Oracle 数据仓库实施论，与客户、开发商等各方有了多次深度合作，也积累了 Oracle 相关技术和产品的实施经验，于是我总结出了数据仓库和商务智能的总体感受，即数据仓库和商务智能主要包括业务、技术和项目管理三个领域，在我的实施体验中，我更细化划分为如下的五要素图。

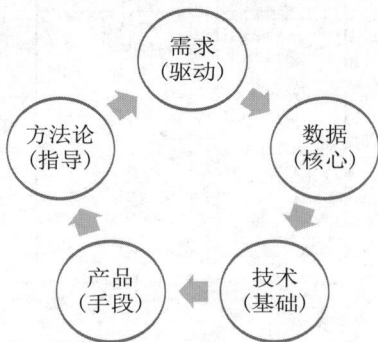

1）需求是驱动

　　数据仓库业务需求是整个项目的驱动力。包括现有源系统业务规则、处理流程的了解，各种分析功能需求、数据获取需求、数据展现需求等。

2）数据是核心

　　数据分析模型是整个数据仓库的核心。数据仓库的各方面工作，包括数据获取、数据存储、数据分析、数据展现等工作，几乎都围绕数据分析模型而展开。

　　我曾经参与某国有银行数据仓库项目建设，客户曾如实而言：我们之所以选择你们 Oracle 产品，其实最主要的原因就是看重你们公司有财务分析模型：OFDM 模型。

3）技术是基础

　　数据仓库相关技术是整个项目的基础。为满足数据仓库系统的高性能、高吞吐量、可扩展性等需求，数据仓库系统建设应贯彻大批量、并行处理技术实施路线，并大量采用针对数据仓库的相关特色技术，以此构成数据仓库系统的技术基础。

4）产品是手段

数据仓库相关产品和平台是实施数据仓库的重要手段。数据仓库系统实施的复杂性，决定了不可能所有工作都手工编程完成。因此，通过成熟的企业级 ETL、数据存储和分析、数据展现等产品构建数据仓库平台，并全面发挥这些产品的各种潜在功能，将会为数据仓库系统的高品质和高质量建设提供重要保障。

5）方法论是指导

数据仓库建设方法论是指导项目建设的重要保障。数据仓库系统不仅是产品和技术，而是一个完整的、有组织的建设和运行过程。数据仓库系统建设应遵循业界经过多年的数据仓库系统实施而提炼出的结构化实施方法，例如 Oracle 的 DWM（Data Warehousing Methodology）。在数据仓库系统建设总体进度计划、人力资源安排等方面，借鉴方法论的指导思想，用以解决诸如确定正确的系统范围和用户需求、建立灵活的系统架构以及满足不可预测的使用需求等棘手的问题。

上述五要素中，需求和数据更多属于业务范畴，而技术和产品则无疑是我的本职工作，实施方法论显然属于项目管理领域。但是三者之间是有机融合的，我自己的亲身感受也是息息相关的。先提前述说一个故事：当年在某四大行的数据仓库系统建设中，因为负责业务分析模型设计的功能顾问没有及时到位，于是我的需求调研、ETL 方案设计等都失去了目标，那一个月虽然在该行跑上跑下、调研了无数人员和现有系统，但像一个无头苍蝇一样，收效甚微。而业务同事到位并简单磨合之后，在他的主导下，项目组很快就设计出了若干业务分析模型，于是一切工作都有的放矢，一切也都顺风顺水了。预知详情，请见后续的《某银行数据仓库项目亲历记》。

4. 如何做大单？

1）如何 Call High？

所谓 Call High，就是拜访企业高层 CEO、CFO、CTO、CIO、COO 等领导。若想成就大单，销售们都知道 Call High 是最有成效的途径。但是领导们最关注的问题是什么？IT 生产系统能否稳定运行，确保企业各方面业务的顺利开展，无疑是领导们关注的重点之一。因此，为确保 IT 系统平稳运行，我们可以尽情展现作为原厂的服务保障能力和优势：7×24 的应急响应和紧急故障救援能力、Bug 和补丁分析能力，乃至直通研发、根源分析等。但是，我想高层们应该更关注的是企业自身整体业绩的现状、存在问题和未来如何进一步拓展，例如，企业的客户分群、大客户分析、客户流失分析、收益情况、市场竞争、服务质量、营销管理、竞争对手分析等主题。

如何 Call High？如果当年我在网站只维护数据库的稳定运行，我最多只会向 CTO 汇报一些重大技术问题，而当稚嫩的我看到公司快赢利的分析结果就敢直扑 CTO，尤其是没有上下级关系、也从未接触过的 CFO 办公室了。而且你都不用找他，他没过几天就主动找你要更多分析报表，并听取你的分析建议了。

我想这就是数据仓库和商务智能的鲜明特点，即与核心交易系统不同，此类系统是专门提供统计分析、报表处理、多维数据分析、数据挖掘等功能并面向企业业务部门和高管的，最终是为企业业务发展提供决策依据的。因此，大力发展数据仓库和商务智能领域服务，至少可让我们拥有了与领导们汇报和交流的更多话题，这样不仅能提高我们成就大单的可能性，更是为企业的发展提供了更直接、更有成效的服务。

2）如何全面开展数据仓库和商务智能服务？

如前所述，数据仓库和商务智能就是业务、技术的融合，甚至可细分到业务需求、数据模型、技术、产品和实施方法论等五要素，而 Oracle 公司本身不仅提供了从硬件到系统软件和应用软件的全栈式产品，而且具体到数据仓库和商务智能领域，Oracle 也是全面解决方案的供应商。再具体到原厂服务部门，我们也具有 Oracle 全线产品服务能力，因此在数据仓库和商务智能领域，我们具有得天独厚的优势。

如何具体开展该领域服务？

我觉得首先应做的就是发挥 Oracle 从产品到服务的综合优势，尤其是提升应用和技术团队的联合作战能力。在我的从业经历中，但凡一个团队单独做项目，单子都不是很大，只有几个团队共同实施项目，才可能做到几个兆字节，甚至几十个兆字节，例如我后续将介绍的《某银行数据仓库项目亲历记》。

其次，数据仓库和商务智能领域的确太大，Oracle 公司产品、技术和服务不可能全部涵盖，每个行业都有深入了解业务也颇具技术实力的公司。就像当年我参与的那次移动经分系统研讨会就是云集了八方神仙，尤其是开发商对移动业务的深度理解令我印象深刻。每家公司也有自己的优势和定位，作为 Oracle 原厂，不可能具有与开发商一样的行业知识，但是开发商也不可能具有我们原厂一样的产品和技术专业性，于是强强联手就可达到优势互补、相得益彰的境界。就在那次研讨会上，我们各方不仅在公开场合大谈合作，而且在茶余饭后、球场上、泳池中，都有好几个开发商的老总与我私聊未来业务和技术、应用和平台的融合和合作。走出去，更开放，我们将拥有更大的天空。

第三，回到我自己的技术本职工作，为如何提升数据仓库和商务智能实施技能而提出若干建议。①从产品、架构和技术而言，Oracle 数据库和数据仓库本来就是融为一体的，Oracle 数据库不仅可以实施 ROLAP，Oracle 的 MOLAP 也是融合在数据库之中。因此，我们现在拥有的数据库专业技能完全可复用在数据仓库领域，数据仓库同样需要高性能、高可用性、容灾能力、安全性、可管理性等，也同样需要为实现这些目标而展开的 RAC、ADG、多租户、分区等架构性技术，以及并行处理、分析函数、物化视图等专项技术。②数据仓库又的确具有与数据库不一样的理念和技术特征，如何全面掌握数据仓库的理念、架构和专项技术？建议先从 ROLAP 开始，因为 ROLAP 实际上是数据仓库的主流技术，也恰好可以发挥我们本身的数据库技术优势。一个具体建议：时常阅读原厂的联机文档 Data Warehousing Guide，该文档涵盖了数据仓库的基本概念和架构、逻辑设计、物理设计、ETL 流程和专项技术、各种统计分析函数和物化视图等开发技术，以及数据仓库的元数据管理和运维管理等。700 多页的文档的确够我们喝一壶，我的经验是先看前面的概念、架构和设计，在项目实施中再结合具体工作对每个章节展开精读和实践。③如五要素中所述，数据仓库和商务智能离不了产品的运用，Oracle 在这个领域的产品也是琳琅满目，早期的 Express 系列产品，现在的 OLAP option 分析引擎，OWB、ODI 等 ETL 工具，OBIEE 等展现工具，以及最新的 Oracle Analytics Platform 和 Oracle Analytics Cloud 等云端分析和商务智能平台……如何迅速掌握这些产品和平台？那就是以技术为基础，以项目实施为驱动，人在项目压力下的潜能是无限的，何况我们本来就是这些产品的拥有者。

　　本文最后再次回到五要素图，本来我们就拥有全要素的实力，若我们"思想再解放一点，胆子再大一点，步子再大一点"，甚至姿态再开放一点，我们将拥有更为绚丽的未来。

2022年5月29日于北京

数据仓库应用开发经验之谈

最近连续为两家银行的数据仓库系统推广性能优化服务，通过远程调研和现场实地分析，我发现，两家银行的数据仓库运行现状和应用开发特点都非常相似，以至于我刚完成针对 A 银行的"数据仓库系统性能优化技术交流 .pptx"，我就对另一位销售说：我把这个 PPT 中的 A 银行换成你的 B 银行，再把运行数据和 SQL 语句换一下，马上就可以和 B 银行客户交流了。

A 银行和 B 银行的数据仓库系统运行现状如何？原来两套系统的夜间 ETL 作业都是运行时间长、资源消耗高。谁导致的？原来两套系统的 ETL 应用都是充斥了太多不必要的全表扫描。与两个开发团队沟通，他们都有数据仓库应用就应该尽量采用全表扫描，并尽量少用索引的开发指导思想。实际情况呢？我在 A 银行进行的现场 POC 测试结果显示：ETL 一条重要语句被我采用索引技术后，从 3 分多钟优化到 5 秒钟，I/O 从 200GB 下降到 1.5GB。

于是，我决意赶紧把这些最新的案例和经验之谈付诸文字，以供更多业内朋友参考，也尽快消除广大开发人员在数据仓库技术运用中的某些误区，更是把困扰很多客户的数据仓库 ETL 作业和其他跑批应用动辄需要运行数小时、每天耗费 TB 级资源的烦恼，尽快都驱散掉。当然，本文仅仅是抛砖引玉的经验之谈，欲真正实现上述目标，还需要采购原厂专业服务，哈哈。更需要客户的设计、开发、运维人员与专业服务团队展开全方位合作，共同开展数据仓库应用的全面整改。

1. 联机交易和数据仓库系统的不同技术运用

就在本周一与负责 B 银行的销售同事分享上周我在 A 银行的经验时，他问我："数据仓库应用尽量采用全表扫描、尽量少用索引的开发指导思想，是 Oracle 官方最佳实践经验吗？"我笑言："的确是 Oracle 官方最佳实践经验，也是罗老师我到处散布的'流毒'。"哈哈。

以下就是我在多本书、多篇文章、多个 PPT、多个解决方案文档与客户多次交流中经常使用的一张片子，即联机交易系统（OLTP）和联机分析类系统（OLAP）在业务特征和技术运用差异性对比分析表格，这个表格既基于 Oracle 公司在性能优化领域的方法论和最佳实践经验，也凝聚了业务广大同行和我自己多年总结的实战经验。

	比较项目	联机交易应用（OLTP）	分析类应用（OLAP）
业务 特征	操作特点	日常业务操作，尤其是包含大量前台操作	后台操作，例如统计报表、大批量数据加载
	响应速度	优先级最高，要求反应速度非常高	要求速度快、吞吐量大
	吞吐量	小	大
	并发访问量	非常高	不高
	单笔事务的资源消耗	小	大
	SQL 语句类型	主要是插入和修改操作（DML）	主要是大量查询操作或批量 DML 操作
技术 运用	索引类型	B* 索引	Bitmap、Bitmap Join 索引
	索引量	适量	多
	访问方式	按索引访问	全表扫描或全分区扫描
	连接方式	Nested_loop	Hash Join
	BIND 变量	使用或强制使用	不使用
	并行技术	使用不多	大量使用
	分区技术	使用，但目标不同	使用，但目标不同
	物化视图使用	少量使用	大量使用

即联机交易（OLTP）和联机分析（OLAP）在业务和技术运用方面都各有特点，甚至风格迥异。典型的 OLTP 系统包括银行核心业务系统、网银系统、ATM 系统、手机银行系统等，还有电信运营商的 CRM 系统、计费系统、账务系统等，也包括保险行业的承保系统、赔付系统等，这些系统一大业务特点就是面向广大客户，具有并发量高，但单笔事务小的特点，例如，都是查询某个客户账号、手机号、保单号的信息。因此在技术运用方面，OLTP 系统一个基本策略就是大海捞针，于是索引、分区索引、嵌套循环（Nested_loop）连接技术等就成为主要的技术策略，还有尽量使用绑定变量，降低高并发语句的硬解析次数，以及不采用并行处理等技术策略。

而典型的 OLAP 系统和应用包括报表系统、统计分析系统、数据集市和数据仓库系统，以及 OLTP 系统中的夜间跑批、季度结息、年终决算等批处理应用。此类系统的业务方面具有并发量不高，但单笔事务大的特点，例如，按时间、地区等维度进行全行的存款额统计汇总等。因此，在技术运用方面，OLAP 系统一个基本策略就是大气磅礴的大吞吐量、大批量处理，于是全表扫描、全分区扫描、哈希连接（Hash Join）、并行处理等技术成为主要的技术策略，而各种索引技术运用并不一定是首选技术，即便使用索引，也是采用

Bitmap、Bitmap Join 等更适合统计分析的索引技术。另外，OLAP 应用通常不建议使用绑定变量，目的就是让 Oracle 明明白白地基于常量来确保复杂统计分析语句的执行计划最优化。

2. 季度结息应用中 OLAP 技术运用的成功案例

2021 年夏天，我去某银行现场参与季度结息业务的值守服务，再次切身感受了银行业务和技术人士以及我们服务团队熬夜的辛苦。那次，我深入分析了该行季度结息应用特点，当晚就做出了季度结息应用可从通宵 8 小时优化到 2 小时，免去大家辛苦熬夜值守的判断。该案例在《某银行的季度结息应用优化（上）》和《某银行的季度结息应用优化（下）》两文中已经有详细描述，在此不再赘述相关细节。本文仅从 OLAP 应用开发最佳实践经验角度去重温该季度结息应用的优化过程。

以下是前年我针对该行结息应用开展的 4 轮优化测试结果。

案　例	时　间	提 升 比
案例 1：普通表按索引查询	00:24:45	N/A
案例 2：分区表按索引查询	00:10:27	2.36
案例 3：分区表按分区扫描查询	00:07:13	3.42
案例 4：分区表按分区扫描 +parallel 查询	00:06:26	3.84

以下是该行结息应用中其实非常简单的单表操作语句。

```
select B.KEY_1,
       B.TOD_CDEP_TOT_AMT,
       ... ...
       B.LAST_MAINT_STAT
  from INVE B
 where B.KEY_1 between :b1 and :b2
order by B.KEY_1
```

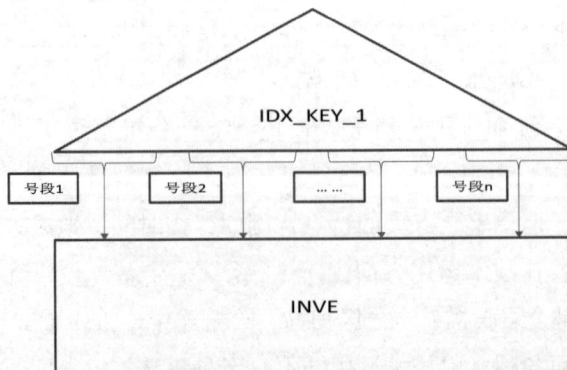

　　以下就是目前现状的"案例 1：普通表按索引查询"的示意图，即结息应用目前是按 KEY_1 字段分段在应用层进行并行处理，每个号段都是通过 IDX_KEY_1 索引进行访问。因此，为完成所有账号的季度结息处理，实际上最终访问了 IDX_KEY_1 整个索引以及 INVE 整个表。运行时间是 00:24:45。

　　以下就是"案例 2：分区表按索引查询"的示意图，即在将 INVE 表按号段分区并将 IDX_KEY_1 索引创建为 Local prefixed-partition 分区索引之后，若按分区索引访问分区表，相比案例 1，速度提高到了 00:10:27，即提高了 2.36 倍。这就是分区技术"分而治之"的优化效果。

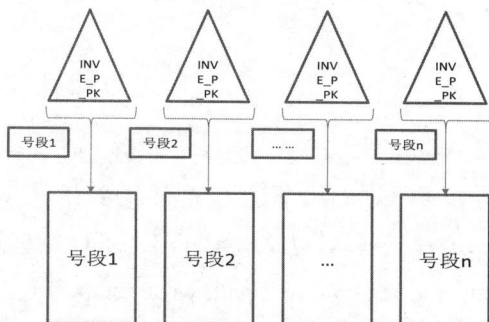

　　既然是访问 INVE 表所有数据，那么完全可以不使用索引，并且基于分区裁剪技术进行所有分区的扫描，即如下图所示的"案例 3：分区表按分区扫描查询"。

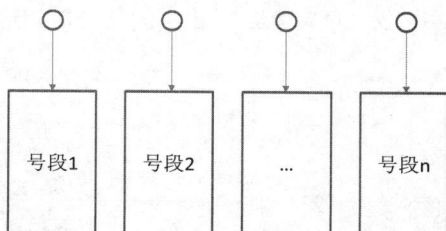

案例 3 的实际运行时间是 00:07:13，相比最初的案例 1 提升比达到 3.42。

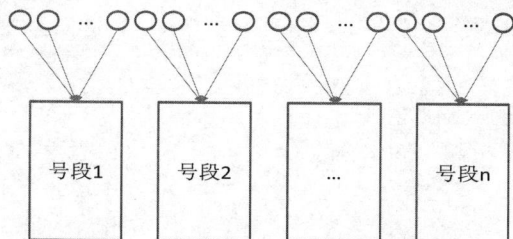

　　再进一步，既然是全分区扫描，除了分区之间的并行操作之外，如果我们再实施分区内的并行处理技术，这就是"案例 4：分区表按分区扫描 +parallel 查询"，如下图所示。案例 4 的实际运行时间是 00:06:26，相比最初的案例 1 提升比达到 3.84，这就是最佳的执行效果。

　　这个季度结息案例就是典型的批处理应用，该语句虽然包含"where B.KEY_1 between :b1 and :b2"的谓词条件，但本质上是访问 INVE 表所有数据，因此通过分区裁剪和分区扫描技术比按索引访问访问效率更高，该案例也深刻地诠释了大批量、并行处理技术运用策略的确是数据仓库系统的常规策略。

3. 技术运用切忌一刀切

这个世界上没有一成不变、包治百病的灵丹妙药。数据仓库系统中的技术运用应该结合具体的设计策略、编程方式而确定，以下就是我最近在 B 银行数据仓库系统中观察到的情况和典型语句的优化分析情况。

1）总体运行状况

通过对该系统最新的 4:00—5:00 的 AWR 报告分析，我发现，该系统夜间时段资源消耗高、跑批业务慢。例如，CPU 利用率达到 38.5%，特别是 iowait 达到 19.04%，说明 I/O 压力非常大。再深入分析，逻辑读达到了 27GB/s，I/O 指标达到了 1.45GB/s。db file scattered read、db file sequential read、direct path write temp 等与 I/O 相关的等待事件成为最主要的等待事件。

2）典型语句分析

谁导致了该系统资源消耗高？原来主要是跑批的部分应用语句导致。以下就是一条典型语句。

```
INSERT INTO CDM.C_CRM_CRED_CARD_ACCT_INFO_T
  (DATA_DT,
... ...
   WEEK_ID)
  SELECT /*+ordered USE_HASH(A, B, C, D, E, G, H, I, J, K, L, M, N, O)*/
   :B1,
... ...
   :B4
    FROM E_AG_ACCT_INFO A
    LEFT JOIN E03_CRD_CARD_RMB_ACT B ON A.AGR_ID = B.ACT_ID
                                    AND A.AGR_MDF = B.ACT_MDF
                                    AND :B1 BETWEEN B.START_DT AND B.END_DT
... ...
   WHERE A.DAT_DT = :B1
     AND A.SRC_SYS = 'YCC'
     AND A.AGR_MDF IN ('10402', '10403', '10404')
     AND NVL(A.DSTR_ACT_DT, :B3) >= :B2
```

为节省篇幅，也是突出问题，我仅摘取了该语句的框架和主要部分。该语句目前执行时间是 25 分钟，消耗 I/O 达到 81GB，执行计划是对多个大表进行全表扫描。为此，我的第一个优化建议就是去掉语句中的 Hint：/*+ordered USE_HASH（A，B，C，D，E，G，H，I，J，K，L，M，N，O）*/。原因就是在采取下面更多的优化策略之后，这种强制 Oracle 使用 HASH JOIN 连接技术的策略并不适合该语句，应该让 Oracle 优化器自己来判断采用 HASH Join 还是 Nested Loop 表连接技术。

其次，分析语句的主语句部分。

```
… …
WHERE A.DAT_DT = :B1
    AND A.SRC_SYS = 'YCC'
    AND A.AGR_MDF IN ('10402', '10403', '10404')
    AND NVL(A.DSTR_ACT_DT, :B3) >= :B2
… …
```

其中，A 表代表 E_AG_ACCT_INFO 表，经分析该表没有实施分区技术，因此优化建议是按（DAT_DT, AGR_MDF）进行（List,List）组合分区，其中第一维按天分区。分区之后，Oracle 将启用分区裁剪功能，只对该表 DAT_DT 和 AGR_MDF 条件：B1 和（'10402'，'10403'，'10404'）指定的子分区进行扫描，避免了对 E_AG_ACCT_INFO 整表的全扫描操作。目前该表已达 40 多 GB。

接下来，再分析如下子语句部分。

```
… …
FROM E_AG_ACCT_INFO A
LEFT JOIN E03_CRD_CARD_RMB_ACT B ON A.AGR_ID = B.ACT_ID
                                AND A.AGR_MDF = B.ACT_MDF
                                AND :B1 BETWEEN B.START_DT AND
B.END_DT
… …
```

目前，执行计划是对 E03_CRD_CARD_RMB_ACT 视图所访问的 L03_CRD_CARD_RMB_ACT 基表进行全表扫描。实际上我们现场分析该表的 START_DT 和 END_DT 字段都存储了多个日期，而且记录分布均匀，因此合理的优化建议是创建 L03_CRD_CARD_RMB_ACT（START_DT, END_DT）组合索引。

遗憾的是，由于时间和环境关系，我没有来得及在现场展开测试工作，但预计该语句执行速度将优化到秒级、I/O 将低于 1GB，即实现数量级的提升和下降。

这就是数据仓库应用中技术的综合运用，主语句部分采用了分区裁剪和分区扫描等数据仓库系统中的典型技术，子语句部分又采用了适合联机交易系统的索引访问技术。至于多表之间的连接操作到底是采用 Hash_Join 还是 Nested_Loop，如前所述，由 Oracle 优化器自己来定。

4. A 银行案例

如果说上述 B 银行案例留下了没有进行优化测试和验证的遗憾，那么 A 银行案例则基本弥补了这个遗憾。该案例从远程分析诊断和初步优化开始。

1）远程分析情况

以下就是该系统非常消耗资源的一条 ETL 语句。

```sql
INSERT INTO /*+ parallel(8) */TMP_M_R_SF021_02
... ...
SELECT /*+parallel(8)*/
    IOU_NO,
    OPERATEUSERID,
    OPERATEUSERNM,
    CURR_OPERATEUSERID,
    CURR_OPERATEUSERNM,
    NVL(B.IAM_USER_ID, A.OPERATEUSERID)
    FROM (SELECT /*+parallel(8)*/
            T.IOU_NO AS IOU_NO,
            BD.OPERATEUSERID AS OPERATEUSERID,
            TMP.USERNAME AS OPERATEUSERNM,
            BD_1.OPERATEUSERID AS CURR_OPERATEUSERID,
            TMP_1.USERNAME AS CURR_OPERATEUSERNM,
            ROW_NUMBER() OVER(PARTITION BY T.IOU_NO ORDER BY BD.START_DT) AS RN
            FROM A_D_AG_LOAN_IOU T
            INNER JOIN H_CMS_BUSINESS_DUEBILL_L BD_1 ON T.IOU_NO = BD_1.LOANNO
            AND BD_1.START_DT <= TO_DATE('22/01/2023','DD/MM/YYYY')
            AND BD_1.END_DT > TO_DATE('22/01/2023','DD/MM/YYYY')
            INNER JOIN H_CMS_BUSINESS_DUEBILL_L BD ON T.IOU_NO = BD.LOANNO
            LEFT JOIN (SELECT UPD_DT, OBJ_NO, SUM(OVD_PRI_AMT) OVD_PRI_AMT
                        FROM F_EV_SERIAL_EVENT_H
                        WHERE OBJ_TP = 'jbo.app.ACCT_LOAN'
                            AND NVL(REMARK_EXPLN, '1') <> 'REVERSE'
                            AND ETL_DT = TO_DATE('22/01/2023','DD/MM/YYYY')
                        GROUP BY UPD_DT, OBJ_NO) T2 ON T.RELA_BUSS_IOU_SNO =
                                                        T2.OBJ_NO
            LEFT JOIN (SELECT DISTINCT T.USERID, T.USERNAME
                        FROM H_CMS_USER_INFO_L T) TMP ON BD.OPERATEUSERID =
                                                        TMP.USERID
            LEFT JOIN (SELECT DISTINCT T.USERID, T.USERNAME
```

```
                        FROM H_CMS_USER_INFO_L T) TMP_1 ON BD_1.OPERATEUSERID =
                                                              TMP_1.USERID
         WHERE T.ETL_DT = TO_DATE('22/01/2023','DD/MM/YYYY')
           AND NVL(T.IS_ASST_BOND_IZE, ' ') <> '1'
           AND((NVL(T2.UPD_DT, DATE '2099-12-31') >= TRUNC('22/01/2023', 'Y') AND
               T.REAL_SETT_OF_DT IS NULL) OR
               NVL(T.REAL_SETT_OF_DT, DATE '2099-12-31') >=
               TRUNC('22/01/2023', 'Y'))) A
       LEFT JOIN SF007_OPERR_CONFIG B ON A.OPERATEUSERID = B.USER_ID
                                     AND B.BUSINESS_SYSTEM = '????'
     WHERE A.RN = 1;
```

该语句目前运行时间为 736.65s，消耗 I/O 达到 246GB。执行计划为对所有访问表 A_
D_AG_LOAN_IOU、H_CMS_BUSINESS_DUEBILL_L、H_CMS_USER_INFO_L、F_EV_
SERIAL_EVENT_H 等进行全表扫描，甚至多次全表扫描。

如何优化？我决定从如下的主条件部分开始。

```
  … …
  WHERE T.ETL_DT = TO_DATE('22/01/2023','DD/MM/YYYY')
      AND NVL(T.IS_ASST_BOND_IZE, ' ') <> '1'
      AND ((NVL(T2.UPD_DT, DATE '2099-12-31') >= TRUNC('22/01/2023', 'Y') AND
          T.REAL_SETT_OF_DT IS NULL) OR
          NVL(T.REAL_SETT_OF_DT, DATE '2099-12-31') >=
          TRUNC('22/01/2023', 'Y'))) A
  … …
```

首先，T 表即 A_D_AG_LOAN_IOU 表已经基于 ETL_DT 字段按天进行分区，因此主
条件中的“T.ETL_DT = TO_DATE（'22/01/2023'，'DD/MM/YYYY'）”已经实现分区
裁剪，无须创建索引。其次，上述 T2.UPD_DT 字段和 T.REAL_SETT_OF_DT 字段都是
查询大于 '22/01/2023' 时间的数据，选择性很强。于是，创建 F_EV_SERIAL_EVENT_
H（（NVL（UPD_DT, DATE '2099-12-31'））和 A_D_AG_LOAN_IOU（NVL（REAL_
SETT_OF_DT, DATE '2099-12-31'））函数索引，既不用修改语句，又避免了对 F_EV_
SERIAL_EVENT_H 和 A_D_AG_LOAN_IOU 表的全表扫描，性能将显著提升。

再接下来，分析语句的如下子查询部分。

```
  … …
  INNER JOIN H_CMS_BUSINESS_DUEBILL_L BD_1 ON T.IOU_NO = BD_1.LOANNO
   AND BD_1.START_DT <= TO_DATE('22/01/2023','DD/MM/YYYY')
   AND BD_1.END_DT > TO_DATE('22/01/2023','DD/MM/YYYY')
  … …
```

　　原来该段语句也是查询指定时间范围的数据，而且 H_CMS_BUSINESS_DUEBILL_L 表未进行任何分区，因此创建 H_CMS_BUSINESS_DUEBILL_L（START_DT,END_DT）索引，成了又一条优化建议。

　　有了上述优化建议，我有点踌躇满志，让客户自己在测试环境进行测试，我就准备敬候佳音了。

2）现场紧张的 4 个小时

　　可是，在那个周四上午，客户给我反馈的结果却是测试效果不佳，还不如原来的执行情况。于是那天中饭后，我直接打车从另外一个城市赶到了 A 银行现场，3 点半一挨落座，我就直接分析采纳我的上述三条优化建议之后的最新执行计划。

　　原来 A_D_AG_LOAN_IOU 表和 H_CMS_BUSINESS_DUEBILL_L 表的第一次访问已经按我建议的新建索引访问，而 H_CMS_USER_INFO_L 表、F_EV_SERIAL_EVENT_H 表，以及第二次访问 H_CMS_BUSINESS_DUEBILL_L 表依然是全表扫描，而且速度比原有执行情况更慢。

　　继续深入逐表分析，H_CMS_USER_INFO_L 只有几万条记录，应该是存储某类客户资料，语句中两次访问该表也没有任何谓词条件，因此全表扫描属于正常情况。

　　而 F_EV_SERIAL_EVENT_H 表已经实现分区裁剪，不使用索引访问也正常。尽管如此，我在现场还是尝试了创建 F_EV_SERIAL_EVENT_H（OBJ_NO）索引，希望在分区裁剪之后再按该索引访问 F_EV_SERIAL_EVENT_H 表，但是事与愿违，Oracle 并没有采用这个索引。我甚至强行通过 Hint 指定按该索引访问，但是执行效率并不高。于是，我只能接受 Oracle 先分区裁剪，然后对指定分区进行全分区扫描的执行路径。

　　如何消除第二次访问 H_CMS_BUSINESS_DUEBILL_L 表的全表扫描？这成了最后解决问题的关键。于是我仔细分析该段语句。

```
   … …
ROW_NUMBER() OVER(PARTITION BY T.IOU_NO ORDER BY BD.START_DT) AS RN
FROM A_D_AG_LOAN_IOU T
INNER JOIN H_CMS_BUSINESS_DUEBILL_L BD_1 ON T.IOU_NO = BD_1.LOANNO
       AND BD_1.START_DT <= TO_DATE('22/01/2023','DD/MM/YYYY')
       AND BD_1.END_DT > TO_DATE('22/01/2023','DD/MM/YYYY')
INNER JOIN H_CMS_BUSINESS_DUEBILL_L BD ON T.IOU_NO = BD.LOANNO
   … …
```

　　上述语句片段第一次访问 H_CMS_BUSINESS_DUEBILL_L 表即 BD_1 别名，是按新建的 H_CMS_BUSINESS_DUEBILL_L（START_DT, END_DT）索引进行访问，但是在第二次访问 H_CMS_BUSINESS_DUEBILL_L 表即 BD 别名时，却没有任何谓词条件，于是导致了该表的全表扫描。这就是目前的真正问题！

于是，我照葫芦画瓢，将上述语句片段修改如下。

```
    ... ...
ROW_NUMBER() OVER(PARTITION BY T.IOU_NO ORDER BY BD.START_DT) AS RN
FROM A_D_AG_LOAN_IOU T
INNER JOIN H_CMS_BUSINESS_DUEBILL_L BD_1 ON T.IOU_NO = BD_1.LOANNO
      AND BD_1.START_DT <= TO_DATE('22/01/2023','DD/MM/YYYY')
      AND BD_1.END_DT > TO_DATE('22/01/2023','DD/MM/YYYY')
INNER JOIN H_CMS_BUSINESS_DUEBILL_L BD ON T.IOU_NO = BD.LOANNO
      AND BD.START_DT <= TO_DATE('22/01/2023','DD/MM/YYYY')
      AND BD.END_DT > TO_DATE('22/01/2023','DD/MM/YYYY')
    ... ...
```

即对 BD 表的访问也加上时间约束条件，果然该语句采用新建索引，终于从测试环境的 3 分多钟优化到 5 秒，内存读从 200 多 GB 下降为 1.5GB！不仅令我自己开心，而且令围观了我好几个小时的客户开发、运维人员也笑逐颜开。

但是，负责该语句的开发人员马上告诉我："罗老师，不能加这个时间约束条件，因为业务逻辑不一样了，我们现在是要查询所有用户历史上的第一次贷款时间，如果加了这个时间条件，就变成只查这个时间段的第一次贷款时间了。"即如下语句片段的含义是按 T.IOU_NO 进行分组排序，返回的 ROW_NUMBER（）函数值（别名为 RN）为排序结果，主语句中的 RN = 1，表示查询所有用户历史上的第一次贷款时间。

```
    ... ...
ROW_NUMBER() OVER(PARTITION BY T.IOU_NO ORDER BY BD.START_DT) AS RN
    ... ...
  WHERE A.RN = 1;
```

因此，的确不能在这段语句中增加时间约束条件，怎么办？久坐三个多小时之后，我利用去卫生间的路上，重新梳理思路：为什么要每天晚上都从头到尾计算所有用户历史上的第一次贷款时间呢？为什么不利用物化视图只计算一遍，然后每天仅更新变更的记录呢？于是，我回到工位，马上就把这个优化思路告诉开发者，甚至写出了如下的代码样例。

```
CREATE MATERIALIZED VIEW MV_BD
TABLESPACE <表空间名>
PARALLEL (DEGREE 8)
BUILD IMMEDIATE
REFRESH FAST ON DEMAND
ENABLE QUERY REWRITE
AS
select *
```

```
from (SELECT /*+ parallel(8)*/
        T.IOU_NO AS IOU_NO,
        BD.OPERATEUSERID AS OPERATEUSERID,
        ROW_NUMBER() OVER(PARTITION BY T.IOU_NO ORDER BY BD.START_DT) AS RN
         FROM A_D_AG_LOAN_IOU T
        INNER JOIN H_CMS_BUSINESS_DUEBILL_L BD ON T.IOU_NO =
BD.LOANNO)
 Where RN = 1;
```

但是，如果采用物化视图的 FAST 刷新模式，还需要创建物化视图日志表，这样对白天正常的联机交易操作性能有影响。因此我咨询开发者，A_D_AG_LOAN_IOU 和 H_CMS_BUSINESS_DUEBILL_L 表是否有字段能识别每天变更的记录，他们答应第二天去仔细分析。如果有变更字段，那么就可以通过应用层去更新每天的所有用户历史上的第一次贷款时间的汇总表，否则可采用 Oracle 的物化视图，并将上述语句修改为直接访问该汇总表或物化视图，从而免去了对 H_CMS_BUSINESS_DUEBILL_L 表的全表扫描。由于该汇总表或物化视图只存储了所有用户历史上的第一次贷款时间记录，其记录数将等于该行的贷款用户数，可能只有几百万条记录，而 H_CMS_BUSINESS_DUEBILL_L 表已经达到 3 亿多条，因此对汇总表或物化视图全表扫描的性能将显然优于对 H_CMS_BUSINESS_DUEBILL_L 表的全表扫描。

历经 4 个小时，我在客户开发、运维等团队七八个人的围观和簇拥下，终于取得了初步的优化效果，尤其与各方讨论之后，形成了最终优化方案的初步共识，也算是初战告捷。

本案例后记：本文完成之后，感谢一位同行的指正：Oracle 的快速刷新物化视图有很多限制，包括不支持分析函数。详情可见 Materialized View Fast Refresh Restrictions and ORA-12052（Doc ID 222843.1）。

因此，上述优化策略只能从应用层展开实施。首先，应用层将所有用户历史上的第一次贷款时间的计算结果存入 A 表，该表可能只有几百万记录。其次，每天晚上产生应用层标注的变更数据集 B，可能只有几万、最多几十万记录，再将 A 和 B 进行类似 Merge 操作。此时，很可能是全表扫描 B，再通过索引去访问 A 表，性能肯定好于目前每天亿级数据的全表扫描计算。最后，再将每天变更之后的 A 表嵌入原语句的访问之中。

5. 回归数据仓库初心

1）数据仓库系统的四大基本特征

上述 A、B 两个银行的典型案例，令我回想起数据仓库鼻祖 Bill Inmon 老人对数据仓库的基本原理和特征的如下描述。

数据仓库是面向主题的、集成的、与时间相关的、稳定的数据集合，并为决策支持提供服务。

本文仅描述上述四个特征中一个特征，即稳定的数据集合。以下就是联机交易系统（OLTP）和联机分析系统（OLAP）即数据仓库系统在数据处理上的差异分析示意图。即OLTP系统包含大量的插、删、改等DML和查询操作。而数据仓库系统除了第一次构建时需要进行大批量数据抽取、转换和加载（即ETL过程），即全量数据铺底之外，每天、每周、每月等定期从OLTP系统将业务数据进行ETL的过程，都只是针对变化数据进行处理，然后提供给大量查询之用。即数据仓库是相对稳定的数据，更不应该每天、每周、每月等定期进行全量数据访问和更新。

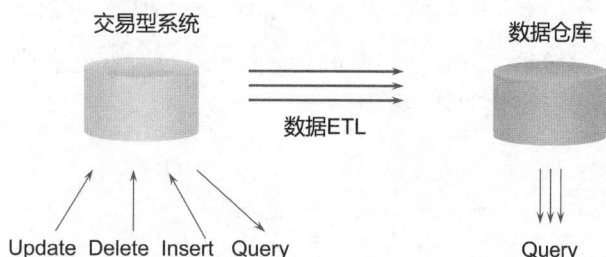

2）回到A、B银行

回到数据仓库是稳定数据的初心，对照以下A、B两银行的每天ETL过程，就会令人唏嘘，甚至是触目惊心了。

原来A银行在2023年2月14日4：00—5：00仅1个小时的I/O就达到5.9TB，而该数据仓库系统总规模才12TB。我尚不了解该系统每天ETL需要运行多长时间，也许一个晚上的I/O就达到了全库规模即12TB了。虽然不会对数据仓库所有数据进行更新，但每天都进行这种全库规模的访问也显然不合理。具体原因就是，和本文前述的语句一样，A银行ETL过程充满了太多不必要的全表扫描。

B银行呢？感谢客户DBA发给了我最新的两个节点、每隔半小时采集的ETL时段的AWR报告。以下是各时段的I/O量和汇总数据。

时　　间	I/O量统计（实例1）	I/O量统计（实例2）	
0:00-0:30	61.30	94.20	
0:30-1:00	338.30	203.70	
1:00-1:30	1,459.30	668.20	
1:30-2:00	2,151.10	474.00	
2:00-2:30	707.00	828.20	
2:30-3:00	1,167.90	877.10	

续表

时　　间	I/O 量统计（实例 1）	I/O 量统计（实例 2）	
3:00-3:30	1,707.80	1,050.80	
3:30-4:00	1,136.30	1,162.70	
4:00-4:30	1,289.70	1,176.30	
4:30-5:00	1,907.70	2,600.70	
5:00-5:30	5,789.40	5,682.30	总计
合计	17,715.80	14,818.20	32,534.00

原来从 0：00—5：30，两个节点的 I/O 总量达到了 32TB，而该数据仓库系统总规模约 50TB。即该系统每天晚上几乎都是从猴子变人一样，把绝大部分数据都访问和计算了一遍。例如像本文上述案例一样，每天晚上都在计算全行所有贷款人的第一次贷款时间，其实大部分数据都是没有变化的稳定数据。

6. 回归技术本质

本文最后再通过一个简单例子来诠释数据仓库系统开发的基本策略。如下图所示，数据仓库系统通常分为全量数据 Full 表和每天增量数据 Incre 表。

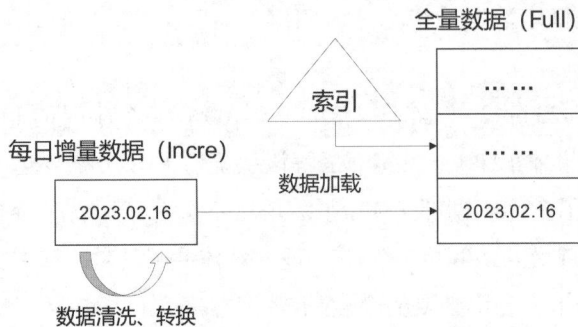

通常全表数据（Full 表）可能达到数千万、亿级数据，而每日增量数据（Incre 表）可能只有几万、几十万数据。如果要将 Incre 表的几万、几十万数据更新到 Full 表，那么对 Incre 表的全表扫描是正常的，而对数千万、亿级的 Full 表进行全表扫描显然就不划算了。如何提高性能？那就是在 Full 表上对相关字段建立索引。下面我做一个简单测试并结束本文。

```
-- 创建一个全量表 full
SQL> create table full as select * from dba_objects;
Table created.
```

```
SQL> select count(*) from full;
  COUNT(*)
----------
     73185


-- 创建一个仅含 10 条记录的增量表 incre
SQL> create table incre as select * from dba_objects where rownum <= 10;
Table created.


-- 更新 incre 数据
SQL> update incre set created = sysdate;
10 rows updated.


SQL> set autot trace;
SQL> set timing on;


-- 在不设计索引情况下，incre 数据更新到 full 表
SQL> merge into full f
  2  using incre i
  3  on (f.object_id = i.object_id)
  4  when matched then
  5    update set f.created = i.created;


10 rows merged.
Elapsed: 00:00:00.03


Execution Plan
----------------------------------------------------------
Plan hash value: 122923122

-----------------------------------------------------------------------------
| Id | Operation            |Name | Rows  | Bytes | Cost (%CPU)| Time     |
-----------------------------------------------------------------------------
|  0 | MERGE STATEMENT      |     |    10 |   180 | 394     (2)| 00:00:01 |
|  1 |  MERGE               |FULL |       |       |            |          |
|  2 |   VIEW               |     |       |       |            |          |
|* 3 |    HASH JOIN         |     |    10 |  9740 | 394     (2)| 00:00:01 |
|  4 |     TABLE ACCESS FULL|INCRE|    10 |  4810 |   2   (0)| 00:00:01 |
|  5 |     TABLE ACCESS FULL|FULL | 69362 |   32M| 391     (2)| 00:00:01 |
-----------------------------------------------------------------------------
... ...

Statistics
----------------------------------------------------------
... ...
```

```
        1670  consistent gets
... ...
```

可见，在不设计索引情况下，执行计划是两个表的全表扫描，两张表的关联自动采用了 Hash Join 技术，逻辑读达到 1670 次。继续进行如下测试。

```
-- 创建索引，将 incre 数据更新到 full 表
SQL> create index idx_full_1 on full(object_id);
Index created.
Elapsed: 00:00:00.07

SQL> merge into full f
2  using incre i
3  on (f.object_id = i.object_id)
4  when matched then
5    update set f.created = i.created;
10 rows merged.
Elapsed: 00:00:00.01


Execution Plan
-----------------------------------------------------------
Plan hash value: 683404845

--------------------------------------------------------------------------
| Id | Operation                    |Name       |Rows |Bytes|Cost(%CPU)| Time     |
--------------------------------------------------------------------------
|  0 | MERGE STATEMENT              |           | 10  | 180 | 22   (0) | 00:00:01 |
|  1 |  MERGE                       |FULL       |     |     |          |          |
|  2 |   VIEW                       |           |     |     |          |          |
|  3 |    NESTED LOOPS              |           | 10  |9740 | 22   (0) | 00:00:01 |
|  4 |     NESTED LOOPS             |           | 10  |9740 | 22   (0) | 00:00:01 |
|  5 |      TABLE ACCESS FULL       |INCRE      | 10  |4810 |  2   (0) | 00:00:01 |
|* 6 |      INDEX RANGE SCAN        |IDX_FULL_1 |  1  |     |  1   (0) | 00:00:01 |
|  7 |     TABLE ACCESS BY INDEX ROWID|FULL     |  1  | 493 |  2   (0) | 00:00:01 |
--------------------------------------------------------------------------
Statistics
-----------------------------------------------------------
... ...
       12  consistent gets
... ...
```

可见，在合理设计索引的情况下，执行计划是先全表扫描 INCRE 表，然后按索引访问 FULL 表，两张表的关联自动采用了 Nested Loop 技术，逻辑读从 1670 次降为

12 次。

　　这就是在数据仓库系统中合理使用技术的简单范例，即该全表扫描的就全表扫描，该走索引的就走索引。切忌教条、刻板地坚守"数据仓库系统就应该走全表扫描"的信条。大批量、并行处理的确是数据仓库应用的主旋律，但也应有索引、分区、物化视图等更多和声相伴。

2023年2月27日于北京

数据库加密技术初探

在国家日益强调信息安全的当下，各行各业都越来越重视 IT 系统安全性。国家也在原来的网络安全等级保护 1.0 制度之上，升级出台了网络安全等级保护 2.0 制度，简称等保 2.0。该法律是我国网络安全领域的基本国策、基本制度和基本方法，等保 2.0 更加注重主动防御，从被动防御到事前事中、事后全流程的安全可信，动态感知和全面审计。等保 2.0 实现了对传统信息系统、基础信息网络、云计算、大数据、物联网以及移动互联网和工业控制信息系统等级保护对象的全覆盖。

可是，10 多年前我就听到一位同行说过："安全性是说起来重要，做起来次要，忙起来不要。"那么我眼中的各行业 IT 系统安全性的现状还是这样吗？本文和下篇文章就先说说我对信息安全性最新状况的感知，然后介绍自己在这个领域的点滴工作，具体就是将我在 Oracle 数据库中的加密技术实施和测试结果进行分享，希望对同行们有所帮助。

1. 信息安全性现状的真实感受

1）登录系统何其难

十多年前，当我去客户现场工作时，通常客户都是给我的笔记本电脑分配一个 IP 地址，然后直接登录到数据库服务器，我就可以开展各种分析工作和问题解决了。可是，十多年后的今天，作为服务方的我们已经很难用自己的计算机直接登录客户系统。即便用客户的计算机访问数据库服务器，也需要先经过层层审批，然后认证、登录堡垒机，最后登录后台数据库服务器。即便登录成功，也只能使用最传统的命令行界面，不能使用 PL/SQL Developer 等图形化界面工具。总之，客户的数据库服务器越来越戒备森严，有时候为了登录客户系统，需要花费好长时间，对我们的现场工作技能也提出了越来越严苛的要求和挑战。

这就是我对国家越来越重视信息安全性的真实感受之一。

2）攻防演练

在我的印象中，近年来所有央企和大型国企的 IT 系统每年都在相关行业的主管和监管部门组织下，开展 IT 系统安全性攻防演练，例如在统一部署下，某家银行扮演攻方，另一家银行扮演守方。我从未参与过客户的攻防演练过程，对具体的攻防演练剧本不得而知。但是，客户的重视程度我却感触深刻，因为我经常在攻防演练的那几个月很难见到客户，更难见到这几月客户会开展大规模的项目实施和变更操作。理由就是几个字："忙攻防演练呢。"

3）我感知的数据库安全性

尽管感知客户越来越重视安全性了，但在我的数据库专业领域的安全性实施如何呢？恕我直言，原来与我多年前的感觉差不多，即基本只实施了常规的用户认证、权限管理、角色管理等，我很少看到客户实施了数据加密、数据脱敏、数据编纂、精细化权限管理、集中化审计管理、集中化配置管理等数据库高级安全方案。

换言之，尽管客户越来越重视安全性了，但主要是在网络、操作系统等层面对安全性进行了加强，而在存储了企业非常重要信息的数据库内部却鲜有深度加固，例如银行账号、账户余额、手机号码等敏感数据基本都是明文存储在数据库之中。如果有黑客攻破了外围网络和操作系统的阻断，就可直接进入几乎不设防的数据库了。或者内部 IT 人员有居心不良者，也基本可以在数据库中为所欲为。攻防演练的剧本包括对敏感数据的攻击和防御吗？

为什么 IT 系统最核心的数据库安全性实施得并不深化？我认为原因是多方面的：第一，很多客户以为在网络、操作系统等外围进行阻断就足够了。第二，国家安全法规虽然提出了数据库领域的各种安全规范，例如对敏感数据必须加密，但监管部门和攻防演练并没有作为强制性指标进行考核。第三，还是缘于很多同行对数据库安全性技术掌握得不够深入，也担心这些安全技术本身的成熟性和稳定性，不敢大胆实施，例如担心数据加密技术会影响性能、消耗空间。

专注于数据库服务领域 20 多年，更多是扮演乙方角色，尽管我们不断在客户面前高呼安全性，不少客户也曾被我们的宣传动心了，但行动者还是寥寥。因此，我自己在这个领域其实大部分时间都是徒劳地空喊，数据库安全性在我的工作中也经常由重要转次要，最后变成不要了。

但是，当年在某石化客户项目中，客户不仅提出了数据库安全性的整体需求，而且提供了测试环境和测试数据，支持我在数据加密领域开展了一定工作。想了解 Oracle 有哪些数据加密技术，数据加密之后对系统性能影响多大？需要额外消耗多少空间？这些就是本文和下篇文章将要展开的内容。还是一句老话：心动不如行动。我们对各种技术可能都充满好奇，也充满担忧。只要我们沉下心来好好用一下，就会豁然开朗，神秘感和担忧就都不存在了。

2. Oracle 数据加密解决方案概述

不妨先介绍 Oracle 数据加密解决方案总体情况，即 Oracle 提供了 DBMS_CRYPTO 包和透明数据加密（Transparent Data Encryption，TDE）两个解决方案，以下是两个方案的总体对比情况。

方案	License	应用透明性	实施复杂性
DBMS_CRYPTO 包	不需要	不透明	复杂
TDE	需要	透明	简单

首先，在产品许可（License）方面，DBMS_CRYPTO 包是包含在 Oracle 数据库企业版之中，无须单独付费，而 TDE 是需要专门付费的选件。因此从投入而言，DBMS_CRYPTO 包是更省钱的数据加密解决方案。其次，在应用透明性方面，DBMS_CRYPTO 包需要编写专门的加密和解密函数，应用程序需要调用这些函数才能完成相关数据的加密和解密过程，而且加密字段若是数字字段，必须改造成 raw 字段，因此 DBMS_CRYPTO 包对应用是不透明的。而 TDE 则无须修改应用，表结构除了设置加密字段之外，无须进行其他修改，因此 TDE 总体上对应用是透明的。第三，在实施复杂性方面，由于 DBMS_CRYPTO 包对应用不透明，既要编写加密和解密函数，表结构和应用语句都需要改造，因此实施相对复杂。而 TDE 只是需要进行一些环境配置，表结构和应用基本都透明，因此实施相对简单。两种加密技术在性能、资源消耗等方面的对比呢？且看本文下篇的详细测试对比分析。

总之，一分钱一分货，市场经济是公平的，天下没有免费的午餐。如果不想在产品方面花更多钱，那么就在实施中投入更大。如果不愿意在设计开发方面进行更大的投入，或者很难修改数据库设计和应用软件，那就在产品方面花更多银子采购 TDE 吧。

3. 初探 DBMS_CRYPTO 包

1）DBMS_CRYPTO 包概述

Oracle 公司自 10g 之后提供了 DBMS_CRYPTO 包。通过 DBMS_CRYPTO 包，我们可以建构自己的基础架构对数据进行加密，灵活性强，但是建构和管理相对 TDE 就比较复杂。DBMS_CRYPTO 代替了 9i 中的 dbms_obfuscation_toolkit，具有如下主要技术特点：首先，DBMS_CRYPTO 增加了若干新的加密算法、哈希算法。其次，撤销了对于 public 的执行权限，默认只有 sysdba 权限才能执行，其他任何用户都需要 sysdba 的赋权才可执行。第三，支持 DES 加密、双密钥的 3DES 加密以及三密钥的 3DES 加密，采用三个大小不同的 AES 和 RC4 加密算法。第四，采用 raw 和 blob 存放密文。之所以不采用字符型，是因为不同语言版本的 Oracle 数据库转换后的字符类型不同。当一个数据库的密文转到其他语言版本的数据库中将不能被解密。第五，对字符型和其他数据类型加密要用 utl_raw.cast_to_raw 进行数据类型转换。

2）DBMS_CRYPTO 包运用案例

下面列举一个通过 DBMS_CRYPTO 包对口令进行加密和解密的简单案例。

```
/*+ 创建加密函数 */
SQL> create or replace function t_to_password(string_in in varchar2)
return raw is
  2    string_in_raw RAW(128):=UTL_RAW.CAST_TO_RAW(string_in);
  3    key_string varchar2(32):='aisi3015aisi3015aisi3015';
  4    key_raw RAW(128):=UTL_RAW.CAST_TO_RAW(key_string);
  5    encrypted_raw RAW(128);
  6    begin
  7    encrypted_raw:=dbms_crypto.Encrypt(src=>string_in_raw,typ=>DBMS_
CRYPTO.DES_CBC_PKCS5,key=>key_raw);
  8    return encrypted_raw;
  9    end;
 10    /

Function created

/*+ 创建解密函数 */
SQL> create or replace function t_to_back(raw_in in raw) return varchar2 is
  2    string_out varchar2(50);
  3    key_string varchar2(32):='aisi3015aisi3015aisi3015';
  4    key_raw RAW(128):=UTL_RAW.CAST_TO_RAW(key_string);
  5    decrypted_raw RAW(128);
  6    begin
  7    decrypted_raw:=dbms_crypto.Decrypt(src=>raw_in,typ=>DBMS_CRYPTO.
DES3_CBC_PKCS5,key=>key_raw);
  8    string_out:=UTL_RAW.cast_to_varchar2(decrypted_raw);
  9    return string_out;
 10    end;
 11    /

Function created

SQL> create table test (ID number, Name varchar2(10));
SQL> create table test (ID number, Name varchar2(16));
```

```
Table created.

SQL> insert into test values(1,t_to_password('abcd'));

1 row created.

SQL> insert into test values(2,t_to_password('efgh'));

1 row created.

SQL> select * from test;

        ID NAME
---------- ----------------
         1 756C3F942F48AABA
         2 C4BC44AF2A7B0EF5

SQL> select id,t_to_back(name) from test;

        ID T_TO_BACK(NAME)
---------- ----------------
         1 abcd
         2 efgh
```

上述脚本编写了加密函数 t_to_password 和解密函数 t_to_back，在 SQL 语句中需要调用这些函数才能完成相关数据的加密和解密过程。

4. 初探 TDE(透明数据加密)

1）TDE 概述

通过 Oracle 的 TDE 技术，数据将以加密方式进行存储。使用这种加密方法，不需要建构基础架构，只需定义加密的列。由于数据是加密存储的，所有后续的组件，例如归档、备份，都是加密的格式。数据库为每个包含加密列的表创建一个私密的安全加密密钥，然后采用指定的加密算法加密指定的明文数据。master 密钥对表密钥加密，master 密钥保存在一个 "钱夹（wallet）" 的安全地方，钱夹可以是数据库服务器上的一个文件，而加密的表密钥保存在数据字典中。

当用户插入数据到需要加密的列中时，数据库首先从 wallet 中获取 master 密钥，用 master 密钥解密数据字典中的表密钥，然后用解密的表密钥加密输入的明文数据，再将加密后的数据保存在数据库。当用户查询加密列的时候，将加密的表密钥从数据字典取出，然后从 wallet 中取出 master 密钥，解密表密钥，再用解密的表密钥解密磁盘上的加密数据。即 TDE 是通过二级密钥方式完成数据的加密和解密的。

2）TDE 的配置

第一步：安装 wallet。即创建 wallet 文件夹并且在 sqlnet.ora 中添加 encryption_wallet_location 参数。

```
SQLNET.AUTHENTICATION_SERVICES= (NTS)

NAMES.DIRECTORY_PATH= (TNSNAMES, EZCONNECT)

ENCRYPTION_WALLET_LOCATION=
          (SOURCE=(METHOD=FILE)(METHOD_DATA=
                    (DIRECTORY=C:\app\miluo\product\11.2.0\dbhome_1\
admin\wallet)))
```

第二步：重新启动 Listener。

```
C:\app\miluo\product\11.2.0\dbhome_1\NETWORK\ADMIN>lsnrctl stop
… …

C:\app\miluo\product\11.2.0\dbhome_1\NETWORK\ADMIN>lsnrctl start
… …
```

第三步：创建 master key，指定 wallet 密码。以 SYSDBA 用户登录，建立密码文件。

```
SQL> ALTER SYSTEM SET ENCRYPTION KEY IDENTIFIED BY "welcome1";
```

其中，"welcome1" 相当于设置一个 wallet 密码。Oracle Wallet 是一个可以打开关闭的功能组件。设置密码之后，只有通过密码口令可以启用 wallet 功能。

第四步：开启和关闭 wallet。

```
SQL> alter system set encryption wallet open identified by "welcome1";
System altered.

SQL> alter system set encryption wallet close identified by "remnant";
System altered.
```

3）TDE 测试案例

对数据列加密是 TDE 一个常用的功能。我们常常需要对数据库中某个表的某个敏感数据进行加密处理，以防止信息外泄。

首先，创建加密字段表。在定义数据表中的数据列（或者修改数据列）的时候，使用 ENCRYPT 进行标注，表示这个字段是使用加密保护的重要数据。

```
SQL> connect hr/hr;
SQL> create table t
 2 ( id number primary key,
 3   name varchar2(10) ENCRYPT);
```

上面的 name 列使用了 ENCRYPT 进行标志，表明需要对这个字段进行加密处理，采用默认的加密配置。

其次，在默认情况下，Oracle 在加密之前对明文都要进行 salt 处理。所谓 salt 处理是一种强化加密数据的方法，即通过在加密前明文中掺入一个随机字符串，来强化加密层级，防止进行字典攻击和其他类型的破解操作。如果不需要进行 salt 处理，就是用 No Salt 在 ENCRYPT 后面。但是使用 salt 是有一些限制的，如果列加密使用了 salt，在对该列进行索引的时候会报错。

第三，在加密算法方面，Oracle 也提供了一些非默认加密算法，使用的时候，使用 using 关键字配合使用。加密方法如下：3DES168、AES128、AES192（default）、AES256。

下面是一个使用 No Salt 和指定加密算法的例子。

```
SQL> create table t_test
 2 (id number primary key,
 3  age number encrypt no salt,
 4   name varchar2(10) encrypt using '3DES168');
Table created
```

如果要对一个已经加密处理的数据列解除加密，使用 alter table…和 DECRYPT 关键字可以实现。

以下是使用数据加密列的例子，我们先向数据表 t 中插入一批数据。

```
declare
 i number;
begin
 for i in 1..10 loop
   insert into t
   values (i,'Names : '||i);

end loop;
commit;
```

```
end ;
```

成功插入数据，并可以实现查询。

```
SQL> select * from t;

        ID NAME
---------- ----------
         1 Names : 1
         2 Names : 2
       ... ...
        10 Names : 10

10 rows selected.
```

如果关闭 Wallet，则查询报错。

```
SQL> connect / as sysdba;
SQL> alter system set encryption wallet close identified by "welcome1";
System altered

SQL> conn hr/hr;
SQL> select * from t;
select * from t
              *
ERROR at line 1:
ORA-28365: wallet is not open

SQL> select count(*) from t;

  COUNT(*)
----------
        10

SQL> select id from t;

        ID
----------
         1
         2
... ...
        10

10 rows selected.
```

```
SQL> select name from t;
select name from t
                  *
ERROR at line 1:
ORA-28365: wallet is not open
```

可见 TDE 的作用就是最大限度地保护加密字段，防止非法被访问。

4）TDE 与索引

我们再看看 salt 对索引的影响，创建如下表。

```
SQL> create table t_test
2 (id number primary key,
3 age number encrypt no salt,
4 name varchar2(10) encrypt using '3DES168');
Table created

SQL> create index ind_t_test_name on t_test(name);
create index ind_t_test_name on t_test(name)
ORA-28338: 无法使用 salt 值加密索引列
SQL> create index ind_t_test_name on t_test(age);
Index created
```

可见，对没有 salt 的加密字段 age 字段可以创建索引，而对默认采用了 salt 的加密字段 name 字段无法创建索引。

除了上述 Oracle 数据库加密技术的原理性介绍，我想大家可能更关注两种加密技术在性能、空间消耗方面的真实情况，且看下篇《数据库加密测试结果分享》。

2024年3月13日于北京

数据库加密测试结果分享

非常感谢 10 年前在某石化企业项目中，客户为我在数据库安全性方面工作提供了大力支持。客户不仅提出了数据库安全性的整体需求，包括在数据加密方面的具体需求，而且还提供了测试环境和测试数据，在测试案例方面也提出了很多宝贵建议，让我获得了数据加密领域的真实指标数据和实施体验。现在也与同行们进行分享，具体如下。

1. 测试环境和测试数据

1）测试环境

由于该客户当年系统运行在 Windows 平台，因此测试环境也部署在 Windows 平台，数据库为 Oracle 为 11.2.0.4 的单机环境。

2）测试数据

客户提出，为 STAT_MON_REPORT_MAIN_TB、E_STAT_MON_REPORT_TB、VLD_SITE 和 SYS_USR 等四个表进行加密测试，其中 E_STAT_MON_REPORT_TB 表的上百个指标字段都需要加密，详细表结构略，数据量为 11814 条记录，测试案例主要围绕该表展开。

3）TDE 加密数据准备

为采用 TDE 加密，我们准备了两种测试方法。

（1）采用 Salt 和默认加密算法。

```
CREATE TABLE  PWSYS.E_STAT_MON_REPORT_TB_TDE1
  (      MON_REPORT_ID  NUMBER(10,0) NOT NULL ENABLE,
  RPT_MAIN_ID  NUMBER(10,0),
  IS_PUBLIC  VARCHAR2(10),
  DIRE_WASTE_COAL  NUMBER(18,4) ENCRYPT,
  DIRE_WASTE_FULE  NUMBER(18,4) ENCRYPT,
     … …
  );
```

（2）不采用 Salt，但采用默认加密算法。

```
CREATE TABLE  PWSYS.E_STAT_MON_REPORT_TB_TDE2
  (MON_REPORT_ID  NUMBER(10,0) NOT NULL ENABLE,
  RPT_MAIN_ID  NUMBER(10,0),
  IS_PUBLIC  VARCHAR2(10),
  DIRE_WASTE_COAL  NUMBER(18,4) ENCRYPT NO SALT,
  DIRE_WASTE_FULE  NUMBER(18,4) ENCRYPT NO SALT,
     … …
  );
```

4）DBMS_CRYPTO 包加密数据准备

由于通过 DBMS_CRYPTO 包对数字类型字段进行加密之后，将转换为包含字符的密文，因此，原有数据类型需要转换为 RAW 类型，才能对数字类型进行加密处理。这样，E_STAT_MON_REPORT_TB 需要重新创建，具体如下。

```
CREATE TABLE  PWSYS.E_STAT_MON_REPORT_TB_ENCRYPT
  (MON_REPORT_ID  NUMBER(10,0) NOT NULL ENABLE,
  RPT_MAIN_ID  NUMBER(10,0),
  IS_PUBLIC  VARCHAR2(10),
  DIRE_WASTE_COAL  raw(18),
  DIRE_WASTE_FULE  raw(18),
     … …
  );
```

2. 测试应用准备

1）TDE 加密测试准备

TDE 对应用是透明的，无须修改应用，但需要配置环境。详细情况请见《数据库加密技术初探》一文。

2）DBMS_CRYPTO 包加密测试准备

由于此次只对数字类型字段加密，因此需要设计如下的加密和解密函数。

```
create or replace function f_Encrypt_number(number_in in number) return
raw is
 number_in_raw RAW(128):=UTL_I18N.STRING_TO_RAW(number_in,'ZHS16GBK');
 key_number number(32):=32432432343243279898;
 key_raw RAW(128):=UTL_RAW.cast_from_number(key_number);
```

```
 encrypted_raw RAW(128);
 begin
encrypted_raw:=dbms_crypto.Encrypt(src=>number_in_raw,typ=>DBMS_CRYPTO.
DES_CBC_PKCS5,key=>key_raw);
 return encrypted_raw;
 end;
 /


create or replace function f_decrypt_number (encrypted_raw IN RAW)
return number is
 decrypted_raw raw(48);
 key_number number(32):=32432432343243279898;
 key_raw RAW(128):=UTL_RAW.cast_from_number(key_number);
begin
decrypted_raw := DBMS_CRYPTO.DECRYPT
 (
 src => encrypted_raw,
 typ => DBMS_CRYPTO.DES_CBC_PKCS5,
 key => key_raw
 );
return to_number(UTL_I18N.RAW_TO_CHAR (decrypted_raw, 'ZHS16GBK'));
 END;
 /
```

3. 批量数据加载测试

测试脚本如下。

```
-- 无加密的数据加载
SQL> insert into E_STAT_MON_REPORT_TB_base select * from E_STAT_MON_
REPORT_TB;

-- 采用 Salt 和默认加密算法的数据加载
SQL> insert into E_STAT_MON_REPORT_TB_TDE1 select * from E_STAT_MON_
REPORT_TB;

-- 不采用 Salt 和默认加密算法的数据加载
SQL> insert into E_STAT_MON_REPORT_TB_TDE2 select * from E_STAT_MON_
REPORT_TB;

-- DBMS_CRYPTO 包加密的数据加载
insert into E_STAT_MON_REPORT_TB_Encrypt
```

```
 (MON_REPORT_ID                     ,
 RPT_MAIN_ID                        ,
 IS_PUBLIC                          ,
 DIRE_WASTE_COAL                    ,
 DIRE_WASTE_FULE                    ,
 … …
 )
select
 MON_REPORT_ID,
 RPT_MAIN_ID,
 IS_PUBLIC,
 f_Encrypt_number(DIRE_WASTE_COAL),
 f_Encrypt_number(DIRE_WASTE_FULE),
 … …
 )
from E_STAT_MON_REPORT_TB;
```

以下是 4 种测试场景的对比数据。

序　号	场　景	加载时间
1	无加密	00:00:00.45
2	采用 Salt 和默认加密算法	00:00:06.52
3	不采用 Salt 和默认加密算法	00:00:04.34
4	DBMS_CRYPTO 包加密	00:00:26.67

可见，采用 DBMS_CRYPTO 包加密，由于需要调用自定义的加密算法，加载速度下降幅度最大。

以下是四种测试场景下的空间消耗对比数据。

序　号	场　景	空间消耗（字节）	扩大倍数
1	无加密	4,194,304	
2	采用 Salt 和默认加密算法	75,497,472	18.00
3	不采用 Salt 和默认加密算法	53,477,376	12.75
4	DBMS_CRYPTO 包加密	11,534,336	2.75

可见，采用 Salt 和默认加密算法空间消耗最大，扩大了 18 倍，其次是不采用 Salt 和默认加密算法的 12.75 倍，而采用 DBMS_CRYPTO 包加密则扩大了 2.75 倍。

4. 单笔查询操作对比

测试脚本如下。

```sql
-- 无加密的查询操作
SQL> SELECT C.VLD_SITE_ID,
  2          C.SITE,
  3          B.REPORT_YEAR,
  4          B.REPORT_MON,
  5          B.REPORT_BY,
  6          TO_CHAR(B.APP_CREATE_DATE, 'YYYY-MM-DD') AS APP_CREATE_
DATE,
  7          S.USR_NAME,
  8          A.*
  9    FROM E_STAT_MON_REPORT_TB A
 10    LEFT JOIN E_STAT_MON_REPORT_MAIN_TB B
 11      ON A.RPT_MAIN_ID = B.RPT_MAIN_ID
 12    LEFT JOIN VLD_SITE C
 13      ON C.VLD_SITE_ID = B.VLD_SITE_ID
 14    LEFT JOIN SYS_USR S
 15      ON S.SYS_USR_ID = B.REPORT_BY
 16    WHERE C.VLD_SITE_ID = 10295
 17      AND B.REPORT_YEAR = TO_NUMBER(2011)
 18      AND B.REPORT_MON = TO_NUMBER(1)
 19      AND A.IS_PUBLIC = 1;

-- 其他场景脚本略
```

以下是 4 种测试场景的对比数据。

序　　号	场　　景	时　　间	内存开销	I/O 开销
1	无加密	00:00:00.57	1034	70
2	采用 Salt 和默认加密算法	00:00:00.80	1056	506
3	不采用 Salt 和默认加密算法	00:00:00.80	1000	566
4	DBMS_CRYPTO 包加密	00:00:00.48	1045	76

可见，在上述查询操作中，不同算法的响应时间、内存开销等相差不大，而 TDE 算法的 I/O 开销有一定增加。

5. 批量查询操作对比

测试脚本如下

```
-- 无加密的批量查询操作
SQL> SELECT C.VLD_SITE_ID,
  2         C.SITE,
  3         B.REPORT_YEAR,
  4         B.REPORT_MON,
  5         B.REPORT_BY,
  6         TO_CHAR(B.APP_CREATE_DATE, 'YYYY-MM-DD') AS APP_CREATE_DATE,
  7         S.USR_NAME,
  8         A.*
  9    FROM E_STAT_MON_REPORT_TB A
 10    LEFT JOIN E_STAT_MON_REPORT_MAIN_TB B ON A.RPT_MAIN_ID = B.RPT_MAIN_ID
 11    LEFT JOIN VLD_SITE C ON C.VLD_SITE_ID = B.VLD_SITE_ID
 12    LEFT JOIN SYS_USR S ON S.SYS_USR_ID = B.REPORT_BY;

-- 其他场景脚本略
```

以下是 4 种测试场景的对比数据。

序　　号	场　　景	时　　间	内存开销	I/O 开销
1	无加密	00:00:02.31	2957	1202
2	采用 Salt 和默认加密算法	00:00:05.25	10843	9590
3	不采用 Salt 和默认加密算法	00:00:05.10	8627	7200
4	DBMS_CRYPTO 包加密	00:00:30.78	4774	2191

可见，在上述批量查询操作中，两种 TDE 算法响应时间增加了 1 倍多，而 DBMS_CRYPTO 包增加幅度更大，多了近 15 倍。而内存和 I/O 开销方面，TDE 增加了好几倍，DBMS_CRYPTO 包则增加不大。尽管如此，由于 DBMS_CRYPTO 包要进行解密操作，大量消耗 CPU，响应速度下降明显。

6. 删除操作对比

测试脚本如下。

```
-- 无加密的删除操作
SQL> delete E_STAT_MON_REPORT_TB_BASE where MON_REPORT_ID=6024;
```

```
-- 其他场景脚本略
```

以下是 4 种测试场景的对比数据。

序　号	场　　景	时间	内存开销	I/O 开销
1	无加密	00:00:00.36	552	474
2	采用 Salt 和默认加密算法	00:00:00.42	263	81
3	不采用 Salt 和默认加密算法	00:00:00.74	259	74
4	DBMS_CRYPTO 包加密	00:00:00.34	359	87

可见，在上述删除操作中，不同算法的响应时间、内存和 I/O 开销等相差不大。

7. 插入操作对比

测试脚本如下。

```
-- 无加密的插入操作
SQL> insert into E_STAT_MON_REPORT_TB_BASE select * from E_STAT_MON_
REPORT_TB where MON_REPORT_ID=6024;

-- 其他场景脚本略
```

以下是 4 种测试场景的对比数据。

序　号	场　　景	时　　间	内存开销	I/O 开销
1	无加密	00:00:00.36	963	64
2	采用 Salt 和默认加密算法	00:00:00.71	1178	123
3	不采用 Salt 和默认加密算法	00:00:00.47	1174	126
4	DBMS_CRYPTO 包加密	00:00:00.43	1199	122

可见，在上述插入操作中，不同算法的响应时间、内存和 I/O 开销等相差不大。

8. 修改操作对比

测试脚本如下。

```
-- 无加密的修改操作
SQL> update E_STAT_MON_REPORT_TB_BASE set DIRE_WASTE_COAL = DIRE_WASTE_
COAL + 10  where MON_REPORT_ID=6024;
-- 其他场景脚本略
```

以下是 4 种测试场景的对比数据。

序　号	场　　景	时　　间	内存开销	I/O 开销
1	无加密	00:00:00.39	710	486
2	采用 Salt 和默认加密算法	00:00:00.91	204	40
3	不采用 Salt 和默认加密算法	00:00:00.52	181	44
4	DBMS_CRYPTO 包加密	00:00:00.71	1221	120

可见，在上述修改操作中，不同算法的响应时间相差不大，但内存和 I/O 开销等有一定差别。

9. 测试总结

通过上述多种测试场景的测试，可得出如下结论。

- 在批量数据加载情况下，两种 TDE 算法特别是 DBMS_CRYPTO 包加密算法对性能影响较大。
- 在空间消耗方面，采用 Salt 和默认加密算法空间消耗最大，而采用 DBMS_CRYPTO 包加密则空间消耗最小。
- 在按条件查询操作中，不同算法的响应时间、内存开销等相差不大，而 TDE 算法的 I/O 开销有一定增加。
- 在批量查询操作中，两种 TDE 算法响应时间有一定下降，而 DBMS_CRYPTO 包下降幅度更大。而内存和 I/O 开销方面，TDE 增加了好几倍，而 DBMS_CRYPTO 包增加不大。
- 在按条件删除操作中，不同算法的响应时间、内存和 I/O 开销等相差不大。
- 在单记录插入操作中，不同算法的响应时间、内存和 I/O 开销等相差不大。
- 在按条件修改操作中，不同算法的响应时间相差不大，但内存和 I/O 开销等有一定差别。

总之，TDE 和 DBMS_CRYPTO 包各有优劣，TDE 更消耗空间资源，而 DBMS_CRYPTO 在批量加载和批量查询情况下，下降速度比较明显。而在条件查询、删除、修改操作，以及单记录插入操作中，各种加密技术的响应时间、内存和 I/O 开销等相差不大。

10. 百问不如自己一试

先说我的一件窘事：10 多年前的某天，在与某银行运维部门进行数据库安全性技术交流时，客户问我，数据库加密之后对性能和空间的影响有多大？其实当时我只看过

Oracle 官方资料的介绍，大约多消耗 5% ~ 10% 的时间和空间。于是我只能纸上谈兵地把这个结果告诉客户，然后客户领导笑了："我们最近讨论了好几个技术专题，都问到对性能和空间的影响，你的回答好像都是 5% ~ 10%。"我好尴尬，哈哈。

各位看官现在看了我上面的测试结果，有些的确是 5% ~ 10% 的范围，有些则差之千里。再看看我的测试数据和测试案例情况，只有 1 万多条记录，一个表的加密字段却达到 100 多个。因此，这个测试结果与大部分客户的真实场景还是有很大区别的，我想更多的真实场景应该是记录数更多，而加密的字段并没有那么多。

我经常面临客户这样的问题："罗老师，你觉得 A 技术和 B 技术哪个更好？"我可能会先给客户介绍 A、B 两个方案的技术原理、优缺点和适应场景，最后我一定会说，每个技术方案在每个客户场景的实施效果都不会一样，最好的策略还是结合自己的应用场景，用自己的数据测试一遍。再具体一点，如果客户问我一条 SQL 语句如何进行优化，我会回答："别问我，你去问 set autotrace on 吧。"也就是自己动手去测试吧。因为我也不是 Oracle 优化器的研发者，我哪知道针对这条语句的各种优化方案，优化器到底会产生什么样的执行计划？只有通过不断地测试才能验证优化器的最终选择，并理解其内部执行机制。

"DBMS_CRYPTO 包和 TDE 用哪个进行数据加密更好？"类似的问题我的统一回答是：建议大家综合考虑性能、空间消耗、技术实现、商务等多方面因素之后，做出最适合自己的数据加密技术方案选择。这就是 Oracle 产品和企业文化的精髓：永远要综合平衡考虑问题。

最后总结的建议：百问不如自己一试。

2024年3月14日于北京

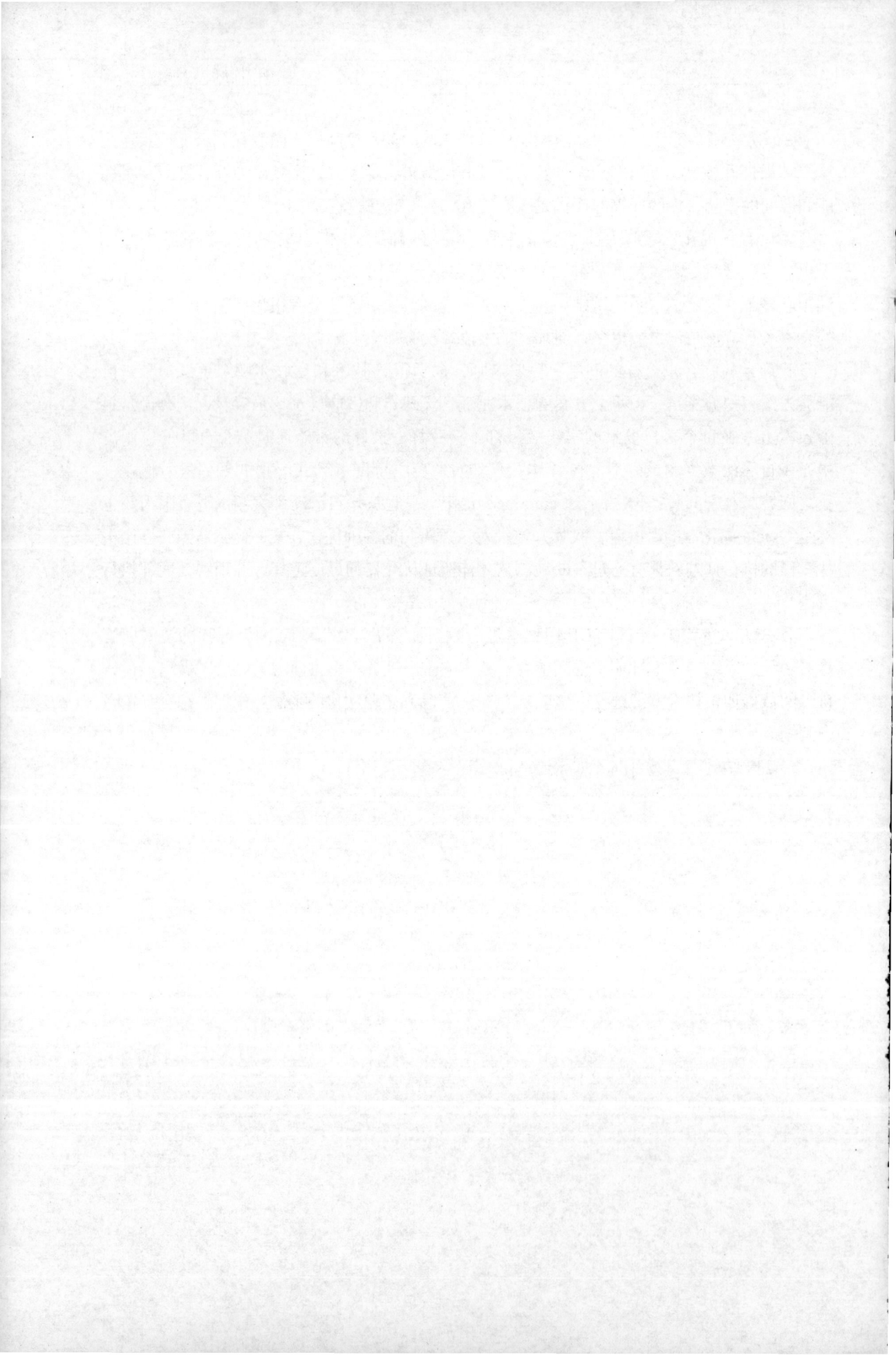